Ivars Peterson

Was Newton nicht wußte

Chaos im Sonnensystem

Aus dem Englischen von
Anita Ehlers

Springer Basel AG

Die Originalausgabe erschien 1993 unter dem Titel «Newton's Clock – Chaos in the Solar System» bei W.H. Freeman and Company, New York, USA.
© 1993 by W.H. Freeman and Company

First published in the United States by W.H. Freeman and Company, New York, New York and Oxford.
© 1993 All rights reserved

Die Deutsche Bibliothek – CIP-Einheitsaufnahme

Peterson, Ivars:
Was Newton nicht wußte : Chaos im Sonnensystem / Ivars
Peterson. Aus dem Engl. von Anita Ehlers. – Basel ;
Boston ; Berlin : Birkhäuser, 1994
 Einheitssacht.: Newton's clock . <dt.>
  ISBN 978-3-0348-6063-5   ISBN 978-3-0348-6062-8 (eBook)
  DOI 10.1007/978-3-0348-6062-8

© 1994 Springer Basel AG
Ursprünglich erschienen bei Birkhäuser Verlag 1994.
Softcover reprint of the hardcover 1st edition 1994
Umschlaggestaltung: Braun & Voigt Werbeagentur, Heidelberg
Gedruckt auf säurefreiem Papier, hergestellt aus chlorfrei gebleichtem Zellstoff

9 8 7 6 5 4 3 2 1

Inhalt

Vorwort 9

Kapitel 1   **Chaos im Uhrwerk** 15

Kapitel 2   **Zeitmesser** 37

Kapitel 3   **Himmlische Wanderer** 61

Kapitel 4   **Gedankenmeere** 93

Kapitel 5   **Uhrwerkplaneten** 121

Kapitel 6   **Launischer Mond** 143

Kapitel 7   **Prophet des Chaos** 167

Kapitel 8   **Lücken im Gürtel** 197

Kapitel 9   **Hyperion torkelt** 229

Kapitel 10   **Digitale Planetarien** 255

Kapitel 11   **Himmlische Disharmonien** 283

Kapitel 12   **Wunderbare Maschinerie** 309

Literaturverzeichnis 335
Index 343

In Erinnerung an meinen Vater
Arnis Peterson

Vorwort

Lewis Carroll, *Alice im Spiegelland*

Noch immer klingen in mir die Namen der Orte meiner Kindheit nach: McKenzie Island, Red Lake, Minaki, Caribou Falls, Kenora – kleine Dörfer, von der ungeheuren, alles umhüllenden Wildnis des nordwestlichen Ontario überschattet. Immer noch ist mir auch der samtene schwarze Mantel eines Nachthimmels im Gedächtnis eingeprägt, den kein menschliches Licht störte. Übersät mit geheimnisvoll leuchtenden Flecken erregte dieser so wunderschön geschmückte Baldachin Ehrfurcht und Staunen.

Ich kann mich nicht an den Eindruck erinnern, den ich als kleines Kind vom Nachthimmel hatte. Nur zu bald erzählte man mir von Sternen und Planeten und Monden, und ich mußte glauben, daß diese himmlischen Lichtpunkte ferne, schwere, sich rasch bewegende Objekte sind. So wurde ein Geheimnis durch ein anderes ersetzt.

Arthur Loeb, der sich als Professor an der Universität Harvard mit bildender Kunst beschäftigt, weiß noch, wie er reagierte, als er den Nachthimmel zum ersten Mal wahrnahm; seine Eltern erzählten ihm später, er habe damals gesagt: «Da sind lauter Löcher.»

Es gibt keine unmittelbar einleuchtende Erklärung für den deutlichen Gegensatz zwischen Hell und Dunkel, den wir am Himmel wahrnehmen. Kinder lernen von ihren Eltern und Lehrern, was sie sehen sollen. Schrittweise fügen wir die Beobachtungen und das mathematische Gerüst zusammen, das zu dem Gedankengebäude einer sich drehenden Erde, eines kreisenden Sonnensystems, einer dahinziehenden Galaxis, eines sich ausdehnenden Weltalls führt.

Angesichts der enormen Wissensmenge, auf der unsere Sicht vom Kosmos jetzt beruht, können wir uns vielleicht nur noch schwer ausmalen, wie mühsam die ersten Beobachter und ihre Nachfolger die Beobachtungen von Lichtflecken oder auch Löchern im Firmament im Lauf der Jahrhunderte in eine Theorie über Sonne, Planeten und Mond verwandelten. Die Hinweise dafür erhielten sie aus den seltsam vielfältigen Bewegungen dieser hellen Flecken – Bewegungen, die recht oft kleine Schwankungen erkennen lassen, die sich nur der geduldigen, hingebungsvollen Beobachtung offenbaren.

In einem Zeitalter, in dem der Nachthimmel im grellen künstlichen Licht verblaßt und vielfältige Zerstreuungen uns von ruhiger Betrachtung abhalten, haben viele Menschen kein Gefühl mehr für die am Himmel erkennbaren Rhythmen. Man kann jedoch ein Gefühl für dieses himmlische Uhrwerk wiedergewinnen und spüren, wieviel Information es heute, ebenso wie früher, geduldigen Beobachtern vermittelt.

Als mein Sohn Eric zwei Jahre alt war, gingen wir beide gern am frühen Abend vor dem Schlafengehen spazieren. Auf dem Weg hinter unserem Haus betrachteten wir dann die Blumen, die durch die Zäune am Straßenrand hindurch wuchsen, schauten uns die Steine am Wegrand an, sammelten Kiefernzapfen und riefen einen lauten Gruß in die dunkle Höhle unter dem Abflußdeckel. Am fesselndsten aber fand Eric in der Abenddämmerung den Mond. Seit er diese seltsam einladende Erscheinung zum ersten Mal am Himmel bemerkt hatte, suchte er immer wieder danach. Es bereitete ihm besondere Freude und Genugtuung, wenn er den Mond abends als erster entdeckte.

Aber der Mond war nicht immer da, und sein Aussehen änderte sich von Woche zu Woche. Manchmal war er lange vor dem Dunkelwerden zu sehen und manchmal noch nach der Morgendämmerung. Manchmal hing er tief überm Horizont, manchmal stand er hoch am Himmel. Um Erics Fragen zuvorzukommen, begann ich darüber nachzudenken, wie sich der Mond am Himmel bewegt. Ich stellte mir seine Bewegung vor, um vorhersagen zu können, wo er wohl sein würde. Ich hätte all dies in einem der unzähligen Astronomiebücher oder Almanache nachschlagen können oder auch in einem der Ta-

     Was Newton nicht wußte

schenkalender, die die Mondphasen angeben. Aber so leicht wollte ich es mir nicht machen. Ich wollte wie die Beobachter der Antike die Bewegungen des Mondes geduldig verfolgen und nach Regelmäßigkeiten suchen, aus denen sich Vorhersagen gewinnen ließen. Ich war überrascht, wieviel ich selbst aus nur gelegentlichen sorgfältigen Betrachtungen der Himmelsbewegungen folgern konnte. Die bemerkenswerten Leistungen der antiken Astronomen, die keine anderen Hilfsmittel hatten als ihre Augen, erschienen mir nicht mehr gar so fremdartig und erstaunlich.

In diesem Buch möchte ich die außerordentliche Geschichte von den Versuchen der Menschen nacherzählen, die Bewegungen des Mondes und der Planeten vor dem Hintergrund der Sterne zu erkunden und zu verstehen. Daraus ergibt sich eine erstaunliche mathematische Detektivgeschichte, denn unsere Sicht des Sonnensystems entwickelte sich im Wechselspiel von Astronomie, Physik und Mathematik und führte von beschreibenden Theorien zu Bewegungsgesetzen und schließlich zu den Unbestimmtheiten, die in der Mathematik selbst liegen. Was wir in diesem Panorama über die Zeiten hinweg sehen, ist eine unermüdliche Suche nach Ordnung und Harmonie. Aber der Traum himmlischer Zuverlässigkeit ist durch die Einsicht in die Grenzen der Voraussagbarkeit ins Wanken gekommen. Heute sehen wir im himmlischen Uhrwerk auch ein verblüffendes Maß an Chaos.

Dem, was wir von einem Sonnensystem wissen können, sind – dessen müssen wir uns bewußt sein – deutliche Grenzen gesetzt, auch wenn es uns aufgrund seiner Beschaffenheit lange nach diesen Grenzen suchen ließ. Wir bemühen uns, ein Sonnensystem zu verstehen, das einerseits einfach ist und uns verlockt, nach Strukturen zu suchen (es fordert diese Suche geradezu heraus) und aus ihnen allgemeingültige Gesetze auszulesen, und andererseits gerade kompliziert genug, uns zum Staunen zu bringen, ohne uns auf unserem Weg aufzuhalten. In vieler Hinsicht stellen unsere Untersuchungen des Sonnensystems eine spektakuläre Erfolgsgeschichte dar, die aus den besonderen Merkmalen des Aussichtspunkts folgt, von dem aus wir den Kosmos betrachten.

Wir sind so vertraut mit dem Drehimpuls, der die Erde schlingern läßt, daß wir ganz ungerührt eine Schaltsekunde zu unserer Zeitrechnung hinzufügen, so oft das nötig ist. Wir können auch ein Raumfahrzeug Jahre und Milliarden Kilometer von der Erde entfernt an einem bestimmten Punkt ankommen lassen. Wie das Sonnensystem und die Planeten in einer Milliarde Jahren aussehen werden, bleibt in unserer verschleierten mathematischen Kristallkugel jedoch verborgen.

Ich habe nicht versucht, eine umfassende Geschichte der Himmelsmechanik zu schreiben, sondern möchte bestimmte Vertreter eines Gebiets mit ihren Verdiensten schildern, um daran unsere Fortschritte in der Himmelsmechanik zu veranschaulichen und sie bei unserer Erforschung dynamischer Systeme und des Chaos in einen historischen Rahmen zu stellen. Ich hatte das besondere Glück, die immer detaillierteren Forschungsergebnisse der Wissenschaftsgeschichte heranziehen zu können. Neue Erkenntnisse über Forscher wie Johannes Kepler, Isaac Newton und Henri Poincaré stehen manchmal in klarem Widerspruch zu dem, was wir gewöhnlich in Büchern finden, ob es nun Fachbücher sind oder populärwissenschaftliche.

Historische Betrachtungen können uns auch dabei helfen zu sehen, wie reich die geistige Umwelt war, in der die großen Erforscher der Himmelsmechanik arbeiteten. Newton und seine Zeitgenossen verfügten beispielsweise über eine ganz bemerkenswerte mathematische Fertigkeit, mit denen sie eine Reihe von Problemen lösen konnten, denen die meisten modernen Mathematiker hilflos gegenüberstünden. Nur wenn wir versuchen, ihre Arbeiten so zu lesen, als ob wir selbst in ihrer Zeit lebten, können wir die Bedeutung und Raffinesse der Überlegungen wirklich verstehen, mit denen sie versuchten, ihre Kollegen vom Wert ihrer umwälzenden Theorien zu überzeugen.

Wir merken oft gar nicht, wie weitgehend die Astronomen mathematisch denken. Das Bedürfnis, astronomische Erscheinungen vorherzusagen und exakt zu beschreiben, spielte für die Entwicklung der Mathematik eine wichtige Rolle, so wie mathematische Entdeckungen den Bereich der Astronomie ganz wesentlich erweitert haben. Nur wenige Gelehrte haben die Erfindung der zeitsparenden Logarithmen so freudig begrüßt wie die Astronomen, die sich dadurch bei ihren quälend langsamen und komplizierten Berechnungen der Bewegungen der Planeten und des Mondes viele wertvolle Tage sparen konnten. Bevor das Wort *Computer* in unserer Zeit wiederbelebt

     Was Newton nicht wußte

wurde, bezeichnete es im englischen Sprachgebrauch keine Rechenmaschine, sondern einen Menschen, dessen Aufgabe das Rechnen war; Astronomen konnten kaum ohne eine Schar von Hilfs«computern» auskommen, die die nötigen Berechnungen durchführten. Heute verlassen sich Amateur- und Berufsastronomen auf raffinierte elektronische Computer, die ähnliche Aufgaben verrichten.

Da ich weder Historiker noch Experte für Himmelsmechanik, Astronomie oder Mathematik bin, habe ich mich auf die Arbeiten vieler dieser Fachgelehrten verlassen und mich von ihnen leiten lassen. Ich habe Überlegungen, Beispiele und Einsichten aus Vorlesungen, Interviews, veröffentlichten Arbeiten und Unterhaltungen übernommen. Hinweise auf für mich besonders lohnende und nützliche Bücher und Artikel finden sich in der Bibliographie am Ende dieses Buchs.

Ich danke Owen Gingerich, Philip Holmes und Gail S. Young, die so freundlich waren, das Manuskript zu lesen, auf Probleme hinzuweisen und Verbesserungen vorzuschlagen. Für alle verbleibenden Fehler bin ich deshalb allein verantwortlich.

Ich möchte auch all jenen danken, die mir geholfen haben, indem sie Gedanken erläuterten, Material zur Verfügung stellten, mich auf Informationsquellen aufmerksam machten und mich auf Einzelheiten hinwiesen, die ich anfangs übersehen hatte: Ken Brecher, Robert Brumbaugh, Joseph Burns, David Chudnovsky, André Deprit, Martin Duncan, Sylvio Ferraz-Mello, Peter Goldreich, Louise Golland, Daniel Goroff, Keith Greiner, Martin Gutzwiller, Liam Healy, James Klavetter, Jacques Laskar, Myron Lecar, Richard McGehee, Gerald Quinlan, Bruce Stephenson, Gerald Sussman, Scott Tremaine, George Wetherill und Jack Wisdom. Ich bitte jeden um Entschuldigung, den ich versehentlich ausgelassen habe.

Für Hilfe beim Ausfindigmachen der Abbildungen, die in diesem Buch wiedergegeben sind, bedanke ich mich für ihre Bemühungen besonders bei Ruth Freitag von der Library of Congress, Deborah Warner, Steven Turner, Uta Merzbach und Peggy Kidwell vom National Museum of American History der Smithsonian Institution, bei Karin Lindberg vom Mittag-Leffler-Institut, bei Richard Dreiser vom Yerkes-Observatorium, bei Chandra Wilds vom News Office des MIT, bei Kate Desulis vom Adler-Planetarium und bei Scott Fields von der Universität von Wisconsin, Madison.

Es ist keineswegs eine einfache Aufgabe, ein umfangreiches Manuskript und viele Abbildungen in ein fertiges Buch zu verwandeln. Mein Dank gilt dem Verleger Jerry Lyons, der Lektorin Diana Siemens und allen Mitarbeitern von W.H. Freeman and Company für die Sorgfalt, mit der sie aus diesem Material ein wunderschönes Buch gemacht haben.

Ivars Peterson
Juni 1993

 Was Newton nicht wußte

Kapitel 1

Chaos im Uhrwerk

Die Himmel selbst, Planeten und dies Zentrum,
Reih'n sich nach Abstand, Rang und Würdigkeit,
Beharrung, Jahrszeit, Form, Verhältnis, Kreislauf,
Amt und Gewohnheit in der Ordnung Folge.

WILLIAM SHAKESPEARE
(1564–1616), *Troilus und Cressida*

Der leicht abgeflachte Ball, den wir Erde nennen, saust mit atemberaubender Geschwindigkeit in einem großen Bogen um die Sonne. Die Schwerkraft der Sonne hält die Erde auf einer elliptischen Bahn; jede Sekunde kann unser Planet weitere 30 Kilometer ins Fahrtenbuch seiner unermüdlichen Reise eintragen. Seine Reisegefährten halten respektvollen Abstand; sie alle sind an ihre eigenen, eingefahrenen Bahnen um die Sonne gebunden.

Die neun Planeten reagieren nicht nur auf die ständige Anziehungskraft der Sonne, sondern auch auf die ihrer Nachbarn. Der Sog dieser himmlischen Begleiter fügt einer von der Sonne bestimmten Grundbewegung eine Vielfalt winziger Schwankungen hinzu, die ein Geklirr von Abweichungen von der vollkommenen Geometrie verursachen. In dieser verworrenen, dissonanten Symphonie der Planeten haben die Riesen Jupiter und Saturn die lautesten Stimmen. Merkur, Venus, Mars, Uranus, Neptun und Pluto singen leiser mit. Aber selbst das nicht wahrnehmbare flüchtige Flüstern der kleineren Körper im Sonnensystem – der Asteroiden, Satelliten und Kometen – trägt zum himmlischen Chor ebenso bei wie, gleichsam am Rande, der böige Wind aus schnellen Teilchen und Strahlung, der fortwährend von der Sonne ausgeht.

Während der Globus, auf dem wir leben und staunen, die Sonne umläuft, dreht er sich gleichzeitig um seine eigene Achse. Die Erde schwankt und schlingert wie ein riesiger, sich drehender Kreisel. Jedes Erdbeben kann sie erschüttern, und jeder gewaltige Wirbel in ihrer Lufthülle oder ihren Meeren kann ihre Drehung stören. Variationen in der Form oder in der Verteilung der Materie, aus der ihre Oberfläche besteht, bringen ihre Bewegungen aus dem Gleichgewicht; an diesem Hebel können die Sonne und andere Himmelskörper angreifen, um die Erde noch weiter von einer einfachen Bewegung abzubringen.

Dieses moderne, bemerkenswert detaillierte Bild von der Dynamik des Sonnensystems stellt einen erstaunlichen Triumph menschlichen Denkens dar. Die Erde, die mal in diese und mal in eine andere Richtung gezogen wird, während sie durch den Raum wirbelt, kann bestenfalls als wacklige Plattform für die Beobachtung des Himmels dienen. Zudem gibt es in unserer Alltagserfahrung nichts, was uns unmittelbar über die Bewegung der Erde aufklärt. Was wir über das Wirken des Sonnensystems wissen, haben wir zuerst aus Bewegungen am Nachthimmel geschlossen, Bewegungen von Objekten, die nicht mehr als Lichtpunkte am Nachthimmel zu sein scheinen.

Entdeckungen beginnen mit persönlichen Erfahrungen. Als kleines Kind haben wir bald genügend Erfahrungshinweise, um zu spüren, daß wir irgendwie mit dem Boden verhaftet sind, auf dem wir zuerst liegen, dann krabbeln, gehen und laufen. Dinge fallen, und Steine rollen Hänge hinunter. Wasser fließt von oben nach unten. Ein Pfeil fliegt im großen Bogen durch die Luft, zuerst steigend, dann aber unweigerlich zur Erde fallend. Diese Bewegungen haben eine selbstverständliche, natürliche Richtung.

Der zuverlässige tägliche Lauf der Sonne am Himmel fügt ein weiteres wichtiges Element hinzu, so entscheidend wie die entsprechenden Bewegungen der Sterne bei Nacht. Diese zyklischen, vorhersagbaren Bewegungen sprechen deutlich für das Bestehen einer Art erdzentrierter Ordnung, die sich klar von jeder Unvorhersagbarkeit unterscheidet, wie sie den Launen des Wetters und der Verworrenheit des menschlichen Verhaltens entspricht. In einer ungebärdigen Umgebung verheißt eine solche Regelmäßigkeit auch angesichts großer Ungewißheiten eine gewisse Sicherheit.

     Was Newton nicht wußte

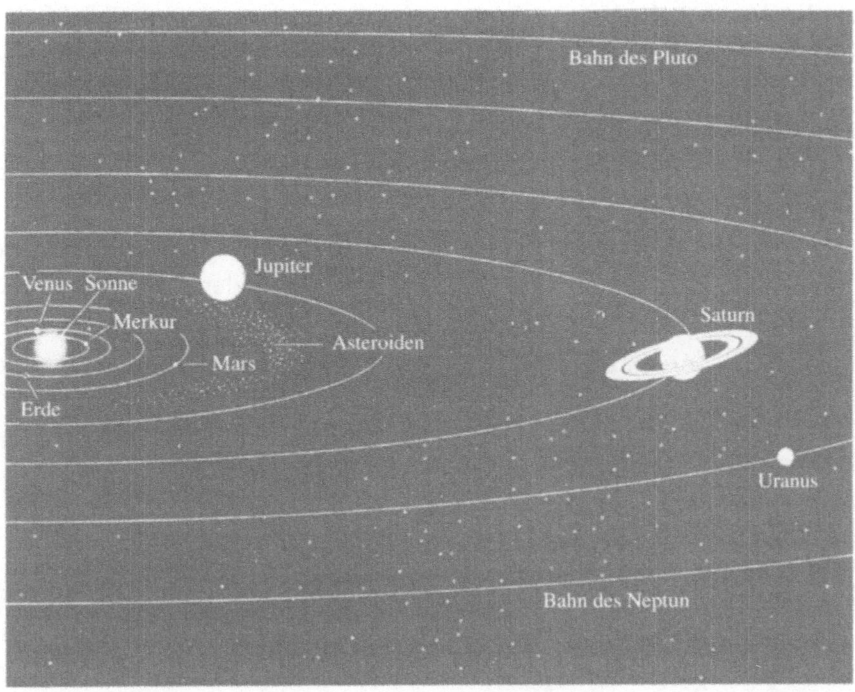

Von der Sonne bis zur Bahn des Pluto erstreckt sich unser Sonnensystem über etwa sechs Milliarden Kilometer in den Raum hinein.

Es überrascht kaum, daß Priester, Gelehrte, Dichter und Astronomen in langen vergangenen Tagen den himmlischen Kreisen ihre Aufmerksamkeit schenkten und auf die Abläufe von Himmelsereignissen achteten, die sich in beruhigend regelmäßigen Abständen wiederholten. Nur in der bedächtigen Bewegung der Sterne, die sich Nacht für Nacht mit unbestechlicher Genauigkeit wiederholt, in der nie schwankenden Regelmäßigkeit der täglichen Bahn der Sonne am Himmel und in den periodischen Veränderungen in Erscheinungsbild und Position des Mondes fanden unsere Ahnen klare Hinweise auf einen vernünftigen Bauplan der so verwirrenden Welt, der sie angehörten.

Bei genauerer Beobachtung jedoch, die sich über Monate und Jahre erstreckt, zeigen sich geringe Verschiebungen dieser Strukturen und viele ganz unerwartete Bewegungen. Die Sonne zum Beispiel geht nicht jeden Tag am selben Himmelspunkt auf; vielmehr verschiebt sich der Punkt ihres Aufgangs am Horizont. Diese sich periodisch wiederholenden Verschiebungen kennzeichnen einen längeren Kreislauf, der mit dem Wechsel der Jahreszeiten verknüpft ist. Ähnlich gehen bestimmte Sterne an verschiedenen Punkten am Horizont auf und verschwinden zu gewissen Jahreszeiten für längere Zeit vom sichtbaren Teil des Himmels. Auch diese Bewegungen haben einen Rhythmus, der an die Jahreszeiten gekoppelt ist.

Der Mond hat seine eigenen Zyklen und liefert damit eine weitere natürliche Zeiteinheit. Wie die Sonne geht er jeden Tag an anderen Punkten am Horizont auf und unter, aber sein Zyklus ist viel kürzer als der der Sonne. Der Mond vollendet während eines Jahres, in dem die Sonne gerade einen einzigen Umlauf vollführt, fast dreizehn seiner Zyklen. Außerdem verändert der Mond im Zyklus der Mondphasen regelmäßig sein Erscheinungsbild und verwandelt sich von der verschwindend dünnen Sichel kurz nach Neumond zur vollen, großartigen Fülle des Vollmonds und wieder zurück.

Auf noch seltsamere Weise scheinen einige Sterne ihre Stellung gegenüber anderen Sternen zu verschieben, während sie über den Nachthimmel ziehen. Die Bahnen dieser Wandelsterne beschränken sich auf einen breiten Streifen des Himmels und haben ihre eigenen festen Zyklen. Bei genauer Beobachtung zeigt sich eine Feinstruktur merkwürdiger Schleifen, die in ihre sonst glatte und flüssige Bewegung eingebettet sind.

Angesichts solcher Hinweise auf Komplexität haben Menschen die Bewegungen der Himmelslichter wohl schon immer verfolgt. Um ihre angeborene Neugierde und die Freude am Rätsellösen zu befriedigen, beobachteten, verzeichneten und vermaßen sie mit allen verfügbaren Mitteln, was am Himmel geschah. Und sie griffen zu typisch menschlichen Mitteln, um die Beziehungen zu beschreiben und deren Ordnung aufzuzeigen. Sie hatten, vom Zählen ausgehend, Arithmetik und Geometrie entwickelt und damit die Mathematik als praktisches Hilfsmittel erkannt. Sie war ihnen bei vielen Tätigkeiten nützlich, so beim Abzählen ihrer Viehherden und beim Aufteilen des Landes, beim Abschätzen von Ernteerträgen und beim Einschätzen eines Vermögens, beim Messen von Flächen und Rauminhalten und beim Berechnen von Steuern. Dieses wunderbare, unter großen Mühen erarbeitete Handwerkszeug lieferte genaue Verfahren, wie aus Verwirrung und Ungewißheit Ordnung zu ge-

     Was Newton nicht wußte

Die Bahn der Sonne am Himmel ändert sich mit den Jahreszeiten. Im Winter läuft die Sonne auf einem niedrigen Bogen; sie geht im Südosten auf und im Südwesten unter. Ihren weitesten Ausflug nach Süden macht sie zur Zeit der Wintersonnenwende. Im Sommer ist der Bogen viel höher; die Sonne geht im Nordosten auf und im Nordwesten unter. Zur Zeit der Sommersonnenwende erreicht sie ihre nördlichste Stellung. Zwischen diesen Extremen geht die Sonne am ersten Tag des Frühlings und dem ersten Tag des Herbstes genau im Osten auf und genau im Westen unter.

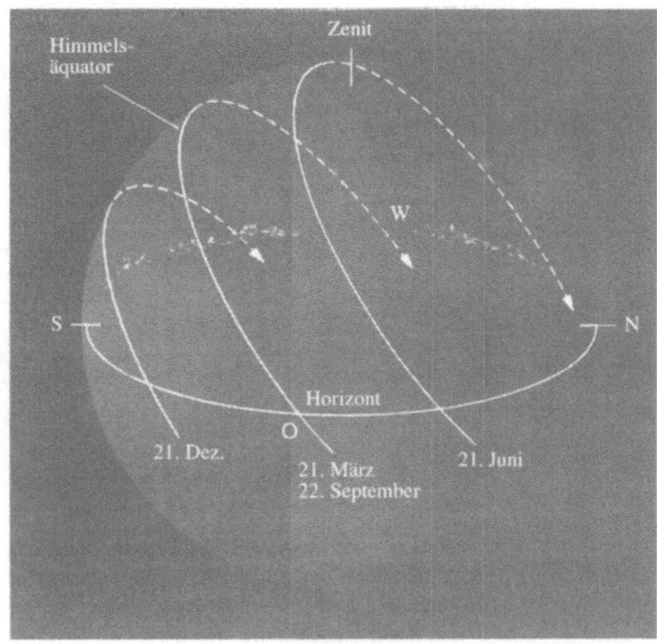

winnen sei – Verfahren, die sich auch auf den Kosmos anwenden ließen.

Als sie über dieses mathematische Werkzeug verfügten, erkannten jene, die mit Symbolen umzugehen wußten, schon bald, wie sich die Geometrie verwenden ließ, um Himmelsbewegungen abzubilden, und erlernten die Arithmetik, um deren zyklisches Wesen zu erfassen. Indem sie die Beschreibungen des Kosmos in einen mathematischen Käfig einsperrten, glaubten sie vorhersagen und irgendwie verstehen zu können, was sie als stille, aber harmonische himmlische Rhythmen sahen. Es gab in den Bewegungen genug Regelmäßigkeit, um vermuten zu lassen, daß sie von allgemeingültigen Gesetzen bestimmt sein könnten, aber auch genug Komplexität und Unregelmäßigkeit, um die Entwicklung von Mathematik und Naturwissenschaft weiter voranzutreiben.

Der Antrieb für diese Entwicklung entstammte größtenteils menschlichen Bedürfnissen. Ob es darum ging, die Jahreszeiten zu bestimmen, eine Sonnenfinsternis vorherzusagen, die günstigste Pflanzzeit zu ergründen, ein Horoskop zu erstellen oder das Datum

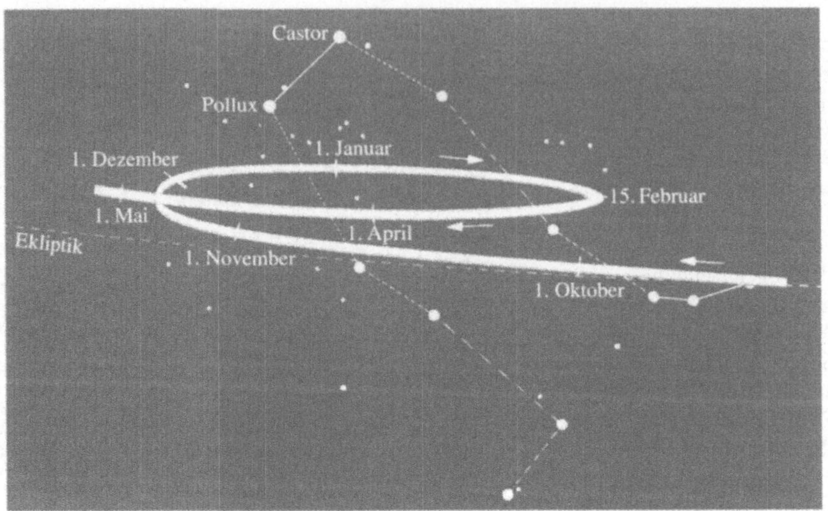

Relativ zu den Hintergrundsternen scheint der Planet Mars am Himmel regelmäßige Schleifen zu ziehen. Als Mars beispielsweise 1992 und 1993 das Sternbild Zwillinge durchquerte, bewegte er sich in der Zeit vom 30. November bis zum 14. Februar in eine Richtung, die seiner gewöhnlichen Laufrichtung entgegengesetzt war. Die Ekliptik (punktierte Linie) markiert die scheinbare Bahn der Sonne relativ zu den Sternen.

eines religiösen Festes festzulegen, immer lieferten astronomische Berechnungen verläßliche Antworten. Die mathematische Beschreibung der Himmelsmechanik, die mit der Bewegung des Sonnensystems zu tun hatte, kam der Schiffahrt zugute. So konnten die Seefahrer immer genauer die Position bestimmen, wenn sie außer Sichtweite des Landes waren; das wiederum ermöglichte weitreichende Erderkundung, weltweiten Handel und unablässiges Reisen. Ein Volk, das die Meere beherrschen wollte, setzte die besten Mathematiker daran, Tabellen der zukünftigen Planetenpositionen und Mondphasen zu erarbeiten. Diese Tradition wird heute noch in dem Almanach bewahrt, der alljährlich vom United States Naval Observatory und dem Royal Greenwich Observatory gemeinsam herausgegeben wird.

All diesen Berechnungen liegt die tief verwurzelte Überzeugung zugrunde, daß Naturerscheinungen im wesentlichen aus nur wenigen physikalischen Gesetzen folgen und daß sich diese Gesetze am besten in der Sprache der Mathematik ausdrücken lassen. Man möchte gern aus allgemeinen Begriffen ein Modell gewinnen, das sich bewährt, also

     Was Newton nicht wußte

Vorstellungen von Zahl und Ordnung sowie Maßeinheiten für Zeit und Entfernung liefert. Mit Hilfe eines solchen Modells können wir Zeit überspringen und vorhersagen, was die sonst verborgene Zukunft bereithält.

Mathematiker bieten jedoch oft mehr als nur ein einziges Schema zur Beschreibung der Natur. Vor über 2000 Jahren erdachten und erwogen griechische Gelehrte eine Reihe von genialen Verfahren, mit denen sich die Bewegungen der «Wandelsterne» erklären lassen, die wir heute Planeten nennen. Die meisten stellten die Erde fest in die Mitte ihrer Welt, doch einige Gelehrte vertraten die wesentlich mutigere Meinung, die Erde selbst bewege sich.

Um das Jahr 530 erläuterte Simplikios Cilicia, eines der letzten Mitglieder der von Platon fast ein Jahrtausend zuvor begründeten Akademie, die bis auf Platons Zeit zurückgehende wichtige Lehrmeinung, als er in seinem Kommentar zu einem der Werke des Aristoteles schrieb: «Und es wurde schon früher gesagt, daß Platon den himmlischen Bewegungen das Kreisförmige und Gleichmäßige und Geordnete als unbezweifelte Schuld zurückerstattete und den Mathematikern das Problem vorlegte, durch welche Hypothesen von gleichmäßigen, kreisförmigen und geordneten Bewegungen die Erscheinungen der Planeten gerettet werden könnten.»

Das System, das man errichtete, um Platons Kriterien zu genügen, bewährte sich bemerkenswert gut; im Lauf der Jahrhunderte feilten die Astronomen immer weiter an Einzelheiten, um ihre Vorhersagen zu verbessern. Es war lediglich ein Streitpunkt bei philosophischen und theologischen Auseinandersetzungen, ob sich die Planeten um die Erde oder um die Sonne drehten. Die Frage lief darauf hinaus, welche mathematischen Formeln zu den Tabellen führten, die die genauesten Vorhersagen enthielten.

Aber es stand mehr auf dem Spiel als diese Genauigkeit. Es ist viel leichter, ein Stück Papier mit drei oder vier einfachen Formeln mit sich zu führen als einen dicken Wälzer, der mit Fakten und exakten Daten gefüllt ist. Das Ziel eines mathematischen Modells ist es also, Naturerscheinungen nicht nur genau, sondern auch so knapp und rationell wie möglich zu beschreiben.

Im siebzehnten Jahrhundert schufen zuerst Johannes Kepler und Galileo Galilei und dann Isaac Newton eine physikalische Grundlage für das mathematische Modell, das die Naturerscheinungen am besten beschreibt. Newton konnte nicht nur in einem Wust verwirrender Beobachtungsdaten die zugrundeliegenden physikalischen Gesetze erkennen, sondern er entwickelte auch ein neues, arbeitssparendes mathematisches Hilfsmittel – die Infinitesimalrechnung –, das es ihm erlaubte, die Gesetze zu formulieren. Im wesentlichen bewies er, daß die Probleme der Mechanik mit Dingen zu tun haben, die auf Kräfte mit Bewegungsänderung reagieren, und daß überraschend viele Naturerscheinungen aufgrund dieser Kräfte und der sie beherrschenden (mathematisch formulierten) Bewegungsgesetze erklärt und beschrieben werden können. Für Newton war die Auffassung ausschlaggebend, daß die Grundgesetze der Natur überall die gleichen sind. Ein Stein, der in Italien von einem Turm fällt, verhält sich genauso wie ein Stein, der in England von einem Turm fällt. Der Mond unterliegt derselben Kraft wie ein fallender Apfel.

In seiner großartigen revolutionären Abhandlung *Philosophiae naturalis principia mathematica* (Die mathematischen Grundlagen der Naturlehre) konzentrierte sich Newton auf die Schwerkraft und ihre Wirkungen. Aber es gibt Hinweise darauf, daß er bereit war, viel weiter zu gehen. Er schrieb im Vorwort: «Möge es gestattet sein, die übrigen Erscheinungen der Natur auf dieselbe Weise auf mathematische Prinzipien zurückzuführen! Viele Beweggründe bringen mich zu der Vermutung, daß diese Erscheinungen alle von gewissen Kräften abhängen können. Durch diese werden die Teilchen der Körper nämlich aus noch nicht bekannten Ursachen entweder gegeneinander getrieben und hängen alsdann als reguläre Körper zusammen, oder sie weichen voreinander zurück und fliehen sich gegenseitig. Bisher haben die Physiker vergebens versucht, die Natur durch diese unbekannten Kräfte zu erklären.»

Newtons Bewegungsgleichungen und sein allgemeingültiges Gravitationsgesetz lassen sich auf alle Probleme anwenden, die die Bewegungen von Körpern im Sonnensystem betreffen. Als dieser grundlegende einfache Rahmen zur Verfügung stand, brauchten Newtons Nachfolger keinen großen Sprung mehr zu machen, um sich Planeten vorzustellen, die für alle Zeiten völlig vorhersagbar auf geordneten Bahnen die Sonne umlaufen. Ein solch dauerhaftes Uhrwerk muß niemals aufgezogen oder nachgestellt zu werden. In der

Formel stecken im Prinzip Vergangenheit, Gegenwart und Zukunft des ganzen Sonnensystems; sie läßt dem Unvorhergesehenen anscheinend keinen Raum. Astronomen und Mathematiker mußten dadurch ganz von selbst nach der Stabilität des Sonnensystems fragen.

Fragen nach der Stabilität stellen sich in praktisch jedem dynamischen System. Man denke sich eine Kugel, die am Boden einer großen halbkugelförmigen Schale ruht. Eine kleine Kraft kann die Kugel zur Seite drängen, aber die Kugel strebt sofort wieder der ursprünglichen Lage zu. Wenn es keine Reibung gibt, rollt die Kugel weiter hin und her, oder sie läuft an der Wandung der Schale auf einer gekrümmten Bahn. Dies ist eine stabile Situation. Im Gegensatz dazu befindet sich eine Kugel, die oben auf einer umgestülpten Halbkugel liegt, in einer instabilen Lage. Ein kleiner Stoß bringt die Kugel aus ihrer ursprünglichen Position heraus, zu der sie dann nie wieder zurückkehrt.

Beim Sonnensystem stellt sich die Frage, ob die vielfältigen Einflüsse jedes Körpers auf jeden anderen Körper die Planeten aus ihren im wesentlichen unveränderlichen Bahnen nur leicht und zeitweise verdrängen oder ob diese Wirkungen schließlich zu radikalen, unumkehrbaren Veränderungen führen können. Werden die Planeten nach weiteren Milliarden von Jahren immer noch auf denselben Bahnen laufen wie jetzt, oder könnte es einmal zu der Katastrophe kommen, daß der Mars auf die Erde fällt, oder könnte Pluto dem Sonnensystem entkommen? Kommt die Erde selbst vielleicht einmal der Sonne nahe genug, um ein Zwilling der verschleierten, gefährlichen Venus zu werden?

Auf die eine oder andere Weise hat das Problem der Stabilität des Sonnensystems Astronomen und Mathematiker seit über 200 Jahren fasziniert und gequält. Es bleibt zur Verlegenheit heutiger Fachleute eines der verblüffendsten ungelösten Probleme der Himmelsmechanik. Jeder Schritt zur Lösung dieser und verwandter Fragen hat nur weitere Ungewißheiten und noch tiefere Geheimnisse hervorgebracht.

Nun ist es – und das ist entscheidend – eine Sache, die Gleichungen für die Bewegungsgesetze niederzuschreiben, und eine ganz andere, diese Gleichungen zu lösen. Wie Newton und seine Nachfolger bald entdeckten, fällt die Berechnung der Bewegungen der Planeten und anderer Körper im Sonnensystem nicht leicht. Die Berechnungen sind häufig sogar so komplex, daß die Forscher heute Supercomputer oder eigens dafür konstruierte elektronische Geräte zur Lösung einsetzen.

Auf den ersten Blick mag es verblüffen, daß hochentwickelte Computer zur Beschreibung von Himmelsbewegungen benötigt werden. Neben den Asteroiden, den Monden der Planeten und vielen herumwandernden, kleineren Körpern enthält das Sonnensystem nur neun Planeten und die Sonne. Die Schwerkraft ist im wesentlichen die einzige Kraft, die auf ihre Bewegungen wirkt, und die mathematische Formel, die die Beziehung zwischen dieser Kraft und den Massen und Abständen der Planeten beschreibt, ist seit über 300 Jahren bekannt. Es sollte möglich sein, die Positionen der Planeten zu jeder Zeit zu berechnen und zu erkunden, was die physikalischen Gesetze für die Zukunft des Sonnensystems besagen. Warum ist es nicht möglich?

Bestünde das gesamte Sonnensystem nur aus Sonne und Erde, wäre die Beschreibung aller Bewegungen eine Übungsaufgabe, zu der nur Bleistift und Papier nötig sind. Ebenso wie Newton vor drei Jahrhunderten können wir die physikalischen Gesetze, die die jeweiligen Beziehungen zwischen den Orten, Geschwindigkeiten und Beschleunigungen der zwei Körper bestimmen, mit Hilfe sogenannter Differentialgleichungen ausdrücken. Durch deren Lösung bzw. Integration lassen sich die Bahnen der fraglichen Körper herleiten. Man kann also berechnen, wo sie waren und wohin sie laufen. Die Werte der Veränderlichen in einem Augenblick bestimmen diese Werte zu allen späteren oder früheren Zeiten. Die Formel besagt, daß die Bahn in einem solchen idealisierten Zweikörpersystem stabil wäre. Wie Newton bewies, würde die Erde zum Beispiel endlos um die Sonne kreisen und immer auf ihrer elliptischen Bahn bleiben.

Wenn aber ein zweiter Planet zu dem System hinzukommt, gibt es drei Körper, von denen jeder jeden anderen anzieht. Die Erde kann sich dann nicht länger an ihre genau elliptische Bahn halten. Sie kann weiterhin die Sonne umlaufen, aber je nach ihrer Entfernung von dem anderen Planeten wird sie auch von der sich dabei ändernden Schwerkraft dieses Körpers beeinflußt. Diese Störungen verzerren ihre Bahn im Raum, wie auch der Einfluß der Erde seinerseits die Bahn ihres Gefährten stört.

Die Gleichungen, die die Bewegungen der drei infolge Schwerkraft miteinander wechselwirkenden Körper beschreiben, sind nicht mit einer einfachen mathematischen Formel zu lösen, mit deren Hilfe die Bahnen aller drei Körper für alle Zeiten mit unbegrenzter Genauigkeit zu berechnen wären. Das Problem wird noch größer, wenn vier oder mehr Körper beteiligt sind. Man kann nur die stärksten Wirkungen berechnen – etwa den alles überragenden Einfluß der Sonne – und schwächere Störungen schrittweise berücksichtigen. Solche Verfahren erlauben es Mathematikern und Astronomen, den gesuchten Lösungen näher zu kommen. Wenn diese Methode auf ein tatsächliches Planetensystem angewendet werden soll, erfordert das schrecklich viele Berechnungen. Der Aufwand bei der Anwendung der sogenannten Störungstheorie – der Vorstellung, daß ein «wirkliches» Problem sich lösen läßt, indem man an einer einfachen, idealen Situation sukzessive kleine Veränderungen vornimmt – setzt ihrer Nützlichkeit als mathematisches Hilfsmittel Grenzen. Dies gilt insbesondere, wenn man Milliarden Jahre in die Zukunft oder zurück zum Ursprung des Sonnensystems schauen möchte.

Bevor es zuverlässige mechanische Rechenmaschinen oder gar schnelle elektronische Computer gab, versuchte man das Problem anhand plausibler Näherungen zu lösen, die mit einer vorgegebenen Genauigkeit Vorhersagen für die Planetenpositionen zu einem bestimmten Datum lieferten. Je genauer man jedoch ein Himmelsereignis festlegen wollte, desto mehr Berechnungen waren erforderlich, wenn die Vorhersagen hinreichend zuverlässig sein sollten. Die Berechnungen wurden zudem von Hand ausgeführt, mit Hilfe von dicken Wälzern voller endloser Logarithmentafeln, die reinstes Augenpulver darstellten. Bis zur Mitte dieses Jahrhunderts bezeichnete das Wort *Computer* im englischen Sprachraum Menschen, die die quälend mühsamen Berechnungen durchführten, wie sie in der Astronomie und in anderen Bereichen, die mit vielen Zahlen zu tun hatten, unvermeidlich waren. Während heutige Astronomen die Computer auf ihren Schreibtischen verwenden können, kamen in der Vergangenheit nur wenige Astronomen ohne die vielen anonymen Helfer aus, die die nötigen Berechnungen vornahmen.

Heute führen, wie gesagt, elektronische Digitalcomputer die monotone, für die Zusammenstellung der astronomischen Tabellen nötige Arbeit aus. Die Daten dienen zur Vorhersage von Planetenstellungen und bestimmten Himmelsereignissen, etwa Finsternissen. Die

Wissenschaftler untersuchen weiterhin die Einzelheiten dieser Berechnungen, um die winzigen Abweichungen zu erkennen und zu beseitigen, die die Genauigkeit ihrer Vorhersagen beeinträchtigen. Messungen mit Hilfe von Raumfahrzeugen und Radarsignalen zum Mond und anderen Himmelskörpern erlauben es, Entfernungen und Massen mit zuvor unvorstellbarer Genauigkeit zu bestimmen. Aufgrund dieser ausführlichen Daten und der erstaunlichen Leistungsfähigkeit der Computer können Naturwissenschaftler Fragen der Dynamik bearbeiten, die wegen ihrer Schwierigkeit noch vor Jahrzehnten völlig unlösbar waren.

Solche Genauigkeit ist zu vielem nützlich. So haben zum Beispiel die sorgfältige Berechnung der Positionen der Planeten und umsichtige Kurskorrekturen die Raumsonde *Voyager* 2 auf einer zwölfjährigen Reise fast 3 Milliarden Kilometer weit von der Erde weg geführt; die Sonde landete zum geplanten Zeitpunkt und nur wenige Kilometer vom Zielpunkt entfernt auf dem Neptun. Ähnlich verlassen sich Historiker auf die Berechnungen der Zeitpunkte von Sonnenfinsternissen, um historische Ereignisse zu datieren, die sich vor Tausenden von Jahren abgespielt haben. Umgekehrt lassen sich durch den Vergleich früherer astronomischer Aufzeichnungen und heutiger Berechnungen Unstimmigkeiten aufdecken, die uns winzige Veränderungen in der Rotationsgeschwindigkeit der Erde erkennen lassen.

Ganz gleich, ob wir unter der verdunkelten Kuppel eines Planetariums sitzen oder vor einem hochauflösenden Monitor, der durch raffinierte Software die Himmelsvorgänge simuliert, auch wir können Raum und Zeit frei durchmessen und darauf vertrauen, daß der Himmel für uns so aussieht wie vor fast 2000 Jahren für Ptolemäus und daß er auch unseren Nachkommen in einigen hundert Jahren so erscheinen kann.

Die Qualität der Beobachtungen und Berechnungen ist inzwischen hoch genug, um Wissenschaftler die nahe Zukunft und die jüngere Vergangenheit des Sonnensystems mit großer Zuverlässigkeit erkunden zu lassen. Sie können beobachten, wie Bahnen sich über Äonen hin ausbilden und nach Anzeichen für Instabilitäten suchen. Sie können in der Geschichte der Erdumläufe nach kleinsten Schwankungen und Veränderungen der Bahn suchen, die vielleicht stark

   Was Newton nicht wußte

Vor der Erfindung des Papiers verzeichneten Gelehrte im alten China wichtige Himmelsereignisse, etwa totale Sonnenfinsternisse, auf sogenannten Orakelknochen, Bruchstücken von Knochen oder Schildkrötenpanzern. Dieser Tintenabdruck eines Schildkrötenpanzers zeigt Inschriften, die anscheinend das Auftreten einer totalen Sonnenfinsternis am 5. Juni 1302 vor Christus aufzeichnen, die in Anyang in China beobachtet wurde. Forscher haben mit Hilfe von Computern die Daten und Wege von Finsternissen berechnet, die zu dieser Zeit in China sichtbar waren, und konnten den Tag angeben, an dem gerade diese Finsternis eingetreten sein mußte. Weil jede Verlangsamung der Erddrehung die Bahn einer Finsternis verschiebt, konnten sie dann berechnen, um wieviel ein Tag in den seither vergangenen Jahren länger geworden ist (NASA/Jet Propulsion Laboratory).

genug waren, das Klima und die geologischen Abläufe auf unserem Planeten zu beeinflussen.

Aber die Berechnungen haben auch deutlich gezeigt, was der Mathematiker Henri Poincaré um die Jahrhundertwende begriffen hatte, sich aber nicht gut vorstellen konnte – daß nämlich die Gesetze der Mechanik, wie sie von Isaac Newton formuliert wurden, viel mehr enthalten, als Newton und seine Schüler sich träumen ließen. Newtons Gleichungen umfassen nicht nur das exakt Vorhersagbare, sondern auch das Erratische und Chaotische. Außerdem scheint diese Doppelnatur der Gleichungen das Verhalten von physikalischen Systemen widerzuspiegeln, die leicht von einer anscheinend geordneten, vorhersagbaren Bewegung zu einem unregelmäßigen, unvorhersagbaren Verhalten übergehen können.

Ein Beispiel für ein solches physikalisches System ist das Doppelpendel. Ein einzelnes Pendel, etwa ein an einem Ende aufgehängter Stab, schwingt einfach hin und her. Wird jedoch am Ende des ersten ein zweiter Stab aufgehängt, ist die Bewegung sehr komplex. Das Doppelpendel kreiselt wie ein Trapezkünstler, der sich in der Taille beugt, und schwingt völlig willkürlich; manchmal beschreibt es große Bögen, manchmal hält es kurz an, bevor es seinen unvorhersagbaren Lauf wieder aufnimmt. Manchmal schwingt nur der untere Stab, und manchmal beherrscht der obere die gesamte Bewegung. Zu anderen Zeiten verhält sich das System, als wäre es ein einziges Pendel. Dieses bemerkenswerte Schlingern und Kreiseln hat eine so starke, geradezu hypnotische Wirkung, daß Museumsläden und Andenkengeschäfte immer wieder glitzernde Gebilde anbieten, die im Grunde Doppelpendel sind.

In den Naturwissenschaften und in der Mathematik nennt man ein solch unregelmäßiges Verhalten *Chaos*. Das Wort wurde erstmals 1975 von dem Mathematiker James Yorke auf das anscheinend unvorhersagbare Verhalten eines deterministischen Systems bezogen, das durch mathematisch formulierte Gesetze bestimmt wird. Obwohl die alltägliche Bedeutung des Wortes an ein wildes, wirres Verhalten denken läßt, bedeutet Chaos hier nur eingeschränkte Vorhersagbarkeit. Entscheidend ist, daß das Verhalten eines chaotischen Systems sich bei einer kleinen Veränderung der Anfangsbedingungen drastisch verändert. Identische Doppelpendel, deren Anfangsstellungen nur leicht verschieden sind, geraten schnell außer Phase und führen voneinander vollständig unabhängige Bewegungen aus. Ähnlich ergeben gewisse mathematische Gleichungen sehr verschiedene Lösungen, selbst wenn sich die Anfangswerte nur wenig unterscheiden.

Die drastisch gestiegene Rechenleistung der Computer hat ein wesentlich besseres Verständnis der Prinzipien der Dynamik ermöglicht. Insgesamt umfassen die Lösungen der Gleichungen, die ein dynamisches System beschreiben, in der Regel eine Vielfalt miteinander vereinbarer Zustände, von denen einige geordnet sind und andere ungeordnet. Wenn zum Beispiel ein Doppelpendel um nur einen kleinen Winkel aus seiner senkrechten Ausgangsposition ausgelenkt wird, kommt es zu einer regelmäßigen, vorhersagbaren Bewegung. Aber die Auslenkung desselben Pendels um einen größeren Winkel löst eine unvorhersagbare, chaotische Bewegung aus. Ordnung und Chaos stellen zwei Seiten eines zugrundeliegenden Determinismus dar. Keine gibt es für sich allein.

     Was Newton nicht wußte

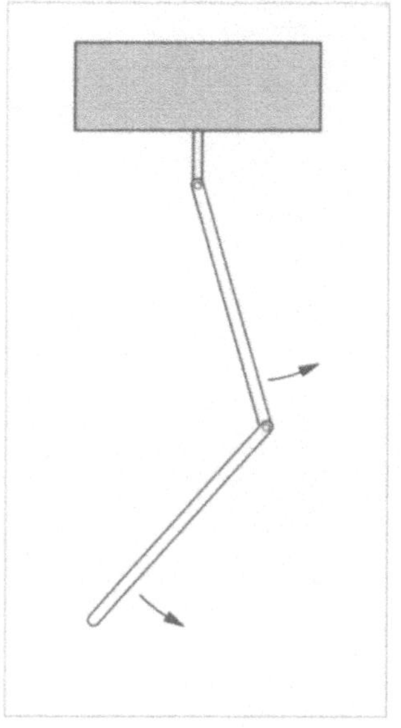

Ein Doppelpendel kann die unstete, unvorhersagbare Bewegung ausführen, die für ein chaotisches System kennzeichnend ist.

Numerische Untersuchungen lassen uns auch vermuten, das Chaos und die Ordnung der theoretischen Newtonschen Mechanik könnten im Sonnensystem Entsprechungen haben. Mehrere ganz verschiedene Methoden zur Berechnung der Veränderungen von Planetenbahnen führen übereinstimmend zu Ergebnissen, die bestätigen, daß im Uhrwerk der Planeten auch Chaos lauert. Forscher sehen Hinweise auf dynamisches Chaos in den Lücken zwischen den Bahnen der Kleinplaneten des Asteroidengürtels, in der Torkelbewegung des Hyperion (eines der Monde des Saturn) und in den verblüffenden Ringen, die die äußeren Planeten umgeben. Die neuesten Daten in den Bewegungen des Pluto und selbst in der Bahnbewegung der Erde deuten auf chaotische Einflüsse hin, wenn die Abweichungen auch viel zu klein sind, um einen der Planeten von seiner jetzigen Bahn abzubringen. Das Sonnensystem hat anscheinend viele Milliarden Jahre in einer Form überlebt, die seiner heutigen sehr ähnlich ist. Aber es ist nicht ganz so geordnet, wie der Vergleich mit einem Uhrwerk es nahelegt. Nichts garantiert, daß die Zukunft keine Überraschungen birgt.

Ob es im Sonnensystem wirklich Chaos gibt, bleibt jedoch umstritten. Nicht jeder akzeptiert die Interpretation von Simulationen, die die Planetenbewegungen über Milliarden Jahre verfolgen. Kritiker behaupten, in die Rechnungen gingen Näherungen ein, und Fehler

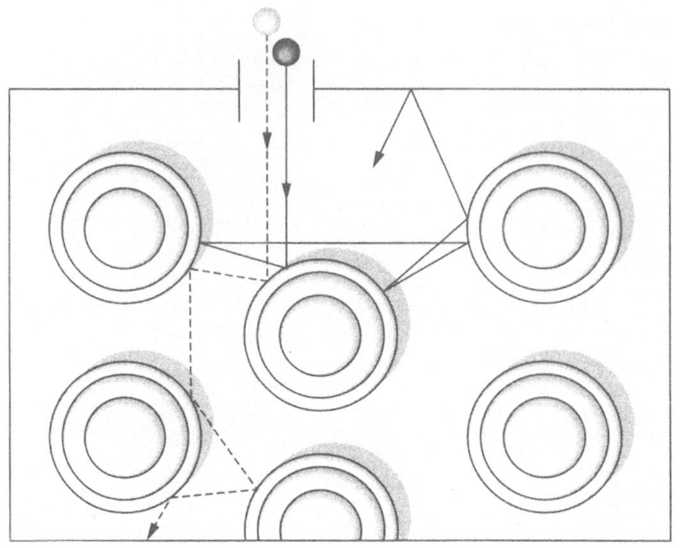

In diesem Beispiel für die «empfindliche Abhängigkeit von den Anfangsbedingungen» verfolgen Kugeln mit etwas unterschiedlichen Ausgangspunkten sehr verschiedene Bahnen, wenn sie auf einem Billardtisch eine enge Anordnung von zylinderförmigen Pollern durchlaufen müssen.

seien unvermeidlich. Ihre Zweifel werden durch die Tatsache bestärkt, daß frühere Rechenmodelle zu ganz anderen, einander gelegentlich widersprechenden Ergebnissen geführt haben.

Aber die Computersimulationen für das Sonnensystem wurden inzwischen wesentlich verbessert. Heutige Berechnungen, die Millionen von Jahren in die Vergangenheit und in die Zukunft hineinreichen, sind so genau, daß Scott Tremaine, der Urheber eines dieser Modelle, sagen kann: «Wäre ich Astrologe, könnte ich Ihnen sicherlich sagen, welches Tierkreiszeichen Sie hätten, wenn Sie vor Millionen von Jahren geboren worden wären.»

Grundverschiedene Methoden zur Berechnung und Aufzeichnung von Planetenbahnen scheinen zu bemerkenswert ähnlichen Antworten zu führen. Noch bedeutsamer ist die Tatsache, daß, wie Mathematiker gezeigt haben, bestimmte vereinfachte mathematische Modelle des Sonnensystems chaotische Lösungen haben. Diese Ergebnisse sind wichtig, weil numerische Berechnungen im Prinzip niemals beweisen können, daß ein bestimmtes System wirklich chaotisch ist. Die numerischen Hinweise können noch so deutlich sein, sie legen doch nur die Möglichkeit eines Chaos nahe.

Keine dieser Arbeiten liefert Hinweise darauf, daß das Sonnensystem auseinanderfällt. Die eigentliche Frage ist viel grundlegender. Es ist schwierig, wenn nicht unmöglich, Vorhersagen für die Zukunft zu

     Was Newton nicht wußte

machen, die sich über mehr als einige Millionen Jahre erstrecken. Die Dynamik des Sonnensystems enthält ein Element, das sich einfach nicht durch Berechnungen einfangen läßt.

Nehmen wir an, die Gleichungen Newtons und das aus ihnen gewonnene Modell für das Sonnensystem seien ein geeigneter Ersatz für die Wirklichkeit. Was besagt dann das bizarre, zwiegesichtige Verhalten des Modells für die langfristige Zukunft des Sonnensystems? Gibt es eine Zeitspanne, über die hinaus keine Rechnung ein zuverlässiges Bild liefern kann? Bedeutet dies das Ende unserer Bemühungen, die Frage nach der Stabilität des Sonnensystems zu beantworten?

Pierre-Simon Laplace war 24 Jahre alt, als er 1773 als einer der ersten ernsthaft versuchte, die Stabilität des Sonnensystems zu beweisen. Die Meinungen waren damals geteilt. Isaac Newton hatte gelegentliches göttliches Eingreifen für nötig gehalten, um das Sonnensystem wieder in Ordnung zu bringen und seine Auflösung zu verhindern. Leonhard Euler war beeindruckt von den ungeheuren Schwierigkeiten, auch nur die Bewegung des Mondes zu erklären, und verzweifelte an dem Versuch, mit den unzähligen Kräften und komplizierten Wechselwirkungen fertig zu werden, die jedes realistische Modell des Sonnensystems enthalten muß. Er hielt es für unmöglich, die künftigen Bewegungen dieses Systems einigermaßen sicher vorherzusagen.

«Alle Wirkungen der Natur sind nur die mathematischen Folgen einer kleinen Anzahl unveränderlicher Gesetze», behauptete Laplace und versuchte mit seinen beträchtlichen mathematischen Fähigkeiten, die Dynamik des Sonnensystems zu ergründen. Als er seine umfassende Untersuchung abgeschlossen hatte, behauptete er, das Sonnensystem sei stabil. Die Planeten wiederholen, so schrieb er, ihre komplizierten Kreisläufe und weichen niemals weit von ihrer vorgeschriebenen Bahn ab.

Die Vorstellung, die Erde und die anderen Planeten wirbelten unaufhörlich um die Sonne und hielten sich auf ewig an ihre fast elliptischen Bahnen, verleiht einerseits ein Gefühl der Sicherheit und erscheint andererseits als langweilig. Aber der von Laplace schwer erkämpfte Beweis dieser Stabilität galt für ein mathematisches Modell eines idealisierten Sonnensystems, jedoch nicht für die wirkliche Welt.

Sein Modell vernachlässigte eine Vielzahl von geringeren Gravitationswirkungen, die die Ergebnisse seiner Untersuchungen beeinflußt haben würden.

Die Frage nach der Stabilität bleibt offen; die Wissenschaftler können heutzutage jedoch verwandte Fragen hinsichtlich der Veränderungen von Planetenbahnen bis in kleinste Einzelheiten untersuchen. Äußerst schnelle Computer ermöglichen es, die Natur in einer Weise zu simulieren, daß sich an diesen Modellen Experimente durchführen lassen. Das Ergebnis ist eine neue Methodik der Naturwissenschaft. Sie ist weder reines Experimentieren noch reine Theorie; ihr Erfolg hängt davon ab, wie weit man mit Rechenmodellen Naturerscheinungen nachvollziehen kann. Ihre Fähigkeiten eröffnen Forschungsbereiche, die in der Vergangenheit unzugänglich waren.

Insbesondere die Astronomie hat den Einfluß der Computerrevolution zu spüren bekommen. Generationen von Astronomen, die auf dem Gebiet der Himmelsmechanik arbeiteten, mußten sich mit nur einem Sonnensystem bescheiden, an dem sie ihre Theorien überprüfen konnten. Heute können sie mit Hilfe ausgeklügelter Geräte sozusagen alternative Sonnensysteme untersuchen und einen Eindruck von der Veränderbarkeit bekommen, die die Natur zuläßt. Sie können die Position eines einzelnen Planeten verschieben oder ein Sonnensystem mit einer ganz besonderen Anordnung «schaffen» und mit dem Verhalten dieses Systems experimentieren. Und sie können das immer wieder tun.

Solche Experimente könnten vielleicht etwas über die Einzigartigkeit unseres wirklichen Sonnensystems aussagen. Obwohl seine Stabilität nicht mathematisch bewiesen ist, besteht es doch in seiner jetzigen Gestalt nachweislich schon einige Milliarden Jahre. Ist diese besondere Verteilung der Planeten nur eine von vielen möglichen stabilen Anordnungen, oder ist sie die einzige, die ein stabiles Sonnensystem zuläßt? Gäbe es Raum für einen anderen Planeten, oder würde sein Einfluß die offenkundige Stabilität des Systems stören? Hat das Sonnensystem in seiner sehr frühen Geschichte überschüssiges Material weggeschleudert, so daß nur ein stabiler Kern blieb? In welchem Ausmaß hat das Streben nach Stabilität dem Sonnensystem seine heutige Gestalt gegeben?

 Was Newton nicht wußte

Um die relativen Bahndurchmesser der sechs im Jahre 1596 bekannten Planeten zu erklären, konstruierte Johannes Kepler eine geniale Schachtelung der fünf regelmäßigen Polyeder; er wählte dazu die Anordnung, die die beste Übereinstimmung mit den bekannten Beziehungen zwischen den Planetenbahnen bot. Ein Würfel trennt den Saturn vom Jupiter, ein Tetraeder liegt zwischen Jupiter und Mars, ein Dodekaeder zwischen Mars und Erde, ein Ikosaeder zwischen Erde und Venus und ein Oktaeder zwischen Venus und Merkur. Im Mittelpunkt des ganzen Systems steht die Sonne. Schalen, die groß genug sind, um die exzentrischen Planetenbahnen zu enthalten, trennen einen Körper vom anderen (Nachdruck mit freundlicher Genehmigung von David Layzer, *Constructing the Universe*, Scientific American Library, New York 1984).

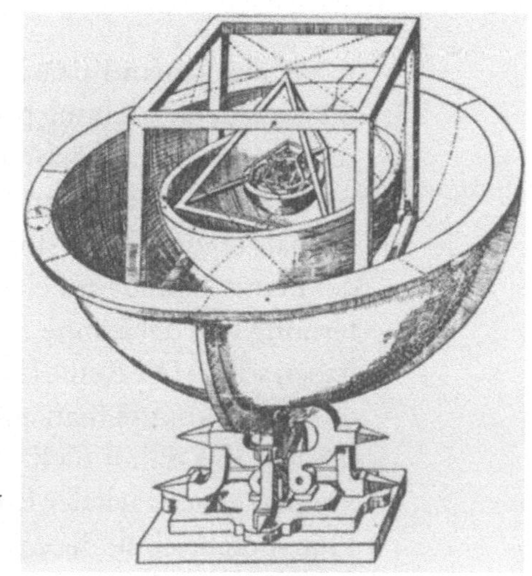

In gewissem Sinn werfen solche Fragen die Astronomen auf eine Zahlenmystik zurück, die bei Wissenschaftlern heute verpönt ist, die sie zur Zeit von Johannes Kepler jedoch faszinierte. Keplers erste große astronomische Arbeit enthielt eine Erklärung dafür, daß es genau sechs Planeten – so viele waren im Jahre 1596 bekannt – in bestimmten Entfernungen von der Sonne geben müsse. Kepler stellte eine Verbindung zwischen den Planetenbahnen und den fünf regulären Polyedern oder platonischen Körpern her, indem er je einen regelmäßigen Körper zwischen zwei Sphären einfügte, die durch die Planetenbahnen definiert wurden.

Keplers geniales System war nicht das einzige, das den Zahlenverhältnissen im Sonnensystem Bedeutung verlieh. Der deutsche Mathematiker, Physiker und Astronom Johann Daniel Titius bemerkte 1766 ein faszinierendes, erstaunlich einfaches Zahlenmuster, das anscheinend die Beziehungen zwischen den Entfernungen der Planeten wiedergab. Er ging von der Zahlenfolge 0,3,6,12,24,48,96,192,384,768 und so weiter aus, bei der jedes Glied außer den beiden ersten durch Verdoppelung des vorigen Gliedes entsteht. Indem er jeweils 4 addierte und dann durch 10 dividierte, erhielt er eine neue Zahlenfolge, bei der jedes Glied die mittlere Entfernung eines der damals bekannten Planeten von der Sonne im Verhältnis zur mittleren Entfernung zwischen Erde und Sonne angab. Die meisten der sich ergebenden Zahlen entsprachen recht gut den gemessenen Verhältnissen.

Kaum jemand beachtete die unauffällige Fußnote, in der Titius diese Zahlenbeziehung bekanntgab (sie stand im Anhang seiner Übersetzung eines französischen Lehrbuchs). Johann Elert Bode von der Berliner Sternwarte fand sie dort und veröffentlichte sie 1772 noch einmal. Diese «Titius-Bode-Reihe» gewann an Glaubwürdigkeit, als der Planet Uranus auf einer Bahn entdeckt wurde, deren mittlere Entfernung von der Sonne ziemlich genau jene war, die er nach der Reihe haben sollte. Die Reihe führte auch zur Sichtung des ersten Asteroiden; durch ihn konnte man einer der Zahlen eine Bedeutung zuschreiben, die man bis dahin nicht mit einem Himmelskörper hatte verbinden können. Aber nach der Entdeckung der äußeren Planeten Neptun und Pluto beschrieb sie deren relative Entfernungen nicht genau.

Die Tatsache, daß die Titius-Bode-Reihe die Positionen der Planeten so erstaunlich genau angibt, beschäftigt manche Astronomen auch heute noch. Ist diese numerische Beziehung wirklich nur ein Zufall, oder hat sie etwas mit der Dynamik und Stabilität des Sonnensystems zu tun? Vielleicht gab es ja etwas in der frühen Geschichte des Sonnensystems, das unausweichlich zu einem solchen Muster führte.

Entfernungen der Planeten von der Sonne: tatsächliche Entfernung und gemäß der Titius-Bode-Reihe

Planet	Tatsächliche mittlere Entfernung (in AE)	Entfernung nach der Titius-Bode-Reihe (in AE)
Merkur	0,39	(0+4)/10 = 0,4
Venus	0,72	(3+4)/10 = 0,7
Erde	1,00	(6+4)/10 = 1,0
Mars	1,52	(12+4)/10 = 1,6
?	—	(24+4)/10 = 2,8
Jupiter	5,20	(48+4)/10 = 5,2
Saturn	9,54	(96+4)/10 = 10,0
Uranus	19,19	(192+4)/10 = 19,6
Neptun	30,06	(384+4)/10 = 38,8
Pluto	39,53	(768+4)/10 = 77,2

Die Titius-Bode-Reihe ist eine Näherung für die relativen mittleren Entfernungen der Planeten von der Sonne. Die Unstimmigkeit zwischen den berechneten und den wirklichen Werten ist bei den drei äußeren Planeten (unterhalb der gestrichelten Linie) groß; sie wurden erst nach der Aufstellung dieser Formel 1766 durch Titius entdeckt. Eine astronomische Einheit (AE) ist die mittlere Entfernung von Sonne und Erde.

　Was Newton nicht wußte

Weil wir nicht die etwa fünf Milliarden Jahre erleben werden, bis sich die Sonne zu einem roten Riesen aufbläht und das uns bekannte Sonnensystem zerstört, müssen wir uns auf die Mathematik als das effizienteste und zuverlässigste der uns verfügbaren Mittel verlassen, wenn wir verstehen wollen, was wir um uns herum sehen. Bei dieser mächtigen Schöpfung des menschlichen Geistes, die es uns erlaubt, das Weltall auf Symbolreihen von der Länge einer Druckseite zu komprimieren, verblüfft uns immer wieder, wie gut sie auf Naturerscheinungen anwendbar ist, und wie raffiniert und leistungsfähig sie ist.

Die Geschichte der Astronomie und des immerwährenden Bemühens, den Lauf der Himmelskörper vorherzusagen und die Rätsel des Sonnensystems zu lösen, ist eng mit der Geschichte der Mathematik und der Rechenverfahren verwoben. Die Astronomie war die erste mathematisch ausgeübte Naturwissenschaft. Arithmetik und Geometrie führten in Verbindung mit der Beobachtung zu dem so umfassenden theoretischen System, über das wir heute verfügen.

Unser Sonnensystem ist – was in mancher Hinsicht als Glücksfall erscheint – einfach genug, so daß wir auf den Gedanken kommen konnten, das Weltall werde von einfachen physikalischen Gesetzen beherrscht. Wir konnten deshalb auch eine Sprache entwickeln, in der sich diese Gesetze ausdrücken lassen. Man stelle sich nur die verwickelten Bewegungen eines Planeten vor, der den Kräften zweier einander umlaufender Sterne ausgesetzt wäre. Könnten die Astronomen jemals die einfachen mathematischen Gleichungen finden, die solchen erratischen Bewegungen zugrunde liegen? Könnte es in einer so instabilen Situation überhaupt irgendeine Lebensform geben?

Die Erforschung unseres eigenen Sonnensystems hat uns von der Präzision eines Uhrwerks zu Chaos und Komplexität geführt. Die den Menschen gesetzten Grenzen und die Fortschritte der Computertechnik kennzeichnen die zögernden Schritte auf diesem Weg und liefern den Stoff zu einer großartigen Detektivgeschichte. Die Erzählung beginnt bei unseren fernen Vorfahren, die am Nachthimmel als erste eine Botschaft erblickten, über die sie nachdenken und die sie verstehen konnten. Sie führt zu den verblüffenden Aus-

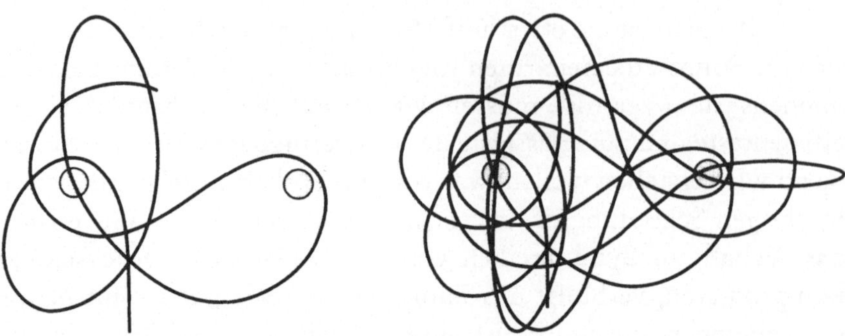

Ein einzelner, winziger Planet in einem Sonnensystem, das von zwei Sternen mit gleicher Masse beherrscht wird, würde auf einer äußerst komplizierten, praktisch nicht vorhersagbaren Bahn laufen. Dies ist ein Beispiel für die komplexen Bewegungen, die in einem System mit nur drei Körpern möglich sind, die aufgrund ihrer Schwerkraft miteinander wechselwirken.

sichten, die uns die Zeit- und Raummaschinen der modernen Forschung von unserem Sonnensystem und dem Weltall bieten, in dem es umhertreibt.

Was Newton nicht wußte

Kapitel 2
Zeitmesser

Wenn sie des Himmels Plan verzeichnen wollen,
Die Sterne messen, das erhab'ne Werk
Aufrichten, niederreißen, wieder bau'n,
Dann, um den Schein zu retten,
Mit Sphär' um Sphäre, Gurt um Gurt durchkreuzen
Und Zirkel über Zirkel um ihn zieh'n.

JOHN MILTON (1609–1674), *Das verlorene Paradies*

Kurz vor Ostern des Jahres 1900 ankerten zwei von einem Gewittersturm heimgesuchte Fischerboote vor der Felsenküste der Insel Antikythera. Diese öde, schroffe kleine Insel, kaum anderthalb Kilometer lang, liegt in der Wasserstraße, die das griechische Festland von der Insel Kreta trennt. Sie warnt deutlich vor den Gefahren, die alle Schiffe erwarten, die sich vorbeischlängeln möchten an den Untiefen, den treibenden Sandbänken und gefährlichen Strömungen dieser vielbefahrenen Route zwischen dem östlichen und dem westlichen Mittelmeer.

Auf den beiden Segelbooten waren außer der Besatzung sechs Taucher, die in tunesischen Gewässern nach Schwämmen gesucht hatten und jetzt wieder nach Hause wollten, zur kleinen ägäischen Insel Syme. Weil der Sturm sie zum Warten zwang, suchten die Taucher an der Felsenküste, wo die Boote ankerten, nach Schwämmen. Als einer von ihnen zum Meeresboden kam, erblickte er in etwa 40 Meter Tiefe das Wrack eines antiken Schiffes, in dem sich gewaltige Mengen zerbrochener Marmor- und Bronzestatuen, umgestürzte Amphoren und andere stark verkrustete und verrottete Dinge befanden. Der über seine Entdeckung erstaunte Taucher brachte einen überlebensgroßen Bronzearm an die Oberfläche, um seinen Kollegen zu zeigen, daß sein Fund kein Hirngespinst war.

Dieser Bronzearm und die Aussage des Kapitäns des Fischerbootes überzeugten die griechischen Behörden davon, daß sich eine Expedition lohnte, die den Schatz heben sollte. Vom 24. November 1900 an gruben Taucher neun Monate lang mühsam Skulpturen aus dem Schlamm, banden starke Seile um die schlüpfrigen Teile aus Bronze und Marmor und kehrten dann an die Oberfläche zurück, während ein Kran die Lasten auf das Schiff hievte. Die Taucher arbeiteten ohne Lufttanks oder Schnorchel; sie konnten jeweils nur fünf Minuten lang auf dem rutschigen und unsicheren Meeresgrund bleiben. Weil die Arbeit und das Tauchen in solche Tiefe so schwierig war, konnte jeder Taucher am Tag nur zwei Tauchversuche unternehmen.

Es gelang den Tauchern trotzdem, mehrere großartige Bronzefiguren zu heben, die jetzt im Nationalen Archäologischen Museum von Athen ausgestellt sind. Zu dem Fund gehörten ebenfalls hellenistische und griechische Töpferwaren, sehr viele Amphoren, die aus Rhodos stammen könnten, viele in Teile zerlegte Marmorstatuen – späte Kopien früher Originale –, die sich später leicht zusammenfügen ließen, und eine Lampe.

Im Museum, in das die Dinge gebracht wurden, konzentrierten sich die Fachleute auf die am besten erkennbaren Bruchstücke, die sie nach und nach reinigten, identifizierten und zu mehr oder weniger vollständigen Figuren zusammenfügten. Immer wieder einmal überprüften sie die verschiedenen unregelmäßigen Teile, die sie zunächst zur Seite gelegt hatten, und suchten nach Hinweisen auf ihre Herkunft. Das alles brauchte viel Zeit.

Unter den Schätzen fast unbeachtet geblieben war ein dunkler, poröser Klumpen verkalkter Bronze von der Größe eines dicken Buches. Der Stein wurde im Freien außerhalb des Museums aufbewahrt, wo er langsam von außen nach innen trocknete. Das alte Holz in seinem Inneren schrumpfte zu einer harten, verformten Masse; das führte zu Rissen, die den Klumpen plötzlich in vier Teile bersten ließen. Als der Archäologe Spyridon Stais diese Bruchstücke am 17. Mai 1902 untersuchte, kam das, was sie offenbarten, einer Sensation gleich. Auf den zuvor verborgenen Flächen innerhalb des Klumpens waren nämlich deutliche Spuren von Zahnrädern und ausführliche, aber größtenteils unleserliche Inschriften zu erkennen.

Dieser verkrustete Klumpen verrosteten Metalls wurde von Schwammtauchern entdeckt, die in der Nähe der griechischen Insel Antikythera ein antikes Schiffswrack fanden. Er zeigt Spuren einer erstaunlich raffinierten Anordnung von Zahnrädern zur Berechnung von Himmelsbewegungen
(mit freundlicher Genehmigung des Adler Planctariums, Chicago, Illinois).

Das Zahnradsystem war ziemlich kompliziert. Die Zifferblätter und Inschriften wiesen Schriftzeichen auf, wie sie für das erste vorchristliche Jahrhundert typisch waren, und ließen einen astronomischen oder kalendarischen Zweck vermuten. Aber alles andere an diesem bemerkenswerten Mechanismus blieb ein Rätsel. Das Objekt war so kompliziert, daß man bezweifelte, ob es überhaupt griechischen oder römischen Ursprungs war. Nie zuvor war etwas Ähnliches entdeckt worden.

Anfangs vermuteten die Gelehrten, das Objekt sei eine Art astronomisches Meßgerät, etwa ein Astrolabium, das ursprünglich in einem Kasten angebracht war. Aber das geheimnisvolle Gerät, das nun

Antikythera-Mechanismus genannt wurde, schien viel komplizierter zu sein als jedes bekannte Astrolabium.

Das Astrolabium wurde im zweiten oder dritten vorchristlichen Jahrhundert erfunden und diente zur Messung der Höhe eines Sternes oder eines anderen Himmelskörpers. Es besteht im wesentlichen aus einer kreisrunden Metallscheibe, die an einem hölzernen Ring hängt. Wenn der Beobachter den Ring senkrecht herabhängen läßt und die Scheibe mit den Fingern ruhig hält, kann er einen in der Scheibenmitte aufgehängten Zeiger verschieben, bis dieser auf das beobachtete Objekt weist. Die Lage des Objekts über dem Horizont läßt sich dann an der Stricheinteilung am Scheibenrand ablesen. Viele Jahrhunderte später dienten tragbare, verbesserte Formen dieses Instruments den Seefahrern als wichtigstes Hilfsmittel zur Bestimmung der geographischen Breite und auch der Tageszeit.

Könnte der Antikythera-Mechanismus eine Art Navigationsinstrument gewesen sein, oder war es etwas anderes? Eine Uhr, ein Planetarium, eine Skulptur? Der Streit über seinen Zweck wurde jahrzehntelang sporadisch weitergeführt, während die Restaurateure geduldig die dicken Schichten von Ablagerungen entfernten, die die Bronzeteile bedeckten.

Photographien dieser Bruchstücke erregten 1951 die Aufmerksamkeit von Derek J. de Solla Price, einem Pionier in der Geschichte wissenschaftlicher Instrumente. Die faszinierende Kompliziertheit des Geräts veranlaßte ihn 1958 zu einem ersten Besuch in Athen, weil er das Objekt mit eigenen Augen sehen wollte. Danach bot Price an, das Gerät zu untersuchen und versuchsweise zu rekonstruieren.

Das ursprüngliche Gerät war ein Kasten von etwa 30 cm Höhe mit Seitenwänden aus Holz und Messingplatten mit Skalenringen auf der Vorder- und Rückseite, die durch an Scharnieren aufgehängte Türen geschützt waren. Im Innern enthielt es auf eine dicke Bronzeplatte montierte, kompliziert angeordnete Zahnräder. Längere griechische Inschriften bedeckten alle freien Oberflächen und beschrieben Herstellung und Verwendung des Geräts. Am ehesten ähnelte es einer kunstvoll gebauten Uhr aus dem achtzehnten Jahrhundert.

Der Mechanismus wurde durch das Drehen einer Achse angetrieben, die seitlich aus dem Gehäuse herausragte. Diese Achse drehte ein kronenförmiges Zahnrad, das seinerseits ein großes Rad mit vier

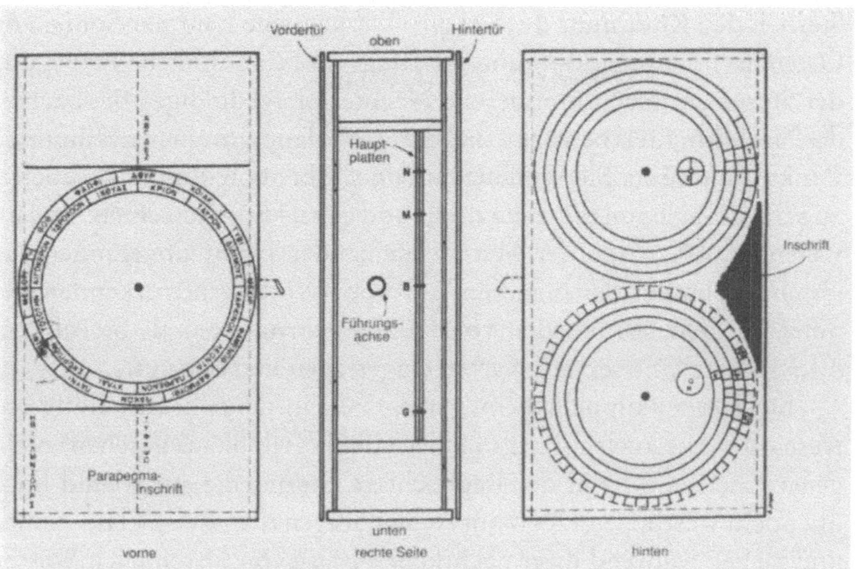

Die Rekonstruktion des Antikythera-Mechanismus zeigt einen Kasten von 16,4 cm Breite, 4,8 cm Tiefe und 32, 6 cm Höhe. Das fast ausschließlich aus Bronze hergestellte Gerät hatte anscheinend vorn und hinten Türen, die Platten mit Skalenringen und Inschriften schützten. Im Inneren waren auf Platten montierte Zahnradgetriebe (mit freundlicher Genehmigung des Adler-Planetariums, Chicago, Illinois).

Speichen antrieb. Zahnräder, die an mehreren Punkten auf dem Rad angebracht waren, führten zu Kurbeln, die Zeiger antrieben: einen auf der Vorderseite und zwei auf der Rückseite. Bei einer Drehung der Betätigungsachse bewegten sich die Zeiger jeweils mit anderer Geschwindigkeit auf ihren Scheiben. Anzeichen sprechen dafür, daß die Maschine mindestens zweimal repariert worden war – einmal, um eine gebrochene Speiche auszubessern, und einmal, um einen fehlenden Zahn in einem kleinen Rad zu ersetzen. Vermutlich war das Gerät also wirklich arbeitsfähig.

Das vordere Zifferblatt trug zwei Skalen. Ein innerer fester Ringe zeigte die 12 Tierkreiszeichen, ein Schleifring die 12 Monate des Jahres. Beide Skalen waren sorgfältig in Grade eingeteilt. Das Zifferblatt sollte anscheinend die jährliche Bewegung der Sonne vor dem Hintergrund der Sterne anzeigen.

Für die Anrainer des Mittelmeers bestimmten, wie für so viele Völker in der ganzen Welt, die Bewegungen von Sonne, Mond und

Sternen den Rhythmus des Lebens. Der tägliche Lauf der Sonne von Osten nach Westen bestimmte ihre Tage und eine ähnliche Bewegung der Sterne am Nachthimmel die Nächte. Ein geduldiger Beobachter des Nachthimmels bemerkt, daß die Sterne langsam einen bestimmten Punkt umkreisen. Sie scheinen an einer Ebenholzkuppel angeheftet zu sein, die sich um die Erde dreht und alle 24 Stunden einen Umlauf vollendet. Die Lage der Sterne zueinander bleibt unverändert; so lassen sich immer gleichbleibende Gruppen von Sternen erkennen und unterscheiden. Sie wurden von frühen Astronomen als Sternbilder oder Konstellationen auf Karten eingetragen und benannt.

Die Sternenkuppel scheint geneigt zu sein, denn ihr Rotationszentrum oder Himmelspol liegt (außer vom Nordpol aus gesehen) nicht genau über dem Kopf des Beobachters. Sterne, die am Abend hoch über dem westlichen Horizont stehen, folgen dem Beispiel der Sonne und ziehen während ihrer nächtlichen Reise von Osten nach Westen über den Himmel. Andere Sterne gehen am östlichen Horizont auf und nehmen deren Platz ein. Nur jene Sterne, die nahe genug am Himmelspol liegen, bleiben die ganze Nacht über sichtbar.

Dies wiederholt sich in jeder Nacht, aber nicht ohne einige kleine Veränderungen von einer Nacht zur nächsten. Nach wenigen Wochen tauchen Sterne, die ursprünglich in der Abenddämmerung genau im Osten standen, viel höher am Himmel auf. Andere Sterne, die anfangs in der Dämmerung tief am westlichen Horizont standen, sind nicht mehr sichtbar. Sie tauchen viele Monate später am Morgenhimmel auf. Sorgfältige Beobachtung zeigt, daß die Sterne relativ zum Auf- und Untergang der Sonne und dem Eintritt der Dämmerung in jeder Nacht etwa vier Minuten früher auf- und untergehen. Im Lauf eines Jahres summiert sich diese zusätzliche Zeitspanne zu genau einem Tag; nach einem vollen Jahr erscheinen also genau die Sterne am Abend als erste am Firmament, die ein Jahr zuvor zu dieser Zeit dort sichtbar waren.

Da die jährliche Rotation der Sternpositionen relativ zur Sonne sich immer wiederholt, läßt sich der Auf- und Untergang bestimmter Sterne und Sternbilder den Jahreszeiten zuordnen. Das wußten schon die alten Griechen; der griechische Dichter Hesiod schrieb im achten vorchristlichen Jahrhundert, daß der Frühling mit dem Aufgang des Sterns Arcturus und der Winter mit dem Untergang des Sternbilds Orion in der frühen Morgendämmerung beginnt.

     Was Newton nicht wußte

Die Sternspuren in dieser Lang-
zeitaufnahme des Nacht-
himmels zeigen, wie sich die
Sterne um einen Punkt am
Himmel zu drehen scheinen,
der genau über dem Nordpol
der Erde liegt. Die Sterne vollenden alle 24 Stunden einen
Umlauf (U.S. Naval Obser-
vatory. Nachdruck mit freundlicher Genehmigung von
William J. Kaufmann, -
Universe, 3. Auflage, W.H.
Freeman, New York 1991).

Für einen Beobachter auf der
nördlichen Erdhalbkugel erscheint der Himmel als eine
Halbkugel, die über dem vom
Horizont gebildeten Kreis
liegt. Die scheinbare Rotation
der Himmelskugel um ihre
Achse läßt die Sterne am östlichen Horizont auf- und im Westen untergehen. Sternbilder in
der Nähe des nördlichen Him-
melspols drehen sich ebenfalls
um diesen Pol und gehen weder
auf noch unter. Sternbilder in
der Nähe des südlichen Him-
melspols liegen zu weit im
Süden, um von nördlichen Breiten aus gesehen zu werden.

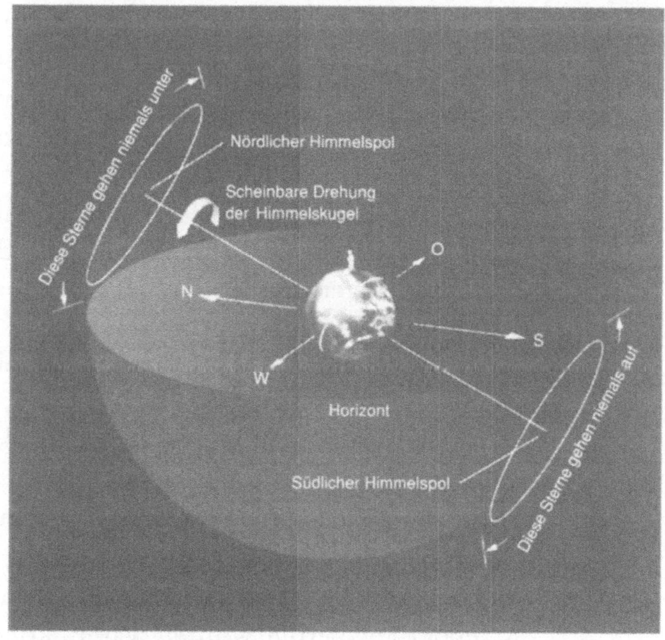

Aus diesen Beziehungen folgt auch, daß die Bewegung der Sonne
sich etwas von der der Sterne unterscheidet. Sie vollendet ihren täglichen Umlauf ein wenig rascher und scheint deshalb mit den Sternen
von Westen nach Osten zu laufen. Ihre jährliche Bahn relativ zu den
Sternen wird Ekliptik genannt, und die Sterngruppen, die entlang der

Ekliptik liegen, sind die Sternbilder des Tierkreises. Wenn die Sonne im Lauf eines Jahres den Tierkreis durchläuft, durchquert sie Jahr für Jahr zur selben Zeit dieselben Tierkreiszeichen. Diese jährliche Bahn liegt nicht auf dem Himmelsäquator, der Projektion des Erdäquators in den Raum hinein, sondern sie folgt relativ zu den Fixsternen einer Bahn, die den Himmelsäquator zweimal jährlich bei den sogenannten Tagundnachtgleichen kreuzt.

Der feste innere Ring des Antikythera-Mechanismus war in zwölf größere Teile eingeteilt, eines für jedes Tierkreiszeichen, und jedes von diesen wieder in je 30 Teile. Die Buchstaben auf der Tierkreisskala entsprachen anscheinend Inschriften auf den Tafeln um das Zifferblatt herum, die die wichtigsten Auf- und Untergänge heller Sterne und Sternbilder im Lauf des Jahres angaben.

Der bewegliche äußere Ring stellte offenbar den griechisch-ägyptischen Kalender dar, wie ihn die Astronomen jener Zeit gewöhnlich benutzten. Dieser Kalender hatte zwölf Perioden von je dreißig Tagen, denen weitere fünf Tage folgten, die sie zu einem vollen Jahr ergänzten. Aber er sah keinen Schalttag vor, trug also nicht der Tatsache Rechnung, daß ein Jahr etwa einen Vierteltag länger dauert als 365 Tage. Deshalb stimmt dieses Kalenderjahr nach einiger Zeit nicht mehr mit dem Sonnenjahr überein. Es dauert in jedem Jahr einen Vierteltag länger, bis die Sonne zu demselben Ort im Tierkreis zurückgekehrt ist. Um diese Abweichung zu kompensieren, mußte der äußere Ring dieses Geräts jährlich um ein Viertel eines Abschnitts weitergeschoben werden.

Wie Price zeigen konnte, lagen die Skalen für den Tierkreis und den Kalender etwa einen halben Hauptabschnitt auseinander. Mit Hilfe von Tabellen für die Daten der Tagundnachtgleiche im Herbst (wenn die Sonne genau im Osten auf- und genau im Westen untergeht und Tag und Nacht gleich lang sind), die nach dem alten ägyptischen Kalender angefertigt worden waren, konnte Price sogar das Datum der letzten Position bestimmen, die das Gerät angezeigt hatte. Diese Kombination von Tierkreis- und Kalenderposition ergab sich nur im Jahr 85 vor Christus oder in einem Vielfachen von 120 Jahren (30 Tage, dividiert durch ein Vierteltag pro Jahr) vor oder nach diesem Jahr. Eine kurze Linie, die in der Nähe der Mondskala (einen halben Grad von der Endstellung des äußeren Ringes entfernt) in die Platte geritzt war,

          Was Newton nicht wußte

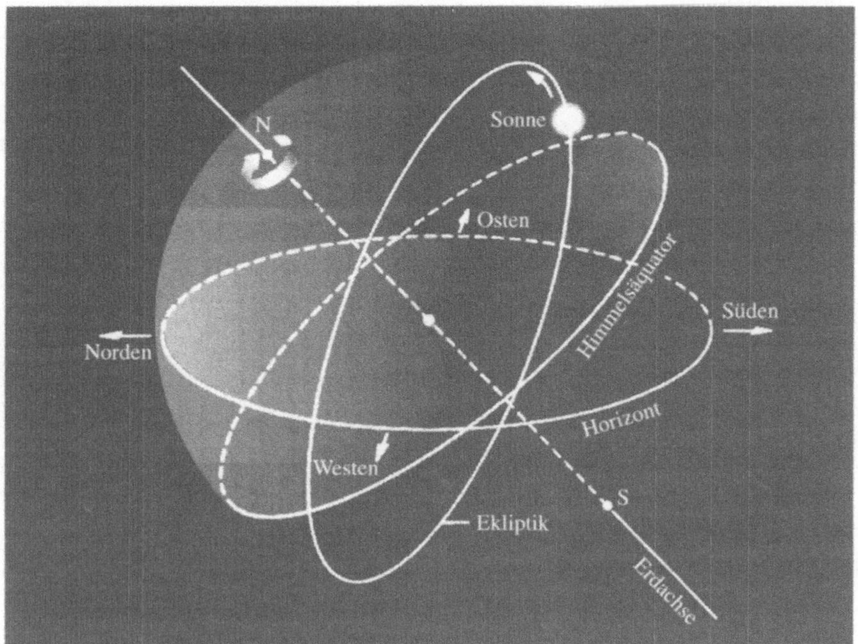

Durch das «Einfrieren» der täglichen Bewegung der Himmelskugel der Sterne läßt sich die scheinbare Bahn der Sonne relativ zu den Sternen im Lauf eines Jahres abbilden. Diese Bahn (die sogenannte Ekliptik) bildet einen Winkel von 23,5 Grad mit der Himmelsebene, die sie in zwei Punkten schneidet, den sogenannten Tagundnachtgleichen. Man beachte, daß die Sonne zwar in ihrer täglichen Bewegung mit den Sternen von Osten nach Westen wandert, in ihrer jährlichen Bewegung entlang der Ekliptik jedoch «rückwärts», also von Westen nach Osten kriecht. Die jährliche Bahn der Sonne in ihrer Projektion auf die Himmelskugel verläuft in der Mitte eines Sternengürtels, der üblicherweise in zwölf Abschnitte eingeteilt und Tierkreis oder Zodiak genannt wird. Auch die Bahnen des Mondes und der Planeten liegen innerhalb dieses Gürtels.

könnte dazu gedient haben, die Skaleneinstellung zu kennzeichnen, um sie vor zufälliger Verschiebung zu bewahren. Das Gerät war, so ließ sich daraus schließen, im Jahr 87 vor Christus hergestellt und etwa zwei Jahre lang benutzt worden; dann wurde es an Bord eines Schiffes genommen, das vermutlich Rom als Ziel hatte.

Die Skalenringe und Tabellen auf der Rückseite erwiesen sich als viel schwieriger zu entschlüsseln. Sie waren sowohl schlechter lesbar als auch komplizierter als die auf der Vorderseite. So scheint das untere Zifferblatt zum Beispiel drei Kontaktringe gehabt zu haben und das

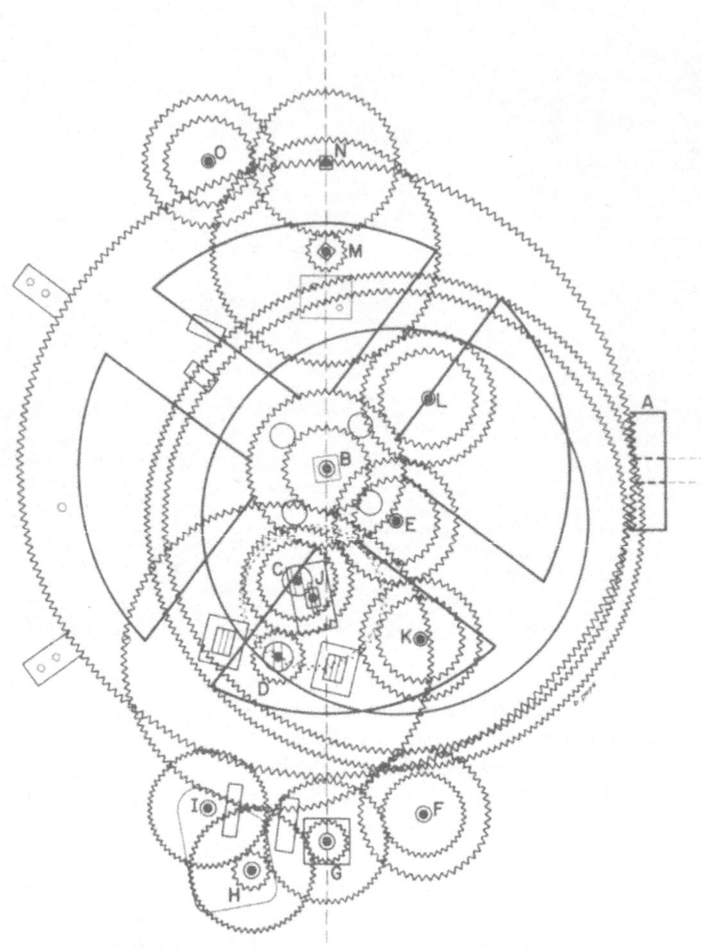

Eine rekonstruierte Zeichnung, die das gesamte Getriebe des
Antikythera-Mechanismus zeigt (mit freundlicher Genehmigung des
Adler-Planetariums, Chicago, Illinois).

obere vier. Jedes Zifferblatt hatte auch ein kleines Hilfszifferblatt, das
dem zweiten Zeiger einer Uhr ähnelte. Bruchstücke einer Beschriftung lassen vermuten, daß die Zifferblätter das Auftreten solcher
Erscheinungen wie Mondphasen und die Zeiten für Auf- und Untergang des Mondes angaben.

Das innere Werk des Mechanismus blieb bis 1971 größtenteils
unerforscht; Price hörte dann von der Möglichkeit, mit Hilfe von
Röntgen- und Gammastrahlen Aufnahmen des Inneren zu erhalten.

     Was Newton nicht wußte

In mühsamer Arbeit erhielt er eine Reihe von photographischen Platten. Diese förderten für ihn und seine Mitarbeiter in Griechenland Einzelheiten zutage, die es erlaubten, die Zahnräder zu zählen und einen großen Teil der Struktur des Zahnradgetriebes zu bestimmen.

Schließlich konnte Price 1973 eine vorläufige, aber ziemlich vollständige Beschreibung des Getriebes geben. Seine Untersuchungen ergaben den Beleg dafür, daß die Beziehungen zwischen den Zahnrädern des Geräts wohlbekannten astronomischen Zyklen entsprachen, die die Sonne und den Mond betrafen. So findet sich zum Beispiel eine arithmetische Beziehung, die aus der frühen Astronomie stammt und angibt, daß der Mond in 19 Jahren vom Vollmond zum Neumond und zurück zum Vollmond 235 Phasenzyklen durchläuft und dabei den Tierkreis 254mal durchquert.

Unabhängig von den Einzelheiten seines Getriebes stellte der Mechanismus eine Art Analogrechner dar, der es ermöglichte, mit Hilfe von festen Beziehungen zwischen den Zahnrädern Berechnungen anzustellen, deren Ergebnisse sich von einem Zifferblatt ablesen ließen. Sowohl der Zweck dieses Geräts als auch die Mittel, mit denen es betrieben wurde, lassen sich nur vermuten. Vielleicht diente der Mechanismus als handbetriebener Rechner, mit dessen Hilfe sich zyklische Verknüpfungen nachweisen und astronomische Vorhersagen machen ließen – möglicherweise zu astrologischen Zwecken –, die Zyklen und bemerkenswerte Ereignisse am Himmel betrafen. Man könnte sich auch vorstellen, daß ein fortwährend fließender Wasserstrahl die Kurbel drehte, der Mechanismus also ein Schaustück war, das die Bewegungen am Himmel darstellte, während sie abliefen.

Der Antikythera-Mechanismus übersetzte Zyklen, die am Himmel beobachtet werden konnten, in Zahlen und stellte damit das arithmetische Gegenstück zu den eher buchstabengetreuen geometrischen Modellen für Himmelsbewegungen dar, die von griechischen Gelehrten entwickelt wurden. Diese Geräte ahmten die Bahnen von Sonne, Mond und Planeten am Himmel unter Benutzung verschiedener Kombinationen von Kreisen geometrisch nach. Am Mechanismus von Antikythera ließ sich nicht die Anordnung erkennen, vielmehr konnten die numerischen Beziehungen der beobachteten Zyklen abgelesen werden.

Nicht lange nachdem der Antikythera-Mechanismus mit dem Schiff untergegangen war, beschrieb der römische Anwalt und Politiker Cicero im Jahre 75 vor Christus ein eindruckvolles, 200 Jahre zuvor von Archimedes konstruiertes Planetarium. An diesem Himmelsglobus ließen sich nicht nur die Bewegungen von Sonne und Mond, sondern auch die der fünf Wandelsterne oder Planeten verfolgen.

Diese Planeten – Merkur, Venus, Mars, Jupiter und Saturn – sind viel heller als alle Fixsterne. Wie Sonne und Mond laufen sie alle während eines Jahres gewöhnlich von Westen nach Osten und folgen mehr oder weniger der Ekliptik. Aber die Bewegung eines jeden Planeten weist Besonderheiten auf, die ihn deutlich von den anderen unterscheiden. So ist zum Beispiel Merkur niemals mehr als 22 Grad von der Sonne entfernt und Venus nie mehr als 46 Grad. Sie alle durchqueren den Himmel mit unterschiedlichen Geschwindigkeiten relativ zu den Fixsternen.

Archimedes hatte auf seinem Himmelsglobus nicht etwa nur die Positionen der Sterne und Sternbilder gekennzeichnet, sondern Systeme von Zahnrädern konstruiert, um vor dessen mit Sternen übersäter Kugelhülle die Platzhalter für Planeten, Sonne und Mond mit ihren jeweils richtigen relativen Geschwindigkeiten laufen zu lassen. So verknüpfte zum Beispiel ein Verhältnis von 30:1 zwischen den Zahnrädern den jährlichen Durchgang der Sonne durch den Tierkreis mit den 30 Jahren, die der Saturn benötigt, um relativ zu den Sternen denselben Weg zurückzulegen. Eine ähnliche Anordnung erzeugte die zwölfjährige Periode des Jupiter, und so weiter. Auf diese Weise konnte das von Archimedes entworfene Planetarium eine Vielfalt von Himmelsbewegungen reproduzieren, wie sie am Himmel tagtäglich oder alljährlich ablaufen.

Auf den ersten Blick scheint es verwunderlich, daß der Antikythera-Mechanismus trotz des archimedischen Vorgängers keine Spuren von einem Getriebe für Planetenbewegungen aufwies. Die Lösung dieses Rätsels liegt in mehreren einschneidenden Veränderungen, die sich sowohl in der astronomischen Theorie als auch in der Instrumentenherstellung in der Zeitspanne vollzogen, die zwischen Archimedes und den Handwerkern lag, die den Antikythera-Mechanismus herstellten. Dieser Wandel ging von dem Mathematiker und

Zur Erklärung der gelegentlich auftretenden Schleifen in der scheinbaren Bewegung der Planeten am Himmel stellten sich die Astronomen früherer Zeiten vor, jeder Planet laufe mit einer gleichförmigen Bewegung um einen kleinen Kreis, den Epizyklus. Der Mittelpunkt des Epizyklus laufe seinerseits auf einem größeren Kreis, dem Deferenten, in dessen Mittelpunkt die Erde liegt.

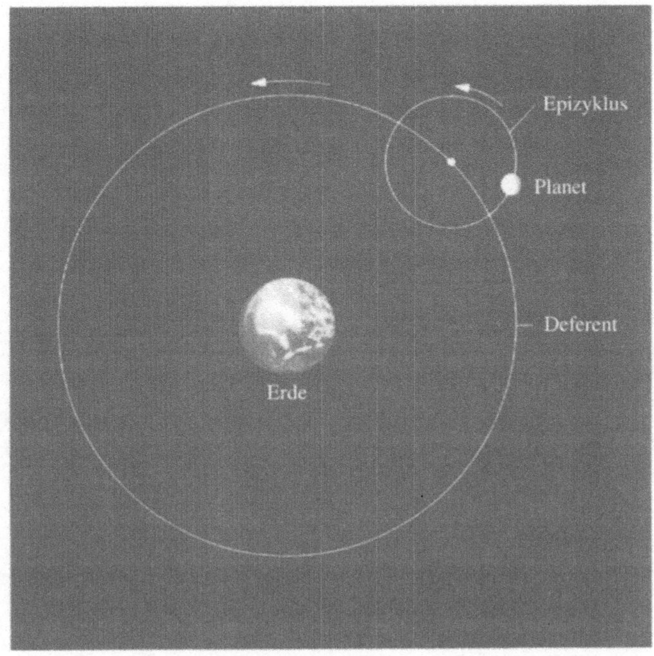

Astronomen Hipparch aus, der im zweiten vorchristlichen Jahrhundert lebte und vermutlich auf der Insel Rhodos wirkte.

Die wichtigste Änderung betraf die Planetenbewegungen. Obwohl die Planeten meistens nach Osten laufen, scheinen sie ihren Lauf periodisch zu verändern. Gelegentlich kehren sie ihre Bewegungsrichtung um und laufen zunächst nach Westen, kommen dann zu einem Halt und kehren wieder um, um einen östlichen Kurs zu nehmen. Relativ zu den Sternen beschreibt ihre Bahn also eine Schleife.

Zur Erklärung dieser Schleifenbahnen der Planeten (die auch rückläufig oder retrograd genannt werden) entwickelte Hipparch die Vorstellung, diese scheinbare Bewegung sei die Kombination regelmäßiger Bewegungen entlang zweier gekoppelter Kreise: Der Mittelpunkt des größeren Kreises oder Deferenten ist die Erde, und der des kleineren Kreises oder Epizyklus liegt immer auf dem größeren Kreis. Der Planet selbst läuft auf dem sich drehenden Epizyklus, während sein Mittelpunkt auf dem größeren Kreis umläuft.

Diese komplizierte Theorie machte es den Handwerkern zur Zeit des Hipparch praktisch unmöglich, die Planetenbewegungen mit Hilfe einfacher Zahnradgetriebe darzustellen. Soweit wir wissen, wurden

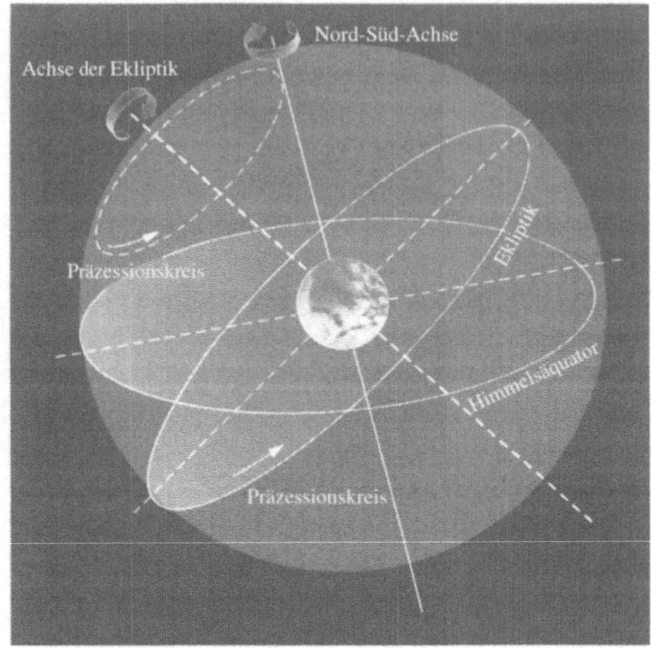

Außer der täglichen Bewegung der ganzen Himmelskugel um die Nord-Süd-Achse der Erde und der jährlichen Bewegung der Sonne entlang der Ekliptik im Tierkreis beobachtete Hipparch eine langsame Drehung des ganzen Sternsystems um eine Achse, die rechtwinklig auf der Ekliptik steht. Diese scheinbare Bewegung verschiebt die Position der Tagundnachtgleiche im Frühling, also den einen Schnittpunkt von Himmelsäquator und Ekliptik, sehr langsam nach Westen. Diese langsame Verschiebung heißt Präzession der Äquinoktien.

bis ins Mittelalter in Europa keine weiteren mechanischen Modelle der Planetenbewegung gebaut.

Als genauer Beobachter entdeckte Hipparch auch ein winziges, aber wichtiges Zurückbleiben der Positionen der Fixsterne. Im Äquinoktium, also bei der Tagundnachtgleiche mitten zwischen Winter und Sommer, steht die Sonne an einem bestimmten Ort im Tierkreis, den sie jedes Jahr wieder erreicht. Als Hipparch die Längengrade der Sterne sorgfältig maß, indem er, beginnend mit dem Frühlingsäquinox, an dem der Himmelsäquator die Ekliptik schneidet, ihren Ort entlang der Ekliptik bestimmte, bemerkte er, daß seine Sternpositionen sich etwas von denen unterschieden, die er einige Jahre zuvor aufgezeichnet hatte. Wenn das Intervall zwischen den Beobachtungen mehr als ein Jahrhundert betrug, machte der Unterschied mehr als ein Grad aus. Die Sonne kehrt also jedes Jahr nicht zu genau denselben Sternen des Tierkreises zurück.

Hipparch deutete diese Abweichung als das langsame Gleiten des Tierkreises um die Himmelssphäre, die dann «Präzession» der Äquinoktien genannt wurde. Damit ist die außerordentlich langsame Verschiebung der Äquinoktien entlang der Ekliptik nach Westen gemeint.

     Was Newton nicht wußte

Das Astrolabium entwickelte sich allmählich von einem einfachen
Gerät zur Bestimmung der Höhen von Sternen zu einem raffinierten
Navigationsinstrument und einem Schaustück, in dem viel
astronomisches Wissen steckte. Dieses englische Astrolabium stammt
aus dem fünfzehnten Jahrhundert (Smithsonian Institution).

Weil dies die Umkehrung der Sonnenbewegung entlang der Ekliptik
ist, treten die Tagundnachtgleichen mit jedem Zyklus etwas früher ein,
durchqueren also allmählich den ganzen Tierkreis. Diese von einem
Tag zum anderen nur ganz winzige Verschiebung ist für astronomische Messungen wichtig und wird seit der Zeit des Hipparch von den
Astronomen berücksichtigt.

Hipparch leistete noch einen weiteren Beitrag, der Einfluß auf den
Bauplan des Antikythera-Mechanismus hatte. Er führte nämlich ein

mathematisches Verfahren ein, das wir heute stereographische Projektion nennen. Sie ermöglicht es, eine Kugel auf eine Ebene abzubilden. Eine einfache Vorschrift ordnet jedem Punkt auf der Kugel einen bestimmten Punkt der ebenen Karte zu. Das verzerrt die Gestalt der Kugel, behält aber die relativen Positionen der Objekte bei. Der ganze Vorgang läßt sich damit vergleichen, daß eine Lichtquelle durch eine durchsichtige Glaskugel scheint, auf die Punkte und Linien gezeichnet sind, so daß ein Schatten auf ein Stück Papier geworfen wird.

Der Übergang von einer räumlichen zu einer ebenen Darstellung erlaubte es Modellbauern, den lästigen Einsatz eines Globus zu vermeiden. Das Weltall ließ sich so auf eine Scheibe abbilden, und seine Bewegungen waren mit Zifferblättern nachzuahmen. Das Astrolabium, zunächst ein Mittel zur Bestimmung der Höhe eines Himmelskörpers, entwickelte sich allmählich zu einem viel raffinierteren Gerät, auf dessen feste Scheibe ganze Netzwerke von Bögen eingeritzt wurden. Die Inschriften stellten die Tierkreiszeichen und die Ekliptik dar und enthielten viele Hinweise auf die Positionen der hellsten Sterne.

Die Entdeckungen Hipparchs lenkten die Aufmerksamkeit von den fünf Planeten weg auf die Zyklen von Sonne und Mond. Die Planetenbewegungen wurden in vereinfachter Form oder durch entsprechende Beschriftung angegeben und nicht mehr durch komplizierte Zahnradgetriebe. So entwickelte sich das Planetarium des Archimedes zu genau der Art von Sonnen- und Mondrechner, wie sie der Antikythera-Mechanismus darstellt.

Die Untersuchung der Fragmente des Antikythera-Mechanismus ließ Price vermuten, der Mechanismus sei auf der Insel Rhodos entstanden. Das Gerät könnte von einem Handwerker stammen, der aus der Schule des Posidonios kam, eines prominenten stoischen Philosophen und Astronomen jener Zeit. Zwar war Rhodos nicht mehr so wohlhabend und mächtig wie in früheren Jahrhunderten, aber es war noch immer ein blühendes Zentrum hochentwickelter Technik mit einer Reihe leistungsfähiger Handwerksbetriebe. Als gelegentlicher Verbündeter des schnell wachsenden Rom zog die Insel mit ihren Schulen damals auch viele bekannte Römer an. Auch Cicero besuchte im Jahr 78 vor Christus die Schule des Posidonios. In Anbetracht seines großen Interesses an mechanischen Geräten und an der Astronomie liegt die Vermutung nicht fern, daß er dort den Mechanimus

     Was Newton nicht wußte

gesehen haben könnte. Es ist nicht einmal unmöglich, daß das Schiff, das vor der Insel Antikythera unterging, auf dem Weg nach Rom war und Ciceros Andenken an seine Reisen zu den griechischen Inseln an Bord hatte.

Aber all das ist Spekulation, und die Hinweise sind bruchstückhaft. «Ich muß bekennen», schrieb Price, «daß ich im Lauf dieser Untersuchungen des öfteren nachts aufgewacht bin und mich gefragt habe, ob es einen Weg gäbe, die Hinweise anders zu deuten, die sich aus den Texten, den Inschriften, dem Stil der Konstruktion und dem astronomischen Inhalt ergeben und die alle sehr deutlich auf das erste vorchristliche Jahrhundert verweisen.»

Oberflächlich gesehen diente der Antikythera-Mechanismus – der einzig erhaltene einer zweifellos langen Reihe astronomischer Automaten – vor allem als eine elegante Simulation des Himmels. Er war ein Miniaturdenkmal für die griechische und alexandrinische Astronomie. Obwohl niemand ernsthaft glaubte, ein Gerät wie der Antikythera-Mechanismus oder das Planetarium des Archimedes könne beweisen, daß die Sterne und die Planeten in einer Art himmlischen Uhrwerks von Zahnrädern angetrieben würden, spielten diese Modelle bei der Entwicklung einer mechanistischen Weltauffassung eine wichtige Rolle; denn sie erklärten, wie Bewegungen ablaufen, von den verborgenen der Himmelskörper bis zum komplizierten Kreislauf der Körperflüssigkeiten.

Diese einfallsreich gestalteten Geräte veranschaulichten auch die enge Verbindung zwischen Mathematik und Astronomie, insbesondere die Rolle der Zahl bei astronomischen Vorhersagen. Mit ihrer Hilfe konnten die Astronomen ihre Fähigkeit beweisen, die Bewegungen des Mondes, die Auf- und Untergangszeiten der Sterne und den Wechsel der Jahreszeiten vorherzusagen, und dadurch auf ihre Herrscher Eindruck machen, während sie über die offensichtliche mathematische Ordnung der Himmel nachsannen.

Etwa 200 Jahre nach dem Bau des Antikythera-Mechanismus beschrieb Claudius Ptolemäus ein gleichermaßen raffiniertes, aber mehr theoretisches als mechanisches Gerät zur Vorhersage astronomischer und astrologischer Ereignisse. Ptolemäus war weniger ein schöpferischer Denker, sondern einer, der vorhandenes Wissen zusammenfaßte. In meisterhafter Form, die das griechische, arabische und mittelalterliche Denken der nächsten 14 Jahrhunderte bestimmen sollte, beschrieb er das Werk der griechischen Astronomen, besonders des Hipparch. In seinen Schriften triumphiert eine neue mathematische Einstellung zu geometrischen Modellen. In seinen Worten: «Wir glauben, daß das Ziel, das zu erreichen der Astronom bestrebt sein muß, dieses ist: Darzutun, daß alle Erscheinungen des Himmels durch gleichförmige Kreisbewegungen hervorgebracht werden ... denn nur solche Bewegungen sind der göttlichen Natur angemessen.»

In seinem einflußreichsten und umfangreichsten Werk, das er *Syntaxis Mathematike* (Mathematische Sammlung) nannte, das jedoch meistens nach dem später zugeordneten arabischen Titel *Almagest* genannt wird, stellte Ptolemäus eine Theorie für die Bewegungen der Sonne, des Mondes und der Planeten auf. Er verwendete einfache Regeln, berücksichtigte aber komplizierte Einzelheiten und beschrieb eine Reihe mathematischer Verfahren, von denen er behauptete, sie ahmten die wesentlichen Bewegungen des Sonnensystems genau nach. Mit sorgfältig angepaßten Radien, Neigungswinkeln, Geschwindigkeiten und Verschiebungen konnte sein System exzentrischer Kreise und Epizyklen die Himmelsbewegungen tatsächlich mit guter Genauigkeit wiedergeben, ähnlich wie ein Zahnradgetriebe, das von einer Kurbel angetrieben wird. Jeder Benutzer dieser mathematischen Maschinerie konnte mit verhältnismäßig bescheidenen Mitteln die Planetenpositionen zuverlässig vorhersagen. Wenn es seiner Methode auch an Eleganz und an der Klarheit eines einheitlichen und stimmigen Systems mangelte, lieferte sie doch bemerkenswert umfassende Hilfsmittel zur Beschreibung des Weltalls.

Das überzeugende und anschaulich erdzentrierte geometrische Modell des Ptolemäus wurde für die Astronomie maßgebend. Die mittelalterlichen Astronomen übernahmen im allgemeinen sowohl seine Werte als auch seine Methoden und leiteten daraus geduldig neue Vorhersagen der Planetenpositionen, der Zeiten für den Auf- und Untergang von Sonne und Mond und der Daten von Mondfinsternissen und andere Himmelsereignissen her. In den meisten Fällen hatten die Vorhersagen jedoch nur höchstens einige Jahre lang Gültigkeit, und in regelmäßigen Abständen mußten neue Werte berechnet werden. Außerdem wurden im Lauf der Jahrhunderte Unstimmigkeiten zwischen dem Kalender und dem Auftreten gewisser wichtiger himm-

Das erdzentrierte System der
Planetenbahnen des Ptolemäus
setzte sowohl Epizyklen als
auch Äquanten voraus (imaginäre Punkte, um die sich die Zen-
tren der Epizyklen gleichförmig
drehen). Somit stand die Erde
nicht in der Mitte des Kreises,
den der Mittelpunkt eines Epizyklus umlief. Ptolemäus konnte
durch die Wahl geeigneter Radien und Rotationsgeschwindig-
keiten die scheinbaren Bewegungen der Planeten mit bemerkenswerter Genauigkeit
reproduzieren.

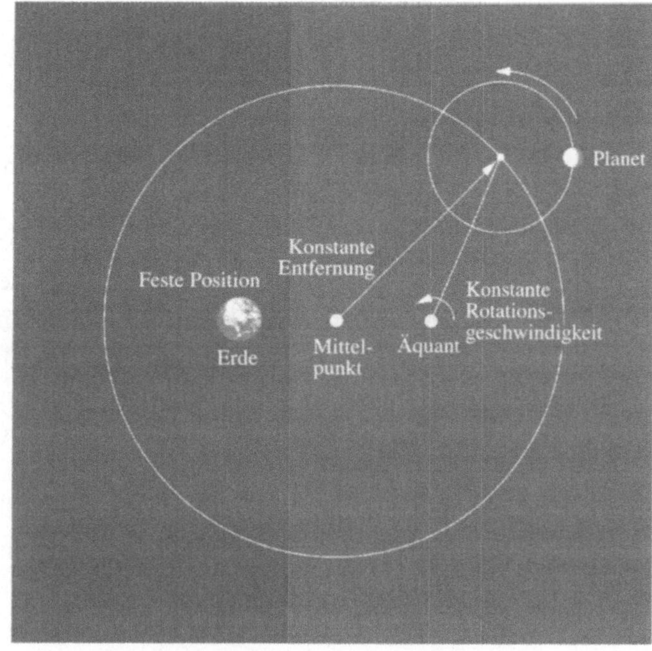

lischer Ereignisse (wie etwa der Frühlingsäquinoktien und des Voll-
mondes) unzulässig groß. Dies störte die Vertreter der Kirche außerordentlich, die aufgrund dieser Werte die Daten etwa des Osterfests
bestimmten. Es wurde zu einer ausgeklügelten Kunst, die für Chro-
nologie, Astrologie und Navigation große Bedeutung hatte, die nötigen Tabellen zusammenzutragen und dabei sicherzustellen, daß die
Zahlen den beobachteten Phänomenen entsprachen.

Als Christoph Columbus 1492 vom spanischen Palos aus nach
Westen segelte, benutzten die Navigatoren bereits gedruckte Wälzer
mit astronomischen Tabellen und Anleitungen zum Umgang mit
Navigationsinstrumenten und zum Berechnen geographischer Positionen aus Himmelsbeobachtungen. Columbus selbst führte vermutlich Exemplare von zwei unschätzbar wertvollen Büchern mit sich.
Das eine war der von Abraham Zacuto, zu Beginn des 15. Jahrhunderts Professor an der Universität von Salamanca, zusammengestellte
«immerwährende Almanach», der über 300 Seiten astronomischer
Tabellen enthielt. Diese hatten sich schon bei solchen Großtaten der
Seefahrt bewährt, wie es Vasco da Gamas berühmte Expedition war,
die ihn von Portugal um die Südspitze Afrikas nach Indien geführt

hatte. Das andere Werk, die *Ephemeriden*, war von dem berühmten deutschen Astronomen und Mathematiker Johannes Müller berechnet worden, der gewöhnlich mit seinem lateinischen Namen Regiomontanus bezeichnet wird.

Zur Zeit der ersten Reise des Columbus war der Buchdruck mit beweglichen Buchstaben noch keine 50 Jahre alt, aber das Verlegen von Büchern war schon zu einem lebhaften und aufstrebenden Gewerbe geworden, das wesentlich zu dem so entscheidenden Informationsfluß in ganz Europa beitrug. Im selben Jahr studierte der 19jährige Niklas Koppernigk, der meist Copernicus genannt wird, Astronomie und deren damalige Schwesternwissenschaft, die Astrologie. Sein erster Aufenthalt an der Universität von Krakau war der Beginn eines langen Weges, der ihn auch zu medizinischen und juristischen Studien in Italien und schließlich zu dem revolutionären, unanschaulichen Begriff eines sonnenzentrierten Systems führte.

Die astronomischen Tabellen, die Columbus während seiner Reisen verwendete, erwiesen sich als nützlich zur Bestimmung der geographischen Breite und in beschränktem Maß auch der geographischen Länge. Eine in den Tabellen enthaltene Vorhersage rettete ihm während seiner vierten Reise in das Land, das er entdeckt hatte, vermutlich sogar das Leben.

Fast zwei Jahre nach seiner Abreise 1502 von Cadiz waren Columbus und seine aufsässige und unzufriedene Mannschaft an der Nordküste von Jamaica gestrandet und saßen mit ihren von Würmern zerfressenen, seeuntauglichen Schiffen fest. Die Eingeborenen dieser Gebiete waren nicht länger von Ehrfurcht vor den Neuankömmlingen erfüllt. Verstimmt durch den gewaltigen Appetit und verärgert über die Beutezüge der Mannschaft, die mehrere Dörfer geplündert hatte, war die Bevölkerung feindselig und wollte ihnen keine Nahrung mehr geben. Erschöpft, an Arthrose erkrankt und vorzeitig gealtert, zog sich Columbus auf sein Schiff zurück und dachte über seine schwierige Lage nach. Als er die speckigen Seiten der *Ephemeriden* durchblätterte, fiel ihm die Vorhersage einer totalen Mondfinsternis für den frühen Abend des 29. Februar jenes Jahres auf.

Eine solche Finsternis tritt ein, wenn der Mond in den Erdschatten eintaucht. Eine Mondfinsternis sieht überall auf der Erde gleich aus, aber sie beginnt zu verschiedenen Ortszeiten. Das Buch

     Was Newton nicht wußte

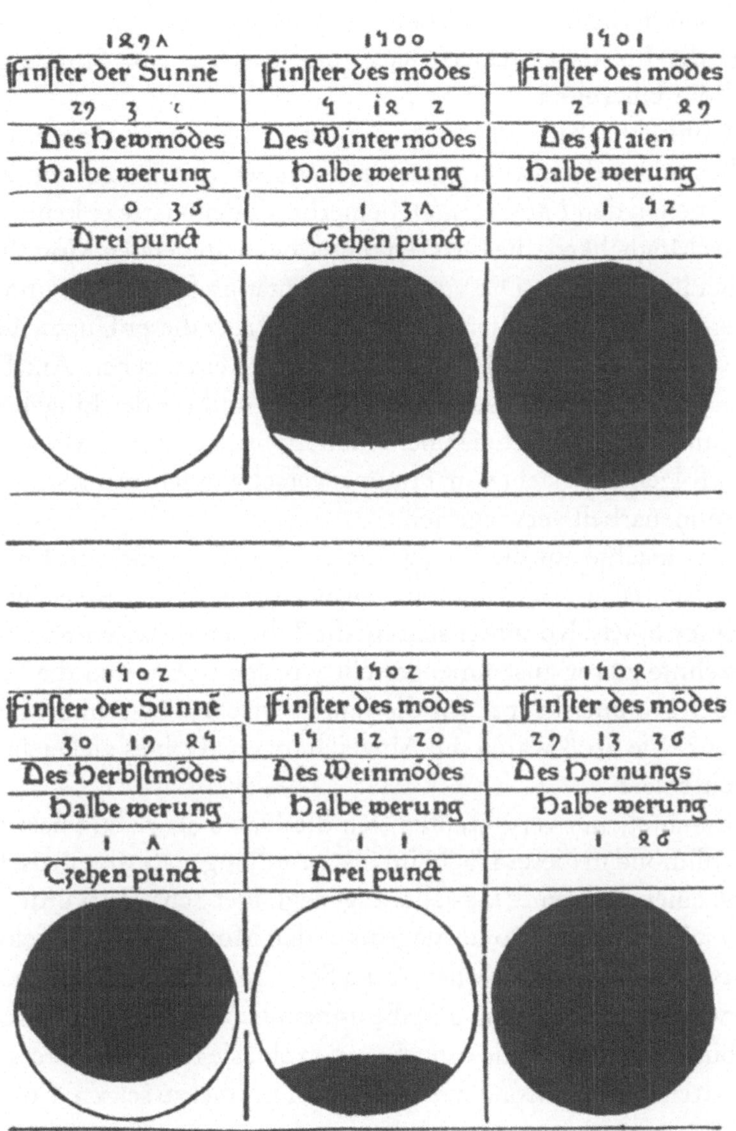

Eine Seite aus dem *Calendarium* des Regiomontanus zeigt seine Vorhersage der Mondfinsternis vom 29. Februar 1504 (mit freundlicher Genehmigung von Owen Gingerich).

des Regiomontanus enthielt nicht nur die Termine, zu denen Finsternisse erwartet wurden, sondern auch Diagramme mit genauen Angaben darüber, wie vollständig der Mond bedeckt sein wird, wie lange die Finsternis dauern wird, und (bis auf eine Stunde genau) auch die Uhrzeiten.

Columbus hatte auf einer früheren Reise eine Mondfinsternis beobachtet und Unstimmigkeiten zwischen den Daten von Zacuto und jenen in den *Ephemeriden* bemerkt. Zudem hatte er keine zuverlässige Möglichkeit, die Ortszeit dieser bevorstehenden Mondfinsternis herauszufinden. Die von Regiomontanus für Beginn und Ende angegebenen Daten galten für Nürnberg. Trotz dieser Ungewißheiten war Columbus verzweifelt genug, ein Risiko einzugehen. Am Tag vor der angekündigten Finsternis rief er die Anführer der Eingeborenen zusammen und warnte sie über einen Dolmetscher, der Mond würde in der folgenden Nacht vom Himmel verschwinden, wenn sie ihm ihre Zusammenarbeit verweigerten.

Das machte auf die Eingeborenen keinen besonderen Eindruck, einige lachten sogar. Columbus erwartete nervös den Ausgang seines riskanten Spiels. Konnte er sich auf die Tabellen verlassen, die mehrere Jahrzehnte zuvor zusammengestellt worden waren und die Positionen der Himmelskörper für die Jahre zwischen 1475 und 1506 enthielten? Wie groß waren die Abweichungen? Gab es vielleicht einen Druckfehler?

Erstaunlicherweise stellten sich die Daten als richtig heraus. Als der Vollmond in dieser Nacht im Osten aufging, hatte der Erdschatten schon einen Teil seines Gesichts angenagt. Der Schatten wurde immer größer, je höher der Mond stieg, bis er den Mond völlig verdeckte und nichts außer einer schwachen roten Scheibe am Himmel blieb. Diese unerwartete Erscheinung und die unheimliche Vorhersage durch Columbus schüchterten die Eingeborenen ein; sie flehten um Vergebung und baten ihn, den Mond wieder an den Himmel zu setzen. Columbus antwortete, er müsse sich darüber erst mit seinem Gott beraten, zog sich in sein Quartier zurück und maß mit Halbstundengläsern die Dauer der Finsternis. Etwas später, als die Finsternis total geworden war, kam er zurück und verkündete, der Mond werde als Antwort auf seine Gebete allmählich wieder in seiner normalen Helligkeit zurückkehren.

 Was Newton nicht wußte

Am nächsten Tag brachten die Eingeborenen Nahrung an die Schiffe und taten, was sie nur konnten, um Columbus und seiner Mannschaft zu Gefallen zu sein. Columbus selbst benutzte die Zeitangabe, die die Finsternis ermöglicht hatte, um die geographische Länge seines Ortes zu berechnen, aber sein Wert stellte sich als völlig falsch heraus. Am 29. Juni 1504, ein Jahr nachdem Columbus die Küste Jamaikas erreicht hatte, rettete ein spanisches Schiff die gestrandete Mannschaft. Wenige Monate später setzte er die Segel nach Spanien, womit er seine Reisen in die neue Welt zu einem Ende brachte.

Sowohl Regiomontanus als auch Columbus lebten in einer Zeit rascher Veränderungen, in der viele überkommene Gedanken in Frage gestellt wurden. Die Erkundungen abenteuerlustiger Seeleute brachten enormen Wohlstand und schufen eine Elite mit der Muße und dem Geld, viele künstlerische und gelehrte Unternehmungen zu fördern. Diese Reisen zeigen auch die gewaltigen Unstimmigkeiten zwischen den Behauptungen klassischer Geographen und dem, was die Seefahrer tatsächlich vorfanden. Offensichtliche Fehler in der Geographie des Ptolemäus legten es nahe, auch seine Himmelsmechanik in Frage zu stellen.

Die Astronomie stand im Mittelpunkt eines großen Teils des praktischen Lebens des fünfzehnten und sechzehnten Jahrhunderts. Kaiser, Könige und selbst Städte beschäftigten als Berater oft Mathematiker, die in den Feinheiten der astrologischen Vorhersage geschult waren. Diese angestellten Gelehrten unterrichteten nicht nur die Söhne wohlhabender Bürger und Adliger, sondern stellten für die politischen und religiösen Führer und für die gewöhnlichen Bürger Almanache zusammen. Sie lieferten Voraussagen, die von Wetterberichten bis zu Vorhersagen von Naturkatastrophen oder Landplagen und den Aussichten für politische und wirtschaftliche Entwicklungen reichten. Es war eine Zeit religiöser Unruhen und Umbrüche, geprägt von apokalyptischen Ängsten vor einem unmittelbar bevorstehenden entscheidenden Kampf gegen die Kräfte des Bösen. Solche Ängste wurden durch die Reformbewegung angefacht, die eine Kirche erneuern sollte, die von vielen, darunter Martin Luther, als hoffnungslos korrupt und irregeleitet angesehen wurde.

Diese bewegten Zeiten sahen auch die ersten Schimmer einer Revolution, die die Kunst der astronomischen Vorhersage verändern und in eine grundlegend andere, fruchtbarere Mathematik verwandeln sollte, die mit Ursache und Wirkung in der gegenständlichen Welt verknüpft war. Müller, also Regiomontanus, dessen Buch Columbus bei seinen Reisen half, ist eine der Gestalten, die unwissentlich inmitten dieser großen Veränderung standen. Regiomontanus hatte Griechisch gelernt, um das Werk des Ptolemäus nicht in fehlerhaften arabischen Übersetzungen lesen zu müssen. Er schuf ein einflußreiches Werk, das das Wesentliche dieser astronomischen Schriften und einen Kommentar enthielt, der die Welt der Renaissance auf Werke aufmerksam machte, die verlorengegangen und später wiederentdeckt, dann aber durch unachtsame und oder unwissende Übersetzer entstellt worden waren. Copernicus zog dieses Buch später bei seinen eigenen Studien zu Rate und veröffentlichte ungekürzte originalgetreue Übersetzungen des *Almagest* von Ptolemäus.

Kurz bevor Regiomontanus 1475 als 40jähriger starb, hatte er eine Arbeit verfertigt, in der er die mathematischen Probleme darstellte, die die Bestimmung der Position eines Kometen mit sich bringt. Er beschrieb Verfahren, wie sich die Entfernung eines Kometen von der Sonne, sein Durchmesser und die Länge seines Schweifs bestimmen ließen. Regiomontanus stellte die überkommene Vorstellung nicht in Frage, nach der Kometen, die so geheimnisvoll erscheinen und vergehen, nicht himmlisch seien und sich deshalb nur in dem Bereich zwischen Erde und Mond befinden könnten. Aber er vermutete, ihre Bahnen könnten wie die Sterne mathematisch untersucht werden. Das kleine Buch des Regiomontanus, das schließlich 1531 veröffentlicht wurde, stellte einen Schritt auf dem langen und gewundenen Weg dar, der nicht nur wiederkehrende Ereignisse in den mathematischen Zuständigkeitsbereich der Astronomen brachte, sondern auch solche vergänglichen wie das Erscheinen eines Kometen.

Dieses wachsende Vertrauen in die Fähigkeit des Verstandes, das Universum zu begreifen und für die Bedürfnisse der Menschen nutzbar zu machen, bereitete die Bühne für die glänzenden Errungenschaften von Copernicus, Kepler und Galilei.

Kapitel 3

Himmlische Wanderer

*Der Mensch knüpfte ein Netz
und warf es hoch
Über den Himmel.
Jetzt ist er sein eigen.*

JOHN DONNE (1573–1631), *Ignatius*

Das imposante Herrenhaus des Gutes Benatek, 35 Kilometer nordöstlich von Prag, steht auf einem Hügel, der die Stromebene des
Flusses Jizera überschaut. Hier hatte sich Tycho Brahe Ende des
sechzehnten Jahrhunderts niedergelassen, um eine große astronomische Beobachtungsstation zu bauen, die jener gleichen sollte, die er
auf der dänischen Insel Hven errichtet hatte, aber verlassen mußte.
Intrigen am Königshof hatten die Summen beschnitten, die er bis
dahin zum Unterhalt seiner Sternwarte und seines Forschungszen-
trums regelmäßig erhalten hatte, und seine Beziehung zum neuen
dänischen König hatte sich rapide verschlechtert. Für Johannes Kepler
bedeutete die sechsstündige Kutschenfahrt auf den holprigen Straßen
von Prag nach Benatek am 4. Februar 1600 einen Wendepunkt in
seinem Leben. Er träumte davon, einen Tempel der Gelehrsamkeit zu
finden, in dem er heiter und gelassen seine Vision eines harmonischen
Universums verfolgen konnte, das geschaffen war nach einem vernünftigen Plan, den er in den Bewegungen von Sternen und Planeten
zu finden erwartete. Brahe sollte ihm, wie er hoffte, die Beobachtungsdaten zur Verfügung stellen, die er brauchte, um sein Studium der
Grundharmonien des Kosmos weiterzubringen.

Schon ein Jahr bevor der junge Kepler Brahe begegnet war, hatte
er gewußt, was er erreichen wollte. In einem vom 16. Februar 1599

datierten Brief an seinen früheren Lehrer an der Universität Tübingen
sprach er neidisch von Brahes eifersüchtig gehütetem Datenschatz:
«Ich urteile so über Tycho: Er ist überreich, allein er weiß von seinem
Reichtum keinen rechten Gebrauch zu machen, wie die meisten Reichen. Man muß sich daher Mühe geben, ihm seine Reichtümer zu
entwinden.»

Kepler fand in Benatek einen Haushalt vor, in dem lärmendes
Durcheinander herrschte, und in dem sich außer den astronomischen
Gehilfen und Gefolgsleuten auch Brahes eigene Familie und Arbeiter,
Handwerker, Besucher und Diener drängten. Als Günstling des sehr
abergläubischen Rudolf II., Kaiser des Heiligen Römischen Reichs
deutscher Nation, konnte es sich Brahe leisten, an dem geräumigen
dreistöckigen Gutshaus, das nach allen Richtungen eine klare Sicht bis
zum Horizont bot, kostspielige Umbauten vorzunehmen, mit denen
er es in eine aufwendige Sternwarte im Exil verwandeln wollte. Kepler,
der gerade aus der relativen Beschaulichkeit der Provinzstadt Graz
kam, kann sich dort nicht ganz am richtigen Ort gefühlt haben. Seine
Begegnung mit Brahe, auf die er so lange gewartet hatte, schien
einigermaßen seltsam verlaufen zu sein.

Bei ihrem ersten Treffen war Kepler 28 und Brahe 53 Jahre alt.
Damals stand die Astronomie nicht länger im Mittelpunkt von Brahes
Leben. Er war wegen seiner sorgfältigen astronomischen Beobachtungen schon weithin berühmt, aber der alternde, heimwehkranke
und doch immer noch herrische Astronom dachte mehr denn je über
seinen Platz in der Geschichte nach. Brahe achtete außerordentlich
auf seine Reputation, Kepler dagegen strömte über von wagemutigen,
genialen Gedanken und mochte sich nicht viel um sein Ansehen
kümmern. Er schien niemals zu zögern, das Undenkbare zu denken
und das absolut Sichere zu hinterfragen. Der Astronomie gehörte
seine besondere Leidenschaft.

Die beiden Männer waren auch körperlich ganz verschieden. Der
aristokratische Brahe, gewöhnt, daß sich Menschen seinem Willen
beugten, überragte den bescheidenen und unsicheren Kepler, der sich
in einem Selbstporträt voll grimmigen Humors mit einem Hund
verglich.

Brahe war vor allem mit einer bitteren Auseinandersetzung mit
Nicolai Reymers Ursus beschäftigt, seinem unberechenbaren Vorgän-

ger als kaiserlicher Mathematiker, der seinem selbst verliehenen Zunamen Ursus (lateinisch «Bär») alle Ehre machte. Der Streit ging um Brahes unerschütterliche Überzeugung, Ursus habe ihm die Idee für ein Modell des Sonnensystems gestohlen, in dem die Sonne eine stationäre Erde umkreist und die übrigen Planeten die Sonne. Dieser unhandliche Plan stellte Brahes Versuch dar, das altehrwürdige geozentrische ptolemäische System mit der umstrittenen heliozentrischen Fassung von Copernicus in Einklang zu bringen. Brahe war außerordentlich stolz auf sein System, gleichzeitig jedoch so vorsichtig, wie es für ihn typisch war; er hatte deshalb beschlossen, das System geheimzuhalten, bis er es mit weiteren Beobachtungsdaten belegen konnte.

Die Schwierigkeiten begannen, als Ursus vier Jahre nach einem Besuch bei Brahe 1584 in Hven ein astronomisches Werk veröffentlichte, das ein Modell eines Sonnensystems vorstellte, das dem von Brahe verblüffend ähnelte. Dieser war überzeugt, Ursus habe die Idee in Manuskripten in Hven entdeckt. Wütend über den vermeintlichen kühnen Raub klagte er Ursus des Plagiats an. Die Kränkung hatte Brahe keine Ruhe gelassen; zwölf Jahre danach, mit Keplers Ankunft, bot der Zufall ihm Gelegenheit zur Rache.

Kepler wurde in diese unangenehme Geschichte verwickelt, weil er als junger überschwenglicher Gelehrter nach der Veröffentlichung eines wichtigen ersten Werks den Wunsch verspürte, seine Kollegen und Vorgesetzten zu beeindrucken. Kepler hatte sein Debüt mit dem 1596 fertiggestellten *Mysterium cosmographicum* (Weltgeheimnis) gegeben. Für ihn übermittelten die Planeten, die auf vorbestimmten Bahnen um die Sonne laufen, eine verborgene Botschaft. Er suchte in den Verhältnissen zwischen den Abständen der Planeten von der Sonne eine Struktur, die den Himmel erklären und den Geist ihres Schöpfers enthüllen könnte. Er glaubte fest daran, daß weder die Anzahl der Planeten noch ihre Abstände irgendwie zufällig sein könnten. Der volle Titel von Keplers Buch ist Ausdruck seines ehrgeizigen Ziels: *Vorbote kosmographischer Abhandlungen, enthaltend das Weltgeheimnis bezüglich der bewunderungswürdigen Verhältnisse zwischen den Himmelsbahnen und den wahren und wirklichen Gründen für ihre Anzahlen, Größen und periodischen Bewegungen.*

Probeweise Berechnungen, die sich über viele Monate erstreckten, führten schließlich zu einem geometrischen Modell (das hier in Kapi-

Links: Tycho Brahe (1546–1601); *rechts:* Johannes Kepler (1571–1630)
(Smithsonian Institution).

tel 1 beschrieben wurde), in dem die fünf regelmäßigen Körper genau zwischen den Sphären der sechs Planeten lagen. Weil es nur fünf solcher regelmäßigen Vielecke gibt, legte dieses verschachtelte Gebilde sowohl die Anzahl der Planeten als auch die relativen Durchmesser ihrer Bahnen fest. Obwohl die Verhältnisse in Keplers geordnetem System nicht genau den gemessenen Entfernungen entsprachen, fand er zweifellos Gefallen daran, daß seine starre Geometrie sechs und nicht mehr als sechs Planeten zuließ.

Kepler hatte viel Mühe in diese Arbeit gesteckt, und er war stolz auf seine Leistung. Er schickte Exemplare des Buches, gelegentlich mit etwas schmeichlerischen Begleitbriefen, an so bekannte Gelehrte wie Brahe und Ursus. Wie das Schicksal so spielt, gelangten zwei Exemplare in die Hände von Galileo Galilei, damals noch ein praktisch unbekannter Professor, der, obwohl neun Jahre älter als Kepler, noch nichts veröffentlicht hatte.

Kepler hatte die Bücher einem Botschafter gegeben, der gerade nach Italien fahren wollte, und ihm gesagt, er solle sie jemandem schenken, der den Inhalt interessant finden könnte. Der Botschafter

     Was Newton nicht wußte

NOVA MVNDANI SYSTEMATIS HYPOTIPOSIS AB AVTHORE NVPER AD-
inventa, quatum vetus illa Ptolemaica redundantia & incommoditas, tum etiam recens Copernicana in motu
Terra Physica absurditas, excluduntur, omniaq; Apparentiis Cœlestibus aptissimè correspondent.

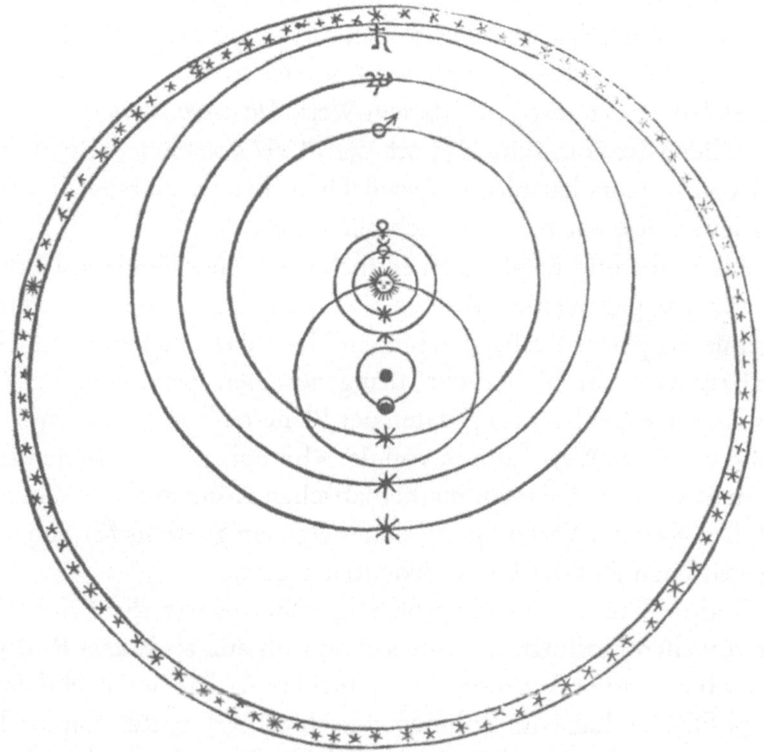

Pleniorem verò hujus novæ Orbium Cœlestiū dispositionis explicationē, inter quædā magis à totius præsentis elucu-
brationis corollaria, circa finē Operis addere côstitui, ubi per Cometarū motus priùs ostensum & liquido comprobatū fuerit, Cœli machinā non esse durū & impervium corpus variis orbibus realibus confertū, ut hactenus à plerisq; creditū est,
sed liquidissimū & simplici sinuatū, circuitubuq; Planetarū liberis, & absq; ullarū realiū Sphærarū opera aut circumactione, ju-
xta divinitus indita Scientiæ admensuratis, ubi apparet, nihil prorsus obstaculi suggerere. Vnde et ā constabit, nullā absur-
ditatem in his Orbibus Cœlestibus ordinandis eveniequi, quod Mars Acronychus Terris propior sit atque ipse Sol. Neq; in Orbe a-
liqua realis, sed cœlorum penetratione cā ob rem Cometa non insint, sed docēdi & intelligendi gratiā sic proponātur. Hoc mo-
do admittitur, neq; ipsa ullorū Planeta ū corpora ubi unquā occurrere possunt, aut motuū Harmoniā, quā singuli eorū obser-
vant, ulla ratione interturbare, ut ut Mercurii, Veneris & Martis imaginarij Orbes Solari permeantur, eundemque transeat,
prout hæc, latiùs eo in loco, circa totius ut dixi) Operis Colophonem; præsertim verò in volumine nostro Astronomico,
ubi ex professo de his agemus, apertius declarabitur.   Nunc

vergaß seinen Auftrag bis kurz vor seiner Abreise aus Rom, suchte dann hastig nach möglichen Empfängern und entschied sich für Galilei, der rasch seinen Dank hinkritzelte, den Kepler viel später erhielt.

Für Ursus kam Keplers Bücherpaket im richtigen Augenblick. Er bereitete gerade einen heftigen persönlichen Angriff auf Brahe vor und erkannte sofort, daß er die in Keplers Brief geäußerte Anerkennung nutzen konnte, um sein Ansehen und seinen Ruf als Forscher auf Brahes Kosten zu festigen. Als sein Werk *De astronomicis hypothesibus* (Über astronomische Hypothesen) 1597 erschien, enthielt es den Text von Keplers harmlos unterwürfigem Brief an Ursus, den Brahe auf diese Weise zur Kenntnis nehmen mußte.

Als Brahe und Kepler sich endlich nach einer längeren Komödie mit verlorengegangenen Briefen und sich kreuzenden Botschaften begegneten, plante Brahe, den jungen Mann dazu zu benutzen, Ursus herabzusetzen. Brahe brauchte dringend einen Fachmann, der Ordnung in seine Beobachtungsdaten der Planeten bringen konnte. Aber Keplers wahrer Wert für den von der «Bärenjagd» besessenen Brahe lag nicht so sehr in seinem mathematischen Können als in dem Schaden, den Keplers Verteidigung seines eigenen Systems für den schon angegriffenen Ruf des Ursus bedeuten könnte.

Brahes Traum von einer großartigen Sternwarte, die weit entfernt war von allen Hofintrigen, löste sich in Luft auf, als Kaiser Rudolf II. ihn als beratenden Astrologen in seine Hauptstadt rief, nachdem sich die politische Lage in Böhmen verschlechtert hatte. Kepler hatte während der Monate seines Aufenthalts in Benatek und dann in Prag ebenfalls viel Grund zur Klage. Er wurde immer wieder gedemütigt, was ihn aus der Fassung brachte und sein heftiges Temperament erregte. Er wurde mit der quälend sinnlosen Aufgabe betraut, einen Beweis für Brahes Planetensystem zu schreiben, und er mußte sich täglich mit den Eifersüchteleien von Brahes anderen Assistenten abgeben. Dabei hatte er weder eine offiziell anerkannte Stellung noch einen Vertrag. Zudem mußte er erkennen, wie widerwillig Brahe auch nur Teile seiner Beobachtungsdaten herausrückte.

Immer wieder kam es zu Streitereien zwischen Kepler und Brahe, die wieder verdrängt oder für eine Weile geschlichtet wurden. Kepler beklagte sich in einem Brief bitterlich: «Allein Tycho gab mir keine

Gelegenheit, an seinen Erfahrungen teilzunehmen, außer daß er so
nebenbei beim Essen, in der Unterhaltung über andere Dinge, heute
das Apogäum des einen, morgen die Knoten eines anderen Planeten
erwähnte.»

Wirtschaftliche Not zwang Kepler jedoch zu bleiben und mit den
Brosamen vorliebzunehmen, die er von Brahes Tisch erhaschen konnte. Ein politischer Aufstand in Graz im Sommer 1600, der den Prote-
stantismus bekämpfte, schloß die Verwirklichung aller Gedanken aus,
die Kepler an eine Rückkehr dorthin gehegt haben konnte. Als Lu-
theraner in einem fast ausschließlich katholischen Land hatte er sowohl seinen Besitz als auch seine offizielle Stellung als Schullehrer und
Provinzmathematiker verloren.

Doch selbst in dieser turbulenten Periode bewies Kepler eine
Energie und Hartnäckigkeit, die alle seine Unternehmungen kenn-
zeichnete. Obwohl er sich um seine geschäftlichen Angelegenheiten
kümmern mußte und mehrere Monate lang in Graz versuchte, wenigstens einen Teil des Eigentums seiner Familie zurückzubekommen,
befaßte er sich mit einer Reihe von Forschungen, darunter mehreren
Untersuchungen, die zu wichtigen Fortschritten im Verständnis der
Optik führten.

Keplers Stellung blieb längere Zeit unklar. Er hatte keine offizielle Anstellung und kein Gehalt außer dem, was Brahe ihm aus
seinem eigenen Besitz gab. Schließlich stellte Brahe Kepler im August 1601 Rudolf II. vor. Dieses Treffen führte zu einer Vereinba-
rung, durch die Brahe sich verpflichtete, in einem dem Kaiser ge-
widmeten und nach ihm benannten Werk seine Planetentheorie zu
veröffentlichen, die das Verfahren zur genauen Berechnung der Planetenstellungen lieferte. Kepler wurde dabei als Brahes offizieller
Assistent anerkannt.

Brahe starb am 24. Oktober 1601 mit der wiederholten Bitte:
«Möcht doch mein Leben nicht umsonst gewesen sein.» Kepler be-
schrieb die Szene in seinem Tagebuch, in dem er sorgfältig wichtige
Ereignisse in Brahes Haushalt verzeichnete. Etwa zwei Wochen nach
Brahes Tod wurde er zu dessen Nachfolger als kaiserlicher Mathema-
tiker ernannt.

Von den Inhabern dieser hohen Stellung wurde erwartet, daß sie
Horoskope erstellten und meteorologische und andere Vorhersagen

erarbeiteten, die dem Kaiser nützlich sein könnten. Zu Beginn des Jahres hatte Kepler, vielleicht in Vorahnung von Brahes Tod und zur Verbesserung seiner eigenen Aussichten, einen Kalender aufgestellt, der seine Vorhersagen für 1602 enthielt. Dieses Buch *De fundamentis astrologiae certioribus* (Über die gesicherteren Grundlagen der Astrologie) enthielt nicht nur Keplers Vorhersagen, sondern auch dessen Versuch, das zu reformieren, was er für eine wertvolle klassische Lehre hielt, genau wie Martin Luther weniger als ein Jahrhundert zuvor das Christentum reformiert hatte.

Kepler glaubte, die physikalischen Eigenschaften von Sonne und Planeten übten einen wesentlichen Einfluß auf das Wetter der Erde aus, aber er wies die von den meisten anderen Astrologen vertretene Überzeugung entschieden zurück, die Anordnung der Sterne entlang der Ekliptik in Tierkreiszeichen habe irgendeine Bedeutung. In einem 1599 geschriebenen Brief gab er sowohl seiner Verwirrung als auch seinem Glauben Ausdruck: «Auf welche Weise wird das Gesicht des Himmels im Augenblick der Geburt zum Charakter des Menschen? Es wirkt auf den Menschen, so lang dieser lebt, nicht anders als die Schlinge, die der Bauer, wie es ihm gerade einfällt, um die Kürbisse legt; sie bringen die Kürbisse nicht zum Wachsen, bestimmen aber ihre Form. Ebenso der Himmel: Er verleiht dem Menschen nicht Sitten, Geschehnisse, Glück, Kinder, Reichtum, Gattin, aber er formt all das, womit es der Mensch zu tun hat.»

Weil Kepler so sehr daran interessiert war, die physikalischen Grundlagen astrologischer Vorhersagen zu finden, betrachtete er wissenschaftliche Phänomene, über die zuvor nur wenige nachgedacht hatten. So schloß er beispielsweise aus der Annahme, daß die Sonne das gesamte Licht und alle Wärme liefert, die die Erde erreichen, der Einfluß der Sonnenstrahlung auf die Erdoberfläche müsse sich berechnen und ihr Wert im Sommer und Winter sich vergleichen lassen. Obwohl die dafür verfügbaren mathematischen Hilfsmittel offensichtlich höchstens für eine grobe Überschlagsrechnung ausreichten, waren Keplers Überlegungen sinnvoll und tiefgehend. Er untersuchte sogar, wie die Ansammlung von Wärme in der Atmosphäre dazu führt, daß die Zeit der größten Wärme der Sommersonnenwende folgt (also der Zeit, zu der die Sonne am Himmel am höchsten steht), statt mit ihr zusammenzufallen.

     Was Newton nicht wußte

Kepler erhielt sein Gehalt nur unregelmäßig, weil er nicht geschickt genug war, seine Interessen bei einem wankelmütigen Herrscher, der immer am Rande des Bankrotts stand, nachdrücklich zu vertreten. Doch seine Stellung war gesichert, und er konnte sich darauf konzentrieren, die komplizierte Bewegung des Mars zu erklären, ein Problem, bei dem er zu Brahes Lebzeiten weniger Fortschritte gemacht hatte, als er erwartet hatte.

Die Einzelheiten der Bewegung des Mars waren für jede mathematische Theorie, die die Planetenbewegungen erklären sollte, ein entscheidender Prüfstein. Wie die anderen Planeten wandert der Mars in einem Streifen entlang der Ekliptik, wobei er im allgemeinen von Westen nach Osten läuft, während er gleichzeitig um seine Hauptbahn herum schwingt. Manchmal ändert er sogar seine Richtung und läuft eine Weile rückwärts, bevor er seinen nach Osten gerichteten Lauf wieder aufnimmt. Der Mars scheint jedoch weiter als die anderen äußeren Planeten von einer Kreisbahn um die Sonne abzuweichen.

Frühere Astronomen hatten sich bemüht, mathematische Verfahren zu entwickeln, die vernünftige Näherungen für die zukünftigen Positionen dieses herumstreunenden Planeten ergeben und damit Astrologen und Navigatoren brauchbare Werte liefern sollten. Sie hatten nach einem bequemen Weg gesucht, diese Bewegungen mathematisch zu beschreiben, ohne sich um die physikalische Wirklichkeit ihrer geometrischen Konstruktionen oder das wahre Wesen dessen zu kümmern, was sie am Himmel beobachteten. Für die geometrischen Vorschriften des Ptolemäus etwa machte es keinen Unterschied, ob die Lichtpunkte, die man am Nachthimmel sieht, glühende Gase oder massereiche Körper sind. Es gab keinen Grund zu fragen, was den Mars und die anderen Planeten gerade diesen Bahnen folgen läßt, auf denen sie laufen. Es genügte eine Beschreibung ihrer Bewegung, und sie hing überhaupt nicht davon ab, ob die Ursache der Bewegung erkannt war.

Den Astronomen war seit frühester Zeit klar, daß die Wandelsterne am Himmel keine einfachen Bahnen verfolgen und nicht immer die gleiche Geschwindigkeit haben. Weil die Wissenschaftler damals keinerlei Hinweise auf eine Bewegung der Erde hatten, setzten sie natürlich eine ruhende Erde voraus. Damit vermieden sie auch die Schwierigkeit, Beobachtungen deuten zu müssen, die von einer bewegten Plattform aus gemacht werden. Die früheren Astronomen nahmen zudem an, die Planetenbewegungen ließen sich durch Kombinationen von Kreisen beschreiben.

Aber Kreise reichen für eine vollständige Erklärung der Planetenbewegungen nicht aus. Weil sich die Planeten anscheinend – und auch wirklich – zu verschiedenen Zeiten mit unterschiedlichen Geschwindigkeiten bewegen und weil der Lauf der Sonne entlang der Ekliptik auch einer jahreszeitlichen Veränderung unterliegt, führten die Astronomen den Begriff des Äquanten ein, der einen imaginären Punkt in einiger Entfernung von der Erde bezeichnet, von dem aus alle Geschwindigkeiten gleich erscheinen. Für einen Beobachter am Äquanten würde ein Planet also zu allen Zeiten dieselbe Geschwindigkeit haben, obwohl sich seine Entfernung vom Äquanten ändert. Das von Ptolemäus zur Beschreibung der Planetenbewegungen aufgestellte geometrische System enthielt in der Tat sowohl Äquanten als auch Epizyklen (siehe Kapitel 2). Zwar war dieses System sorgfältig konstruiert, und es ermöglichte einigermaßen genaue Vorhersagen der Planetenpositionen (man brauchte nur den von Ptolemäus beschriebenen Schritten zu folgen und die von ihm zusammengestellten Tabellen zu benutzen), aber es war recht verzwickt; die notwendigen Berechnungen machten beträchtliche Mühe und waren sehr zeitraubend.

Vierzehn Jahrhunderte später wählte Copernicus wieder einen rein beschreibenden Weg, aber ein anderes Bezugssystem. Indem er den Mittelpunkt in die Sonne schob, hoffte er die rechnerischen Hilfsmittel zu vereinfachen, die für die Vorhersagen nötig waren. Er fand jedoch, daß er immer noch eine Bewegung von Kreisen auf Kreisen annehmen mußte. Sein System hatte einen weiteren Nachteil: Es legte nahe, daß sich die Erde bewegte, was der alltäglichen Erfahrung zu widersprechen schien.

Vielfach wird angenommen, sowohl das ptolemäische als auch das kopernikanische System seien mit Epizyklen überladen gewesen; tatsächlich war aber keines der beiden Modelle so kompliziert, wie es scheint. Ptolemäus brauchte für Mars nur einen großen Epizyklus. Wenn Copernicus für sein sonnenzentriertes Modell mehr Kreise brauchte als Ptolemäus in seinem geozentrischen, so sind doch die

   Was Newton nicht wußte

insgesamt 34 Kreise für alle Planeten und den Mond bei Copernicus nicht sehr viel mehr.

Das Modell des Copernicus war elegant und löste unter der Elite der Gelehrten in den Jahrzehnten nach dem Tod seines Schöpfers 1543 scharfsinnige Auseinandersetzungen und weitreichende Spekulationen aus. Der Reiz dieses der Erfahrung so offenkundig widersprechenden Bauplans vom Sonnensystem lag zum Teil darin, daß es natürliche Erklärungen für Himmelserscheinungen lieferte, die zwar bekannt, aber niemals erklärt worden waren. Weil das Modell einer sich drehenden Erde die Freiheit gibt, um die Sonne zu kreisen, konnte es die Präzession der Äquinoktien als eine weitere Erdbewegung erklären – als eine langsame Verschiebung in Richtung ihrer Drehachse. Was einst willkürlich wirkte, schien jetzt sinnvoll zu sein.

Welches mathematische Modell gewählt wurde, war jedoch immer noch eine Sache des Geschmacks oder der bevorzugten Philosophie. Solange keine physikalischen Gegebenheiten in die Gleichungen eingingen, konnte das mathematische Modell jede beliebige Form haben, die zu den Beobachtungen paßte. Wenn man nur einfallsreich genug war, ließen sich sowohl geo- als auch heliozentrische Modelle beliebig abändern, um neue Beobachtungen aufzunehmen und zuverlässige Vorhersagen der Planetenbewegungen zu erlauben. Der Historiker Owen Gingerich sagte in diesem Zusammenhang: «Der Übergang von der einen Kosmologie zur anderen war letztlich eine geometrische Transformation, bei der die Voraussagen praktisch gleich blieben. Das heliozentrische System lieferte keineswegs automatisch bessere Tabellen der Planetenpositionen. Aus diesem Grund ließen sich fehlerhafte Vorhersagen zumindest anfangs in einem geozentrischen Modell genausogut korrigieren wie in einem mit der Sonne im Mittelpunkt.»

Kepler fand einen Ausweg aus dieser Sackgasse, indem er ein neues Prinzip zur Wahl des mathematischen Modells aufstellte. Er war von der Eleganz des kopernikanischen Systems überzeugt und von demselben Vertrauen in eine natürliche Ordnung durchdrungen, das Pythagoras und seine Nachfolger im klassischen Griechenland nach einer zugrundeliegenden Harmonie der Zahlen hatte suchen lassen. Kepler behauptete, das reale Weltall sei nach einem einfachen, vom menschlichen Verstand erfaßbaren mathematischen Plan geschaffen.

In der Zeichnung, die Copernicus vom Sonnensystem anfertigte, umlaufen die Planeten einschließlich der Erde die Sonne, und nur der Mond umläuft die Erde (Nachdruck mit freundlicher Genehmigung von Joseph Silk, *The Big Bang*, W.H. Freeman, New York, 1989).

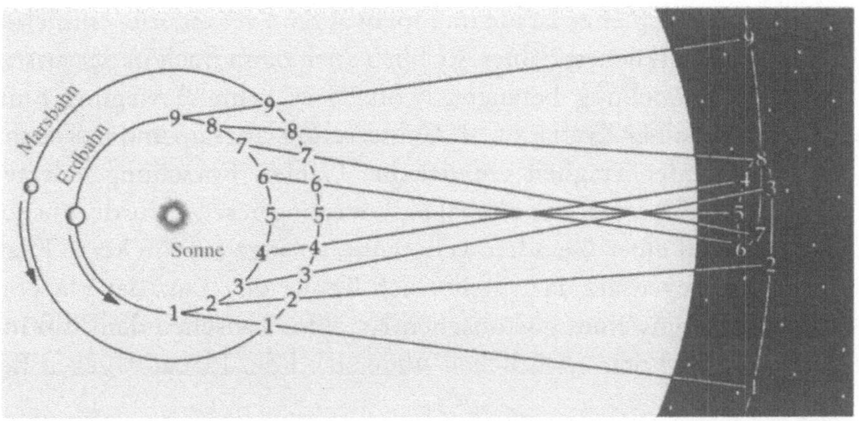

Ein heliozentrisches Modell des Sonnensystems erklärt das Auftreten von Schleifen in den scheinbaren Bahnen der Planeten durch deren relative Bewegungen. Die Erde läuft rascher um die Sonne als Mars. Während die Erde den langsameren Planeten überholt und an ihm vorbeiläuft, scheint sich Mars (zwischen den Punkten 4 bis 6) einige Monate lang rückwärts zu bewegen.

Die Planetenbewegungen erschienen nur deswegen als Mißklänge, so behauptete er, weil noch niemand gelernt hatte, ihre Melodien wahrzunehmen. Die Aufgabe des Naturphilosophen war es, die Grundlage zu finden, auf dem alles weitere logisch aufbaute.

Diese Gedanken waren schon die Grundlage für Keplers erstes Hauptwerk, das *Mysterium cosmographicum*. In ihm entwickelte er seinen entscheidenden Gedanken, wonach der physikalische Körper der Sonne die Planeten dazu bringt, sich so zu bewegen, wie sie es tun. Aus Keplers Sicht mußte die Sonne in jeder Theorie der Planeten eine Hauptrolle spielen. Auf welche Weise die Sonne diesen Einfluß ausübte, blieb jedoch unklar. Aber Kepler ließ sich von dem Vergleich der Abnahme der Lichtintensität bei zunehmender Entfernung von der Lichtquelle mit dem Verhalten des Magnetismus anregen; dieses Thema hatte besonderes Interesse erregt, als im Jahr von Keplers Ankunft in Benatek William Gilberts bedeutender Text *De magnete* (Über den Magnetismus) veröffentlicht worden war.

Kepler kam zu der Überzeugung, eine von der Sonne ausgehende Kraft halte die Planeten auf ihren Bahnen, so wie ein Wasserrad mit dem Wasser auch feste Teilchen aufwirbelt. Diese Vorstellung leitete seine umfangreichen Zahlenberechnungen, aber die physikalischen

Gesetze, die Kepler erdachte und fortwährend veränderte, enthielten einen grundsätzlichen Fehler. Er blieb auch dann noch in der aristotelischen Vorstellung befangen, wonach es keine Bewegung ohne Einwirkung einer Kraft gibt, als Galilei schon langsam und insgeheim den Begriff der Trägheit entwickelte. Galileis Forschungen legten nahe, daß ein Körper, der einmal in Bewegung gesetzt wurde, unendlich lange auf einer Geraden weiterläuft, solange auf ihn keine Kraft wirkt. Im Gegensatz dazu stellte sich Kepler den Tanz der Planeten als das Ergebnis eines gigantischen Kampfes zwischen dem Einfluß der Sonne und dem natürlichen Widerstand der Planeten gegen Bewegung vor.

Indem Kepler auf einer physikalischen Ursache für Bewegung beharrte, konnte er die Vorstellung widerlegen, es gäbe imaginäre Punkte, um die sich Planeten auf gleichförmigen Kreisen mit konstanten Geschwindigkeiten zu bewegen scheinen. Ein Planet konnte nach Keplers Meinung unmöglich von einem Augenblick zum nächsten die Berechnungen anstellen, die für die gleichförmige Kreisbewegung nötig waren, wenn ihn keine physikalische Kraft auf diesen Weg zwang. Wie konnte ein Planet wissen, wann er langsamer oder schneller werden sollte? Aus diesen Überlegungen erwuchs die erste Vorahnung der modernen Interpretation von einer Bahn als Flugbahn eines Körpers, auf den eine Kraft wirkt. Für Kepler gab es die festen und kristallenen Sphären, die nach der Vorstellung antiker Astronomen und Philosophen die Planeten um die Sonne trugen, nicht. Gleichzeitig, so meinte er, waren Sonne und Planeten nicht bloße Lichtpunkte, sondern riesige Körper, die wir aus großer Entfernung sehen.

Als Kepler es unternahm, die Marsbahn zu bestimmen und ein mathematisches Modell oder eine Theorie der Planetenbewegung zu entwickeln, die Brahes Beobachtungen entsprach, mußte er die Bewegung dieses Planeten von der Erdbahn trennen. Er war in der Rolle eines Beobachters, der die Himmelskoordinaten eines Planeten feststellen will, dessen Bahn er nicht kennt, während er selbst die Sonne auf einem Planeten umrundet, dessen Bahn ihm gleichfalls unbekannt ist. Die Berechnung der genauen numerischen Beziehung zwischen der Bahngeschwindigkeit und der Entfernung von der Sonne stellte Kepler vor eine große Herausforderung: Er mußte diejenige Anordnung beider Bahnen finden, bei der die bis zu den Sternen verlängerte

		Was Newton nicht wußte

Verbindungsgerade von Mars und Erde die Stellung des Mars relativ zu den Fixsternen richtig angibt, so wie sie von der Erde aus gesehen wird.

Das ist möglich, weil die Bahnen sich in regelmäßigen Abständen wiederholen. Die Astronomen können zum Beispiel die Position des Mars am selben Kalenderdatum für mehrere aufeinanderfolgende Jahre bestimmen (mit einer kleinen Korrektur, die berücksichtigt, daß die Erde etwa einen viertel Tag länger braucht als 365 Tage, um die Sonne einmal zu umrunden). Praktisch braucht die Erde ein Jahr, um zu genau dem gleichen Punkt ihrer Bahn zurückzukehren. Weil Mars jedoch langsamer ist, ändert sich seine Position von Jahr zu Jahr, wie sie jährlich von der Erde aus gesehen wird. Aus solchen hinreichend lange durchgeführten Beobachtungen ließe sich die Marsbahn herleiten. Ähnlich könnten die Astronomen die Form der Erdbahn berechnen, indem sie die Copernicus wohlbekannte Tatsache nutzen, daß Mars für einen Umlauf um die Sonne 687 Tage braucht. Wenn man Beobachtungen des Mars sammelt und aufzeichnet, die 687 Tage auseinanderliegen, erhielte man dieselben Daten, wie wenn man von einem ruhenden Mars auf eine sich bewegende Erde schaute.

Im Rückblick scheint Keplers Aufgabe recht einfach gewesen zu sein. In Wirklichkeit stand er vor ungeheuren Schwierigkeiten begrifflicher, beobachtungstechnischer und mathematischer Art.

Kepler hatte Brahes Leidenschaft für genaue astronomische Messungen viel zu verdanken. Mit eigens dafür entworfenen Instrumenten bestimmten Brahe und seine Assistenten Planeten- und Sternpositionen so genau, daß ihre mit dem bloßen Auge vorgenommenen Beobachtungen selten um mehr als 2 oder 3 Bogenminuten voneinander abwichen, etwa ein Zehntel des Monddurchmessers, wie er am Himmel erscheint. Brahes wirklicher Beitrag dagegen, den Kepler mit großem Nutzen zu verwenden wußte, war die Erkenntnis, daß die Astronomie exakte und lückenlose Daten braucht. Es war hilfreich, die Planetenstellungen nicht nur an kritischen Punkten, sondern auch an vielen anderen Bahnpunkten zu kennen. Brahe unterschied sich von seinen Vorgängern und fast allen seinen Zeitgenossen durch die Angewohnheit, seine Beobachtungen zu wiederholen. Die meisten Beobachter gaben sich mit wesentlich ungenaueren Messungen zufrieden und machten sich gewöhnlich nicht die Mühe, das himmlische

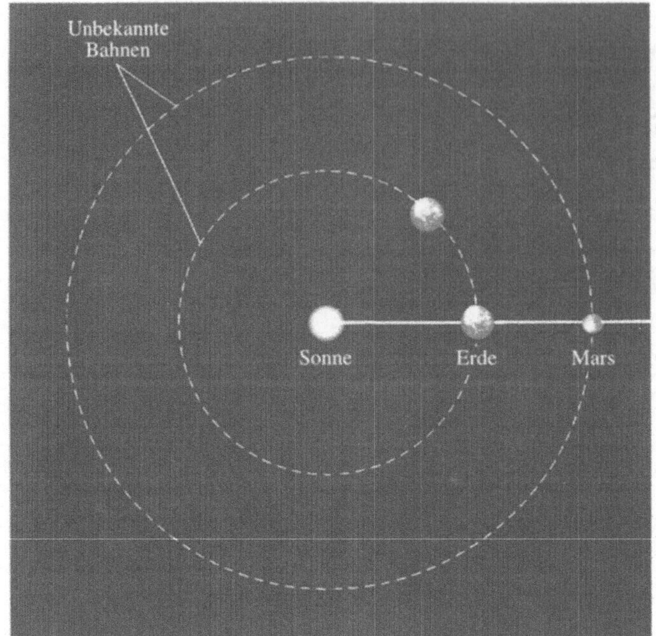

Um die Form der Erdbahn zu ermitteln, nutzte Kepler die Tatsache, daß Mars auf seiner Bahn alle 687 Tage zum selben Punkt zurückkehrt, während die sich schneller bewegende Erde an einem anderen Ort ist, wenn Mars zurückkehrt.

Schauspiel an den entscheidenden Stellen mehr als ein- oder zweimal zu beobachten.

Besonders genau und umfassend war Brahes Sammlung von Daten über den Mars, die aus einem Zeitraum von dreißig Jahren stammten. Kepler war sich ihres Wertes bewußt und stellte sicher, daß er nach Brahes Tod die Verfügung über die Notizbücher behielt, obwohl einige Verwandte Brahes sich große Mühe gaben, sie zurückzuerhalten.

Trotzdem war die Genauigkeit der Rohdaten nur in dem Maß gesichert, in dem Brahes junge Gehilfen die schwerfälligen und fremdartigen Instrumente in seiner Sternwarte richtig handhaben konnten. Viel hing auch davon ab, wie gut Brahe und seine Assistenten die Daten aufbereiteten.

Die Astronomen waren sich beispielsweise der verzerrenden Wirkung bewußt, die die Brechung verursacht: Die Atmosphäre lenkt das Licht so ab, daß Objekte in der Nähe des Horizonts höher am Himmel zu stehen scheinen, als es wirklich der Fall ist. Brahe war entschlossen, die größtmögliche Genauigkeit zu erhalten, und erarbeitete Tabellen und Regeln, um abzuschätzen, wieviel er bei einzelnen Messungen hinzufügen oder abziehen mußte, um die Brechung und andere optische Effekte zu berücksichtigen, etwa die Parallaxe, also die Veränderung in der sichtbaren Stellung von Himmelskörpern, wenn sie von verschiedenen Orten aus zu verschiedenen Zeiten gesehen werden. Kepler selbst untersuchte trotz seiner Kurzsichtigkeit und seiner geringen Erfahrung mit astronomischen Beobachtungen eingehend das Verhalten des Lichts. Noch während er mit dem Problem der Marsbahn kämpfte, veröffentlichte er 1604 ein wichtiges Buch zur Optik, das mehrere wesentliche Entdeckungen beschrieb.

Damit man Planetenbewegungen vergleichen und darstellen kann, muß man zudem die Position des jeweiligen Planeten bestimmen. Dazu muß man messen, wie weit er von einem Bezugsstern am Himmel entfernt ist, welchen Winkel er also mit diesem bildet. Diese Information muß dann mathematisch in eine Länge und eine Breite bezüglich der Ekliptik umgerechnet werden. Das für diese Berechnungen benötigte mathematische Verfahren war schon bekannt, als Kepler seine Arbeit begann. Das wichtigste Hilfsmittel war die Trigonometrie, die viele Formeln kennt, die aus bestimmten Kreisbögen und Winkeln die Maße anderer Bögen zu berechnen gestatten. Himmelsberechnungen erfordern die sphärische Trigonometrie, also auf die geometrischen Figuren auf der Oberfläche einer Kugel zugeschnittene Formeln.

Zur Berechnung der Marsbahn jedoch brauchte Kepler viel mehr als nur die Trigonometrie; außerdem ließen sich die ihm zur Verfügung stehenden Verfahren – vor allem Arithmetik und euklidische Geometrie – nur in höchst umständlicher Weise auf Probleme anwenden, die mit sich im Laufe der Zeit verändernden Entfernungen zu tun hatten. Man hatte im dritten Jahrhundert in Europa begonnen, mit arabischen Ziffern zu rechnen, aber noch 300 Jahre später galten der Umgang mit Brüchen und die Division als schwierige Operationen. Dezimalbrüche, wie sie für uns heute so selbstverständlich sind, kamen erst 1585 auf. Kepler selbst arbeitete im allgemeinen mit den Verhältnissen großer ganzer Zahlen, wenn er Beziehungen ausdrücken wollte, für die wir heute ganz selbstverständlich Dezimalbrüche verwenden. Trigonometrische Berechnungen – Routineaufgaben, die man heute mit Hilfe eines einfachen elektronischen Rechners in Sekunden ausführen kann – erforderten die stundenlange gemeinsame Arbeit ganzer Gruppen menschlicher Rechner. Brahe konnte gewöhnlich über viele solche Rechner verfügen, aber Kepler mußte häufig aus Geldmangel darauf verzichten und die Rechnungen selbst durchführen, bei denen endlose Zahlenreihen addiert, subtrahiert, multipliziert und dividiert werden mußten.

Weil es so wichtig war zu bestimmen, wie sich Bahnen im Lauf der Zeit verändern, mußte Kepler auch Verfahren entwickeln, die wie statische Geometrie der frühen Mathematiker die zeitliche Dimension berücksichtigten und Näherungen für die Veränderungen der Planetenbewegung lieferten. Er verwendete zum Beispiel viel Mühe darauf, die Flächen unregelmäßig geformter geometrischer Figuren zu bestimmen. Heute lassen sich solche Probleme oft einfach lösen, indem man mit Hilfe der Infinitesimalrechnung oder mit Computerverfahren numerische Näherungen berechnet. Kepler mußte sich auf geometrische Verfahren verlassen, die darin bestanden, daß die Figur in viele kleinere Teile mit berechenbaren Flächen zerlegt wurde, durch deren Addition sich dann die Gesamtfläche ergab.

Auch andere Überlegungen erschwerten Keplers Forschungen. Um seine Theorie der Bahnbewegung des Mars entwickeln und das mathematische Verfahren auf die übrigen Planeten anwenden zu können, mußte Kepler Daten auswählen, die zeigten, wie gut seine Theorie durch die Beobachtung bestätigt wurde. Er mußte also das geeignete Modell wählen und entscheiden, wie weit seine Theorie von den gewählten Daten abweichen durfte, ohne ihre Gültigkeit zu gefährden. Wo die Theorie zu versagen schien, mußte er herausfinden, welche Veränderungen seiner mathematischen Methode die Übereinstimmung mit den Daten verbessern konnten. Insgesamt war Keplers Verfahren ebenso durch Versuch und Irrtum bestimmt, wie es heute üblich ist, wenn Forscher mit höchst leistungsfähigen Computern physikalische Phänomene simulieren und die Näherungen mit der Beobachtung vergleichen. Kepler hätte sich vermutlich in einem modernen Rechenzentrum recht wohl gefühlt.

Kepler umriß seine Ziele, die er glaubte, erreichen zu können, in einem Brief, den er am 10. Februar 1605 schrieb: «Mein Ziel hierbei ist es zu zeigen, daß die himmlische Maschine nicht eine Art göttlichen Lebewesens ist, sondern gleichsam ein Uhrwerk ... insofern darin nahezu all die mannigfaltigen Bewegungen von einer einzigen ganz

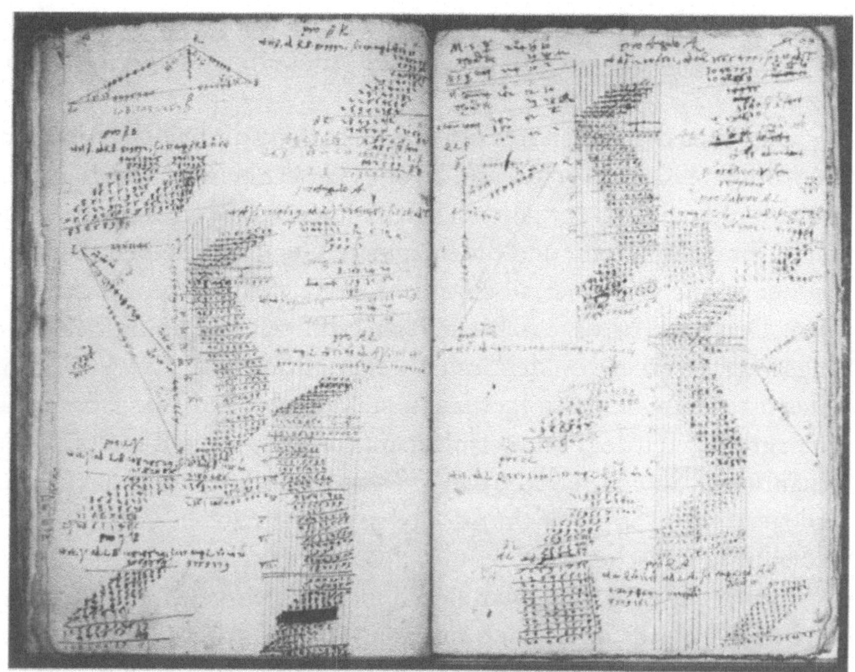

Ein Auszug aus Keplers Aufzeichnungen und Berechnungen (mit freundlicher
Genehmigung von Owen Gingerich).

einfachen magnetischen Kraft besorgt werden wie bei einem Uhrwerk
all die Bewegungen von dem so einfachen Gewicht. Und zwar zeige
ich auch, wie diese physikalische Vorstellung rechnerisch und geometrisch darzustellen ist.»

Keplers gewaltige Anstrengungen, Harmonie in die Planetenbewegungen zu bringen, fanden ihren Höhepunkt in einem großartigen und umfangreichen, 1609 erschienenen Buch. Obwohl er schon
1605 die entscheidenden Teile ausgearbeitet hatte, die zur Erklärung
der Marsbahn nötig waren, mußte er noch mehrere Jahre damit
zubringen, von Brahes Erben die Erlaubnis zur Veröffentlichung
des Buches zu erkämpfen; sie sträubten sich gegen den Gedanken,
sie könnten die Ketzerei des Copernicus begünstigen. Dann mußte
Kepler die nötigen Geldmittel auftreiben und einen Verleger finden.
Astronomia nova, aitologetos seu physica coelestis (Eine neue Astronomie, ursächlich erklärt, oder Himmelsphysik) löste nicht nur das
Problem der Marsbewegung, sondern begründete auch die Behaup-

tung, die alte beschreibende Astronomie von Ptolemäus und Copernicus sei zugunsten einer neuen, auf Physik beruhenden Astronomie abzulehnen.

Zwischen den Zeilen stecken in diesem Band die beiden Aussagen, die wir heute Keplers erstes und zweites Gesetz nennen. Die Planeten umlaufen die Sonne auf elliptischen Bahnen, in deren einem Brennpunkt die Sonne steht, und die imaginäre Gerade, die einen Planeten mit der Sonne verbindet, überstreicht in gleichen Zeiten gleiche Flächen. Demnach bewegt sich ein Planet auf seiner elliptischen Bahn langsamer, wenn er von der Sonne weiter entfernt ist, als wenn er ihr näher ist. Diese Schlußfolgerungen stellten eine radikale Absage an einen großen Teil der Himmelsmechanik dar, wie sie zu Keplers Zeiten bekannt war. Sie entwerteten den Kreis zu einem Spezialfall der Ellipse und rückten die Sonne nicht nur in den geometrischen, sondern auch in den physikalischen Mittelpunkt des Sonnensystems.

Keplers Abhandlung war ein kühner Angriff gegen die Vorherrschaft des Kreises im astronomischen Denken. Aristoletes hatte gelehrt, alles Ewige sei kreisförmig und alles Kreisförmige ewig. Danach war die Kreisbewegung die einzige vollkommene und natürliche Bewegung, und Jahrhunderte dieser Lehre hatten dem Kreis den Status von etwas Heiligem verliehen. Aber Kepler war nicht völlig allein, als er mit dieser Tradition brach. Im Jahrhundert zuvor hatten die Künstler der Renaissance, die sich mit den Gesetzen der Perspektive beschäftigten, gelernt, sich Ellipsen einfach als Kreise vorzustellen, die unter einem bestimmten Winkel gesehen wurden. Noch früher hatten in der Architektur allmählich die grazilen elliptischen Bögen der Gotik die schwerfälligeren kreisrunden Bögen der Romanik ersetzt.

Auf den ersten Blick scheint Keplers Beschreibung seiner Entdeckungen in *Astronomia nova* eine Schilderung einer längeren Reise in ein unbekanntes Gebiet zu sein, die durch einen höchst persönlichen Stil lebendig wird, der fast bekenntnishaft und von rhetorischen Floskeln durchsetzt ist. Er läßt anscheinend keine Einzelheit aus, zählt jede Hypothese auf, die er aufstellte und zurückwies, jede falsche Spur, der er folgte und die er dann verwarf, jeden Rechenfehler und jeden Erfolg, bis er schließlich die Wahrheit fand.

Er klagte seinem Leser: «Wenn du dieses mühseligen Verfahrens überdrüssig wirst, so magst du mit Recht Mitleid mit mir empfinden,

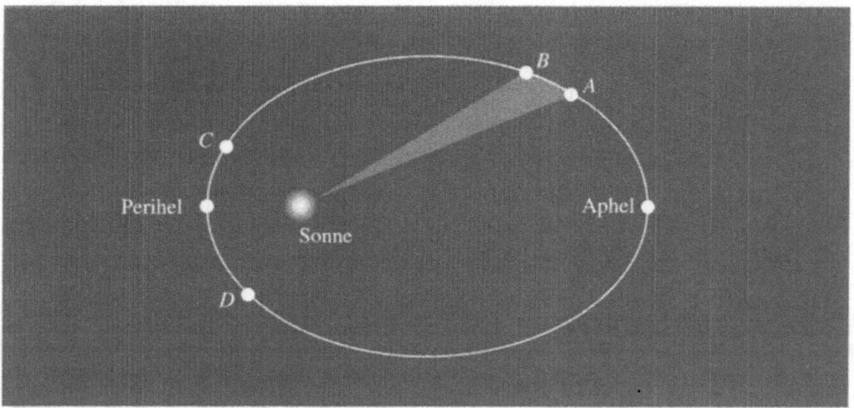

Nach den Regeln, die später das erste und zweite Keplersche Gesetz genannt wurden, umläuft jeder Planet die Sonne auf einer elliptischen Bahn, in deren einem Brennpunkt die Sonne steht; die Verbindungslinie zwischen dem Planeten und der Sonne überstreicht in gleichen Zeiten gleiche Flächen.

der ich es mindestens siebzigmal mit sehr großem Zeitverlust durchlaufen habe.» Er äußerte ständig Zweifel: «Wer sollte es für möglich halten! Diese Hypothese, die mit den akronychischen Beobachtungen so gut übereinstimmt, ist doch falsch.» Er urteilte: «Dann wird schließlich die leuchtende Sonne der Wahrheit dieses ganze ptolemäische Gebäude wie Butter zerschmelzen und die Anhängerschaft des Ptolemäus teils in das Lager des Kopernikus, teils in das des Brahe treiben.» Er schalt sich selbst, «daß ich, obgleich ich fast bis zum Verrücktwerden nachdachte und umschaute, nicht ausfindig machen konnte, warum der Planet ... lieber den elliptischen Weg geht. ... O ich närrischer Kauz.»

Viele Historiker haben Kepler beim Wort genommen und in *Astronomia nova* eine bemerkenswert offenherzige Darstellung seiner Mühen gesehen. Aber diese Sicht änderte sich allmählich. So schrieb Owen Gingerich 1973: «Viele Kommentatoren haben angenommen, daß Kepler wegen seines schrittweisen Vorgehens und seines gelegentlich autobiographischen Stils keine Einzelheit in der Chronik seiner Forschungen ausließ. Eine Überprüfung des Manuskriptmaterials zeigt aber im Gegenteil, daß sich das Buch in mehreren Stufen entwickelte und einem viel sorgfältigeren Plan folgt, als es eine reine Reihe von Forschungen tun würde.»

Keplers Ziel war es, anders gesagt, seine Leser – hochgebildete, technisch bewanderte, kenntnisreiche Praktiker – davon zu überzeugen, daß es keine andere Möglichkeit gab, als seine radikalen Theorien anzunehmen. Er wählte Stil und Aufbau der Gedanken im Hinblick auf den Nachweis, daß jede vorstellbare Alternative, so reizvoll sie auch zunächst erscheinen mochte, schließlich der Überprüfung durch die Beobachtung nicht standhalten konnte.

Bruce Stephenson zeigt in *Kepler's Physical Astronomy*, einer neueren detaillierten Untersuchung der in *Astronomia nova* enthaltenen Physik und Mathematik, daß Kepler durch die Anlage seines Buches jedem Einwand seiner Leser begegnen konnte. Er weckte Argwohn, stellte herausfordernde Fragen und lieferte dann geniale Antworten, alles in seinem eigenen, unnachahmlichen Stil. Kepler erwartete Widerstand, und er wollte Zweifler davon überzeugen, daß seine Astronomie nicht nur eine annehmbare Möglichkeit bot, Planetenstellungen zu berechnen, sondern auch ein genaues Modell des physikalischen Sonnensystems darstellte.

Aus moderner Sicht erscheint sein Vorgehen als außerordentlich schwerfällig und kompliziert; er verwendet für unseren Geschmack unangemessen viel Zeit auf Themen, die nicht mehr relevant sind. Aber diese Themen waren Anfang des siebzehnten Jahrhunderts wichtig, und Kepler mußte jene Rechenverfahren und Begriffe verwenden, die seinen Lesern vertraut waren. Durch seine Anordnung der Kapitel wollte er eine anspruchsvolle Leserschaft von Mathematikern und Astronomen davon überzeugen, daß praktisch die ganze ihnen bekannte Planetentheorie falsch und ihre Rechenverfahren veraltet waren, seine neue Theorie jedoch die richtige Alternative bot. Er führte mehrere Hypothesen auf, die für die eine oder andere mathematische Struktur zu sprechen schienen, und zeigte dann, wie brüchig die Struktur war, indem er auf die Unvereinbarkeit mit den Beobachtungen Brahes hinwies. In jedem Fall betonte Kepler, seine Theorie liefere eine einfachere, elegantere Antwort auf solche Fragen wie die, warum die Erdbewegung nicht gleichförmig ist oder warum ihr Abstand von der Sonne schwankt.

Am Ende bewiesen Keplers in mühevoller Kleinarbeit aufgezählte, den Stoff und die Leser erschöpfende Berechnungen nicht nur, daß die herkömmliche Planetentheorie die Beobachtungsdaten von Brahe nicht erklären konnte, sondern auch, warum diese Theorie trotzdem bemerkenswert erfolgreich war. Insbesondere war der Unterschied zwischen einer elliptischen und einer kreisförmigen Bahn klein genug (vor allem bei der Erde), daß ein exzentrischer Kreis einer Ellipse mit eng benachbarten Brennpunkten fast gleichwertig war. Von allen uns bekannten Planeten ist der Mars am erstaunlichsten, weil seine Bahn langgestreckter ist als die der anderen Planeten. Er liefert also die deutlichsten Hinweise auf Abweichungen von einer Kreisbahn, und auf diese kleinen, aber wichtigen Abweichungen gründete Kepler seine Überlegung, daß eine Ellipse und nicht ein exzentrischer Kreis die Grundform der Planetenbahn darstellt. Bei allen anderen Planeten kommen numerische Angaben, die auf der kopernikanischen und ptolemäischen Theorie beruhen, den Ergebnissen von Keplers Flächensatz sehr nahe; an ihnen läßt sich daher kaum aufzeigen, was Keplers Denkweise von den älteren Theorien unterscheidet.

Im Kern von Keplers Überlegung stand natürlich seine Überzeugung, daß die Bewegungen im Sonnensystem eine physikalische Ursache haben. Als physikalischer Vorgang, also als Bewegung auf einem exzentrischen Kreis, war sie, obwohl mathematisch ansprechend, tatsächlich recht kompliziert – so kompliziert, daß sie Zweifel an ihrer Richtigkeit weckte. Wie Stephenson bemerkte, stellte Kepler «so eine radikale Neubewertung vor, indem er die Astronomie zum ersten Mal als eine physikalische Wissenschaft deutete ... Danach genügte es nicht länger, wenn eine Theorie mathematisch plausibel war. Mathematische Eleganz sprach Astronomen an, aber reale Körper werden durch physikalische Kräfte bewegt, die auf andere wirkliche Kräfte wirken.»

Als Keplers 70 Kapitel schließlich gedruckt waren, fand die neue Astronomie wenig Zustimmung. Die Leser waren eher eingeschüchtert als beeindruckt, und nur wenige konnten die mathematischen Klippen umschiffen oder die Degradierung des geheiligten Kreises bejahen. Niemand schien zu verstehen, worauf Kepler hinauswollte; Galilei äußerte sich gar nicht, obwohl er eine Ausgabe des Buches erhielt. In den Augen der meisten Gelehrten der Zeit unterschied sich Keplers Buch wahrscheinlich nicht von anderen gehobenen astronomischen Abhandlungen. Ein Rezensent seiner Zeit hätte vermutlich

Elliptische Bahnen

Der größte Durchmesser einer Ellipse heißt Hauptachse, und ihre halbe Länge
heißt große Halbachsenlänge *a*. Die Form einer Ellipse wird durch ihre
Exzentrizität *e* bestimmt. Wenn *e* = 0 ist, ergibt sich ein Kreis. Wenn die
Exzentrizität zunimmt, wird die Ellipse langgestreckter. Mit Ausnahme von
Merkur und Pluto haben die Planeten fast kreisförmige Bahnen.

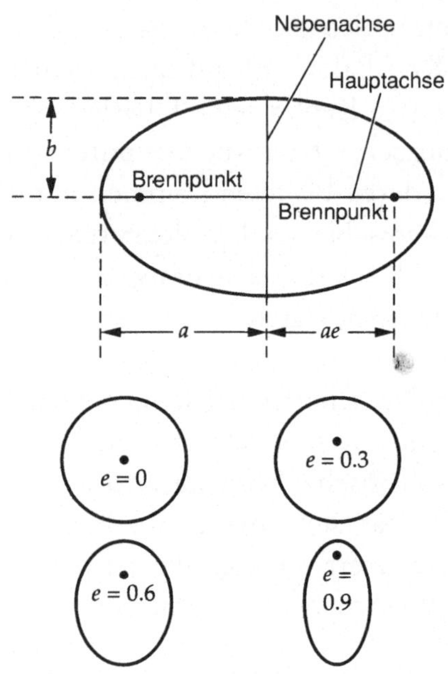

Exzentrizitäten und Neigungen von Planetenbahnen

Planet	Exzentrizität e	Neigung der Bahn zur Ekliptik in Grad
Merkur	0,206	7,0
Venus	0,007	3,4
Erde	0,017	0,0
Mars	0,093	1,9
Jupiter	0,048	1,3
Saturn	0,056	2,5
Uranus	0,046	0,8
Neptun	0,010	1,8
Pluto	0,248	17,1

Die gestrichelte Linie trennt die sechs zu Keplers Zeit bekannten Planeten von den
drei später entdeckten äußeren Planeten.

   Was Newton nicht wußte

gesagt, das Werk stelle einen einigermaßen interessanten, wenn auch verwirrenden und schwierigen Beitrag eines angesehenen Mathematikers und Astronomen dar, dessen wissenschaftlicher Stern im Aufgehen begriffen war. Die *Astronomia nova* war in der Tat nur eines von Hunderten gelehrter Bücher, die alljährlich veröffentlicht wurden.

Während der Arbeit an der Marsbahn und noch Jahre danach verfaßte Kepler sehr viele Bücher, Pamphlete, Abhandlungen und Briefe zu allen möglichen Themen, wobei er zeitweise in jeder Woche das Äquivalent eines Buches schrieb. Trotz anhaltender Krankheit und familiären Unglücks fand er irgendwie immer noch genug Zeit, nicht nur seine unaufhörlichen Berechnungen anzustellen, sondern sich auch um seine geschäftlichen Angelegenheiten zu kümmern. Zu diesen gehörte der ständige Kampf mit dem Kaiser um das ihm zustehende Gehalt. Der Kaiser hatte ihm stets mehr versprochen, als seine Schatztruhe oder seine Lakaien zuließen.

Das Jahr 1611 verlief für ihn besonders tragisch. Seine Frau und sein sechsjähriger Sohn starben. Die zunehmenden politischen Spannungen führten in und um Prag schließlich zum Ausbruch von Unruhen und 1618 zum Beginn des Dreißigjährigen Krieges, des bitteren Konflikts zwischen Katholiken und Protestanten, der ganz Mitteleuropa verwüstete. Kepler fand sich immer wieder zwischen den gegnerischen Parteien, denn beide Seiten wetteiferten um astrologische und politische Vorteile. Innerhalb eines Jahres schon zog er nach Linz, um dem Durcheinander zu entkommen, obwohl er sich in seinen Vorhersagen als politisch geschickt genug erwies, um den Titel des kaiserlichen Mathematikers behalten zu können. In Linz erhielt er eine neue Anstellung als Provinzmathematiker.

Selbst inmitten der häuslichen Tragödie und der politischen Krise konnte sich Kepler immer noch Fragen wie der Geometrie von Schneeflocken zuwenden, dem Thema eines reizenden, 1611 veröffentlichten Büchleins. Man kann sich gut vorstellen, wie er an einem Wintertag auf der Steinernen Brücke über die Moldau ging und stehenblieb, um die Schneeflocken auf seinem Ärmel zu betrachten. Wegen seiner Kurzsichtigkeit beugte er sich herunter, um sie genau zu untersuchen. Warum fallen Schneeflocken manchmal als sechseckige Sternchen, fragte er sich, und warum haben alle Schneeflocken eine sechsfache Symmetrie? Könnte die Antwort damit zu tun haben, wie sich feste Kugeln in Hexagone verpacken lassen? «Nachdem so alles überprüft ist, was sich darbot, glaube ich, daß die Ursache für die Sechseckfigur des Schnees keine andere ist als die für die regelmäßigen Figuren bei den Pflanzen und für die konstanten Zahlen. [Ich glaube] nicht, daß gerade beim Schnee die regelmäßige Form von ungefähr da ist. Es gibt also ein Formvermögen im Körper der Erde, dessen Träger der Wasserdampf ist, wie es eine menschliche Seele, einen Geist, gibt.»

Getrieben von dem Glauben, daß die ganze Natur mathematischen, entschlüsselbaren Gesetzen gehorcht, verfolgte Kepler numerische Fragen, wo er sie nur finden konnte. Er untersuchte immerzu, warum die eine Zahl herauskam und nicht eine andere.

Das Jahr 1611 sah auch die Veröffentlichung eines anderen von Keplers Büchern zur Optik. In diesem entwickelte er Verfahren, mit denen sich der Weg von Lichtstrahlen durch Instrumente wie das Fernrohr, das gerade in Gebrauch kam, verfolgen ließ. Kepler hatte 1610 von Galileis Teleskop gehört und es geschafft, sich ein Fernrohr auszuleihen, das Galilei für den Kurfürsten von Köln angefertigt hatte. Etwa einen Monat lang konnte Kepler die Jupitermonde beobachten; er verfaßte einen kurzen Beobachtungsbericht darüber (*Narratio de Jovis satellitibus*), in dem er die erste unabhängige schriftliche Bestätigung der Entdeckung Galileis lieferte. Bald danach erfand Kepler selbst eine andere Art Fernrohr, das statt einer konkaven und einer konvexen Linse zwei konvexe Linsen verwendete. Es lieferte statt eines aufrechten Bildes ein umgekehrtes Bild.

Als ob all das noch nicht genügt hätte, war Kepler intensiv damit beschäftigt, ein leistungsfähiges neues Rechenverfahren zu entwickeln, bei dem einfache Addition und Subtraktion die mühsamen Schritte ersetzten, die bei der Multiplikation und Division auftreten. Insbesondere die Berechnung astronomischer Tabellen für astrologische und nautische Zwecke erforderte so umfangreiche arithmetische Berechnungen, daß die von dem schottischen Gutsbesitzer John Napier entwickelten Logarithmen in ganz Europa Aufsehen erregten, noch bevor 1614 die ersten Logarithmentafeln erhältlich waren. Mit der begeisterten Unterstützung solcher Praktiker wie Kepler dauerte es nicht lange, bis sich die Logarithmen als ausgezeichnetes Hilfsmittel bewährt hatten, mit dem Astronomen viel Zeit sparen konnten.

     Was Newton nicht wußte

Die Titelseite der Logarithmentafeln von John Napier.
Diese wurden 1614 veröf-
fentlicht und sofort als ein
für Astronomen wertvolles
und wichtiges neues
Rechenhilfsmittel erkannt
(Library of Congress).

In der Tat hatte Kepler das Problem der Berechnung wohl immer
im Kopf. Im Winter 1617 mußte er seine Mutter verteidigen, die
angeklagt worden war, eine Hexe zu sein. Er hatte sich deshalb kurze
Zeit in Tübingen aufgehalten, wo er den jungen Professor Wilhelm
Schickard kennenlernte. Obwohl Kepler 24 Jahre älter war, verband
sie vieles. Beide kamen aus derselben Gegend Deutschlands, beide
hatten in Tübingen studiert und teilten mathematische und astronomische Interessen. Außerdem war Schickard ein geschickter Künstler,
der gute Karten zeichnen und hochwertige Instrumente konstruieren

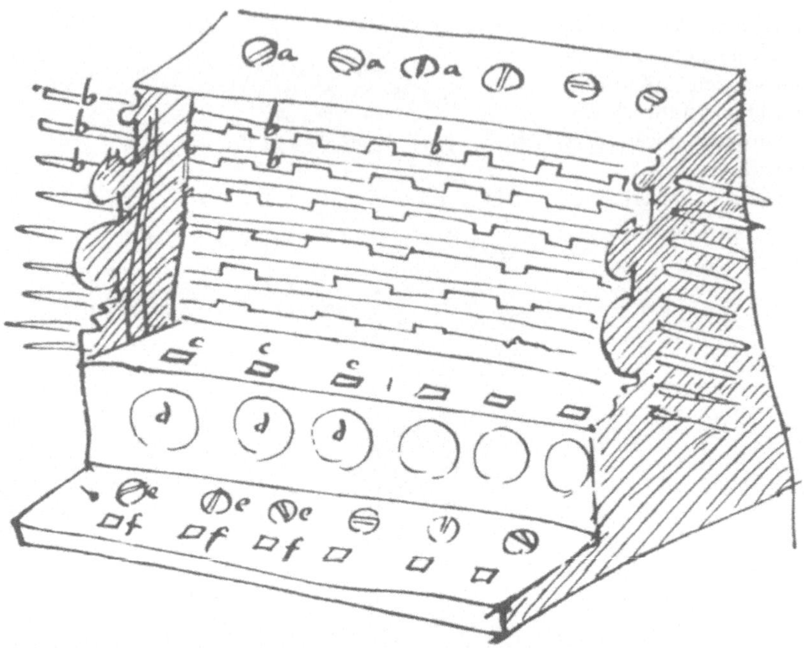

Wilhelm Schickards Skizze seiner «Rechenuhr», die eine Additionsmaschine
mit einer Mechanik kombiniert, die Zahlen als Logarithmen darzustellen erlaubt
(Smithsonian Institution).

konnte. Die beiden freundeten sich an und erörterten in Briefen und
Unterhaltungen oft die neuesten Entwicklungen in der Mathematik
und der Naturlehre.

Diese Gespräche führten Schickard zur Erfindung der wohl ersten
mechanischen Rechenmaschine oder, wie er sagte, der «Rechenuhr».
Dieses 1623 vollendete Gerät mit Zahnrädern, das einer mechanischen
Registrierkasse ähnelte, konnte Zahlen mit bemerkenswerter Ge-
schwindigkeit addieren und subtrahieren. Es zeigte sogar durch das
Läuten einer Klingel an, wann eine Berechnung die Möglichkeiten der
Maschine überstieg.

In einem vom 20. September 1623 datierten Brief berichtete Schik-
kard Kepler von seiner Erfindung: «Ferner habe ich das nämlich, was
du auf ‹logische› Weise [tust], selber kürzlich auf mechanische Weise
versucht und eine Maschine mit elf vollständigen und sechs unvollstän-
digen Rädchen konstruiert, die gegebene Zahlen eigenständig berechnet: addiert, subtrahiert, multipliziert und dividiert. Du würdest

　　　　　Was Newton nicht wußte

hellauf lachen, wenn du hier wärest und sähest, wie sie die links den Zehner oder den Hunderter übersteigenden ‹Zahlen› durch eine Kraft anhäuft oder beim Subtrahieren diesen wieder was wegstiehlt.»

Leider hat Kepler sein Exemplar der Maschine niemals erhalten. Ein Feuer in der Werkstätte, in der es gebaut wurde, zerstörte das halbfertige Gerät, und Schickard hatte keine Zeit, einen Ersatz herzustellen; der Dreißigjährige Krieg überrollte auch ihn und er starb 1635 an der Pest. Bis vor wenigen Jahrzehnten waren praktisch alle Spuren seiner Erfindung verschwunden.

In der Zwischenzeit hatte Kepler die *Harmonices mundi* (Weltharmoniken) fertiggestellt; dieses Werk enthält das, was wir heute sein drittes Gesetz nennen. Es verknüpft die Umlaufzeiten der Planeten – die Zeit, die sie benötigen, um die Sonne einmal zu umrunden – mit ihren Entfernungen von der Sonne. Kepler fand, daß sich für alle Planeten des Sonnensystems die Quadrate der Umlaufzeiten wie die dritten Potenzen ihrer mittleren Entfernungen von der Sonne verhalten. Demnach braucht ein Planet, der neunmal so weit von der Sonne entfernt ist wie die Erde, 27 Jahre, bis er einmal seine Bahn durchlaufen hat.

Kepler schrieb triumphierend über seine Entdeckung: «Was ich vor 25 Jahren vorausgeahnt habe, ehe ich noch die fünf regulären Körper zwischen den Himmelsbahnen entdeckt hatte …, was mich veranlaßt hat, den besten Teil meines Lebens astronomischen Studien zu widmen, Tycho Brahe aufzusuchen und Prag als Wohnsitz zu wählen, das habe ich mit Gottes Hilfe … endlich ans Licht gebracht. In einem höheren Maße, als ich je hoffen konnte, habe ich das als durchaus wahr und richtig erkannt. … Wohlan, ich werfe den Würfel und schreibe ein Buch für die Gegenwart und die Nachwelt. Mir ist es gleich. Es mag hundert Jahre seines Lesers harren, hat doch auch Gott sechstausend Jahre auf den Beschauer gewartet.»

Die Entdeckung des dritten Gesetzes war ein verblüffendes Beispiel dafür, wie sich aus einer verwirrenden Menge von Beobachtungsdaten eine allgemeine Wahrheit gewinnen läßt. Aber Keplers unmittelbarer Ruhm beruhte auf den *Rudolfinischen Tafeln*, die schließlich 1627, nur drei Jahre vor seinem Tode, veröffentlicht wurden. Sie enthielten neben vielem andere Sternorte, geographische Längen wichtiger Städte, Tabellen der Planetenbahnen und Logarithmen.

Ein Beweis für das dritte Keplersche Gesetz

Planet	Periode T [in Jahren]	Länge der großen Halbachse a [in AE]	T^2	a^3
Merkur	0,24	0,39	0,06	0,06
Venus	0,61	0,72	0,37	0,37
Erde	1,00	1,00	1,00	1,00
Mars	1,88	1,52	3,53	3,51
Jupiter	11,86	5,20	140,7	140,6
Saturn	29,46	9,54	867,9	868,4
Uranus	84,04	19,19	7,063	7,067
Neptun	164,8	30,06	27,159	27,162
Pluto	248,6	39,53	61,802	61,770

Nach Keplers drittem Gesetz verhalten sich die zweiten Potenzen der Umlaufzeiten der Planeten (in Jahren) wie die dritten Potenzen ihrer mittleren Entfernungen von der Sonne. Die gestrichelte Linie trennt die sechs zu Keplers Zeit bekannten Planeten von den drei später entdeckten äußeren Planeten.

Dadurch waren sie im ganzen restlichen siebzehnten Jahrhundert das unentbehrliche Handbuch der Astronomen. Mit diesem Werk zeigte Kepler, daß seine revolutionären Theorien über die Planeten und seine mathematischen Verfahren sich dort, wo es am wichtigsten war, besser bewährten als die herkömmlichen Theorien, nämlich bei der genauen Vorhersage der Planetenbewegungen.

Erst ein halbes Jahrhundert später, als Isaac Newton seine großartigen Einsichten in das wahre Wesen der physikalischen Kräfte gewann, die die Bewegungen der Planeten bestimmen, wurden Keplers drei Gesetze der Vergessenheit entrissen und zu den großen Leistungen der Naturwissenschaft gezählt. Newton zeigte, daß eine dem Quadrat des Abstands umgekehrt proportionale zentrale Gravitationskraft zu einer elliptischen Bahn führt, und gab damit einen physikalischen Grund dafür an, daß die Bahnen der Planeten elliptisch sind. Gleichzeitig bestätigte Keplers erstaunliches Werk Newtons Ableitungen und beschleunigte ihre Verbreitung.

Kepler nimmt in der Geschichte der Astronomie und der Naturwissenschaften einen einzigartigen Platz ein. «Man kann von Kepler wie von nur wenigen großen Naturwissenschaftlern sagen, daß das,

 Was Newton nicht wußte

was er erreichte, nie erreicht worden wäre, wenn nicht er es getan
hätte», hat Bruce Stephenson behauptet. «Die auf der Beobachtung
mit dem bloßen Auge beruhende Entdeckung, daß Planeten sich auf
Ellipsen bewegen und dem Flächensatz gehorchen, ist so außerordentlich unwahrscheinlich – und wie Kepler zu dem Ergebnis kam,
ist so außerordentlich persönlich –, daß sie einfach außerhalb des
Verlaufs jeder zwangsläufigen Entwicklung liegt.»

Die unermüdliche Tätigkeit, das rastlose Streben und das Chaos
in Keplers Leben bilden einen scharfen Gegensatz zu der Harmonie
und Vollkommenheit, die er am Himmel und auf Erden unermüdlich
suchte.

Kapitel 4
Gedankenmeere

Und wenn ich nachts beim Schein des Mondes oder
Bei hellem Sternenlicht von meinem Kissen
Hinaussah, hatte ich das Vestibül
Vor meinem Blick, in dem die Statue Newtons
Das Prisma hochhält mit verschloß'nem Antlitz:
Das Marmordenkmal eines Geistes, der
Für ewig einsam auf der Reise war.

WILLIAM WORDSWORTH (1770–1850), *The Prelude*

Das England des siebzehnten Jahrhunderts – zerrissen von Bürgerkriegen, politischen Unruhen, religiösem Fanatismus und philosophischer Unsicherheit – war ein Land extremer Kontraste. Es gab großen Wohlstand und bittere Armut, unerschütterlichen Aberglauben und lebendige wissenschaftliche Forschung, konservative Sitten und raschen gesellschaftlichen Wandel. Die besonders in den Städten spürbare Zunahme des Handels und der wachsende Einfluß des Bürgertums bedrohte die herkömmliche Gesellschaftsordnung. Kaufleute kamen zu Wohlstand und gewannen einen Einfluß, der es mit dem des Adels aufnehmen konnte. Rechtsanwälte ernteten die Früchte eines höchst streitsüchtigen Zeitalters und hinterließen ihre Spuren an den Fürstenhöfen und in der Politik. Ärzte lernten die Grundlagen der menschlichen Physiologie kennen, konnten aber wenig gegen die Flut der verheerenden Plagen und Epidemien ausrichten, die über Europa hinwegraste. Obwohl die meisten Menschen nur selten über die Felder hinauskamen, die die über das Land verstreuten Dörfer umgaben, bereisten doch viele das gesamte Königreich. Andere blickten auf die Länder jenseits des Meeres und gründeten und bevölkerten Siedlungen in Amerika und anderswo.

In diesen ruhelosen Zeiten schien selbst der Himmel in Aufruhr zu sein. Die herausfordernd revolutionären Gedanken von Copernicus, Galilei und Kepler hatten eine vollständige Neubewertung der Weltmodelle des Altertums und des Mittelalters nötig gemacht. Aber noch hatte sich keine deutlich überlegene Alternative gezeigt. Die Welt war, seit einige Jahrhunderte zuvor der Kompaß und später Fernrohr und Mikroskop erfunden worden waren, in einem bis dahin ungeahnten Ausmaß der kritischen Betrachtung zugänglich geworden; die Gelehrten der etablierten Universitäten verteidigten jedoch die überkommenen Weltsysteme. Fachleute und Laien versammelten sich in Kaffeehäusern, Klubs und anderen neuartigen Einrichtungen, um die neuesten wissenschaftlichen und philosophischen Merkwürdigkeiten zu erörtern, die sich aus solchen Forschungen ergaben.

Es überrascht deshalb nicht, daß im Januar 1684 drei Londoner Gelehrte angeregt darüber diskutierten, warum Planeten auf elliptischen Bahnen laufen. Wenige Jahrzehnte zuvor hatte René Descartes behauptet, der ganze Raum sei von winzigen unsichtbaren Teilchen erfüllt, die sich gemeinsam in riesigen Wirbeln bewegen. Nach dem System des Descartes lag die Sonne im Zentrum eines dieser rasenden himmlischen Wirbelwinde; ein Schwarm sie umlaufender Teilchen zog die Planeten mit sich, und ein kleinerer Wirbel sorgte für die Bewegung des Mondes um die Erde.

Christopher Wren, Robert Hooke und Edmond Halley jedoch fanden die Wirbeltheorie des Descartes höchst unbefriedigend. Wenn sie auch ein lebendiges, sehr anschauliches Bild von den Vorgängen am Himmel lieferte, konnte sie doch nicht erklären, warum sich die Planeten auf Ellipsen bewegen, in deren einem Brennpunkt die Sonne steht, und warum die sonnennäheren Planeten kürzere Umlaufzeiten haben als die sonnenferneren. Wren, Hooke und Halley stellten sich lieber vor, die Planeten würden von der Sonne angezogen. Aber was für eine Kraft sollte das bewirken?

Von diesen dreien war Wren, damals 52, der älteste. Er war ein Aristokrat mit politischem Geschick und hatte als Astronomieprofessor in Oxford wesentliche Beiträge zur Mathematik, Physik und Physiologie geleistet. Der Wiederaufbau Londons nach dem großen Feuer von 1666 hatte ihm Gelegenheit gegeben, sein Können als Architekt unter Beweis zu stellen. Obwohl die Architektur auch

     Was Newton nicht wußte

Links: Isaac Newton (1642–1727); *rechts*: Edmond Halley (1656–1742)
(Smithsonian Institution).

danach sein Hauptberuf blieb, interessierte er sich weiterhin sehr für
wissenschaftliche und philosophische Fragen. Er war einer der Gründer der *Royal Society for the Improvement of Natural Knowledge*
gewesen, die 1660 als *Invisible College for the Promoting of Physico-
Mathematical Experimental Learning* begonnen hatte. Zu den Mitgliedern der Gesellschaft gehörten Naturwissenschaftler, Ärzte, Ad-
lige, Rechtsanwälte, Staatsbeamte, Literaten und sogar einige Kaufleute. Ihre Londoner Adresse diente als bequemer Treffpunkt für den
regelmäßigen Austausch von Neuigkeiten und Ansichten zu den
aktuellen wissenschaftlichen Erkenntnissen.

Robert Hooke, damals 49, war ein kleingewachsener Mann, der
sein Einkommen fast ausschließlich von der Royal Society bezog.
Erfindungsreich, hektisch und nörgelig, hatte er schon als junger
Mann als Assistent von Robert Boyle gearbeitet, der in seinem 1661
veröffentlichten Buch *Chymista scepticus* (Der skeptische Chemiker)
die Begriffe Element, Lauge und Säure zur Beschreibung der chemi-
schen Zusammensetzung der Materie eingeführt hatte. Hooke war
zeitweise Mitglied und zeitweise, als Kurator, Angestellter der Royal
Society. Es gehörte zu seinem Vertrag, daß er jede Woche (außer

während der Sommerferien) drei bis vier Versuche vorzuführen hatte, die die Anwendung der Naturgesetze auf die verschiedensten Phänomene darlegen sollten. Es war seine Pflicht, sich darüber auf dem laufenden zu halten, was in der Naturwissenschaft geschah, Neuentdeckungen zur Kenntnis zu nehmen, Experimente zu entwickeln und eigene Vermutungen anzustellen. Hooke gehörte einem Zeitalter an, in dem wissenschaftliche Entdeckungen alltäglich zu sein schienen und Menschen mit dem verschiedensten Hintergrund wesentliche Beiträge liefern konnten. Einfallsreich und eifrig arbeitete er oft bis weit nach Mitternacht, wobei er von einem Thema zum nächsten hastete und vielleicht eine Woche lang untersuchte, wie sich Stoffe ausdehnen, die nächste aber mit einem verbesserten Fernrohr den Himmel durchforschte. Doch hatte er selten Muße, sich seinen Entdeckungen zu widmen oder seine Gedanken im einzelnen zu entwickeln, weil ihn ständig die Pflicht drängte, für die nächste Versammlung der Royal Society ein neues Thema vorzubereiten.

Obwohl Edmond Halley damals erst 28 Jahre alt war, hatte er als beobachtender und theoretischer Astronom schon wesentliche Beiträge geliefert. Noch als Student am Queen's College in Oxford hatte er sich 1676 ein Jahr lang beurlauben lassen, um die ferne atlantische Insel St. Helena zu besuchen und von dort die am Südhimmel sichtbaren Sterne zu kartographieren. Im selben Jahr hatte er in den *Philosophical Transactions* der Royal Society seine erste Abhandlung veröffentlicht, die sich mit einem besseren Verfahren zur Berechnung der Bahnen von Jupiter und Saturn beschäftigte. Als energischer und vielgereister Mann hatte er in wissenschaftlichen Kreisen bereits beträchtlichen Einfluß. Wie bei Hooke stammte sein geringes Einkommen von der Royal Society, wo er in der bescheidenen Position eines Schreibers vor allem die Aufgabe hatte, über die Aktivitäten der Gesellschaft Buch zu führen.

Das Trio konzentrierte seine Diskussion auf die Frage, auf welcher Bahn ein von der Sonne angezogener Körper laufen würde, wenn die Anziehungskraft mit dem Quadrat der Entfernung zwischen der Sonne und dem Körper abnahm. Gelehrte hatten schon im vorherigen Jahrhundert bemerkt, daß eine solche Beziehung zwischen dem Schwächerwerden des Lichts und der Entfernung von der Lichtquelle besteht. Die Helligkeit beträgt zum Beispiel nur ein Viertel des An-

     Was Newton nicht wußte

fangswerts, wenn sich die Entfernung verdoppelt. Es schien vernünftig, eine ähnliche Beziehung für die Anziehung zwischen der Sonne und einem Planeten anzunehmen. Das Problem war der Beweis, daß sich ein Planet unter dem Einfluß einer Kraft, deren Stärke vom reziproken Quadrat der Entfernung abhängt, auf einer Ellipse (oder einem Kreis) bewegen müßte, also der Nachweis, daß diese Abstandsabhängigkeit der Kraft mit Keplers Gesetzen vereinbar ist.

Hooke glaubte die Antwort gefunden zu haben, konnte aber keinen befriedigenden, mathematisch formulierten Beweis dafür liefern, obwohl ihn der von Wren ausgesetzte Preis in Form eines Buches im Wert von 40 Schilling lockte, der jedem zukommen sollte, der innerhalb weniger Monate eine Antwort geben konnte. Hooke verfügte nicht über die mathematischen Verfahren, die zur strengen Lösung der aus einem solchen Gesetz folgenden Bewegungsgleichungen nötig waren. Daher konnte er nur numerische Näherungen finden, die zu ellipsenähnlichen Bahnen führten. Aber der Beweis, daß seine Kurven wirklich der mathematischen Definition einer Ellipse genügten, gelang ihm nicht, obwohl er das behauptete.

Ein Besuch in Cambridge im August gab Halley Gelegenheit, diese ungelöste Frage weiter zu verfolgen. Er bat Isaac Newton um Rat, der wegen seiner raschen Auffassungsgabe und seines mathematischen Einfallreichtums als Professor am Trinity College schon zu Ruhm gekommen war. Newton hatte sich zu einem verschlossenen, reizbaren Menschen entwickelt, der außerordentlich wenig Humor hatte, sehr empfindlich auf Kritik reagierte und praktisch völlig abgeschlossen von der Welt außerhalb seines Colleges lebte. Mit jedem Thema, das zufällig seine Aufmerksamkeit erregte, beschäftigte er sich konvulsiv: manchmal eher nachlässig und dann wieder bis zur Erschöpfung arbeitend. Zu Zeiten verfolgte er ein Problem mit solch konzentrierter Intensität, daß er kaum Zeit fand, sich zu erholen, und oft den Schlaf, seine äußere Erscheinung oder die Mahlzeiten vergaß, wenn er seinem «Opfer» auf der Spur bleiben wollte.

Humphrey Newton, Isaac Newtons Gehilfe und Sekretär während eines Teils seiner akademischen Laufbahn, gab später diese Beschreibung seiner Person: «Er hielt sich recht bescheiden, ernst und demütig. ... ich kann nicht sagen, daß ich ihn je hätte lachen sehen. ... Ich habe ihn nie einer Erholung oder dem Müßiggang nachgehen sehen, weder bei einer Ausfahrt in frischer Luft oder bei einem Spaziergang, dem Kegeln oder irgendeiner anderen Beschäftigung, weil er alle Stunden für verloren hielt, die er nicht mit seinen Forschungen verbrachte. ... Er ging außer an einigen Feiertagen sehr selten zum Essen in den Speisesaal und wäre dann, wenn man ihn nicht erinnert hätte, sehr nachlässig gekleidet gegangen, mit abgelaufenen Schuhen, ungebundenen Strümpfen, im Arbeitskleid und mit ungekämmtem Haar.»

Newtons akademische Pflichten erforderten, daß er Vorlesungen zu Arithmetik, Geographie, Optik und anderen Themen hielt. Diese Vorlesungen wurden während der sieben Monate des akademischen Jahres in Cambridge mindestens einmal wöchentlich zu einer festen Zeit gehalten und dauerten gewöhnlich eine halbe Stunde. Newtons Vorlesungen gewannen rasch den Ruf der Unverständlichkeit, und oft hatte er keinen einzigen Hörer. Außerdem mußte er sich, wie alle Professoren, während des Semesters zweimal wöchentlich zwei Stunden bereithalten, um Fragen zu beantworten und bei Problemen zu helfen.

Trotz der Isolation Newtons und seines sonderbaren Charakters drang die Kunde von seinen außerordentlichen mathematischen Forschungen und ausgedehnten experimentellen und theoretischen Untersuchungen auf dem Gebiet der Mechanik und der Optik allmählich nach außen. Er korrespondierte mit Mitgliedern der Royal Society und anderen Wissenschaftlern und ließ gelegentlich verlockende Hinweise auf seine weitreichenden Entdeckungen fallen. Kollegen am Trinity College gaben privat weiter, was sie von seiner neuartigen mathematischen Arbeit in Erfahrung bringen konnten. Newton selbst schickte der Royal Society 1671 ein Modell des von ihm erfundenen Spiegelteleskops. Es stellte eine Sensation dar und sicherte ihm die Wahl zum Mitglied der Gesellschaft. Aber seine erste Arbeit, die ein Jahr später in den *Philosophical Transactions* veröffentlicht wurde und eine neue Theorie von Licht und Farbe aufstellte, stieß auf beträchtlichen Zweifel und Widerstand. Die Kritik kränkte und entmutigte Newton und hielt ihn über ein Jahrzehnt davon ab, sich wieder in die Öffentlichkeit zu wagen.

Bald danach wandte Newton seine Aufmerksamkeit der Alchemie und der Theologie zu und bemühte sich um diese Gebiete mit

denselben enormen Anstrengungen wie vorher um Mechanik, Mathematik und Optik. In einem berühmten Brief, den er 1679 als Antwort
auf eine Notiz von Hooke schrieb, behauptete er sogar (vielleicht
etwas hinterlistig), Mathematik und Wissenschaft könnten ihn nicht
länger anhaltend fesseln. Das Weltall war für ihn voller Geheimnisse.
Der Schöpfer hatte Hinweise auf die Lösung des Rätsel gegeben, die
sich durch reines Denken verstehen ließen – Hinweise, die sich teils
aus der Natur und teils aus bestimmten mystischen Traditionen und
Schriften ergaben, die seit babylonischen Zeiten existierten.

Als also Edmond Halley nach Cambridge kam, hieß Newton den
dreizehn Jahre Jüngeren – recht reserviert – in seinen Räumen will-
kommen und zeigte dem neugierigen Besucher vielleicht auch kurz
seinen Garten, sein Labor und seine Fernrohre. Es ist jedoch höchst
unwahrscheinlich, daß Newton überhaupt über die Fragen der Alche-

mie und Theologie sprach, die ihn damals beschäftigten. Als das Gespräch aber auf die Himmelsmechanik kam, nahm Halley die Gelegenheit wahr, eine Frage zu stellen, die ihn immer noch beschäftigte. Welche Form hat die Kurve, die ein Planet beschreibt, der von einem Körper mit einer Kraft angezogen wird, die proportional ist zum Reziproken des Abstandsquadrats?

Newton antwortete sofort, die Kurve müsse eine Ellipse sein. Halley war von der prompten und eindeutigen Antwort überrascht und bat um weitere Einzelheiten. Newton erwähnte, er habe das Problem bereits gelöst. Mit der bei ihm üblichen Zurückhaltung, wenn es darum ging, seine Berechnungen und Gedanken zu veröffentlichen, versprach er aber nur, Halley seinen Beweis später zu schicken. In diesem Fall war Newtons Zurückhaltung gerechtfertigt. Als er die Herleitung nachvollzog, sah er, daß sie nicht ganz in Ordnung war. Er fand die Fehlerquelle in einer flüchtigen Zeichnung und entwickelte dann einen neuen Beweis.

Newtons Antwort erreichte Halley im November 1684 in Form einer neunseitigen Arbeit mit dem Titel *De motu corporum in gyrum* (Über die Bewegung von Körpern auf einer Umlaufbahn). Die Arbeit war weit mehr als nur eine Antwort auf die Frage nach der Form der Bahnen und beeindruckte den erfreuten Halley sehr. Obwohl er wahrscheinlich ihre volle Bedeutung nicht sofort erfaßte, erkannte er doch, daß es eine außergewöhnliche Abhandlung war, die nicht nur eines, sondern alle drei Keplerschen Gesetze in einer verblüffenden Synthese irdischer und himmlischer Bewegungen herleitete. Nach wenigen Tagen reiste er nach Cambridge, um sich mit Newton zu beraten und ihn zu drängen, seine Arbeit der Royal Society vorzulegen.

Halley erwartete, die überarbeitete Abhandlung mit ihren revolutionären Folgerungen im Lauf einiger Monate zu erhalten. Aber Newton bestand darauf, so lange daran zu arbeiten, wie es ihm notwendig erschien, um aus seinen Überlegungen die nötigen Schlüsse ziehen zu können. Die für das Verfassen der Arbeit unumgängliche Beschäftigung mit der Mechanik weckte erneut Newtons Interesse an diesem Gebiet, und er widmete sich fast zwei Jahre lang mit großem Eifer einer genauen und umfassenden Behandlung der Dynamik in der Astronomie. Oft verzichtete er auf Schlaf und Essen, während er sich ganz allein seinen Weg durch den mathematischen Irrgarten der Planetenbewegungen bahnte. Schritt für Schritt erweiterte sich Newtons kurze Abhandlung zur majestätischen und unsterblichen *Philosophiae naturalis principia mathematica* (Mathematische Prinzipien der Naturlehre).

Die Royal Society erhielt Newtons Manuskript von dem, was das erste Buch der *Principia* werden sollte, am 28. April 1686. Halley wurde damit beauftragt, für den Druck zu sorgen. Die Gesellschaft war auf die Mitgliedsbeiträge und Stiftungen reicher Gönner angewiesen und fast bankrott, nachdem sie eine aufwendige und kostspielige Ausgabe der *Historia piscium* (Die Geschichte der Fische) bezahlt hatte, die sich nur schlecht verkaufte. Newton weigerte sich, Geld für die Veröffentlichung seiner eigenen Arbeit zu zahlen; deshalb blieb die Last der Finanzierung des Vorhabens bei Halley hängen. Tatsächlich wurde die Herausgabe der *Principia* zu einer Vollzeitbeschäftigung für Halley, der oft zwischen Newton und dem Drucker hin und her fahren mußte, um den Zeitplan einzuhalten.

Newton stellte die beiden anderen Bücher der *Principia* im Herbst 1686 fertig, aber ein Streit zwischen Newton und Hooke hätte das Unternehmen fast scheitern lassen. Hooke bestand auf der Anerkennung seiner Priorität bei der Entdeckung des Gesetzes, wonach sich die Planetenbewegung durch eine Kraft erklären läßt, die mit dem Reziproken des Abstandsquadrats zunimmt, weil er es 1679 in seinem Brief an Newton erwähnt hatte. Obwohl Newton damals nicht auf diesen Gedanken eingegangen war, ist es möglich, daß diese Idee zu den Rechnungen geführt hatte, die Newton später hervorholte, als Halley ihm bei ihrem Treffen seine Frage stellte. Newton mochte Hookes Behauptung jedoch nicht akzeptieren und drohte, wie es seiner Empfindlichkeit gegenüber aller Kritik und seinem nachtragenden Wesen entsprach, den dritten Teil der *Principia* nicht auszuhändigen. Ein aufsässiger Newton beschwerte sich bei Halley: «Das Dritte beabsichtige ich jetzt fallenzulassen. Die Philosophie ist eine so unverschämt streitsüchtige Dame, daß einer, der sich mit ihr einläßt, ebenso sehr mit Gerichtsprozessen wie mit ihr zu tun hat. So schien es mir schon früher, und jetzt, kaum daß ich mich ihr wieder nähere, werde ich erneut gewarnt.»

Es gelang Halley schließlich, Newton genug zu schmeicheln und zu umwerben. Das Werk wurde abgeschlossen, und Halley war am

PHILOSOPHIÆ

NATURALIS

PRINCIPIA

MATHEMATICA.

Autore *JS. NEWTON*, *Trin. Coll. Cantab. Soc.* Matheseos
Professore *Lucasiano*, & Societatis Regalis Sodali.

IMPRIMATUR·
S. PEPYS, *Reg. Soc.* PRÆSES.
Julii 5. 1686.

LONDINI,

Jussu *Societatis Regiæ* ac Typis *Josephi Streater.* Prostat apud
plures Bibliopolas. *Anno* MDCLXXXVII.

Die Titelseite der ersten, 1687 veröffentlichten Ausgabe von Isaac Newtons unvergänglichen *Philosophiae naturalis principia mathematica* (Mathematische Prinzipien der Naturlehre) (Smithsonian Institution).

5. Juli 1687 zweifellos sehr erleichtert, als er in einem Brief an Newton mitteilen konnte, daß die Drucklegung der 511 Seiten des Buches endlich abgeschlossen sei.

Newton hat Hooke nie so gewürdigt, wie dieser es wünschte. Er hatte nicht vergessen, wie herablassend sich Hooke über seine mühsam erarbeitete Lichttheorie geäußert hatte, als sie 1672 der Royal Society vorgelegt worden war. Hookes langatmige, aber flüchtige Kritik nagte noch Jahre später an ihm. Obwohl die beiden Männer weiterhin gelegentlich Briefe wechselten, verharrte Newton in störri-

     Was Newton nicht wußte

scher Isolierung, während sich Hooke in der für ihn typischen Weise in ein wissenschaftliches Abenteuer nach dem anderen stürzte.

In gewissem Sinn hatte Hooke vielleicht recht, als er behauptete, er habe das Kraftgesetz vor Newton gefunden, aber er hatte den Gedanken nicht weiterentwickelt. In dem bitteren Streit stand jedoch viel mehr auf dem Spiel als das Kraftgesetz, denn es ging auch um gegensätzliche philosophische Systeme zur Erklärung der Welt überhaupt, eine Sache, die Newton und Hooke beide sehr ernst nahmen. Hooke bereitete sich sogar mit für ihn ungewöhnlicher Sorgfalt auf mehrere Vorträge vor, die er 1687 und 1688 in Reaktion auf Newton und zur Verteidigung seiner eigenen großen Synthese mehrfach hielt. Diese *Lectures of Earthquakes* stellten die Erde als eine an den Polen abgeplattete kreisende Kugel dar, wobei die Form der Erde aus einer komplizierten Kosmogonie und aus allgemeinen Gesetzen hergeleitet wurde, die auf Veränderungen der Drehachse der Erde beruhten. Hooke meinte, die Form der Erde spiegele gut ihre dynamische Geschichte.

Newton sah in diesen Vorlesungen natürlich eine direkte Bedrohung seines eigenen Systems, das er in den *Principia* dargelegt hatte. Aber die große Anerkennung, die sein Buch fand, sicherte Newtons Status als Mathematiker. Dadurch veränderte Newtons hochmathematische, stimmige Sicht des Weltalls den Lauf der mathematischen Physik und setzte in den folgenden Jahrhunderten den Maßstab für die wissenschaftlichen Auseinandersetzungen. Sein großartiges Gedankengebaude, das im Lauf der Jahre von eifrigen Anhängern verbreitet wurde, atmete den Geist eines neues Zeitalters, in dem vernünftiges Denken eine Hauptrolle spielte. Hookes geniales, aber begrenzteres System wurde von dem Newtons völlig in den Schatten gestellt und verschwand bald aus dem Blickfeld.

Bei der Entwicklung seiner einheitlichen Weltanschauung machte sich Newton in hohem Maße die mathematischen Einsichten so hervorragender Gelehrter wie François Vieta, René Descartes, Pierre de Fermat, Blaise Pascal und Isaac Barrow (Newtons Vorgänger in Cambridge) zunutze. Zu Anfang des siebzehnten Jahrhunderts hatte es in der Algebra wichtige Neuerungen gegeben, darunter die Verwendung von Buchstaben und anderen Symbolen als Platzhalter für Zahlen in Gleichungen. Diese kompakte und aussagekräftige Bezeichnungs-

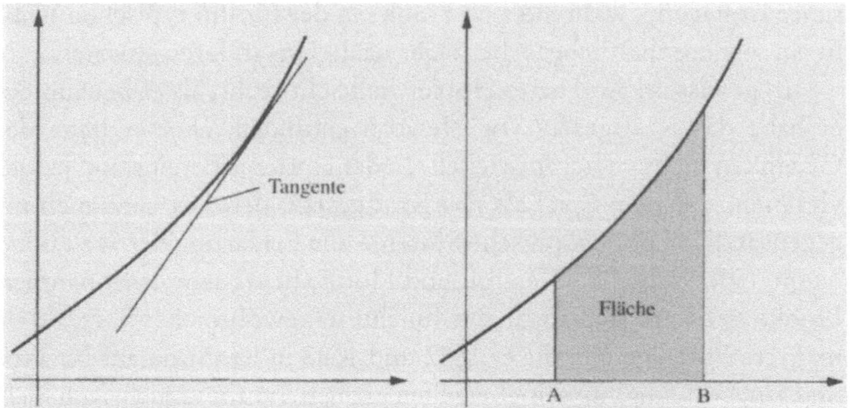

Eine Tangente ist eine Gerade, die eine Kurve in nur einem Punkt berührt. Es war für die Mathematiker ein Problem zu bestimmen, welche Gerade an einem gegebenen Punkt der Kurve ihre Tangente ist. Ähnlich mußten Mathematiker zur Lösung mancher Probleme die Fläche zwischen einer Kurve und der waagerechten Achse zwischen zwei Punkten auf der waagerechten Achse bestimmen. Die Differential- und Integralrechnung stellt brauchbare Verfahren zum Berechnen von Tangenten und Flächen zur Verfügung.

weise veränderte allmählich das Aussehen und sogar das Wesen der Mathematik. Unter Verwendung algebraischer Formeln konnten die Mathematiker allgemeine Regeln zur Berechnung von Größen wie den Logarithmen von Zahlen entwickeln.

Die Mathematiker hatten auch gelernt, bestimmte Arten von Gleichungen zu lösen, indem sie Werte unbekannter Größen schrittweise oder mit Hilfe von Algorithmen bestimmten. Und sie hatten Wege gefunden, Algebra und Geometrie zu verknüpfen, indem sie in einem Koordinatensystem mit Hilfe algebraischer Gleichungen Kurven durch festgelegte Punkte beschrieben und graphisch darstellten.

Damals wurden vor allem die beiden grundlegenden und später als komplementär erkannten Probleme interessant, Tangenten von Kurven zu bestimmen und die Inhalte der von diesen Kurven eingeschlossenen Flächen zu berechnen. Zur Zeit Newtons konnten die Mathematiker schon bei vielen Kurven die Tangente in einem Punkt bestimmen. Sie kannten auch ein ganzes Sammelsurium von Verfahren zur Berechnung der von Kurven eingeschlossenen Flächen, der sogenannten Quadratur. Archimedes hatte solche Flächeninhalte numerisch näherungsweise bestimmt, indem er eine gegebene geometrische

　　　　　Was Newton nicht wußte

Figur in kleinere Teile geteilt hatte, deren Inhalte sich leicht berechnen ließen. Kepler hatte es ähnlich gemacht, als er die Flächen zu berechnen versuchte, die Planeten in bestimmten Zeiträumen überstreichen.

Den Mathematikern wurde jetzt allmählich klar, daß das Bestimmen von Tangenten an Kurven (also das, was wir heute Differentialrechnung nennen) und die Berechnung der Inhalte der von den Kurven eingeschlossenen Flächen (die Integralrechnung) miteinander zusammenhängen. Die Beziehung zwischen diesen beiden Operationen, die Umkehrungen voneinander sind, heißt heute Fundamentalsatz der Differential- und Integralrechnung. Auf ihm beruhen die mathematischen Verfahren, die inzwischen den Kern eines großen Teils der Wissenschaft ausmachen.

Newton kam erstmals 1661 als Student am Trinity College durch Bücher der gut ausgestatteten Bibliotheken in Cambridge auf diese Gedanken. Sein ungeheurer Wissensdurst, der sich auf alle Themen bezog, die sein Interesse fesselten, veranlaßte Newton, sich stunden- und tagelang geduldig und fast immer ohne die Hilfe eines Beraters oder Lehrers durch die schwierige Mathematik hindurchzuarbeiten, auf die er in den Werken von Descartes und anderen stieß. Das Trinity College, damals schon eine ehrwürdige und altbewährte Einrichtung, wurde zum Opfer politischer Intrigen. Viele Professoren waren aus politischen oder religiösen Gründen berufen worden; während sie ihre Pflichten vernachlässigten, verbrachten viele Studenten mehr Zeit beim Zechen in den vielen Wirtshäusern als mit ihren Studien. Sie führten ein privilegiertes, wohlbehütetes Leben, zu dem wenig geistige Anstrengung gehörte.

Newton war von sich aus stark motiviert und zeigte seine Verachtung für seine Kommilitonen ganz offen. Er nutzte die Freiheit eines solchen lockeren Systems und stürzte sich auf jedes Thema, das ihm interessant erschien. Er beherrschte bald das Gedankengut einiger der schwierigsten modernen Teile der Mathematik und Naturwissenschaften. Als er 1664 den Status eines Scholaren erhielt, bedeutete das eine Anerkennung seiner Bemühungen. Mit der finanziellen Unterstützung, die diese Stellung mit sich brachte, war er freier denn je, seinen Neigungen nachzugehen.

Während einer bemerkenswert produktiven Periode, die 1664 begann und etwas über zwei Jahre dauerte, legte Newton die Basis für seine einheitliche Sicht des Weltalls. Er erkannte die Grundzüge entscheidender Gedanken in der Mathematik, der physikalischen Optik und der Mechanik, die sich allmählich – nach vielen mühsamen Jahren des Nachdenkens – zu den Grundbegriffen herauskristallisieren sollten, die er in den *Principia* so großartig zusammenfaßte.

«Ich habe die Frage immer im Kopf und warte, bis das erste Dämmern allmählich zu einem vollen und klaren Licht wird», bemerkte Newton einmal. Dies war nicht das Schauspiel einer göttlichen Offenbarung, wie es die später entstandenen Legenden behaupten. Newtons «annus mirabilis» 1666 lieferte nur den ersten Schimmer erstaunlicher Gedanken, die allmählich reifen und dann das Gesicht der mathematischen Physik unwiderruflich verändern sollten.

Ein halbes Jahrhundert später erinnerte sich Newton: «Im selben Jahr [1666] faßte ich den Gedanken, daß die Schwere sich bis zur Bahn des Mondes erstrecke, und nachdem ich herausgefunden hatte, wie ich die Kraft abschätzen konnte, mit der ein Globus, der sich innerhalb einer Kugel dreht, gegen die Oberfläche der Kugel drückt, leitete ich aus Keplers Regel über die Proportionalität der Umlaufszeiten der Planeten zu den 3/2ten Potenzen ihrer Entfernungen von den Mittelpunkten ihrer Bahnen ab, daß die Kräfte, die die Planeten in ihren Bahnen halten, sich reziprok zu den Quadraten ihrer Entfernungen von jenen Mittelpunkten verhalten müssen; daraufhin verglich ich die Kraft, die nötig ist, den Mond auf seiner Bahn zu halten, mit der Schwerkraft auf der Oberfläche der Erde und fand, daß sie nahezu dem Gesetz entsprachen.»

Newton nahm also an, daß die Gravitationsanziehung, die ein Körper ausübt, von seiner Masse abhängt; die Anziehungskraft einer riesigen Masse wie der Sonne sollte danach viel stärker sein als die der wesentlich kleineren Massen der einzelnen Planeten.

Natürlich war Newton nicht der einzige, der sich mit solchen Gedanken beschäftigte. Die Mechanik der gleichförmigen Kreisbewegung war in den siebziger Jahren jenes Jahrhunderts wohlbekannt, und es gab viele Vermutungen über die Schwerkraft. In der Mathematik waren Tangentenprobleme und Quadraturen der letzte Schrei. Gerade wegen dieses Eifers und Interesses war die damalige wissenschaftliche Welt in der Lage, Newtons einzigartige Leistung bei der

     Was Newton nicht wußte

Newtons 1669 verfaßtes,
aber erst 1711 gedrucktes
Buch *De analysi* führte viele der Rechenoperationen
ein, die heute die Infinitesimalrechnung ausmachen.
Die erste Seite des Buchs
zeigt die vertraute Regel
für die Integration einer
Potenz von *x* (Library of
Congress).

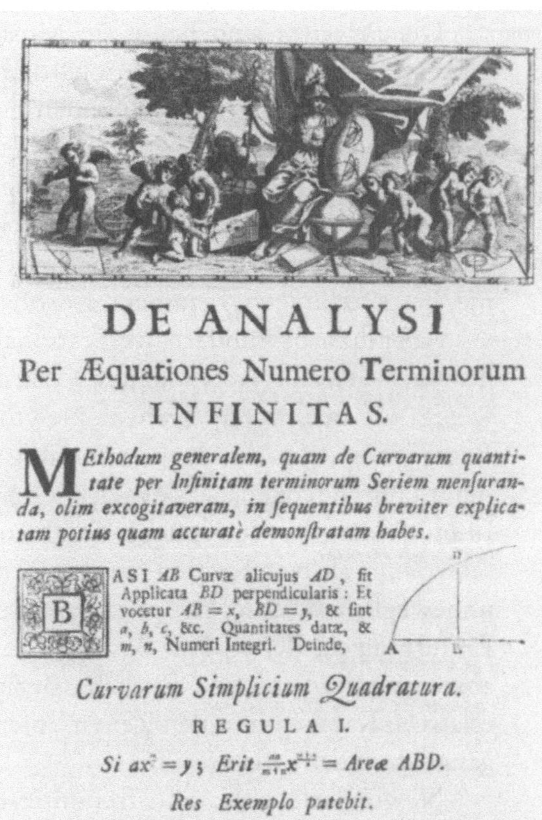

Verschmelzung dieser unterschiedlichen Elemente in ein stimmiges
Weltsystem zu würdigen.

In den *Principia* wurde alles vereinigt. Newton kam auf seine
frühere Arbeit zurück, die er in den dazwischenliegenden zwanzig
Jahren ausgefeilt und erweitert, aber niemals wirklich befriedigend
fertiggestellt hatte; er verfaßte die erste umfassende Behandlung der
Kräfte und der aus ihnen resultierenden Bewegungen von Körpern.
Es gelang ihm, die Mechanik der Erde und des Himmels in ein und
dasselbe System von mathematisch formulierten physikalischen Gesetzen einzupassen, aus denen unter anderem die drei Keplerschen
Gesetze folgten.

Die *Principia* sind heute ein Musterbeispiel für die Kunst der Überzeugung in einem wissenschaftlichen Text. Mit der für ihn charakteristischen Vorsicht nahm Newton sich die strenge Darstellungsweise der Gelehrten im alten Griechenland zum Vorbild, die sich besonders deutlich in Euklids *Elemente*, der klassischen Abhandlung über die Geometrie, findet. Beide Werke beginnen mit Definitionen und Axiomen und lassen dann in logischer Folge Lehrsätze, Theoreme, Fragestellungen, Lemmata, Korollare und Scholia folgen.

Aber diese bewundernswert rationale Darstellung garantierte keineswegs ein leichtverständliches Werk; das war es zu Newtons Zeit so wenig wie in unserer eigenen. Newton mühte sich mit mehreren Begriffen ab, die nie zuvor sorgfältig definiert worden waren. Er mußte durchdenken, was er wirklich mit Masse (Maß der Materie), Impuls (Maß der Bewegung), Trägheit (passive Kraft) und den verschiedenen aktiven Kräften meinte. Er mußte auch die Existenz eines unbeweglichen, absoluten Bezugssystems behaupten, auf das sich Entfernungen, Zeiten und Bewegungen beziehen ließen, und dieses absolute räumliche und zeitliche Bezugssystem sorgfältig von den relativen Räumen und den Zeiten unterscheiden, die den Sinnen zugänglich sind.

Newton selbst bekannte freimütig, er habe die *Principia* geschrieben, um zu prüfen, ob die Leser seiner wert seien. Er wollte sicher sein, daß sie sein mühsam aufgebautes logisches System zu schätzen wußten. Ganz ähnlich, wie Kepler versuchte, die Unausweichlichkeit seiner Schlußfolgerungen zu beweisen, hoffte auch Newton, möglichen Einwänden und aller Kritik zuvorzukommen. Natürlich stand Keplers Vorgehensweise, bei der alles in einen Topf geworfen wurde, in scharfem Gegensatz zu Newtons nüchternem, knappem Stil.

Newton gab dies in Buch III zu, als er schrieb:

«Diejenigen aber, welche die vorausgesetzten Principien nicht hinreichend eingesehen haben, würden die Kraft der Folgerungen nicht fassen und die Vorurteile nicht ablegen, an welche sie sich seit vielen Jahren gewöhnt haben. Aus diesem Grunde habe ich, damit die Sache nicht in einen Streit hineingezogen werde, die Summe jenes Buches nach mathematischer Weise in Sätze übertragen, damit dieselben nur von denjenigen gelesen werden, welche die Principien vorher entwickelt haben.» Wahrlich ein strenger Lehrmeister!

 Was Newton nicht wußte

Allerdings führte die Hast, mit der er die *Principia* zusammengestellt hatte, zu Mängeln. Derek T. Whiteside, der Herausgeber der mathematischen Schriften Newtons, hat behauptet, der logische Aufbau der *Principia* sei schlampig, der sprachliche Fluß nicht besonders gut, der Gedankengang wiederhole sich des öfteren und sei unnötig diffus, und der Inhalt insgesamt habe gelegentlich auffallend wenig mit dem gestellten Thema zu tun. Außerdem hat der Historiker Richard S. Westfall darauf hingewiesen, daß Newton nicht völlig unempfänglich war für die Versuchung, Rechnungen und Werte an seine Lieblingsideen anzupassen.

Heutigen Lesern erscheinen die mathematischen Komplexitäten und Newtons uns wenig vertraute Bezeichnungsweise etwas irreführrend. Die Mathematik war zu Newtons Zeit schon bemerkenswert ausgefeilt. Der russische Mathematiker Vladimir I. Arnol'd hat darauf hingewiesen, daß Newton und seine Zeitgenossen zwar viele der modernen mathematischen Hilfsmittel nicht kannten, die uns heute selbstverständlich sind, aber doch in wenigen Minuten viele Probleme lösen konnten, mit denen die meisten heutigen Mathematiker viel länger beschäftigt wären.

Trotz der mathematischen Sprache, die Newton verwendete, erregte die Veröffentlichung der *Principia* großes Aufsehen, gefördert durch Halley, der bereits für gespannte Erwartung gesorgt hatte. Ob das Buch nun wirklich gelesen wurde oder nicht, jedenfalls erzeugte die in ihm dargestellte Philosophie eine unmittelbare Wirkung und beeinflußte die philosophische Erörterung für alle Zeiten. Mit diesem Buch begann die theoretische Physik.

Die Einleitung des Werkes enthält die drei berühmten Newtonschen Gesetze, die ansatzweise schon in vielen früheren Schriften zu finden sind, besonders in denen von Galileo Galilei, René Descartes und Pierre Gassendi. Newtons Beitrag war die Formulierung dieser drei Bewegungsgesetze in einer knappen, quantitativen Form und in einer Zusammenstellung, die die Grundlage der theoretischen Mechanik bildete. Als Teil dieser Formulierung gab Newton eine neuartige und unschätzbar wertvolle Definition, die den Begriff der «Bewegungsgröße» enthielt. Er sagte es (auf lateinisch) folgendermaßen: «Die Bewegungsgröße wird durch die Geschwindigkeit und die Größe der Materie vereint bestimmt.» Modern gesagt bedeutet dies, daß jeder Körper eine ihm zugeordnete Eigenschaft (den Impuls) hat, den man ermittelt, indem man das Produkt von Masse und Geschwindigkeit bildet.

Das erste Gesetz, das aus den Forschungen von Galilei, Descartes und anderen hergeleitet wurde, besagt: «Jeder Körper verharrt in seinem Zustande der Ruhe oder der gleichförmigen geradlinigen Bewegung, wenn er nicht durch einwirkende Kräfte gezwungen wird, seinen Zustand zu ändern.» Dieses sogenannte Trägheitsgesetz ist Ausdruck einer unanschaulichen Tatsache, die im Gegensatz zur alltäglichen Erfahrung steht, wonach alle Dinge – ein den Hang hinunterrollender Stein genau wie ein Kreisel – schließlich aufhören, sich zu bewegen. Dem Trägheitsgesetz zufolge ist überhaupt keine Kraft nötig, um Bewegung aufrechtzuerhalten; ein Körper bewegt sich ganz natürlich weiterhin mit derselben konstanten Geschwindigkeit in ein und dieselbe Richtung. Diese gleichförmige Bewegung dauert an, solange keine anderen Kräfte wie Luftwiderstand oder Reibung wirken.

Newton und seine Zeitgenossen erfaßten die Bedeutung des Trägheitsgesetzes für die Erklärung der Bewegung eines Planeten um die Sonne. Im einfachsten Fall – dem einer Kreisbahn – ergibt sich die tatsächliche Bewegung in einem kurzen Zeitabschnitt aus zwei gedachten Teilbewegungen entlang einer Tangente an die Bahn und einer Fallbewegung, verursacht durch die allgegenwärtige Anziehungskraft der Sonne. Diese beiden gedachten Teilbewegungen überlagern sich in einer solchen Weise, daß der Planet tatsächlich eine Kreisbahn beschreibt. Planeten und Kometen, die im leeren, großen Raum kaum auf Widerstand stoßen, verharren sehr viel länger als irdische Objekte in ihrer Bewegung.

Das zweite Gesetz besagt: «Die Änderung der Bewegung ist proportional zur Einwirkung der bewegenden Kraft und geschieht in Richtung derjenigen geraden Linie, entlang welcher jene Kraft wirkt.» Anders gesagt, verknüpfte Newton die Kraft mit einer Veränderung des Impulses (nicht der Beschleunigung, wie die meisten heutigen Lehrbücher behaupten). Wenn die Masse konstant bleibt, entspricht eine Impulsänderung einer Geschwindigkeitsänderung, also der Beschleunigung, Verzögerung oder Richtungsänderung eines Körpers. Alle Kräfte bewirken also eine Veränderung der Geschwindigkeit

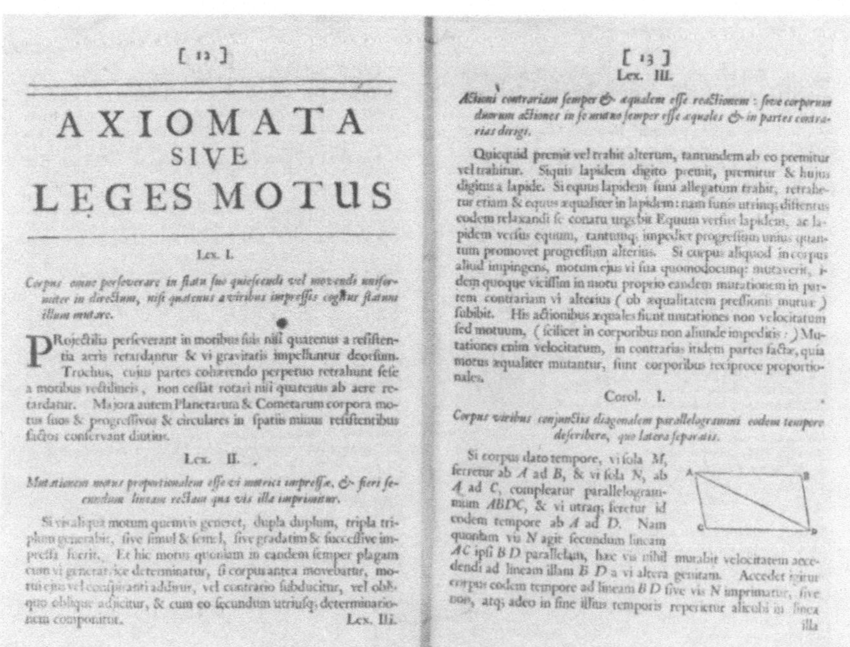

[12]

AXIOMATA
SIVE
LEGES MOTUS

Lex. I.

Corpus omne perseverare in statu suo quiescendi vel movendi uniformiter in directum, nisi quatenus a viribus impressis cogitur statum illum mutare.

PRojectilia perseverant in motibus suis nisi quatenus a resistentia aeris retardantur & vi gravitatis impelluntur deorsum. Trochus, cujus partes cohaerendo perpetuo retrahunt sese a motibus rectilineis, non cessat rotari nisi quatenus ab aere retardatur. Majora autem Planetarum & Cometarum corpora motus suos & progressivos & circulares in spatiis minus resistentibus factos conservant diutius.

Lex. II.

Mutationem motus proportionalem esse vi motrici impressae, & fieri secundum lineam rectam qua vis illa imprimitur.

Si vis aliqua motum quemvis generet, dupla duplum, tripla triplum generabit, sive simul & semel, sive gradatim & successive impressa fuerit. Et hic motus quoniam in eandem semper plagam cum vi generatrice determinatur, si corpus antea movebatur, motui ejus vel conspiranti additur, vel contrario subducitur, vel obliquo oblique adjicitur, & cum eo secundum utriusq; determinationem componitur.

Lex. III.

[13]
Lex. III.

Actioni contrariam semper & aequalem esse reactionem: sive corporum duorum actiones in se mutuo semper esse aequales & in partes contrarias dirigi.

Quicquid premit vel trahit alterum, tantundem ab eo premitur vel trahitur. Siquis lapidem digito premit, premitur & hujus digitus a lapide. Si equus lapidem funi alligatum trahit, retrahetur etiam & equus aequaliter in lapidem: nam funis utrinq; distentus eodem relaxandi se conatu urgebit Equum versus lapidem, ac lapidem versus equum, tantumq; impediet progressum unius quantum promovet progressum alterius. Si corpus aliquod in corpus aliud impingens, motum ejus vi sua quomodocunq; mutaverit, idem quoque vicissim in motu proprio eandem mutationem in partem contrariam vi alterius (ob aequalitatem pressionis mutuae) subibit. His actionibus aequales fiunt mutationes non velocitatum sed motuum, (scilicet in corporibus non aliunde impeditis:) Mutationes enim velocitatum, in contrarias itidem partes factae, quia motus aequaliter mutantur, sunt corporibus reciproce proportionales.

Corol. I.

Corpus viribus conjunctis diagonalem parallelogrammi eodem tempore describere, quo latera separatis.

Si corpus dato tempore, vi sola M, ferretur ab A ad B, & vi sola N, ab A ad C, compleatur parallelogrammum ABDC, & vi utraq; feretur id eodem tempore ab A ad D. Nam quoniam vis N agit secundum lineam AC ipsi BD parallelam, haec vis nihil mutabit velocitatem accedendi ad lineam illam BD a vi altera genitam. Accedet igitur corpus eodem tempore ad lineam BD sive vis N imprimatur, sive non, atq; adeo in fine illius temporis reperietur alicubi in linea illa

Newtons drei Bewegungsgesetze, wie er sie in seinen *Philosophiae naturalis principia mathematica* auf lateinisch formulierte (Library of Congress).

oder deren Richtung, und eine Verdopplung der Kraft bedeutet eine Verdopplung der Beschleunigung. Interessanterweise umfaßt Newtons zweites Gesetz auch den Fall, daß sich die Masse eines Objekts verändert. Diese Art der Bewegung wurde erst mit der Erfindung der Raketen wichtig, die sich antreiben, indem sie heiße Gase ausstoßen und dabei ständig ihre Masse verringern.

Newtons Entscheidung, den Impuls als den maßgeblichen Begriff für die Dynamik zu wählen, ist so bedeutungsvoll, weil ihr die Vorstellung zugrunde liegt, daß der Impuls eine von zwei Größen ist, die gemeinsam alles festlegen, was zu einem bestimmten Zeitpunkt von einem dynamischen System gewußt werden kann. Die zweite Größe ist einfach der Ort, der die Stärke und die Richtung der Kraft mitbestimmt. Newtons Verständnis der Paarbildung aus Impuls und Ort wurde anderthalb Jahrhunderte später durch die Mathematiker William Rowan Hamilton und Karl Gustav Jakob Jakobi vertieft. Diese Dualität liegt der modernen Dynamik zugrunde.

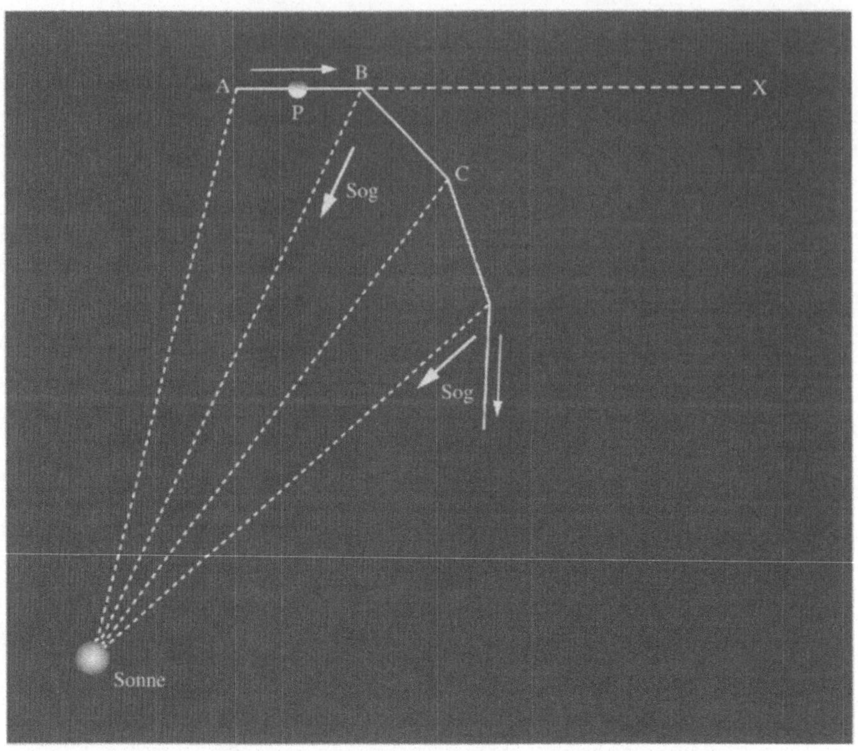

Wie eine Folge diskreter Wirkungen einer Anziehungskraft die Bewegung eines Planeten beeinflußt. Wenn der Planet nicht bei *B* angezogen würde, bewegte er sich auf *X* zu. Wenn die von der Sonne ausgeübte Schwerkraft unablässig wirkt, läuft der Planet auf einer elliptischen Bahn.

Das dritte Gesetz besagt: «Die Wirkung ist stets der Gegenwirkung gleich, oder: Die Wirkungen zweier Körper aufeinander sind stets gleich groß und von entgegengesetzter Richtung.» Dieses oft mißverstandene Gesetz ergab sich vermutlich aus Newtons Untersuchungen kollidierender Körper. Man stelle sich zwei gleiche Kugeln vor, die so nebeneinander hängen, daß sie sich berühren. Wenn die eine Kugel zur Seite gezogen und dann freigelassen wird, so daß sie die andere, ruhende Kugel anstößt, entsteht ein bemerkenswerter Austausch: Der Stoß versetzt die ruhende Kugel in Bewegung, und die anfangs bewegte Kugel kommt zum Stillstand. Aus solchen Versuchen leitete Newton die Verallgemeinerung her, die als Impulserhaltungssatz bekannt wurde. Mit anderen Worten: Der gesamte Impuls eines

    Was Newton nicht wußte

Systems ist konstant, wenn keine äußere Kraft einwirkt. Gleiches gilt für den Drehimpuls. Das dritte Gesetz ist eine Formulierung dieses Prinzips.

Newtons axiomatisches System ermöglichte es ihm, eine Strategie zu verfolgen, mit der er ein vereinheitlichtes, idealisiertes mathematisches Modell des zu untersuchenden physikalischen Systems aufstellen konnte – in diesem Fall des Sonnensystems. Mit Hilfe der Mathematik konnte Newton die Folgerungen aus bestimmten Vorgängen herleiten und mit Messungen und Beobachtungen vergleichen. Diese Vergleiche ihrerseits legten nahe, wie das Modell angepaßt und verbessert werden konnte, um noch wirklichkeitsgetreuer zu sein. Im wesentlichen lieferte dieses Verfahren im engen Wechselspiel zwischen mathematischer Analyse und physikalischer Erfahrung ein wunderbar produktives Verfahren, Naturerscheinungen unter Verwendung der Mathematik zu erklären. Diese zu Newtons Zeiten noch revolutionäre Vorgehensweise ist in der modernen Forschung selbstverständlich.

Newtons Theorie der universalen Gravitation bildete den Kern des dritten Buchs der *Principia*; es folgte zwei Büchern, die die abstrakten Überlegungen des mathematischen Hintergrundes darstellten. Am Ende dieses letzten Buchs konnte Newton behaupten, die Schwerkraft wirke auf alle Körper im Weltall. Demnach wirkt jedes Materieteilchen im Weltall auf jedes andere Teilchen mit einer Kraft, die von den Massen der Teilchen und den Entfernungen zwischen ihnen abhängt. Diese allgemeingültige Beziehung ließ sich zudem in einer kurzen Formel zusammenfassen, die besagt, daß die zwischen zwei Körpern herrschende Schwerkraft proportional ist zum Quotienten aus dem Produkt der beiden Massen und dem Quadrat ihres Abstands.

Aber Newton beantwortete die Frage, was die Planeten sich bewegen läßt, nicht wirklich. Er gab freimütig zu, sein Gravitationsgesetz schreibe zwar vor, daß die Sonne auf jeden Planeten eine Kraft ausübt und zu Bahnen von der Art führt, wie Kepler sie forderte, behauptete aber, es besage nichts Genaues darüber, *wie* die Sonne auf die Planeten wirkt. Die Schwerkraft selbst blieb ein Geheimnis, obwohl sie nach Newtons Verständnis der Schlüssel für alle Himmelsbewegungen darstellte.

Newtons Dynamik beruhte ganz wesentlich auf der Annahme, daß die Orte und Impulse, die die Teilchen in der Welt in einem bestimmten Augenblick haben, den zukünftigen Lauf der Welt festlegen, so wie jene Orte und Impulse gleichzeitig auch ein Ergebnis ihrer Vergangenheit sind. Über zwei Jahrhunderte später faßte Henri Poincaré Newtons Denkweise so zusammen: «Für Newton war ein Naturgesetz eine Beziehung zwischen dem jetzigen Zustand der Welt und seinem Zustand in einem unmittelbar darauf folgenden; anders gesagt: Für ihn waren Naturgesetze Differentialgleichungen.»

Weil Newton seine Gesetze in die Form mathematischer Gleichungen kleidete, die implizit die Zeit enthielten, konnte er versuchen, die sich ergebenden Differentialgleichungen (die die momentane Beziehung zwischen Ort, Geschwindigkeit und Beschleunigung darstellen) zu lösen, um aus den bekannten Kräften den Ort herzuleiten. Wir können uns zum Beispiel die Anziehungskraft in der Nähe der Erdoberfläche als praktisch konstant denken, weil sich die Entfernung eines fallenden Apfels vom Erdmittelpunkt während des Falls relativ wenig ändert. Doch Lage und Geschwindigkeit des Apfels verändern sich, und je länger er fällt, um so schneller wird er (wenn der Luftwiderstand vernachlässigt wird). In Newtons Formulierung ist diese Beschleunigung konstant, weil die Kraft selbst als konstant beschrieben werden kann, während die Geschwindigkeit immer weiter zunimmt und die zurückgelegte Entfernung proportional zum Quadrat der verstrichenen Zeit anwächst. Tatsächlich konnte Galilei ja – mehrere Jahrzehnte bevor Newton zum erstenmal über dieses Problem nachdachte – durch sorgfältige Versuche ebenso eine Beziehung nachweisen.

Durch die Kombination dieser Bewegungsgesetze mit seiner Gravitationstheorie vermochte Newton zu zeigen, daß zwei Körper unter dem Einfluß der Schwerkraft Bahnen folgen, die die Form von Kreisen, Ellipsen, Parabeln oder Hyperbeln haben. Alle diese Kurven lassen sich als Kegelschnitte darstellen, und das offenbart eine schöne Harmonie zwischen der Dynamik und der Geometrie.

Im Fall von elliptischen Bahnen verknüpfte die Newtonsche Mechanik die beiden geometrischen Parameter, die eine Ellipse festlegen – die Länge ihrer großen Halbachse (die die Größe bestimmt) und ihre Exzentrizität (die ihre Form bestimmt) –, mit den zwei dynamischen

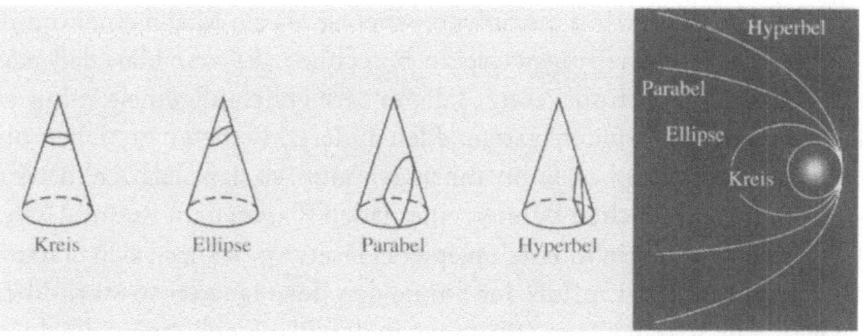

Ein Kegelschnitt ist eine Kurve, die sich (wie gezeigt) ergibt, wenn ein Kegel von einer Ebene geschnitten wird. Die sich so ergebenden Kurven – Kreise, Ellipsen, Parabeln und Hyperbeln – stellen auch die möglichen Bahnen dar, auf denen sich zwei Körper unter dem Einfluß ihrer gegenseitigen Schwerkraft bewegen.

Parametern, die die Bahnbewegung eines Planeten definieren: seiner Energie und seinem Drehimpuls. In der Tat sind Keplers Gesetze eine Anwendung der allgemeinen Grundsätze von der Erhaltung des Drehimpulses und der Energie auf den Spezialfall der Himmelserscheinungen. Natürlich drückte Newton seine Gedanken nicht in genau dieser Sprache aus. Erst viele Jahre später erarbeiteten Wissenschaftler brauchbare Definitionen für Energie und Drehimpuls, die es ihnen erlaubten, diese Begriffe für die Beschreibung von Himmelsbewegungen zu verwenden.

Im allgemeinen genügen die Formeln, die sich aus der Lösung der entsprechenden Differentialgleichungen ergeben, um Vorhersagen zu machen oder auf frühere Zeiten zurückzuschließen. Im Prinzip könnten wir, wenn wir in einem bestimmten Augenblick den Ort und die Geschwindigkeit eines jeden Materieteilchens des Sonnensystems kennen würden, alle späteren und früheren Bewegungen dieser Teilchen bestimmen. Halleys Verwendung der Newtonschen Mechanik zur Berechnung der Bahn eines nach ihm benannten Kometen war einer der ersten verblüffenden Erfolge dieser neuen Hilfsmittel bei der Erforschung des Sonnensystems.

Dennoch bewiesen Newtons eigene Berechnungen und sicherlich die Erfahrungen vieler späterer Forscher ganz eindeutig, wie äußerst schwierig es schon ist, die Differentialgleichungen zu lösen, die die Bewegung nur dreier Körper bestimmen. Um diese Probleme anzugehen, führte Newton die Störungstheorie als ein Mittel ein, kompliziert Effekte näherungsweise zu berechnen. Es war klar, daß nach Newtons Gravitationsgesetz, falls es tatsächlich allgemeingültig ist, jeder Planet im Sonnensystem jeden anderen Planeten anziehen und von seiner elliptischen Bahn abbringen muß, so daß sich den in erster Näherung elliptischen Bahnen eines jeden Planeten im Raum Abweichungen überlagern müssen. Keplers Gesetze bewähren sich erstaunlich gut, weil der Einfluß der Sonne den der Planeten so stark überwiegt. Alle sogenannten Störungen in den Planetenbahnen, die durch die Gravitationseffekte anderer Planeten verursacht werden, sind vergleichsweise klein, aber erkennbar.

Mit Hilfe der Störungstheorie war es möglich, zuerst die wichtigen Wirkungen zu berechnen, die von der Sonne ausgehen, und dann die geringeren Einflüsse der Planeten nacheinander zu berücksichtigen. Newtons geradezu glänzende Verwendung der Störungstheorie zur Herleitung von Lösungen, die in vielen Fällen genau der Beobachtung entsprachen, verleitete spätere Forschergenerationen sogar zu dem Glauben, daß Differentialgleichungen fast ausnahmslos stabile und regelmäßige Bewegungen beschreiben. Seine veröffentlichten Arbeiten auf diesem Gebiet verstärkten die Auffassung, daß Körper im Weltall eindeutig vorbestimmten Bahnen folgen.

Newtons elegantes mathematisches Uhrwerk war wahrlich ein Antrieb für Entdeckungen und Erkenntnisse. So konnte Newton zum Beispiel die Abflachung der Erde an den Polen auf die Drehbewegung zurückführen. Er zeigte auch, wie sich die allmähliche Verschiebung der Tagundnachtgleichen durch die Anziehung von Mond und Sonne auf die Erde erklären läßt, die die Erde wie einen sich drehenden Kreisel präzedieren läßt.

In seinem letzten Jahr in Cambridge, 1696, stimmte Newton einer zweiten Ausgabe der *Principia* zu, die mit wesentlichen Abänderungen schließlich 1713 erschien. In der Zwischenzeit hatte er sich für eine ruhigere Lebensweise als Leiter der Königlichen Münze entschieden und vielleicht in dem Gefühl, sein Verstand könne nicht mehr so brillant wie früher mathematische und philosophische Ideen hervorbringen, auf seine akademischen Ziele verzichtet. An der Münze stürzte er sich mit beträchtlichem Eifer in den Lärm, die Hitze und die viele Arbeit, die das Beaufsichtigen der Prägung einer neuen

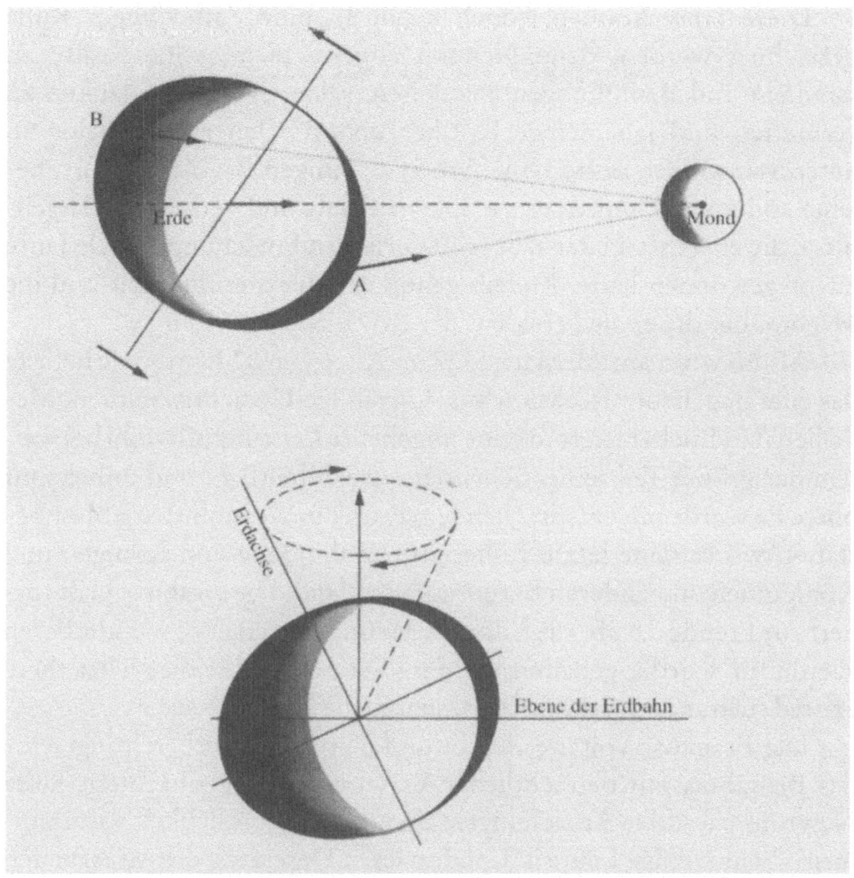

Um die Präzession der Tagundnachtgleichen physikalisch zu erklären, betrachtete
Newton die Wirkung des Mondes auf eine abgeflachte Erde. Die Gravitationsanziehung
des Mondes wirkt stärker auf die äquatoriale Wölbung der zugewandten Seite als auf
die der abgewandten Seite. Der Mond versucht deshalb, die Erdachse «auszurichten»,
die sich zur Mondbahn hin neigt, wie es die Pfeile an den Polen zeigen. Aber die
rotierende Erde reagiert wie ein sich drehender Kreisel und präzediert – ihre Drehachse
beschreibt am Himmel langsam einen Kreis.

Währung erforderte. In seinen späteren Jahren war Newton eine
verehrte und bewunderte Gestalt, umgeben von Anhängern und
Schülern, die sich um die Verbreitung seiner Gedanken und die Fort-
führung seiner Arbeit bemühten. So vollzog er die Verwandlung vom
zurückgezogenen Forscher zum geachteten Mann des öffentlichen
Lebens.

Diese Jahre können jedoch kaum als eine Zeit völliger Ruhe bezeichnet werden, denn Newton zögerte nicht, seine Kräfte zu sammeln und Bemühungen anzuleiten, seine eigenen Gedanken zu verbreiten und jene seiner Kritiker und Rivalen rücksichtslos zu unterdrücken. Er setzte seine Arbeit an einigen Problemen fort, belebte andere neu, indem er sie überarbeitete, und verbesserte Ergebnisse, die er während der Zeit seiner privaten Forschungen viele Jahre zuvor gewonnen hatte. Zudem genoß er seine Berühmtheit und die Macht, über die er als Präsident der Royal Society verfügte.

Als Newton am 20. März 1727 im Alter von 82 Jahren starb, löste das eine ungeheure Reaktion aus. Unzählige Gedichte, Statuen, Medaillen und Bücher feierten seine ungeheure Leistung, obwohl bei weitem der größte Teil seiner Schriften unveröffentlicht und unbekannt blieb. Er wurde mit entsprechendem Prunk in Westminster Abbey bestattet, wo er seine letzte Ruhestätte an der Seite von Königen und Königinnen und anderen Berühmtheiten fand. Die Grabinschrift fordert zur Freude darüber auf, daß die Menschheit einer so wunderbaren Zierde für würdig gehalten wurde: «Let Mortals rejoice That there existed such and so great an Ornament to the Human Race.»

Der Franzose Voltaire, der die umfangreichen Vorbereitungen für das Begräbnis mit beträchtlicher Verwunderung beobachtete, faßte Newtons paradoxe Anziehungskraft auf die Öffentlichkeit so zusammen: «Sehr wenige Leute in London lesen Descartes, dessen Arbeiten in der Tat völlig nutzlos geworden sind. Newton hat ebenfalls sehr wenige Leser, weil es sehr viel Wissen und Gespür erfordert, ihn zu verstehen. Aber jeder spricht über ihn.» In der Tat war Newtons revolutionäre «Ordnungstheorie» zu seiner Zeit zweifellos so berühmt und so wenig verstanden, wie es die sogenannte «Chaostheorie» 300 Jahre später sein sollte.

Wenige Jahrzehnte nach der Veröffentlichung der *Principia* hatte sich das, was zunächst als ein geheimnisvolles, etwas ungewisses Universum erschienen war, als wohlregulierte Uhr erwiesen. Das ganze Zeitalter war davon fasziniert, wie dem Kosmos Gesetz und Ordnung auferlegt und die Harmonie bestätigt wurde, die Kepler gesucht hatte. Newtons Zeitgenossen suchten und erarbeiteten auch wirklich einen ebenso vernünftigen Rahmen für gesellschaftliche und politische Zusammenhänge. Newtons Botschaft, die implizit die Aussage enthielt, es gebe allgemeine Gesetze, und wir könnten sie entdecken, war einflußreich und wirkte sich bald auf die Kultur aus.

In gewisser Weise jedoch war Newton vielleicht zu erfolgreich. Seine Beispiele für die Regelhaftigkeit, die aus der Anwendung einfacher Prinzipien folgt, waren äußerst zwingend. Folglich stellten noch Jahrhunderte später nur wenige den Gedanken in Frage, daß es theoretisch möglich ist, nützliche Vorhersagen zu machen, wenn nur die Anfangsbedingungen genau genug bekannt sind. Dreihundert Jahre nach der Veröffentlichung der *Principia* dachte Hermann Bondi über die Scheuklappen nach, die Newtons Leistungen seinen Nachfolgern auferlegt hatten: «Die Lösung, die Newton für das Bewegungsproblem im Sonnensystem fand, war so vollständig, so total, so präzise und so verblüffend, daß sie für Generationen als Modell einer überzeugenden Theorie schlechthin galt – nicht nur in der Physik, sondern auf allen Gebieten menschlichen Bemühens. Es hat lange gedauert, bis sich zumindest ansatzweise ein Verständnis dafür entwickelte, daß Newtons Genie einen Bereich *ausgewählt* hatte, in dem eine so perfekte Lösung überhaupt möglich war.»

Aber es gab immer Hinweise, daß diese Vorhersagbarkeit vielleicht eine Illusion war. Den Mond konnte Newton nicht bezwingen, der nicht nur von der Erde stark angezogen wird (die den größten Einfluß ausübt), sondern auch von der Sonne (der zweitgrößte Einfluß). Selbst wenn die viel winzigeren Wirkungen der anderen Planeten ignoriert wurden, schien es nicht möglich, diesen vergleichsweise einfachen Fall von nur drei Körpern, die unter dem Einfluß der Schwerkraft einander anziehen, in einer einfachen algebraischen Formel auszudrücken. Newtons Störungsverfahren konnten einige, aber keineswegs alle der Probleme lösen, die die überraschend komplizierte Bewegung des Mondes mit ihren schrulligen Abweichungen vom Üblichen stellte. Es steckte offensichtlich selbst in der mathematischen Mechanik mehr, als Newtons Auge sah.

Niemand bezweifelt ernsthaft die Genauigkeit oder die Verläßlichkeit der von Newton gefundenen mathematischen Formulierungen seiner Gesetze. Aber diese doppelgesichtigen Gleichungen verbergen in sich nicht nur die seltenen Beispiele für Ordnung, die Newton so glänzend aufzeigte, sondern auch die Dunkelheit des allgegenwärtigen Chaos. Physiker und Mathematiker brauchten Jahrhunderte, bis sie würdigen konnten, wie ungewöhnlich Newtons Lösungen wirklich sind. In den Formeln, die die atemberaubend einfachen und eleganten Grundsätze der Newtonschen Mechanik beschreiben, lauert die Ungewißheit. In Bondis Worten: «Die Vorstellung von der Präzision in Newtons Sonnensystem ist so tief in uns verwurzelt, daß das Erwachen aus diesem Traum sehr lange gedauert hat. Aber andererseits ist gerade diese Tatsache kein geringer Tribut an Newtons Genie.»

Kapitel 5
Uhrwerkplaneten

Dann fühlte ich mich wie ein Himmelsbeobachter,
Wenn ein neuer Planet in sein Blickfeld schwimmt.

JOHN KEATS (1795–1821), *On First Looking Into Chapman's Homer*

Im selben Jahr, in dem in Königsberg ein Philosoph seine Gedanken zu Raum und Zeit als «Kritik der reinen Vernunft» zusammenfaßte, verbrachte ein talentierter, vor dem Wehrdienst in Deutschland nach England geflohener Musiker im Kurort Bath seine Nächte mit der Beobachtung des Himmels. Friedrich Wilhelm Herschel, damals 42 Jahre alt, war gerade bei seiner zweiten umfassenden Durchmusterung des Himmels, mit der er die durch seine Fernrohre sichtbaren Sterne erfaßte. Tagsüber diente sein vierstöckiges Reihenhaus in einer ruhigen Straße als Musikschule und als Werkstatt für Fernrohre. Nachts war es eine Sternwarte.

Herschels Leidenschaft für die Astronomie hatte etwa acht Jahre zuvor, 1773, mit seinem Interesse für die Mathematik begonnen. Die Lösung von Aufgaben aus der Infinitesimalrechnung hatte sich für ihn neben dem Musizieren und Unterrichten als gute Entspannung erwiesen. Sein wachsendes Interesse an der Mathematik hatte ihn zur geometrischen Optik geführt, und von dort kam er bald zur Astronomie, die rasch all seine Zeit in Anspruch nahm und keineswegs nur dem Zeitvertreib diente. Innerhalb eines Jahrzehnts wurde Herschel zum Laienastronomen mit hervorragender Ausrüstung. Sein großes Können und sein unermüdliches Bemühen, seine Instrumente soweit wie möglich zu verbessern, sein genaues Auge und seine große Geduld ermöglichten ihm Beobachtungen, die unter Astronomen hoch geschätzt wurden.

Herschel hatte sich das ehrgeizige Ziel gesteckt, durch exakte Messungen zu bestimmen, ob die Fixsterne, dieser anscheinend unveränderliche Hintergrund, vor dem Astronomen die veränderlichen Positionen von Mond und Planeten messen, ihre Positionen doch etwas veränderten. Sein neuartiges Verfahren, mit dem er das zu erreichen hoffte, bestand darin, wiederholt den Ort eines hellen Sterns relativ zu einem nahen schwachen Stern zu bestimmen. Herschel hatte ein Teleskop mit einem Spiegel von 20 cm Durchmesser gebaut und damit begonnen, alle hellen Sterne daraufhin zu untersuchen, ob einer einen schwachen Begleiter hatte.

Am Dienstag, den 13. März 1781, nachts zwischen zehn und elf Uhr bemerkte er etwas Merkwürdiges und notierte sich:

«Bei der Überprüfung der kleinen Sterne in der Nachbarschaft von H Geminorum nahm ich einen wahr, der deutlich größer zu sein schien als die übrigen. Weil mir seine ungewöhnliche Erscheinung auffiel, verglich ich ihn mit H Geminorum und dem kleinen Stern in dem Viertel zwischen Auriga und Gemini, und weil ich ihn viel größer fand als beide, vermutete ich, es handle sich um einen Kometen.»

Das Objekt erschien als eine winzige, aber deutlich blaugrüne Scheibe von etwa drei Bogensekunden Durchmesser, was 1/450 der scheinbaren Größe des Vollmonds am Himmel entsprach. Herschel wußte, daß Fixsterne sich auch dann, wenn sie durch die mächtigsten verfügbaren Fernrohre betrachtet werden, nur als Punkt und nicht als Scheibe zeigen. Er beobachtete das Objekt vier Tage später, bei besserem Wetter, noch einmal mit einem stärkeren Fernrohr und bemerkte, daß die Scheibe anscheinend größer geworden war. Das wäre bei einem Stern nicht möglich gewesen. Weitere Beobachtungen im Lauf der nächsten zwei Monate ergaben, daß das Objekt langsam aus der Nähe des Sternbilds Stier zum Sternbild Zwilling trieb. Aber die Scheibe zeigte niemals irgendwelche Spuren eines Schweifs, der für Kometen, die sich der Sonne nähern, so typisch ist.

Inzwischen hatte Herschel seine Entdeckung Neville Maskelyne mitgeteilt, dem königlichen Astronomen, der wiederum anderen Astronomen davon berichtete. Bald wurden die Fernrohre in ganz Europa auf den rätselhaften Himmelskörper gerichtet. Anfang April

wurde klar, daß dies kein gewöhnlicher Komet war. Er bewegte sich zu langsam, und seine Ränder waren scharf und nicht verschwommen.

Dieser Neuankömmling im bekannten Sonnensystem lieferte eine wunderbare Gelegenheit zur Überprüfung von Newtons Gravitationstheorie und seinen Bewegungsgesetzen. Mathematiker und Astronomen hatten 54 Jahre nach Newtons Tod gemeinsam (das zeigt, wie eng die beiden Fächer zu dieser Zeit verknüpft waren) ein umfangreiches System von mathematischen Hilfsmitteln erarbeitet, die die Berechnung von Bahnen besonders zur Vorhersage von Planetenstellungen und zum Aufzeichnen von Kometenbahnen erlaubte.

Gegen Ende 1781 hatten mehrere Mathematiker und Astronomen unabhängig voneinander nachgewiesen, daß die beobachteten Positionen des neu entdeckten Objekts besser zu der eher kreisförmigen Bahn eines Planeten paßten als zu der stark elliptischen eines Kometen. Innerhalb von sechs Monaten nach der Entdeckung waren deshalb die meisten Astronomen bereit, in Herschels Himmelskörper einen Planeten zu sehen. Der Berliner Astronom Johann Elert Bode, der von Anfang an überzeugt war, Herschels Stern sei ein Planet, wählte den Namen, den der Planet schließlich tragen sollte: Uranus. Herschel hätte den Planeten lieber *Georgium sidus* (Georgsstern) genannt, um König Georg III. von England zu schmeicheln, der dann, was der Royal Society sehr lieb gewesen wäre, mehr Geld für wissenschaftliche Forschung hätte geben sollen.

Die Entdeckung eines neuen Planeten, des ersten, seit man im klassischen Altertum die fünf ursprünglichen Wandelsterne gefunden und mit der Beobachtung ihrer Bahnen begonnen hatte, kam einer Sensation gleich. Sie brachte Herschel Ruhm und eine neue Karriere als Astronom ein. Ihn ärgerte jedoch sehr, daß seine Entdeckung als «Zufall» bezeichnet wurde. Er fühlte sich später zu der Behauptung veranlaßt: «Man hat allgemein angenommen, es sei ein glücklicher Zufall gewesen, der mich diesen neuen Stern erblicken ließ; das ist ein offensichtlicher Irrtum. Wegen der systematischen Weise, in der ich jeden Stern nicht nur dieser, sondern auch viel schwächerer Größenklassen untersucht habe, war er in dieser Nacht einfach an der Reihe, entdeckt zu werden. Ich hatte das große Buch des Urhebers der Natur mittlerweile fast ganz gelesen und war gerade zu der Seite gekommen, die den siebten Planeten enthält. Wenn Geschäfte mich an jenem Abend abgehalten hätten, hätte ich ihn am nächsten finden müssen, und die Güte meines Teleskops war so, daß ich seine sichtbare Planetenscheibe wahrnahm, sowie ich ihn erblickte.»

Zwei Jahre nach der Entdeckung des Uranus hatten Pierre-Simon de Laplace und Pierre François André Méchain genug Daten gesammelt, um die entscheidenden Parameter der nahezu kreisförmigen Bahn des Planeten berechnen zu können. Sie setzten die Entfernung des Uranus von der Sonne als das Doppelte von der des Neptun an, des Planeten, von dem man bis dahin angenommen hatte, seine Bahn bilde den Rand des Sonnensystems.

Heute würde die Entdeckung eines neuen Planeten eine sofortige Sichtung des umfangreichen Bildmaterials auslösen, das weltweit in den Archiven der Sternwarten aufbewahrt wird. Dadurch würde es möglich, seine Stellung am Himmel über Jahrzehnte hinweg zu verfolgen, und man würde die für eine genaue Bestimmung seiner Bahn

 Was Newton nicht wußte

nötigen Daten erhalten. Bei Herschels Planet mußten sich die Astronomen auf jene Aufzeichnungen von Sternpositionen verlassen, die von früheren Beobachtern vorgenommen worden waren, auch wenn sie möglicherweise unvollständig oder ungenau waren. Es hätte ja jemand den Planeten zuvor beobachtet haben können, der ihn fälschlich für einen Stern hielt.

Die Suche nach weiteren Daten lohnte sich. Im Lauf ihrer Detektivarbeit durchsuchten Astronomen alte Sternkarten und Sternkataloge nach jedem «Stern» mit der richtigen Helligkeit, der nicht mehr an der gemessenen Stelle war. Indem sie die Bewegung des Uranus zurückverfolgten, konnten sie prüfen, ob er irgendwann dort gewesen war, wo der mutmaßliche Stern sich befand. Johann Elert Bode fand zwei solche Übereinstimmungen. Der Astronom Tobias Mayer hatte Uranus 1756 unwissentlich gesehen und verzeichnet, und John Flamsteed, der erste Königliche Astronom Englands, hatte den Planeten 1690 beobachtet. Diese Beobachtungen allein umfaßten fast ein Jahrhundert und lieferten wichtige Informationen über die Bahn des Uranus. Der französische Astronom Pierre Charles Le Monnier untersuchte sorgfältig seine eigenen Aufzeichnungen und mußte entsetzt feststellen, daß er Uranus vor dessen eigentlicher Entdeckung schon neunmal beobachtet hatte. In seiner Verlegenheit veröffentlichte er nur vier der von ihm gemessenen Positionen. Wir kennen heute mindestens 22 Beobachtungen dieses ungewöhnlichen «Sterns», die im Jahrhundert vor Herschels Entdeckung aufgezeichnet worden waren.

Es war für die Astronomen gar nicht einfach, alle Beobachtungen an eine einzige berechnete Bahn anzupassen. Die Abweichungen zwischen berechneten und beobachteten Positionen schienen im Lauf der Zeit und mit der Ansammlung neuer Daten zur Planetenbahn immer größer zu werden. Selbst wenn die Wirkungen der Schwerkraft zwischen Jupiter und Saturn berücksichtigt wurden, verbesserte sich die Lage nicht wesentlich. Alexis Bouvard, dessen große Begabung für solche Berechnungen ihn zu einem Gehilfen von Laplace gemacht hatte, der seines Lehrmeisters würdig war, klagte 1821: «Die Anfertigung der Tabellen stellt uns also vor diese Alternative: Wenn wir die alten Beobachtungen mit den neuen kombinieren, werden die ersteren hinreichend gut wiedergegeben, die

Uhrwerkplaneten

letzteren aber nicht mit all der Präzision, die ihrer größeren Genauigkeit entspricht. Wenn wir andererseits die alten Beobachtungen einfach beiseite lassen und nur die modernen berücksichtigen, geben die so erhaltenen Tabellen die älteren Beobachtungen nur sehr unvollkommen wieder.»

Die Daten ließen sich offenbar nicht alle miteinander vereinbaren. Wo lag der Fehler? Waren frühere Beobachtungen nicht sorgfältig gewesen oder die Fernrohre nicht gut genug? Steckte ein subtiler, aber alles durchdringender Fehler in den Berechnungen oder in den mathematischen Methoden? War vielleicht Newtons Gravitationstheorie fehlerhaft, zumal sie hier bei solch enormen Entfernungen angewandt wurde?

Obwohl einige wenige Wissenschaftler bereit waren, Newtons Gesetze anzuzweifeln, sprachen Forscher wie Laplace bald von einem «äußeren und unbekannten Einfluß» auf Uranus. In den dreißiger Jahren des neunzehnten Jahrhunderts war die Meinung verbreitet, ein unsichtbarer äußerer Planet störe Uranus, aber nur wenige Astronomen konnten die Frage direkt untersuchen. Sie wußten nicht, wo sie suchen sollten, und die Berechnungen waren ihnen keine Hilfe.

Im neunzehnten Jahrhundert war die Himmelsmechanik zu einem etwas abseitigen Spezialgebiet geworden. Die Einfachheit der Newtonschen Gesetze war sozusagen verborgen in einem üppigen System, zu dem lange Ketten algebraischer Terme gehörten, die viel verzwickter waren als das System der Epizyklen von Ptolemäus und Copernicus. Die Fachleute und ihre Gehilfen verwandten viel Zeit auf die mühsame Anwendung der Störungstheorie und berechneten immer kleinere Abweichungen von Keplers idealen elliptischen Bahnen. Die Näherungen lieferten immer genauere Beschreibungen der Planetenbewegungen, aber oft dauerten die Berechnungen für eine einzige Bahn länger als ein Jahr. Weil es so mühsam war, auch nur ein Ergebnis zu erhalten, blieb zu wenig Zeit, die Antwort auch noch auf ihre Richtigkeit zu überprüfen, obgleich Rechenfehler die Ergebnisse beträchtlich verfälschen konnten.

Obwohl die Komplexität der Himmelsmechanik wirklich beeindruckend war, zeitigte das Verfahren bemerkenswerte Erfolge. Die zur Verfügung stehenden Methoden waren Anfang des achtzehnten

Jahrhunderts schon hoch entwickelt; mit viel Geduld ließen sich die Positionen der Planeten und die Zeitpunkte von Finsternissen für ein Jahrhundert oder mehr im voraus berechnen.

Trotzdem gab es einige störende Einzelheiten der Bewegungen innerhalb des Sonnensystems, die die Fachleute nicht in den Griff bekamen. Insbesondere ermittelte man für die langsame Drehung der elliptischen Bahn des Merkur einen Wert, der etwas größer war, als sich einem Beobachtungsfehler zuschreiben ließ. Wie wir im nächsten Kapitel sehen werden, hatten die Astronomen zudem große Probleme mit der Position des Mondes; es gelang ihnen nicht, sie hinreichend genau so weit in die Zukunft zu berechnen, daß sie die Wünsche der Navigatoren auch nur näherungsweise erfüllen konnten. Dabei war Uranus, der weiter auf seinem so verrückt widerspenstigen Kurs lief, ein besonders störender Stachel im Fleisch der Astronomie und der Himmelsmechanik.

Obwohl der Unterschied zwischen der wirklichen und der erwarteten Position des Uranus absolut genommen ziemlich klein war – er lag im Bereich von höchstens einer Bogensekunde –, konnte man aufgrund der vielen großen Fortschritte der Himmelsmechanik solche Abweichungen durchaus ernst nehmen. Diese Differenzen schwankten auf eine seltsame Weise. Bis 1825 war der Planet seiner berechneten Position fortwährend voraus, aber danach nahm die Abweichung langsam ab. Berechnung und Beobachtung stimmten 1829 und 1830 recht gut überein; die Astronomen waren schon bereit, einen kollektiven Seufzer der Erleichterung auszustoßen, weil das Geheimnis gelöst schien. In den späten dreißiger Jahren des Jahrhunderts jedoch tauchte das Rätsel wieder auf – allerdings in etwas anderer Form. Jetzt bummelte der Planet seinem vorhergesagten Kurs hinterher.

Solche rätselhaften Possen belebten erneut den Argwohn, die Newtonsche Physik könne fehlerhaft sein. Ein Zweifler, George Biddell Airy, Astronomieprofessor in Cambridge, schlug vor, den Irrtum beim Newtonschen Gravitationsgesetz zu suchen. Aber die meisten Astronomen waren von den früheren Erfolgen der Himmelsmechanik beeindruckt und vertrauten Newtons Gesetzen genug, um eine andere Lösung zu suchen. Sie waren 1838 mehr denn je davon überzeugt, daß irgendwo jenseits von Uranus ein Planet gerade genug Gravitations-

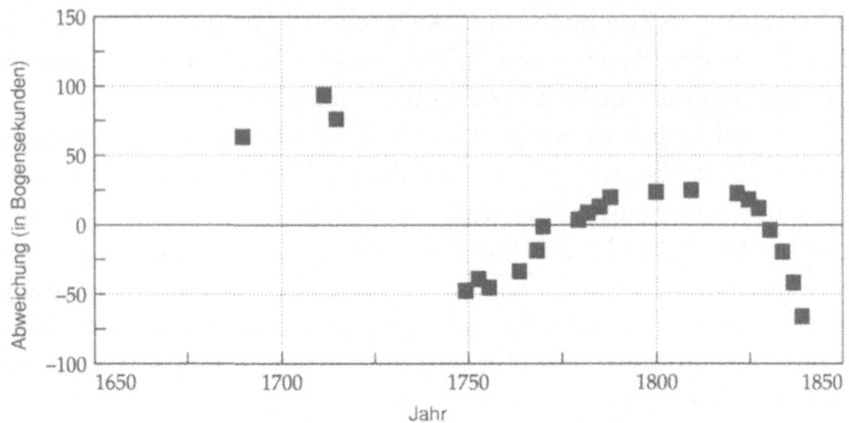

Dieses Diagramm zeigt die Abweichungen (in Bogensekunden) zwischen der beobachteten und der berechneten Position des Uranus unter Berücksichtigung bekannter Störungsquellen. Die Punkte für die Jahre vor 1781 stellen zufällige Beobachtungen von Astronomen dar, die Uranus für einen Stern hielten.

kraft ausüben müsse, um diese winzigen Abweichungen zu verursachen. Die Existenz eines solchen Planeten jenseits des Uranus wurde ein beliebtes Diskussionsthema. Einige mathematische Astronomen meinten sogar, man könne diesen geheimnisvollen Körper mit Hilfe der verzwickten und mühsamen Verfahren der Himmelsmechanik aufspüren.

Airy jedoch wollte astronomische Rätsel nicht mit mathematischen Mitteln lösen, obwohl er eine gute mathematische Ausbildung hatte. Er behauptete, die Astronomie solle, wie überhaupt alle Naturwissenschaften, zunächst Beobachtungen sammeln oder Messungen anstellen und die Mathematik nur dazu benutzen, die Ergebnisse zu formulieren. Die Mathematik sei, so behauptete er, kein Hilfsmittel, das den Astronomen sagen könne, wie sie ihre Fernrohre ausrichten sollten. Vielmehr sei die Himmelsmechanik in Anbetracht der wenigen verfügbaren Beobachtungen der Aufgabe gar nicht gewachsen, die Position und die genaue Bahn des Uranus zu berechnen und aus diesen Informationen den Ort eines anderen, noch verborgenen Planeten abzuleiten. Vorsichtig und konservativ, wie Airy war, riet er abzuwarten, bis Uranus die Sonne mehrmals umlaufen hatte und seine Bahn besser bekannt war. Weil jeder Umlauf 84 Jahre braucht, wäre das auf eine beträchtliche Verzögerung hinausgelaufen!

          Was Newton nicht wußte

Natürlich hatte Airy recht, wenn er behauptete, das mathematische Problem der Herleitung einer Ursache aus ihrer Wirkung sei viel schwieriger als das der Herleitung einer Wirkung aus einer bekannten Ursache. Aus der Existenz des Uranus könnte man beispielsweise berechnen, wie dieser Planet aufgrund seiner Schwerkraft die Bewegung seines Nachbarn Saturn beeinflußt. Die nötigen Berechnungen wären zwar mühsam, böten aber keine unüberwindlichen Probleme.

Die Berechnung der Position eines unbekannten Planeten, der, selbst ständig in Bewegung, von Uranus und anderen Himmelskörpern angezogen wird, ist dagegen sehr schwierig. Man benötigt dazu genaue Information über die Bahn des Uranus, die zwangsläufig mit der Bahn des unbekannten Urhebers der Störung verknüpft ist. Außerdem muß man die Masse des unbekannten Planeten und seine Entfernung von der Sonne abschätzen können.

Das Ganze verlangt ziemlich viel Mathematik, wesentlich mehr als Keplers Erklärung der Bewegung des Mars. Obwohl die mathematischen Hilfsmittel im neunzehnten Jahrhundert jenen weit überlegen waren, die Kepler verwenden konnte, setzte die Menge der nötigen Berechnungen doch deutliche Grenzen. Obwohl jeder, der die zum Auffinden dieses flüchtigen Planeten nötigen Berechnungen durchführen konnte, augenblicklich berühmt sein würde, schoben die meisten Mathematiker das Problem als unlösbar oder als zu riskant für ihre Karriere beiseite. Ein Fehlschlag hätte Jahre intensivster Anstrengungen sinnlos gemacht.

Dieses quälende Geheimnis nahm jedoch 1841 die lebhafte Vorstellungskraft eines begabten 22jährigen Mathematikstudenten in Cambridge gefangen. John Couch Adams fühlte sich ganz von selbst zu astronomischen Rätseln hingezogen. Er hatte 1835 das aufregende Erlebnis gehabt zu sehen, wie Halleys Komet genau wie vorhergesagt auftauchte. Dieser Beweis für die Fähigkeit der Mathematik, astronomische Vorhersagen zu ermöglichen, hatte auf den jungen Adams bleibenden Eindruck gemacht. Fünf Jahre später fiel ihm beim Stöbern in einem Buchgeschäft ein Exemplar des Buches in die Hand, in dem Airy 1832 das Problem der Uranusbahn erörtert hatte. Adams war fasziniert und beschloß, sofort nach Abschluß des Studiums durch Berechnungen den unbekannten Planeten aufzuspüren, der die Bahn des Uranus störte.

Zwei Jahre später hatte er als bester Mathematiker seines Jahrgangs seine Studien in Cambridge beendet und als Fellow am St. John's College eine akademische Laufbahn begonnen; er widmete sich den Berechnungen der Uranusbahn in seinen Sommerferien und in den kurzen Pausen zwischen den vielen Stunden, in denen er Studenten betreuen und anderen Verpflichtungen am College nachgehen mußte. Weil er ja irgendwo beginnen mußte, nahm Adams zunächst an, der unbekannte Planet sei etwa doppelt so weit von der Sonne entfernt wie Uranus, was dem Verhältnis der Abstände der bekannten Planeten entsprach. Er kam dann zu immer besseren Näherungen, indem er für Uranus und den unbekannten Planeten zunächst Kreisbahnen annahm, die Kreise dann allmählich zu Ellipsen dehnte und andere Gravitationseinwirkungen berücksichtigte. Seine Zwischenergebnisse sprachen deutlich für die Existenz eines Planeten irgendwo jenseits des Uranus. Nachdem er erfolgreich die neuesten Beobachtungen des Uranus mit Daten aus alten Aufzeichnungen verglichen hatte, fand Adams Mitte September 1845 eine Lösung, die eindeutig auf einen bestimmten Ort am Himmel hindeutete, an dem sich der Planet aufhalten müßte.

Adams übermittelte sein Ergebnis James Challis, dem Direktor der Sternwarte in Cambridge, und Airy, damals Königlicher Astronom. Beide Männer hatten von Adams Bemühungen gewußt, ihn ermutigt und mit nützlichen Informationen unterstützt. Jetzt aber waren sie anscheinend nicht willens, seine Berechnungen ernst genug zu nehmen, um andere Verpflichtungen und Interessen beiseite zu lassen und seine Vorhersage zu überprüfen. Verletzt durch diese offizielle Gleichgültigkeit und frustriert durch eine Folge von Verzögerungen, muß Adams allen Mut verloren haben. Außerdem hatte er mittlerweile einen Rivalen.

Urbain Jean Joseph Le Verrier hatte sich als 34jähriger und bereits international bekannter mathematischer Astronom in Paris ebenfalls dazu entschlossen, das Geheimnis des Uranus zu lüften. Le Verrier hatte seine Laufbahn als Chemiker begonnen, aber seine außerordentliche Beherrschung der Mathematik hatte ihn zur Astronomie gebracht. Als erste große Aufgabe stellte er sich die Untersuchung der Bahn des innersten Planeten Merkur, der seinem berechneten Ort immer etwas voreilte. Mit der für ihn kennzeichnenden Hartnäckig-

Urbain Jean Joseph Le Verrier
(1811–1877) (Yerkes Observatory, Universität Chicago).

keit arbeitete Le Verrier drei Jahre lang an diesem Problem und
schaffte es, fast die ganze Abweichung auf die Gravitationseinwirkungen anderer Planeten zurückzuführen. Aber es blieb noch eine kleine
Diskrepanz, die selbst Le Verriers großartige Bemühungen nicht erklären konnten. An diesem Punkt ließ er die Arbeit am Merkur liegen
und wandte sich mit beträchtlichem Erfolg der Berechnung von Kometenbahnen zu.

Im Sommer 1845 machte sich Le Verrier auf seine furchtlose Suche
nach dem verborgenen Störenfried der Uranusbahn, ohne zu ahnen,
daß Adams einer Lösung nahe war. Als einer von nur wenigen mathematischen Astronomen, die über das für diese Aufgabe erforderliche
Können und die nötige Geduld verfügten, war Le Verrier wie Adams
dem Reiz erlegen, durch Rechnung eine neue Welt zu entdecken.
Beide Männer träumten davon, die Macht ihres unbezweifelbaren

Uhrwerkplaneten

mathematischen Könnens unter Beweis zu stellen, indem sie den genauen Ort eines unbekannten Planeten angaben, ohne auch nur einmal zum Himmel zu blicken.

Le Verrier legte der Pariser Akademie der Wissenschaften im November 1845 einen vorläufigen Bericht vor, in dem er mathematisch bewies, daß die Verschiebungen des Uranus gleichmäßig genug waren, um von der Eigenbewegung des unbekannten Planeten verursacht zu werden, also nicht das Ergebnis fehlerhafter Beobachtungen waren. Sieben Monate später legte er der Akademie einen zweiten Bericht vor, in dem er die vermutete Position des Planeten errechnete. Aber niemand bot an, nach ihm zu suchen.

Inzwischen bemühte sich Adams, dessen Arbeit von Airy und Challis immer noch nicht beachtet wurde, seine Berechnungen zu verbessern. Airy seinerseits nahm die ganze Sache etwas ernster, als er sah, daß die Schätzung der Position des unbekannten Planeten in Le Verriers zweiter Arbeit der von Adams berechneten bemerkenswert nahe kam, obwohl die beiden etwas unterschiedliche Methoden verwendet hatten. Airy war davon beeindruckt und erzählte Challis und anderen davon; aber noch immer unternahm niemand etwas.

Erst im Sommer 1846 machte sich Challis schließlich auf die Suche nach Adams unbekanntem Planeten. Adams hatte verbesserte Daten für den Ort des Planeten vorgelegt und sogar vermutet, der Planet sollte groß genug sein, um als Scheibe zu erscheinen, was ihn zu einem interessanten astronomischen Objekt machte. Challis hatte jedoch nicht genug Vertrauen in Adams Mathematik und begann damit, systematisch einen weiten Ausschnitt des Himmels abzusuchen, statt sich auf den von Adams vorgeschlagenen kleinen Bereich zu konzentrieren. Wie viele andere hatte Challis großen Respekt vor den Praktikern der Himmelsmechanik, die ihm fast wie Zauberei erschien, aber er konnte sich nicht dazu durchringen, den Ergebnissen zu trauen.

Le Verrier blieb ebenfalls bei der Sache und legte Ende August eine dritte Arbeit zur Frage der Uranusbahn vor. Er hatte seine Berechnungen weiter verbessert und konnte jetzt die vermutete Bahn, Masse und Position des unbekannten Störenfrieds angeben. Auch er sagte voraus, der Planet sei groß genug, um als Scheibe zu erscheinen, und fügte hinzu, er befände sich zur Zeit fast an seinem erdnächsten Punkt und sollte beinahe die ganze Nacht lang sichtbar sein. Die Mitglieder der

Akademie waren beeindruckt, aber niemand fühlte sich veranlaßt, ein Teleskop auf den angegebenen Punkt des Himmels zu richten.

Weil keiner seiner Landsleute nach dem Planeten suchen wollte, schrieb der enttäuschte Le Verrier schließlich an den jungen Johann Gottfried Galle, damals Assistent an der Berliner Sternwarte. Ein Jahr zuvor hatte Galle Le Verrier ein Exemplar seiner Dissertation geschickt, und Le Verrier nutzte nun die Gelegenheit, ihm für seine Arbeit zu danken, sie zu loben und ihm von seiner Vorhersage zu berichten. In diesem Brief vom 18. September 1846 schrieb Le Verrier an Galle: «Gegenwärtig suche ich nach einem ausdauernden Beobachter, der bereit ist, einige Zeit zu opfern, um ein Gebiet des Himmels zu untersuchen, wo möglicherweise ein neuer Planet zu entdecken ist. Ich kam aufgrund unserer Theorie über den Uranus zu diesem Schluß. … Es ist unmöglich, die Beobachtungen am Uranus richtig zu erklären, wenn nicht die Wirkungen eines neuen, bislang unbekannten Planeten berücksichtigt werden.» Dann fügte er hinzu: «Richten Sie Ihr Fernrohr auf den Punkt der Ekliptik im 326. Längengrad im Sternbild Fische, und Sie werden innerhalb eines Grades davon einen neuen Planeten finden, der wie ein Stern etwa der 9. Größenklasse aussieht und eine wahrnehmbare Scheibe zeigt.»

Galle bat den Direktor der Berliner Sternwarte, er möge ihm die Suche gestatten, und der Direktor, der in dieser Nacht gerade seinen Geburtstag feierte, ließ seinen Assistenten sein Glück versuchen. Am Abend des 23. September 1846 stellten sich Galle und der Student Heinrich d'Arrest auf eine lange Beobachtungsnacht ein. Der Anfang war tatsächlich entmutigend. In der von Le Verrier angegebenen Richtung konnt Galle unter den Hunderttausenden der im Fernrohr sichtbaren Sterne keinen finden, der einem Planeten glich. Die beiden Astronomen mußten deshalb auf die altgewohnte Art einzelne Sterne beobachten und sie mit den üblichen Sternkarten vergleichen. Diese mühsame Aufgabe wurde zudem durch Ungenauigkeiten in den angegebenen Sternpositionen erschwert. Zum Glück hatten sie zufällig – noch als Korrekturbogen – eine ausgezeichnete neue Karte des fraglichen Gebiets im Sternbild Fische zur Verfügung. Sie begannen ernsthaft mit der Suche, indem Galle die Position und Helligkeit eines jeden Sterns in seinem Gesichtsfeld ansagte und d'Arrest nachsah, ob die Beobachtungen der Karte entsprachen.

Die Entdeckung des Neptun erregte viel öffentliches Interesse, aber der Streit darüber, wem die Anerkennung gebührte, den neuen Planeten gefunden zu haben, erhielt noch mehr Aufmerksamkeit. Diese am 7. November 1846 in *L'Illustration, Journal Universel* veröffentlichte Zeichnung stellte die französische Sicht dar, nach der Adams seine Entdeckung aufgrund von Le Verriers Arbeit gemacht habe. Eine Ausgabe von *Punch, or The London Charivari* vom selben Tag veröffentlichte die eigene Sicht der Geschichte: «Es ist sehr schade, daß der ursprüngliche Entdecker seinen Fund, wenn er einen macht, nicht mit seinen Initialen markieren oder etwas anderes unternehmen kann, was seinen Anspruch beweist.» (Library of Congress)

In weniger als einer Stunde, als sie erst einige wenige Sterne untersucht hatten, fanden sie einen Stern, der nicht auf der Karte verzeichnet war und nicht mehr als ein Grad von der von Le Verrier vorhergesagten Position entfernt war. Galle und d'Arrest waren überzeugt, den Planeten gefunden zu haben, aber sie mußten am nächsten Abend erneut nachprüfen, ob sich dieser Himmelskörper auch tatsächlich gegenüber den Fixsternen bewegt hatte. Galle teilte Le Verrier die Neuigkeit freudig erregt am Morgen des 25. September mit: «Den Planeten, dessen Position Sie angegeben haben, gibt es wirklich.» Er schloß seinen Brief mit dem Vorschlag, den neuen Planeten Janus zu nennen. Le Verrier war verärgert, weil er darin einen Versuch

sah, ihm als dem wahren Entdecker das Recht auf die Namensgebung
streitig zu machen, und nannte ihn Neptun. In seinem Dankesbrief an
Galle behauptete er, das französische Bureau des Longitudes habe
dem Planeten diesen Namen gegeben, und schob damit das Bureau
vor, um Galles Vorschlag ablehnen zu können.

Die sensationelle Neuigkeit verbreitete sich rasch und stieß nicht
nur in astronomischen Kreisen, sondern auch bei der gebildeten Öffentlichkeit auf ungeheures Interesse. Die Entdeckung des Neptun
aufgrund mathematischer Berechnungen wurde, wie zeitgenössische
Darstellungen zeigen, als großer Triumph der Newtonschen Himmelsmechanik und des menschlichen Verstandes gefeiert. Natürlich
hätten die Astronomen den Planeten auch ohne Rechnungen finden
können. Aber dann hätten sie den ganzen Himmel beobachten müssen, mit seinen Tausenden von Sternen, von dem ihre Teleskope immer
nur einen winzigen Teil auf einmal erfassen konnten. Die auf physikalischen Grundlagen beruhende Berechnung hatte die Entdeckung
erleichtert.

Während die übrige Welt diesen glänzenden Beweis wissenschaftlichen Denkvermögens bewunderte, mußten sich die Astronomen
jedoch mit einigen störenden Tatsachen auseinandersetzen. Als Neptun gefunden war, machten sie sich an die wesentlich einfachere,
obwohl noch ungewisse und mühsame Aufgabe, aus Messungen seiner Position die Bahn zu berechnen. Dies wurde einfacher, als man
erfuhr, daß Challis den Neptun bei seinen sommerlichen Himmels-
durchmusterungen schon dreimal beobachtet, ihn aber nicht als den
von Adams vorhergesagten Planeten erkannt hatte.

Die Ergebnisse der Berechnungen waren überraschend. Anscheinend waren sowohl Le Verrier als auch Adams, die den Neptun
innerhalb von 1° beziehungsweise 2–3° entfernt von seiner beobachteten Position vermutet hatten, bei ihren Rechnungen von einer falschen Voraussetzung ausgegangen. Neptun war nämlich der Erde viel
näher, als sie vermutet hatten. Beide hatten mit einer vorläufigen Bahn
begonnen, die doppelt so weit von der Sonne entfernt war wie die des
Uranus. Aber dieser Abstand war von dem wahren Wert (1,57:1) noch
weit entfernt. Außerdem hatte Adams mit Hilfe von Keplers drittem
Gesetz für Neptun eine Bahnperiode von 227 Jahren berechnet; seine
wirkliche Periode beträgt jedoch 165 Jahre. Bei einer nahezu kreisrun-

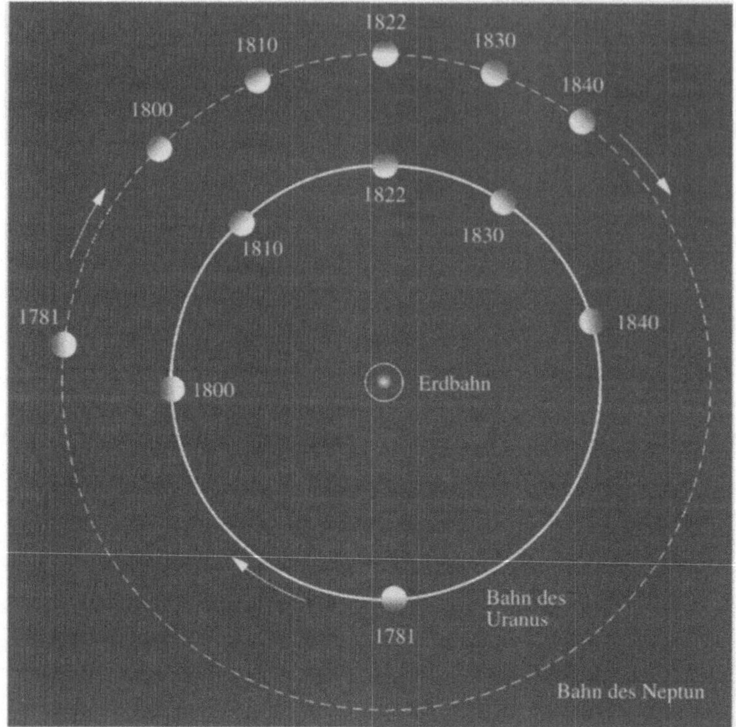

Die relativen Positionen von Uranus und Neptun in den Jahren zwischen 1781 und 1840. Vor 1822 beschleunigte die Anziehungskraft des Neptun den Uranus auf seiner Bahn, so daß er früher an einem Ort war, als aufgrund von Berechnungen zu erwarten war, die die Gravitationswirkungen der bekannten Planeten berücksichtigten. Nach 1822 bremste die Schwerkraft des Neptun den Uranus ab.

den Bahn würde eine richtige Berechnung seiner Position im Jahre 1840 zu einer Position für das Jahr 1780 geführt haben, die um 30° falsch gewesen wäre. Außerdem hingen die Berechnungen der von dem unbekannten Störer ausgeübten Gravitationskraft von dessen mutmaßlicher Masse ab. Adams hatte 45 Erdmassen angenommen und Le Verrier 32 Erdmassen. Tatsächlich hat der Neptun, wie sich aus Adams späteren Berechnungen der Neptunbahn ergab, knappe 18 Erdmassen.

Durch einen bemerkenswerten Zufall kompensierte das Verfahren von Adams jedoch diese Fehler, weil es eine stark exzentrische Bahn ergab, deren sonnennächster Punkt (das Perihel) genau dann erreicht wurde, als der Planet auch dem Uranus am nächsten war. Le Verriers Methode führte zu einer etwas anderen Bahn mit ähnlich kompensierenden Eigenarten, die Neptuns Entdeckung ermöglichten. Die gemessene Position, die der Planet im Raum wirklich einnahm, und die gemessene Gravitationskraft, die er auf Uranus ausübte, unterschieden sich also wesentlich von den theoretischen Annahmen. Im Rückblick läßt sich erkennen, daß die eindrucksvollen Berechnungen von Le Verrier und Adams von völlig falschen Annahmen ausgingen und eigentlich nicht besser waren als ihre anfänglichen Schätzungen dieser Größen. Wie moderne Ergebnisse zeigen, hätten die Berechnungen Le Verriers vierzig Jahre früher oder später zu einer so großen Diskrepanz zwischen der vorhergesagten und der wirklichen Position geführt, daß der Planet nicht entdeckt worden wäre.

Diese Mängel blieben in den Jahrzehnten, die unmittelbar auf die Entdeckung Neptuns folgten, nicht unbemerkt. Amerikanische Astronomen wiesen auf mehrere Diskrepanzen hin und zeigten sogar, daß das umgekehrte Problem – die Herleitung der Bahneigenschaften des Neptun aufgrund beobachteter Abweichungen in der Bahn des Uranus – mehr als eine akzeptable mathematische Lösung aufwies. Adams und Verrier waren aufgrund der von ihnen angesetzten Entfernungen zufällig auf eine von mehreren Lösungen gestoßen, während der wirkliche Neptun einen Lauf nimmt, der einer anderen Lösung der Gleichungen entspricht.

Le Verrier unterdessen, beflügelt durch seine erfolgreiche Vorhersage, hegte die Hoffnung, mit mathematischen Methoden auch andere Planeten finden zu können. Er verbrachte die restlichen 31 Jahre seines Lebens mit der Erforschung von Unregelmäßigkeiten der Planetenbahnen. Besonders bekümmerte es ihn, daß er zuvor nicht die gesamte Diskrepanz in der Bahn des Merkur hatte erklären können. Die Astronomen wußten, daß das Perihel des Merkur mit einer Geschwindigkeit von neun Minuten und 26 Sekunden pro Jahrhundert vorrückt. Demnach dreht sich die Bahn des Merkur langsam im Raum und braucht 227 000 Jahre, um zu ihrer ursprünglichen Position und Richtung zurückzukehren. Indem Le Verrier die von anderen Planeten ausgeübten Kräfte berücksichtigte, konnte er im Jahre 1843 mit seinen Berechnungen schon 90 Prozent dieser Bewegung erklären, die einer Periode der Bahnänderung von 244 000 Jahren entspricht. Damit verblieben etwa 38 Bogensekunden (wie wir heute wissen, sind es 43 Bogensekunden) pro Jahrhundert, die sich durch die Schwerkraft der bekannten Körper im Sonnensystem nicht erklären ließen.

Le Verrier kam zu der Überzeugung, diese Unstimmigkeit rühre von einem unbekannten Planeten oder auch mehreren verborgenen Körpern her, die der Sonne näher waren als Merkur. Ein Amateur-

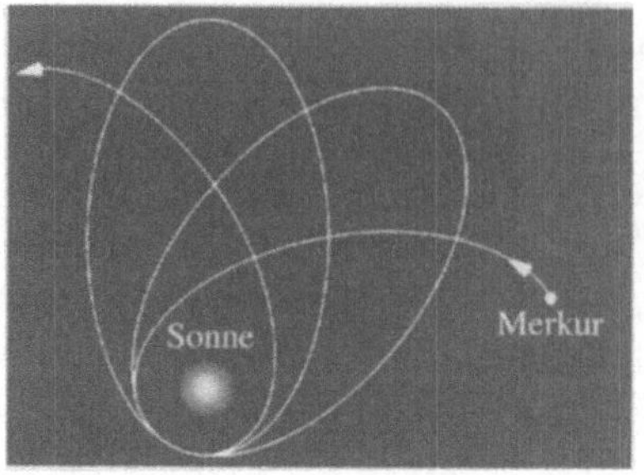

Während Merkur die Sonne schnell umläuft, dreht sich die große Achse seiner elliptischen Bahn langsam. Die tatsächliche Wirkung ist jedoch in dieser Zeichnung stark übertrieben. Die elliptische Bahn des Merkur benötigt etwa 227 000 Jahre für eine Umdrehung.

astronom hatte 1859 berichtet, er habe einen Planeten vor der Sonne vorbeilaufen sehen. Dies schien seine Hypothese zu bestätigen, und Le Verrier war bereit, dieses Objekt, das er Vulkan nannte, als den unbekannten Planeten aus seinen Berechnungen zu betrachten. Aber niemand konnte diesen Fund je bestätigen, und Vulkan verschwand wieder aus den astronomischen Aufzeichnungen.

In Wirklichkeit hatte Le Verrier keine Hinweise auf einen inneren Planeten gefunden, sondern war zufällig auf eine Situation gestoßen, in der Newtons Gravitationsgesetz keine hinreichend genauen Ergebnisse liefert. Diese Diskrepanz wurde erst behoben, als Albert Einstein 1915 seine Allgemeine Relativitätstheorie veröffentlichte, die genau die zusätzlichen 43 Bogensekunden pro Jahrhundert in der Bahn des Merkur erklären konnte.

Einsteins allgemeine Theorie führte zu einem Satz von Differentialgleichungen für die Planetenbahnen, die bis auf eine kleine Korrektur identisch sind mit jenen der Newtonschen Theorie. Diese Abänderung der einfachen Newtonschen Formel für die Bahn hängt vom Quadrat des Verhältnisses der Geschwindigkeit des Planeten zur Lichtgeschwindigkeit ab. Nur im Fall des Merkur, des schnellsten der Planeten, ist dieses Verhältnis so groß, daß die entsprechende Wirkung auf die Bahndrehung sich leicht erkennen ließ.

Natürlich war Merkur nicht der einzige Körper, der mit Teleskopen beobachtet und dessen Bahn eingehend berechnet wurde. Es gab keinen Grund für die Annahme, Neptun sei der äußerste Planet des Sonnensystems. Gab es tatsächlich einen Planeten jenseits des Neptun, und ließ sich sein Vorhandensein aus winzigen Unregelmäßigkeiten in der Bewegung des Neptun herleiten? Neptun kriecht jedoch so langsam auf seiner Bahn, daß diese selbst Anfang des zwanzigsten

          Was Newton nicht wußte

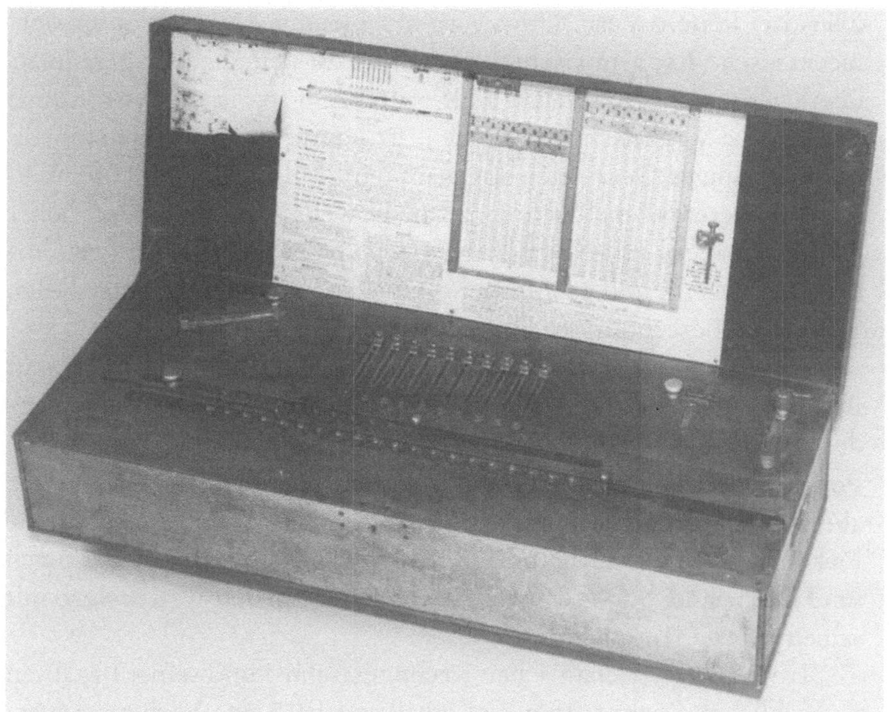

Diese 1893 für Geschäftszwecke entwickelte Rechenmaschine «Millionaire» erwies sich als ein solcher Erfolg, daß zwischen 1894 und 1935 fast 5000 davon verkauft wurden. Zu den Hauptabnehmern zählte die Regierung. Diese Rechenmaschine wurde vom U.S. Naval Observatory benutzt (Smithsonian Institution).

Jahrhunderts noch nicht so genau bekannt war, daß man auf einen neunten, weit außen liegenden Planeten schließen konnte.

Dies hielt Willam H. Pickering vom Harvard-Observatorium und Percival Lowell, einen exzentrischen Geschäftsmann, Astronomen und Mathematiker (und Gründer des Lowell-Observatoriums in Flagstaff, Arizona), nicht davon ab, es zu versuchen. Beide verwandten unabhängig voneinander viel Mühe darauf, die Unregelmäßigkeiten der Bahnen von Uranus und Neptun nach Hinweisen auf einen weiteren, noch ferneren Planeten zu durchsuchen. Ihre Aufgabe war noch sehr viel komplizierter als die, vor der Adams und Le Verrier gestanden hatten, und alles sprach gegen einen Erfolg.

Als Lowell 1905 mit der Suche nach einem Planeten X jenseits des Neptun begann, meinte er, die notwendigen Berechnungen könnten über drei Jahre dauern. Um sie zu beschleunigen, entschloß er sich, mechanische Rechenmaschinen zu Hilfe zu nehmen, die gerade als überlegene, wenn auch teure Hilfsmittel Eingang in die Astronomie und andere Wissenschaften fanden. Er kaufte ein 1893 eingeführtes leistungsfähiges Gerät, den sogenannten «Millionaire», das für Geschäftsleute entwickelt worden war. Lowells Gruppe menschlicher Rechner jedoch verließ sich damals noch hauptsächlich auf gewöhnliche Arithmetik und ausführliche Tabellen, um die ungeheuer vielen benötigten Berechnungen durchzuführen.

Im Gegensatz dazu wählte Pickering ein älteres, weniger auf Berechnungen beruhendes Verfahren. Für die Nachweise des fehlenden Planeten, den er O genannt hatte, und die Vorhersage von dessen Position verließ er sich auf ein graphisches Abbild der beobachteten, aber nur grob gemessenen Unstimmigkeiten in der Bahn des Uranus. Pickering legte seine Voraussage 1908 vor; gleichzeitig bat er Lowell um Hilfe bei der Suche. Lowell fürchtete jedoch den Wettbewerb mit seinem Rivalen und lehnte ab.

Trotz seiner mechanischen Rechenmaschine und seiner begabten menschlichen Rechner konnte Lowell erst 1915 eine Vorhersage veröffentlichen. Inzwischen durchsuchte er den Himmel weiter nach bewegten Körpern, die sich als Planet am Rand des Sonnensystems erweisen könnten. Er arbeitete mit regelmäßig angefertigten photographischen Platten, auf denen er nach einer kleinen Verschiebung der Position aller lichtschwachen Objekte von einer Aufnahme zur nächsten suchen ließ. Aber er hatte keinen Erfolg, und das Vorhaben wurde nach Lowells Tod 1916 erst einmal abgebrochen.

Als die Suche 1929 wieder aufgenommen wurde, hatte das Lowell-Observatorium den Vorteil, mit einer speziellen Weitwinkelkamera ausgestattet zu sein. Hinzu kamen die scharfen Augen eines 22jährigen Bauernjungen aus Kansas: Clyde W. Tombaugh durchmusterte 90 Millionen Abbildungen von Sternen, die auf Dutzenden von photographischen Platten eingefangen waren, bevor er endlich den neunten Planeten fand – einen winzigen schwachen Punkt, der seine Position von einer Platte zur nächsten gerade weit genug verschob, um sich als ferner Planet zu verraten. Dieser Himmelskörper, der von Tombaugh erstmals am 14. Februar 1930 auf Platten vom 23. und 29. Januar identifiziert wurde, war der Planet Pluto.

     Was Newton nicht wußte

Aber Pluto sorgte für seine eigenen Überraschungen. Er zeigte keine Scheibe. Obwohl er weniger als 6° von dem Punkt entfernt gefunden wurde, den Lowell in seinen ausführlichen Berechnungen angegeben hatte, war er zu klein, um Neptun oder Uranus in dem Maß zu beeinflussen, wie es berechnet worden war. Außerdem liegt die Bahn des Pluto auf einer Ebene, die gegenüber der Ebene der Erdbahn wesentlich stärker geneigt ist als die aller anderen Planeten. So gut die Übereinstimmung zwischen der Vorhersage Lowells und der beobachteten Position des Planeten auch sein mochte, sie war nicht mehr als ein glücklicher Zufall. Was ein weiterer Triumph der Himmelsmechanik hätte sein können, erwies sich als reiner Dusel.

Als aber Pluto einmal gefunden war, konnten die Astronomen die Planetenbahn in grober Näherung berechnen und seine Position in früheren Jahren ermitteln. Sie fanden Pluto daraufhin auf einigen von Lowells alten photographischen Platten, und zwar auf denen vom 19. März und vom 7. April 1915.

Die rätselhaften, wenn auch winzigen Unregelmäßigkeiten in den Bahnen von Neptun und Uranus blieben jedoch weiterhin unerklärt. Gab es, wenn sie nicht von Pluto bewirkt wurden, noch einen weiteren unbekannten Körper, dessen Schwerkraft die unzugänglichen äußeren Bereiche des Sonnensystems störte und der auf seine Entdeckung wartete?

Obwohl Neptun seit seiner Entdeckung bei weitem noch keine volle Bahn vollendet hat, konnte die Beobachtungsgenauigkeit so weit verbessert werden, daß die früher bemerkten Abweichungen sich größtenteils auf Ungewißheiten in bezug auf die Planetenstellungen am Himmel zurückführen lassen. Als Hauptverursacher erwiesen sich Ungenauigkeiten in den angegebenen Positionen der Referenzsterne in alten Sternkatalogen. Als die Raumsonde *Voyager 2* den Neptun 1989 erreichte, erhielten die Wissenschaftler Daten, mit deren Hilfe sie beweisen konnten, daß viele der restlichen Unstimmigkeiten auf ihrer Unkenntnis der Bahn des Neptun beruhen.

Gleichzeitig blieben in der Bahn des Uranus lästige Differenzen bestehen, und es ist nicht klar, ob der Fehler mit der Beobachtung zusammenhängt oder an den prinzipiellen Beschränkungen der Berechnungen liegt. Die heutigen mathematischen Astronomen stehen vor demselben Dilemma wie Bouvard, Airy, Adams und Le Verrier vor der Entdeckung des Neptun, aber die Abweichungen, die sie in der Uranusbahn berücksichtigen müssen, machen jetzt weniger als eine Bogensekunde aus und nicht mehr 100 Bogensekunden.

Robert Harrington vom U.S. Naval Observatorium ist sozusagen ein Nachfolger von Adam und Le Verrier; er konnte Computer zu Hilfe nehmen, um zu bestimmen, wer Uranus so stark beeinflußt. Zur Vorbereitung auf die Suche nahm er sich einen hypothetischen Planeten nach dem anderen vor, gab Hunderttausende von Größen und Positionen in seinen Computer ein und berechnete ihre Wirkungen auf die Bahnen von Uranus und Neptun. Die Unstimmigkeiten ließen sich am besten erklären, wenn er einen Körper mit drei bis fünf Erdmassen annahm, der etwa dreimal so weit von der Sonne entfernt ist wie Neptun und auf einer elliptischen Bahn läuft, die etwa um 30° gegen die Ebene des Sonnensystems geneigt ist. Ein solcher Planet würde für einen Umlauf um die Sonne über tausend Jahre brauchen. Harrington sagte die Lage des Planeten im nördlichen Teil des Sternbildes Centaurus vorher, aber die Suche hat bis jetzt noch zu keinem Ergebnis geführt. Auch sehr gründliche Durchmusterungen großer Himmelsteile im sichtbaren und im infraroten Bereich haben bisher keinen Körper gezeigt, der massereich genug ist, um als zehnter Planet gelten zu können. Pluto und sein Mond Charon sind jedoch viel zu klein, um die beobachteten Unregelmäßigkeiten in der Bahn des Neptun hervorrufen zu können. Diese Diskrepanzen lassen darauf schließen, daß dort draußen noch andere Massen existieren müssen.

Die mathematischen Komplexitäten der Entdeckung des Uranus und Neptun sind jedoch gering im Vergleich mit jenen, die sich aus der Bewegung unseres eigenen vertrauten Mondes ergeben. Es war die erstaunlich komplizierte Bewegung des Mondes, die die Astronomen zuerst einen Blick auf ein dynamisches Chaos erhaschen ließ und sie mit den Grenzen der mathematischen Vorhersagbarkeit konfrontierte.

Kapitel 6
Launischer Mond

Mond kam über die Kimme der Berge.
Im Felsen ging das Silber auf
Das Auge der Nacht.

PETER HUCHEL (1903–1981), *Momtschil*

Stonehenge ist ein Denkmal der Vorhersagbarkeit. Der prähistorische Steinkreis und die eng beieinander stehenden Säulen, die in der Nähe von Salisbury in Südengland aus der Ebene aufragen, sind eine Art urzeitlicher Himmelsuhr. Die Sichtlinien und die Ausrichtung dieser steinzeitlichen Sternwarte verweisen auf wichtige Zeitpunkte im regelmäßigen Lauf von Sonne und Mond am Himmel sowie in den Jahreszeiten. Sie bekunden die Macht des menschlichen Verstandes, einer unzugänglichen Umwelt einen Funken von Ordnung abzuringen.

Vor viertausend Jahren waren sich die Bewohner der Insel, die wir heute England nennen, zweifellos der Tatsache bewußt, daß die aufgehende Sonne sich am Horizont verschiebt. Zur Zeit der Sommersonnenwende Ende Juni (nach unserem Kalender) geht sie an ihrem nördlichsten Punkt am Horizont auf und zur Wintersonnenwende Ende Dezember an ihrem südlichsten Punkt. Jedes Jahr arbeitet sich die Sonne mit jedem Sonnenaufgang täglich ein Stückchen zum nördlichen Punkt vor, um dann umzukehren und ein halbes Jahr später den südlichen Punkt zu erreichen. Jahr für Jahr beobachteten die Bewohner der Ebene dasselbe. Während Wetter, Jagderfolge und Ernteerträge unberechenbar und unstet schwankten, blieb die Sonne erstaunlich zuverlässig.

Man kann sich ausmalen, wie die damaligen Menschen erstmals die Richtung zum nördlichsten Sonnenaufgang markierten. Schließ-

Das vor fast 4000 Jahren in der Ebene von Salisbury in Südengland errichtete Stonehenge ist ein astronomisches Monument. Manche Steine weisen auf die Punkte, an denen Sonne und Mond zu bestimmten Zeitpunkten aufgehen.

lich gewannen sie genug Vertrauen in ihre Daten und verewigten ihre Beobachtungen der Sonnenbewegung, indem sie große Steine zusammenfügten. Die Mittellinie in Stonehenge weist wirklich zum nördlichsten Aufgangspunkt der Sonne hin. Heute noch können Beobachter zur Zeit der Sommersonnenwende sehen, wie die Sonne an dem großen, etwas außerhalb liegenden sogenannten Abschlußstein vorbeistreicht, der von den alten Säulen des Monuments eindrucksvoll eingerahmt wird.

Auch der Mond zeigt, auf seine Art, den Lauf der Zeit an. Wie die Sonne geht er an verschiedenen Stellen des Horizonts auf und unter, aber seine Kreise sind viel kleiner. Wie in Kapitel 2 beschrieben, vollendet der Mond in einem Jahr, während die Erde also einmal die Sonne umrundet, fast 13 solcher Zyklen. Außerdem verändert der Mond periodisch sein Erscheinungsbild, indem er vom Neumond zum Vollmond und wieder zum Neumond zu- bzw. abnimmt.

Wir wären nicht überrascht, wenn wir Hinweise darauf fänden, daß die Vorfahren der Erbauer von Stonehenge sich auch für den nördlichsten Aufgangspunkt des Mondes interessierten. Aber die Bewegung des Mondes ist viel komplizierter als die der Sonne. Der Mond kehrt nämlich nicht in jedem Zyklus zu demselben nördlichsten Punkt zurück, sondern der Mondaufgang verschiebt sich am Himmel

          Was Newton nicht wußte

von einem Zyklus zum nächsten. Erst nach etwa 19 Jahren geht der Mond wieder an etwa demselben nördlichsten Punkt auf. Frühe Siedler des Gebiets hätten über viele Jahre hinweg viel Mühe auf eine geduldige Beobachtung der Positionen des Mondes verwenden müssen, um ein klares Muster erkennen zu können.

Hinweise darauf, daß man tatsächlich versucht haben könnte, die Bewegungen des Mondes zu verfolgen, stecken in seltsamen Formationen, die älter sind als die Megalithen von Stonehenge. Die Hügel und Gräben sowie Löcher für Pfosten und der Erdwall dieser frühen Mondwarte markierten anscheinend nicht nur den Aufgang des Vollmonds am nördlichsten Punkt seines 18,6jährigen Zyklus, sondern auch solche Augenblicke wie den Aufgang des Mondes in der Mitte des Winters. Die Steine von Stonehenge wurden erst mehrere hundert Jahre später aufgestellt, aber ihre Anordnung scheint einige dieser lunaren Beobachtungspunkte bewahrt zu haben. Stonehenge und insbesondere seine weniger auffälligen bescheideneren Vorläufer an demselben Ort stellen einen der ersten bekannten Versuche dar, etwas Ordnung in die komplizierten Bewegungen des Mondes zu bringen.

Schon bevor Geschichte aufgeschrieben wurde, haben Astronomen versucht, die scheinbare Regelmäßigkeit der Mondbahn am Himmel zu erfassen und vorherzusagen. Unzählige Stunden und oft ein ganzes Lebenswerk wurden, ob mit Hilfe von Steinmonolithen oder in der abstrakten Sprache der Mathematik, auf die Lösung der Geheimnisse des Mondes verwendet. Der Erfolg blieb jedoch oft aus.

Vor Jahrtausenden hatten Beobachter keine genauen Uhren und Teleskope zur Verfügung, mit denen wir heute die Bewegungen des Mondes verfolgen können. Aber sie hatten Zeit, viele Mondzyklen zu verfolgen und zu vergleichen. So ist zum Beispiel das Zeitintervall, das zwischen zwei aufeinanderfolgenden Neumonden (oder Vollmonden) vergeht, etwa zwei Tage länger als die Zeit, die der Mond braucht, bis er zur selben Position relativ zu den Sternen zurückkehrt. Der sogenannte synodische Monat – er dauert 29,5 Tage und ist mit den veränderlichen Mondphasen verknüpft – verschiebt sich also ständig gegenüber dem siderischen Mond, der 27,3 Tage dauert und mit der Stellung des Mondes relativ zu den Sternen zusammenhängt.

Die frühen Astronomen, die sich ausschließlich auf Beobachtungen mit dem bloßen Auge verlassen mußten, konzentrierten sich auf

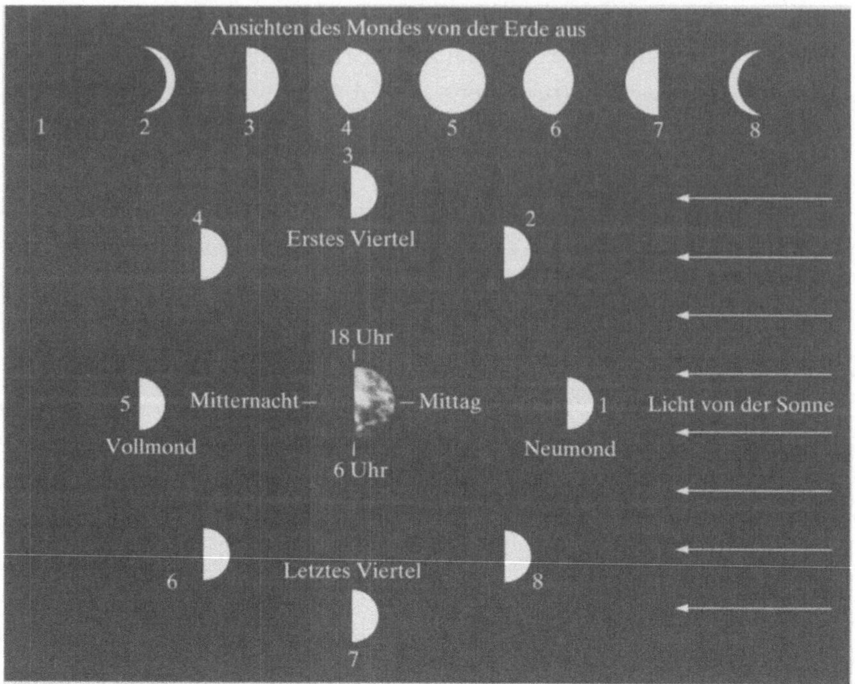

Sonnenlicht beleuchtet die eine Hälfte des Mondes, während die andere Hälfte dunkel ist. Während der Mond die Erde umläuft, sehen Beobachter auf der Erde unterschiedlich viel von der beleuchteten Hälfte des Mondes. Der Mond durchläuft etwa in 29,5 Tagen all seine Phasen.

die Zeitbestimmung insbesondere jener Himmelsereignisse, die in regelmäßigen Intervallen wiederkehrten. Sie konnten beispielsweise sehen, wie sich das monatliche Pendeln des Mondes nördlich und südlich von der Sonnenbahn (der Ekliptik) auf seine Höhe am Himmel und auf die Zeitpunkte auswirkt, zu denen er im Lauf des Jahres auf- und untergeht. Aber die periodische Wiederkehr von Finsternissen, bei denen der Mond entweder vor der Sonne vorbeiläuft oder in den Erdschatten eintritt, machte vermutlich einen viel stärkeren Eindruck.

Der Gedanke, ein mythischer Drachen oder ein anderes Himmelsungeheuer knabbere die leuchtende Scheibe des Vollmonds während einer Mondfinsternis an, hat in frühen Zeiten zweifellos Staunen und Furcht erregt. In Völkern, in denen eine Oberschicht lesen und

     Was Newton nicht wußte

schreiben konnte, haben jene Menschen, die den Himmel auf Vorzeichen hin zu beobachten hatten, vermutlich Zeit und Ort von Finsternissen verzeichnet. Sie konnten etwa bemerken, daß es nur bei Vollmond zu Mondfinsternissen kommt (der Mond geht dann durch den Erdschatten). Mondfinsternisse treten etwa zweimal im Jahr ein, nämlich genau dann, wenn die Bahn, der der Mond relativ zu den Sternen zu folgen scheint, die Sonnenbahn kreuzt. Herrscher, Priester und Politiker, die hinter diesen Ereignissen eine Ordnung erahnten, sammelten vermutlich die Daten, die zur zuverlässigen Vorhersage solch bedrohlicher und aufregender Vorkommnisse nötig waren, um die Bevölkerung mit ihrer Macht zu beeindrucken. Aber wehe dem vermeintlichen Propheten, der das Drachenmahl um wenige Tage verpaßte!

Im zweiten Jahrhundert faßte der alexandrinische Geograph und Astronom Ptolemäus die Erkenntnisse und Daten seiner Vorgänger in einem einzigen geometrischen Modell der Mondbewegung zusammen, das eine Vielzahl lunarer Zyklen enthielt. Mehr als tausend Jahre lang lieferte sein Modell den mathematischen Rahmen für die Vorhersage der Position des Mondes zu entscheidenden Zeitpunkten seiner Reise über den Himmel.

Man stelle sich vor, die Erde sei die Mitte eines Karussells. Im einfachsten aller möglichen Systeme sitzt der Mond am Rand des Karussells und beschreibt einen Kreis, während er sich um die Erde dreht. Um aber die Bewegung des Mondes zu beschreiben, die Ptolemäus für die wirkliche hielt, muß man sich vorstellen, der Mond säße am Rand einer Platte, die um etwa 5° gegen die Ebene geneigt ist, auf der die Sonne die Erde umkreist. Die Gerade, in der die imaginären Ebenen der Sonne und des Mondes sich schneiden, markiert die sogenannten Knoten, und die Richtung dieser Linie, die durch die Erde läuft, verändert sich langsam entgegengesetzt zur Richtung der Kreisbewegungen der Sonne und des Mondes.

Jetzt werden die Verhältnisse wirklich kompliziert. Weil Geschwindigkeit und Entfernung des Mondes von der Erde sich ändern, läuft der Mond auf seinem eigenen Karussell am Rand der geneigten Hauptfläche. Diese kleinere Plattform, deren Radius etwa ein Elftel von dem der größeren beträgt, dreht sich zudem etwas langsamer. Die Lage des erdnächsten Punktes des Mondes und damit der Zeitpunkt

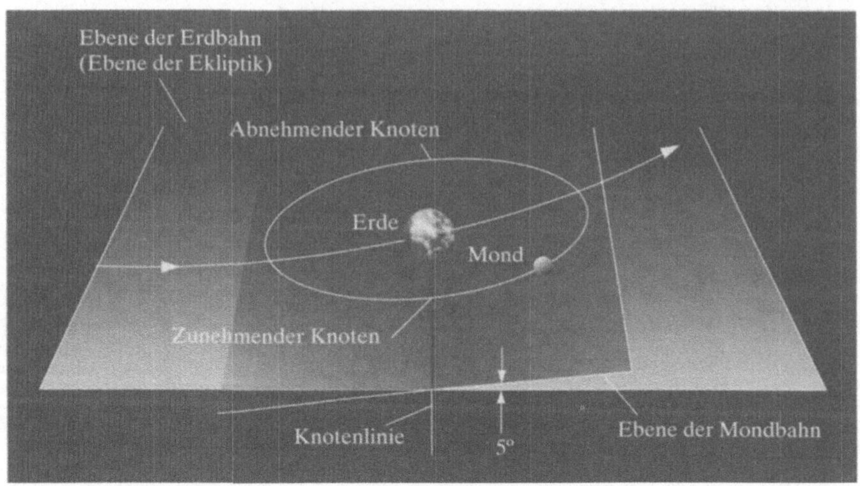

Die Ebene der Mondbahn bildet mit der Ebene der Erdbahn einen Winkel von etwa 5°.
Die Gerade, in der sich die beiden Ebenen schneiden, heißt Knotenlinie. Eine
Sonnenfinsternis, bei der der Mond zwischen Sonne und Erde steht, tritt nur dann ein,
wenn der Mond der Knotenlinie zur Zeit des Neumonds sehr nahe ist. Eine
Mondfinsternis, bei der der Erdschatten den Mond verdunkelt, gibt es nur, wenn der
Mond der Knotenlinie zur Zeit des Vollmonds sehr nahe ist.

seiner höchsten Geschwindigkeit treten deshalb nicht bei jedem Umlauf der Hauptfläche am selben Punkt ein. Wie die Gerade, die die Knoten verbindet, kreist dieser Punkt langsam, aber etwa doppelt so schnell wie die Knotenlinie, und in einer Richtung, die der Richtung der sich verschiebenden Knoten entgegengesetzt ist.

Dies war entscheidend für die Anordnung geneigter Kreise und Epizyklen, die Ptolemäus entworfen hatte, um die Mondbewegung zu beschreiben. Aber er konnte eine Eigenschaft berücksichtigen, die frühere Astronomen nicht erkannt hatten, als er den Mond mit einem von ihm erfundenen Instrument beobachtete, das die Lage des Mondes relativ zur Sonne am Tag bestimmen konnte. Danach waren die Schwankungen der Geschwindigkeit in Wirklichkeit viel komplizierter, als die Daten es vermuten ließen. Er fand, daß der Mond sich bei seinen monatlichen Umläufen deutlich beschleunigt und verlangsamt und im ersten und im letzten Viertel den erwarteten Positionen hinterher- oder voranläuft, aber als Neumond oder

Um genauere Vorhersagen der
Position des Mondes zu erhalten, wenn keine Finsternis
herrscht, beschrieb Ptolemäus
dessen Bewegung (in unserer
modernen Ausdrucksweise) als
eine sehr elliptische Bahn und
den Umlauf mit einem bei *C*
zentrierten Epizyklus. Die
mathematische Lösung setzte
jedoch voraus, daß sich der
scheinbare Durchmesser des
Mondes, wie er von der Erde
aus gemessen wird, viel stärker
verändert, als Beobachtungen
ergeben.

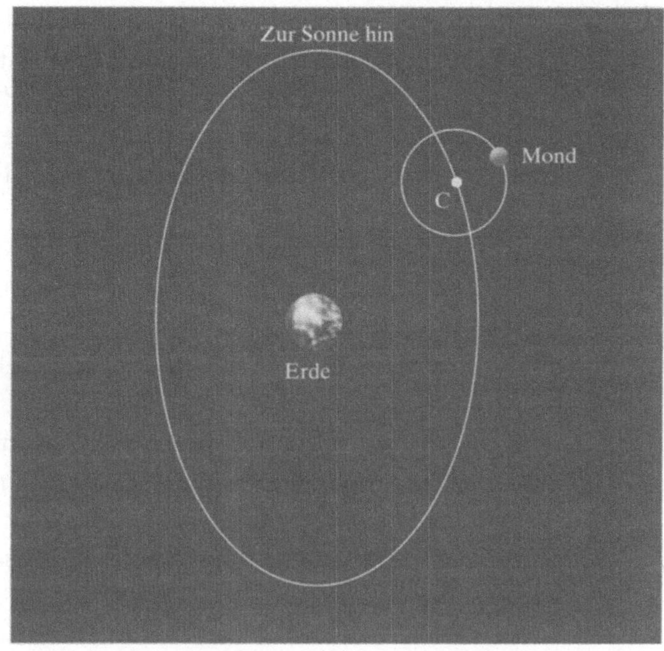

Vollmond an dem vorhergesagten Ort ist. Diese Abweichung war
zuvor unbeobachtet geblieben, weil die Beobachter sich auf Mond-
und Sonnenfinsternisse konzentriert und die Positionen des Mondes
nicht direkt beobachtet hatten.

Astronomen späterer Generationen deckten im Lauf der Zeit
weitere Unregelmäßigkeiten in den Mondrhythmen auf. Diese Abweichungen von einfachen Kurven und gleichförmigen Geschwindigkeiten behinderten immer wieder die Bemühungen mathematischer
Astronomen, eine Theorie des Mondes zu entwickeln, die die Bewegungen des Mondes genau erklären und seine Position am Himmel
auf Jahre im voraus genau zu bestimmen erlaubte. Jedes Hilfsmittel
zur Beschreibung oder Nachahmung der Mondbewegung, ganz
gleich, ob steinern oder mathematisch, mußte notwendigerweise sehr
kompliziert sein.

Im sechzehnten Jahrhundert war die Berechnung der Mondposi-
tion und die Vorhersage von Finsternissen zu einem wichtigen Gewerbe geworden. Um die Bedürfnisse von Seefahrern, Kalendermu-
chern und Priestern zu befriedigen, erstellten und veröffentlichten
sternkundige Mathematiker für ihre Mäzene Tabellen der Mond- und

Planetenpositionen. Weil sich aber die mühsam vorbereiteten Vorhersagen gegenüber den beobachteten Positionen unvermeidlich verschoben, mußten diese Tabellen regelmäßig neu berechnet werden. Außerdem machten menschliche Rechner, die oft unterschiedliche mathematische Verfahren verwendeten, Fehler und erhielten daher widersprüchliche Ergebnisse.

Solche Abweichungen ärgerten Tycho Brahe, dessen sorgfältige Beobachtungen für Keplers Arbeiten eine entscheidende Rolle spielen sollten (siehe Kapitel 3). Die Erneuerung der gesamten Wissenschaft der Astronomie, die er so lange vorhergesehen hatte, hing von genauer Beobachtung ab, aber das Gewirr von Theorie und Daten, das für die Astronomie des sechzehnten Jahrhunderts so typisch war, hinderte ihn daran, die Bewegung des Mondes richtig zu beschreiben. Er war mit dem von Copernicus aufgestellten mathematischen Modell unzufrieden und versuchte, einen anderen Ansatz zu finden, für den Finsternisse wichtige Prüfsteine waren.

Eine Finsternis war in Brahes Sternwarte auf der dänischen Insel Hven ein wichtiges Ereignis. Er mobilisierte dann alle seine Gehilfen, um sicherzustellen, daß die Finsternis aufmerksam beobachtet und während ihrer ganzen Dauer exakt vermessen wurde. Weil aber eine Finsternis etwa zwei Stunden dauert und die Vorhersagen für ihr Eintreten um bis zu drei Stunden abweichen konnten, nahmen seine Bemühungen beträchtliche Zeit in Anspruch.

Bei der ersten direkten Überprüfung seiner neuen Theorie der Erdbewegung berechnete Brahe anhand der Position des Mondes am 28. Dezember 1590, daß eine Mondfinsternis, die zwei Tage später auftreten sollte, um 18.24 Uhr beginnen müsse. Andere Forscher hatten Vorhersagen veröffentlicht, nach denen sie zwischen 16.53 Uhr und 18.51 Uhr eintreten sollte. Die Finsternis begann, während Brahe und alle, die zu seinem Haushalt gehörten, noch beim Abendessen saßen, und als er und seine Helfer um 18.05 Uhr zum Messen bereit waren, war sie schon halb vorüber. Brahe war danach tagelang schlechter Laune und gab seine genaue Untersuchung des Mondes zeitweise sogar auf.

Aber das Problem beschäftigte ihn weiter, und er kam nach einigen Jahren darauf zurück. Schließlich konnte er eine weitere Mondbewegung erkennen, die Copernicus und anderen Beobachtern ent-

 Was Newton nicht wußte

DE NOVA STELLA ANNI 1572 — 69

ECLIPSES LUNÆ UNUM ET VIGINTI, SO-
LIS NOVEM A NOBIS DILIGENTER
OBSERVATÆ.

ECLIPSES LUNÆ

Anni	Men.	Dies	H. M.	Digi.
1573	Decem.	8	8 3	totalis
1576	Octob.	7	11 32	non pat:
1577	April.	2	8 50	totalis
1577	Septem.	16	13 3	totalis
1578	Septem.	15	13 17	2½
1580	Ianuar.	31	10 9	totalis
1581	Ianuar.	19	9 57	totalis
1581	Iul:	15	16 57	totalis
1584	Novem:	7	13 12	totalis
1587	Septem:	6	9 16	9 45
1588	Mart.	2	15 2	totalis
1590	Decem.	30	6 55	non pat:
1592	Iunij.	14	10 16	8 0
1592	Decem.	8	7 41	non pat:
1594	Octob.	9	19 26	non pat:
1595	April.	13	16 36	totalis

ECLIPSES LUNÆ

Anni	Men.	Dies	H. M.	Digi.
1595	Octob.	7	20 29	totalis
1596	April.	1	9 29	non pat:
1598	Feb:	9	18 7	11 30
1598	August	6	7 37	totalis
1599	Ianuar.	30	17 50	totalis

ECLIPSES SOLIS

Anni	Men.	Dies	H. M.	Digi.
1567	April.	9	0 0	6 20
1579	Febr.	25	5 50	5 50
1584	April.	30	5 39	3 0
1590	Iulij	21	7 54	5 0
1591	Iulij	10	3 35	2 30
1595	Septem:	23	1 8	3 50
1598	Febr.	24	23 16	9 20
1599	Iulij	11	16 8	3 0
1600	Iun:	30	1 44	5 0

gangen war. Er entdeckte, daß die Neigung der Mondbahn nicht
5 Grad beträgt, wie zuvor angenommen, sondern zwischen einem
Minimum von 4 Grad, 58,5 Minuten bei Voll- und Neumond und
einem Maximum von 5 Grad, 17,5 Minuten bei Halbmond liegt. Die
Plattform, in der die Bewegung des Mondes um die Erde verläuft, ist
also nicht nur geneigt, sondern sie schwankt auch leicht, so daß ihre
Neigung sich periodisch verändert.

Brahes Bestreben, die Bahn des Mondes Jahr für Jahr in all seinen
Phasen zu verfolgen, offenbarte auch eine Schwankung in der Mond-
geschwindigkeit, deren Extremwerte bei Halbmond bzw. bei Voll-
oder Neumond liegen. Außerdem beobachtete er, daß der Mond im
Winter etwas langsamer und im Sommer etwas schneller ist, als man
bis dahin bemerkt hatte.

Ganz unabhängig davon und ohne Messungen anzustellen, hatte
Johannes Kepler dieselben jährlichen Abweichungen wahrgenom-

men. Auf die Frage, warum eine Mondfinsternis im Frühjahr 1598 anderthalb Stunden später eingetreten war, als er im Provinzalmanach angegeben hatte, antwortete Kepler, die Sonne verzögere die Bewegung des Mondes, besonders im Winter, wenn sie der Erde am nächsten ist. Damit stellte er als erster die Vermutung an, es könne für die häufigen Abweichungen des Mondes von einer einfachen Bahn um die Erde eine physikalische Ursache geben.

Viele Jahre später, nach intensivem Nachdenken und Berechnen, konnte Kepler eine bemerkenswert umfassende Theorie der Mondbewegungen aufstellen, die die Epizyklen und exzentrischen Kreise von Ptolemäus und Copernicus durch Ellipsen ersetzte. Seine begrifflich einfache, aber mathematisch raffinierte Theorie berücksichtigte ausdrücklich den Einfluß der Sonne auf den Lauf des Mondes um die Erde. Diese neue Theorie machte er zur Grundlage der Berechnung besserer Mondtabellen, die nach ihrer Fertigstellung 1627 jahrzehntelang in Gebrauch waren.

Die Gravitationstheorie von Isaac Newton, wie sie in den *Principia* zusammengefaßt ist, rückte später das Prinzip von Ursache und Wirkung in aller Deutlichkeit ins Bild und gab dadurch der Beschreibung und der Erklärung der Mondbewegung eine völlig neue mathematische Grundlage. In Newtons Modell wurde aus dem Vielfachkarussell des Ptolemäus ein verzwicktes Tauziehen zwischen Erde, Mond und Sonne, die alle drei einander mit Kräften anziehen, die nur durch ihre Massen und Entfernungen bestimmt sind. Die komplizierten, periodischen Unregelmäßigkeiten, die Ptolemäus und Brahe erkannt hatten, ließen sich jetzt den störenden Einflüssen der Sonne auf die etwa elliptische Mondbahn um die Erde zuschreiben.

Es überstieg jedoch selbst Newtons Fähigkeiten, diese Effekte so genau zu berechnen, daß sie der Beobachtung bis auf wenige Bogenminuten entsprachen. In seiner Unzufriedenheit mit seinem ersten Versuch, die Theorie des Mondes in den *Principia* zu behandeln, kehrte er vom Sommer 1694 an fast ein Jahr lang immer wieder zu diesem Problem zurück. Die große Komplexität des mathematischen Problems und seine ständigen, frustrierenden Bemühungen, von John Flamsteed, dem Königlichen Astronomen, die Daten der Mondbeobachtungen des Greenwich-Observatoriums zu erhalten, forderten ihren Preis. Newton erinnerte sich später bitter, daß «sein Kopf niemals wehtat, außer bei seinen Mondstudien». Nach fast einem Jahr angestrengter Arbeit unterschieden sich die mit seiner verbesserten Theorie berechneten Werte immer noch um bis zu zehn Bogensekunden von den beobachteten Mondpositionen.

Newton betrachtete seine Arbeit über die lunare Theorie als großen Fehlschlag. Dieser letzte Einsatz konzentrierter Denkarbeit markierte das Ende seiner wissenschaftlichen Kreativität. Newton widmete die restlichen 34 Jahre seines Lebens Verwaltungsaufgaben, wenn er sich auch auf Kosten seiner offiziellen Pflichten manchmal die Zeit nahm, Ergebnisse früherer wissenschaftlicher und mathematischer Vorhaben zu überarbeiten. Im Jahre 1702 stimmte Newton einer Veröffentlichung seiner Mondtheorie zu. In dieser Ausgabe erläutert er dem Leser das Problem:

«Die Unregelmäßigkeit der Mondbewegung ist schon immer zu recht von Astronomen beklagt worden; und ich habe es in der Tat immer als großes Unglück angesehen, daß ein uns so naher Planet wie der Mond, der uns durch seine Bewegung wie auch durch das Licht und die Anziehung (durch die unsere Gezeiten vor allem hervorgerufen werden) so wundervoll nützlich sein könnte, eine so unfaßbar abweichende Bahn haben sollte, daß man sich auf keine Berechnung einer Ellipse, eines Durchgangs oder einer Konjunktion zweier Himmelskörper verlassen kann, und wenn sie noch so genau angestellt wurde. Wenn sich sein Ort jedoch genau berechnen ließe, könnten wir die Längengrade von Orten überall zu Lande mit großer Leichtigkeit finden und sie auf See ohne Hilfe eines Fernrohrs, das dort nicht benutzt werden kann, gut abschätzen.»

Wie Newton und andere Mathematiker und Astronomen, die seinen Spuren folgten, zu ihrem Kummer feststellten, machte die von der Sonne ausgehende Störung einen wesentlichen Teil der Gesamtkraft aus, die auf den Mond wirkt; deshalb kann eine einfache Störungstheorie die Bewegung des Mondes nicht vollständig erklären. Gleichzeitig lassen sich diese kleinen Verschiebungen leicht beobachten, weil der Mond so nah ist. Oft haben rivalisierende Mathematiker Probleme der Himmelsmechanik mit unterschiedlichen Methoden zu lösen versucht. Immer wenn die Infinitesimalrechnung verbessert und erweitert wurde, konnten neue Probleme in Angriff genommen werden, die sich zuvor einer Lösung widersetzt hatten. In einem Wettstreit, der ebenso von menschlichen Schwächen wie von der Suche nach wissenschaftlicher oder philosophischer Wahrheit bestimmt war, bemühten sich die Spitzenmathematiker des achtzehnten Jahrhunderts um die Lösung der Grundprobleme der Himmelsmechanik. Bücher, Aufsätze, Briefe und Vorträge bei Sitzungen der wissenschaftlichen Akademien in Europa – besonders in London, Paris und Berlin – strotzten von Behauptungen und Gegendarstellungen. Die Hoffnung auf Ruhm, Einfluß, Ansehen und gelegentlich finanzielle Entschädigung heizte bittere Auseinandersetzungen über die Stärken und Schwächen rivalisierender Systeme an. Weil nur eine lange Reihe genauer Beobachtungen solche Fragen klären konnte, schwelten solche Streitereien über Jahrzehnte.

Mangels fertiger Formeln waren abenteuerlustige Theoretiker im achtzehnten Jahrhundert gezwungen, neue Pfade in eine großenteils unerforschte mathematische Wildnis zu schlagen. Besonders bei lunaren Berechnungen war es leicht möglich, den Weg zu verlieren oder auf einen Umweg zu geraten, der viel Zeit forderte, aber wenig Erleuchtung brachte. Die Wahl des geeigneten Weges entwickelte sich zu einer großen Kunst, die von einer ausgewählten Gruppe von Forschern ausgeübt wurde.

Ein Verfahren bestand darin, aus der physikalischen Theorie ohne weitere Berücksichtigung von Beobachtungsdaten Beziehungen herzuleiten, die die für den Mond typischen Phasen oder Zyklen zahlenmäßig verknüpften. Wie Newton in den *Principia* bemerkte, konnte er mittels bestimmter Näherungen einen einfachen algebraischen Ausdruck herleiten, der eine Beziehung zwischen den folgenden vier Größen herstellte, die zweitausend Jahre zuvor von Hipparch definiert worden waren:

Das siderische Jahr, 365,257 Tage lang, ist die Zeit, die die Sonne braucht, um ihre jährliche Bewegung über den Himmel von einer bestimmten Position relativ zu den Fixsternen bis zum gleichen Ort zu vollenden.

Der siderische Monat, 27,32166 Tage lang, ist die Zeit, die der Mond braucht, um von einer bestimmten Stellung relativ zu den Sternen wieder zur gleichen Stellung zu gelangen. Der synodische Monat mit einer Länge von 29,53059 Tagen entspricht einer zusammengesetzten Bewegung, die durch das siderische Jahr in Verbindung mit dem siderischen Monat gemessen wird.

Der anomale Monat, der 27,55455 Tage umfaßt, ist die Zeit, die der Mond braucht, um seine «Anomalie» oder den Zyklus der Beschleunigung und Verlangsamung zwischen einem erdnächsten Punkt und dem nächsten zu vollenden.

Der drakonische (nach dem den Mond verzehrenden Drachen benannt, der Finsternisse bewirkt) oder tropische Monat umfaßt 27,21222 Tage und ist die Zeit, die der Mond braucht, um sich von einem aufsteigenden oder absteigenden Knoten zum nächsten zu bewegen.

Newtons Formel gibt, als Verhältnis des siderischen Monats zum siderischen Jahr ausgedrückt, den Bruchteil an, um den der drakonische Monat kürzer ist als der siderische Monat. Aus ihr folgt der Zyklus von 18,6 Jahren für die Umlaufzeit der Knoten. Sie gibt nach Newton auch den Bruchteil an, um den der anomale Monat länger ist als der siderische. Diese aufsehenerregenden Ergebnisse, die ausschließlich theoretisch hergeleitet wurden, enthalten auf wunderbar kompakte Weise eine wesentliche Einsicht in die Struktur des Sonnensystems, denn sie erklären, warum die Mondbewegung bestimmte, wohldefinierte Rhythmen hat.

Die Einfachheit der Formel bietet keine uneingeschränkte Freude, denn der zweite Teil, der sich auf die Bewegung des Perigäums – des erdnächsten Punktes des Mondes – bezieht, ergibt für die anomale Periode etwa den doppelten Wert wie die Beobachtung. Neuere Untersuchungen der unveröffentlichten Arbeiten Newtons zeigen, daß er sich das Problem tatsächlich ein zweites Mal vornahm und dann die richtige Periode für die anomale Bewegung erhielt. Anscheinend war ihm die Unstimmigkeit der ersten Antwort selbst aufgefallen; er hat daraufhin seine Daten überarbeitet, um das gewünschte Ergebnis zu erhalten. Das theoretische Problem blieb jedoch ungelöst. In den folgenden Jahren bemühten sich die Mathematiker, Newtons fehlerhaftes Ergebnis zu verbessern, und die englische Regierung und mehrere wissenschaftliche Gesellschaften in Europa setzten Preise für eine Berechnung aus, die die inzwischen berühmte Unstimmigkeit beseitigen würde.

Zu denen, die dieses Problem reizte, gehörten die renommierten Mathematiker Alexis Claude Clairaut, Jean Le Rond d'Alembert und

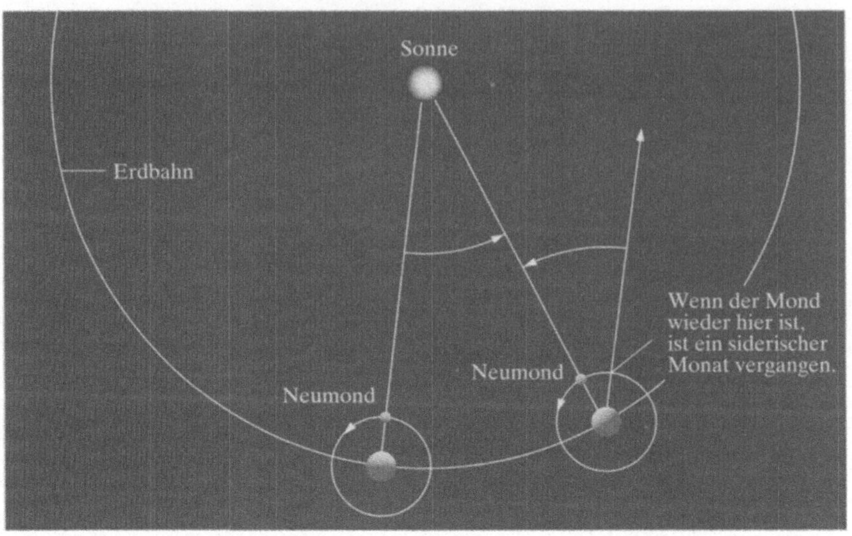

Der siderische Monat bezeichnet den Zeitraum, in dem der Mond die Erde in bezug auf die Hintergrundsterne einmal vollständig umläuft. Da die Erde sich jedoch auf ihrer Bahn um die Sonne weiter bewegt, muß der Mond etwas mehr als 360° zurücklegen, um von einem Neumond zum nächsten zu gelangen. Deshalb ist der auf die Mondphasen bezogene synodische Monat etwas länger als der siderische.

Leonhard Euler. Wo hatte Newton sich geirrt? Anfangs hatten alle drei unabhängig voneinander gefolgert, Newtons Gravitationsgesetz könne die Bewegung des Perigäums (oder Apogäums) der Mondbahn nicht zufriedenstellend erklären. In einem vom 30. September 1747 datierten Brief schrieb Euler an Clairaut: «Ich kann mehrere Beweise dafür geben, daß die Kräfte, die auf den Mond wirken, Newtons Regeln nicht genau gehorchen, und der, den Sie von der Bewegung des Apogäums herleiten, ist der auffallendste, und das habe ich in meiner Mondtheorie klar herausgestellt. ... Da sich die Fehler nicht der Beobachtung zuschreiben lassen, zweifle ich nicht daran, daß eine gewisse Störung der Kräfte, die in der Theorie angenommen werden sollten, der Grund ist.»

Clairaut kannte Eulers Meinung. Zweifellos hatte sie ihm den Mut gegeben, vor der Pariser Akademie der Wissenschaften zuversichtlich zu erklären, seine eigene Arbeit zeige, daß das Gravitationsgesetz mit seiner Abhängigkeit von dem Reziproken des Quadrats der Entfer-

          Was Newton nicht wußte

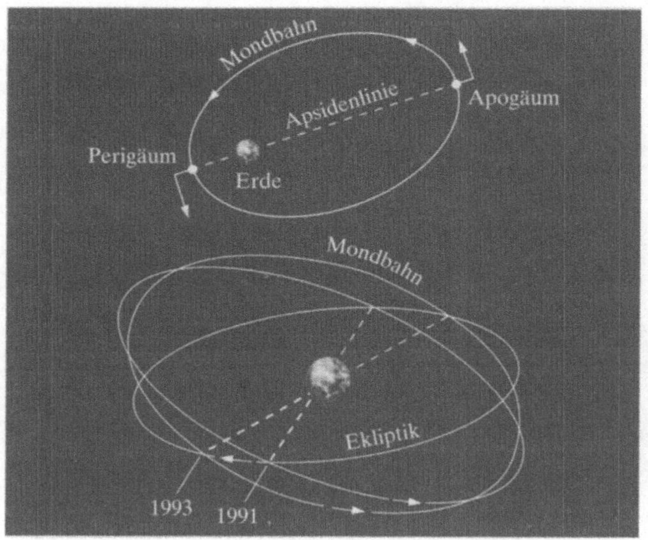

Der Mond läuft auf einer elliptischen Bahn um die Erde. Das
Perigäum ist sein erdnächster Punkt, und das Apogäum sein
erdfernster. Die Gerade, die diese beiden Punkte miteinander
verbindet, heißt Apsidenlinie. Die Gravitationswirkung, die die
Sonne auf den Mond in seiner Bahn um die Erde ausübt,
verschiebt Knoten- und Apsidenlinie allmählich. Die Knotenlinie
bewegt sich langsam nach Westen und benötigt 18,61 Jahre für eine
volle Umdrehung (*unten*). Während sich die Knotenlinie in bezug
auf die Konstellationen nach Westen verschiebt, veranlaßt die
Schwerkraft der Sonne die Apsidenlinie zu einer Verschiebung
nach Osten (*oben*). Die Apsidenlinie vollendet in 8,85 Jahren eine
volle Umdrehung.

nung die Bewegung des Mondes nicht angemessen beschreibt.
D'Alembert, der an demselben Problem arbeitete und ähnliche Ergebnisse erhielt, äußerte sich lediglich in Briefen an Kollegen dazu. Er
schrieb am 16. Juni 1748 mit der für ihn typischen Zurückhaltung:
«Ich plane, im nächsten Jahr und vielleicht zu Beginn des Jahres all
meine Forschungen zu diesen Dingen zu veröffentlichen … aber ich
habe so viel Angst, in bezug auf eine so wichtige Sache Behauptungen
aufzustellen, daß ich es nicht eilig habe, etwas darüber zu veröffentlichen. Außerdem würde es mir sehr leid tun, wenn ich Newton widerlegen müßte.»

Links: Jean Le Rond d'Alembert (1717–1783);
rechts: Alexis Claude Clairaut (1713–1765)
(Smithsonian Institution).

Clairauts Ankündigung vor der Akademie der Wissenschaften war das Signal für den Beginn eines Kampfes um Anerkennung, der von geheimgehaltener Forschung, bösartigen Gerüchten, voreiligen Ankündigungen, unglückseligen Fehlern und öffentlichem Groll erfüllt war. Insbesondere die Beziehung zwischen d'Alembert und Clairaut hatte sich zu erbitterter Rivalität entwickelt, die Jahrzehnte andauerte und schließlich in offene Feindschaft ausartete. Ihre Zusammenstöße wurden oft in den Pariser Salons erörtert; im Lauf der Jahre zogen die leidenschaftlich geführten Debatten in der Akademie trotz ihres schwierigen Inhalts wegen der Gehässigkeit der Streithähne und ihrer Anhänger viele Zuschauer an.

Selbst unter den Gebildeten und Interessierten konnten nur wenige den rein fachlichen Überlegungen folgen. In einer Bemerkung über diese Debatten schrieb Denis Diderot, der große Philosoph und Begründer der Encyclopédie im achtzehnten Jahrhundert: «Die Mathematiker gleichen jenen, die von der Spitze eines hohen Berges hinunterschauen, dessen Gipfel in den Wolken steckt. Die Dinge in der Ebene sind dem Blick verborgen; ihnen bleibt nur das Schauspiel

     Was Newton nicht wußte

ihrer eigenen Gedanken und das Bewußtsein für die Höhe, auf die sie
gestiegen sind und wo vielleicht nicht jeder folgen und [die dünne]
Luft atmen kann.»

Es entbehrt nicht der Ironie, daß d'Alemberts anfängliche Zurückhaltung belohnt wurde, denn Clairaut mußte seine Arbeit zu-
rückziehen und am 17. Mai 1749 bekanntgeben, Newtons Gravitationsgesetz gelte uneingeschränkt. D'Alembert selbst hatte in seinen
Mondtabellen ein falsches Vorzeichen entdeckt, das zu Folgefehlern
geführt hatte. Beide Mathematiker lösten das Problem, mit dem
Newton sich so abgemüht hatte, schließlich mit Hilfe unterschiedli-
cher Methoden. Clairaut entdeckte, daß er die Newtonsche Theorie
mit der Beobachtung in Übereinstimmung bringen konnte, wenn er
Terme aufnahm, die er zuvor nicht beachtet hatte. Man sah Newtons
Formel also jetzt einfach als erstes Glied einer Reihe. Im Fall des
anomalen Zyklus konnte der Beitrag des zweiten Gliedes ein nur auf
dem ersten beruhendes Ergebnis stark abändern.

Während Clairaut und d'Alembert das Problem zu ihrer Zufrie-
denheit gelöst hatten, konnte Euler den Fehler in seiner Mondtheorie
nicht finden. Und weil Clairauts Mitteilungen nicht die Methode
verrieten, mit der er zu seinem Endergebnis gekommen war, hatte
Euler keinen Hinweis darauf, wie er vorgehen sollte. In einem ver-
zweifelten Versuch, Einzelheiten über Clairauts Methode zu erfahren,
veranlaßte er die Akademie von Sankt Petersburg, ihren Preis für das
Jahr 1752 für die beste Arbeit zur Anomalie der Mondbahn auszuset-
zen. Seine Strategie bewährte sich. Clairaut konnte der Versuchung
nicht widerstehen; er sandte eine Arbeit ein, mit deren Hilfe Euler
dann die Fehler in seiner eigenen Arbeit aufdecken konnte. So gelang
es ihm schließlich, seine Theorie in Übereinstimmung mit den Schlüs-
sen Clairauts zu bringen. D'Alembert hatte ebenfalls überlegt, ob er
sich an dem Wettbewerb beteiligen sollte; er vermutete jedoch, Euler
werde seinen beträchtlichen Einfluß auf die Akademie dazu verwenden, Clairaut den Preis zukommen zu lassen, und beschloß, seine
Theorie separat zu veröffentlichen. Schließlich erschien d'Alemberts
Arbeit neun Monate vor der Veröffentlichung von Clairauts Aufsatz
und den zugehörigen Mondtabellen.

In diesem Stadium verschob sich die Kampfstätte auf die Berechnung von Mondtabellen, und hier war d'Alembert im Nachteil. Er war

kein beobachtender Astronom und völlig auf seinen analytischen Ansatz angewiesen; deshalb mußte er sich sehr bemühen, Tabellen aufzustellen, die genau genug waren, um die Positionen des Mondes in späteren Jahren vorhersagen zu können.

Newtons Formeln zur Beschreibung der Mondbewegung

Newton versuchte, einen Ausdruck herzuleiten, der die Bewegung des Mondes durch vier Merkmale beschreibt. In der auf seiner Gravitationstheorie und den Bewegungsgesetzen beruhenden Herleitung verknüpfte er das siderische Jahr ($T_0 = 365,257$ Tage), den siderischen Monat ($T_1 = 27,32166$ Tage), den anomalen Monat ($T_2 = 27,55455$ Tage) und den drakonischen Monat ($T_3 = 27,21222$ Tage). Damit zeigte er, daß man mit

$$m = \frac{T_1}{T_0}$$

die Formeln

$$\frac{T_2}{T_1} - 1 = +3\,\frac{m^2}{4} \quad \text{und} \quad \frac{T_3}{T_1} - 1 = -3\,\frac{m^2}{4}$$

erhält. Die zweite Formel ergibt ungefähr den richtigen Wert, wenn plausible Werte in den Ausdruck eingesetzt werden, die erste jedoch ist um einen Faktor 2 falsch.

Viele Jahre später konnten Clairaut und d'Alembert zeigen, daß Newtons Ausdrücke lediglich die ersten Terme einer sogenannten Potenzreihe in m sind:

$$\frac{T_2}{T_1} - 1 = +3\,\frac{m^2}{4} + 225\,\frac{m^3}{32} + \dots$$

$$\frac{T_3}{T_1} - 1 = -3\,\frac{m^2}{4} + 9\,\frac{m^3}{32} - \dots$$

Im zweiten Fall verändert das Hinzufügen des zweiten Terms die Lösung kaum, während im ersten Fall der zweite Term groß genug ist, um die Summe wesentlich zu beeinflussen.

Clairaut, der mit seinem pragmatischeren Ansatz Theorie und Beobachtungsdaten verknüpfte, tat das Bemühen d'Alemberts als von beschränktem praktischem Wert ab. Er gab zu, daß d'Alemberts mathematische Methoden eleganter waren als seine eigenen und vermutlich besser, griff aber trotzdem ihre rein theoretische Grundlage erbittert an. Clairaut sah sich 1758 genötigt, seinen eigenen Ansatz und die Qualität seiner Mondtabellen zu verteidigen, indem er die Theoretiker, insbesondere d'Alembert, lächerlich machte.

«Um schwierige Experimente oder lange und mühsame Berechnungen zu vermeiden und durch analytische Methoden zu ersetzen, die weniger Schwierigkeiten bereiten, machen sie oft Hypothesen, die in der Natur keinen Platz haben; sie verfolgen Theorien, die mit ihrem

Thema nichts zu tun haben, während ein wenig Beharrlichkeit bei der Ausführung einer einfachen und schlichten Methode sie sicherlich ans Ziel gebracht haben würde.»

In der Tat waren gegen Ende des achtzehnten und zu Beginn des neunzehnten Jahrhunderts die für die Seefahrt und andere praktische Zwecke geeigneten Tabellen die von Tobias Mayer, der die wichtigsten Störungen aus Eulers Mondtheorie mit einer großen Menge von Beobachtungsdaten kombiniert hatte. Indem er Berechnungen auf höchstens 14 Terme beschränkte und Parameter verwendete, die die Theorie anzupassen erlaubten, erhielt er Ergebnisse, die sich um nur 1,5 Bogenminuten von den wirklichen Mondpositionen unterschieden. Diese Ungewißheit lief auf nur wenige Dutzend Kilometer hinaus, also auf relativ unbedeutende Entfernungen, wenn es um Positionen auf hoher See geht.

Für d'Alembert waren solche behelfsmäßigen Tabellen ganz offensichtlich den theoretisch hergeleiteten unterlegen. Er war davon überzeugt, daß es weniger auf Genauigkeit ankam als auf die Verbesserung der mathematischen Methoden. Diese Meinungsverschiedenheit über die Beziehung zwischen Theorie und Praxis verdeutlichte die zunehmende Trennung zwischen experimentellen und theoretischen Wissenschaftlern. Die Distanz hat sich bis heute erhalten, wenn einerseits bei der Berechnung von Tabellen für die Astronomie und die Raumfahrt computerintensive Methoden Verwendung finden und andererseits bei der Untersuchung von langfristigen Einflüssen auf die Bewegung des Mondes die Theorie eine wichtige Rolle spielt.

Aber Vollkommenheit blieb sowohl praktisch als auch theoretisch außerhalb der Möglichkeiten des ganzen achtzehnten und von Teilen des neunzehnten Jahrhunderts. Die Störungstheorie konnte andeuten, wo die Abweichungen lagen, welche Perioden sie hatten und wie sie von der Sonne, den Knoten und dem Perigäum abhingen. Die Berechnung hinreichend genauer Werte der Störungen erwies sich jedoch als unmöglich. Nach lebenslangem Kampf gab Euler schließlich auf. Im Vorwort seiner großen Arbeit zur Theorie des Mondes schrieb er: «So oft ich in diesen vierzig Jahren versucht habe, die Theorie der Bewegung des Mondes aus den Grundlagen der Schwerkraft herzuleiten, haben sich immer so viele Schwierigkeiten ergeben, daß ich gezwungen bin, meine letzten Forschungen abzubrechen. Das Problem reduziert sich auf drei Differentialgleichungen zweiten Grades, die sich nicht nur nicht integrieren lassen, sondern die auch die größten Schwierigkeiten bereiten, wenn es um Näherungen geht, mit denen wir uns hier zufrieden geben müssen; ich sehe deshalb nicht, wie diese Forschung allein mit Hilfe der Theorie vervollständigt oder auch nur einem nützlichen Zweck angepaßt werden könnte.»

Auch spätere Mathematiker, wie Joseph-Louis Lagrange und Pierre Simon de Laplace, widmeten der Mondtheorie viel Zeit. Sie probierten viele verschiedene Strategien aus und formulierten Newtons Gleichungen so, daß andere Variablen betont wurden oder sich auf Erhaltungsgrößen wie Energie und Drehimpuls beschränkten. Dabei entwickelten sie neue mathematische Verfahren, die sich nicht nur in der Himmelsmechanik bewährten, sondern auch in der Physik für Ingenieure, einem Gebiet, das in der Folgezeit bei den großen Konstruktionsvorhaben und mechanischen Erfindungen der industriellen Revolution aufblühte.

Mit Hilfe eines rein theoretischen Ansatzes gelang es Laplace, die Bewegungen des Mondes bis auf weniger als 0,5 Bogenminuten (also 30 Bogensekunden) zu bestimmen. Seine Mondtheorie enthielt Ausdrücke, die von Größen wie der äquatorialen Wölbung der Erde und dem Verhältnis der Entfernungen von Sonne und Mond zur Erde abhingen. Er bemerkte auch eine merkwürdige Störung, die nicht nur von einer Schwankung herrührt, sondern den Mond anscheinend sehr langsam, aber sehr beständig, der Erde näherbringt.

Wie Edmond Halley schon 1693 bemerkt hatte, wies ein Vergleich der zeitgenössischen Beobachtungen von Finsternissen mit jenen, die Jahrhunderte zuvor in arabischen und anderen Quellen verzeichnet worden waren, darauf hin, daß die Rotationsperiode des Mondes und damit sein Bahnradius um etwa 10 Bogensekunden pro Jahrhundert abnahmen. Solche sogenannten säkularen Veränderungen mögen klein erscheinen, über Jahrmillionen jedoch laufen sie auf wesentliche Verschiebungen der Bahn hinaus. Laplace erklärte diese langsamen Verschiebungen 1787 als Auswirkung einer langperiodischen Schwankung in der Exzentrizität der Erdbahn, die von den anderen Planeten bewirkt wurde. Diese kleinen Schwingungen hatten Perioden in der Größenordnung von mehreren Zehntausenden von Jahren. Aber die Erklärung von Laplace war nur zur Hälfte

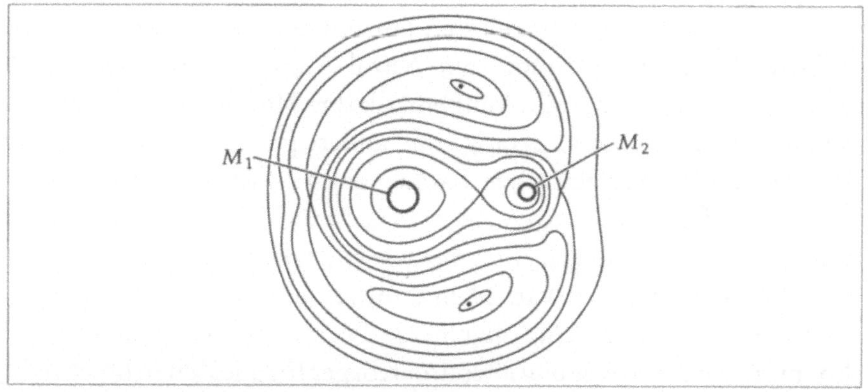

Ende des achtzehnten Jahrhunderts betrachtete Joseph Louis Lagrange einen Sonderfall des Dreikörperproblems, bei dem einer der Körper so klein ist, daß seine Schwerkraft praktisch keine Wirkung auf die beiden anderen, massereicheren Körper hat. Lösungen dieses «eingeschränkten» Dreikörperproblems dienten als Ausgangspunkt zur Untersuchung der Bewegungen des Mondes; außerdem bieten sie eine Möglichkeit, den Kurs eines Raumschiffs von der Erde zum Mond oder den Weg eines Asteroiden zu berechnen, der vor allem durch die Anziehungskraft der Sonne und des Jupiter beeinflußt wird. Diese Zeichnung zeigt eine Möglichkeit, das kombinierte Schwerefeld zweier massereicher Objekte darzustellen. Jede Linie stellte ein Äquipotential dar, entlang der ein kleiner Körper immer dieselbe Gravitationskraft erfährt. Die sich ergebende Umrißkarte zeigt «Hügel» und «Täler» im Schwerefeld. Jeder kleine Körper in diesem Feld erfährt eine Kraft, die ihn «nach unten» zieht. In diesem Beispiel ist die Masse M_1 größer als M_2.

richtig. Selbst nach Berücksichtigung dieses Effekts blieb offenbar ein säkularer Effekt übrig, der aber auf eine Zunahme der Umlaufzeit des Mondes hinwies.

Stets entzog sich der Mond also den einfallsreichen geometrischen und numerischen Fußangeln der Theoretiker. Selbst im neunzehnten Jahrhundert konnten die mathematischen Astronomen mit ihren auf der Newtonschen Mechanik beruhenden umfangreichen Berechnungen nicht mehr erreichen, als die Genauigkeit der Mondperioden zu bestätigen, die griechische und babylonische Astronomen vor über 2000 Jahren zuvor aus den Aufzeichnungen von Finsternissen berechnet hatten. Gleichzeitig zeigten neue Instrumente, die genauere astronomische Messungen ermöglichten, zusätzliche Abweichungen in der Bewegung des Mondes, die nicht in die zeitgenössische Theorie paßten.

Gegen Ende des neunzehnten Jahrhunderts entwickelte George William Hill, ein Astronom am Naval-Almanac-Office der USA, einen Rechentrick, der die Mathematik der Mondtheorie wesentlich vereinfachte. Während Lagrange und andere gewöhnlich mit Ellipsen begannen und diese einfachen Bahnen dann schrittweise abänderten, um den Einfluß eines dritten Körpers zu berücksichtigen, begann Hill mit einer Bahn, die durch eine spezielle einfache Lösung des Dreikörperproblems definiert war. Damit nutzte er die Tatsache, daß die Mathematiker zwar keine allgemeine Formel zur Verfügung stellen konnten, die die Bewegung aller drei Körper für alle Zeiten beschreibt, aber doch genaue Lösungen für Spezialfälle kannten. Hills Ausgangspunkt war eine periodische Bahn, die die Störung durch die Sonne schon berücksichtigte. Er überlagerte ihr dann mathematisch zusätzliche Schwankungen und Verschiebungen, die die Bewegungen des lunaren Perigäums und der Knoten berücksichtigten, um diese große, glatte Bahn der wirklichen Mondbahn besser anzunähern.

Dadurch konnte Hill die zur Berechnung von Mondbahnen und -positionen mit einer bestimmten Genauigkeit nötige Arbeit ganz wesentlich verringern, weil die aufeinanderfolgenden Terme in der algebraischen Reihe seiner Mondtheorie rasch an Bedeutung abnahmen. Er brauchte also nicht allzu viele Terme zu berechnen, um ein annehmbares Ergebnis zu erhalten. Hills Methode bewährte sich nicht nur beim Mond, sondern auch bei allen Dreikörperproblemen, die Planetenmonde oder Sterntripel betrafen. Geeignet abgeändert und von Ernst W. Brown und anderen verbessert, bildete sie die Grundlage für alle späteren Mondbahnberechnungen und half damit auch, die ersten Menschen auf den Mond zu bringen. Obwohl die elektronischen Digitalcomputer in den fünfziger Jahren unseres Jahrhunderts die Berechnungen nicht vereinfachten, wurde die Ermittlung der Bahnen durch sie natürlich viel schneller und bequemer.

In der Entwicklung der Theorie des Mondes trennen Hill und Brown fast 2000 Jahre von Hipparch und Ptolemäus. Newton hatte mit seinen Überlegungen nur teilweise Erfolg, als er die Theorie mit der Beobachtung in Übereinstimmung bringen wollte. Spätere Verbesserungen führten zu seltsamen Berechnungen, die eher verschleierten als enthüllten, warum sich Mond und Planeten so bewegen, wie sie es tun – obwohl die Orte der Himmelskörper immer genauer

     Was Newton nicht wußte

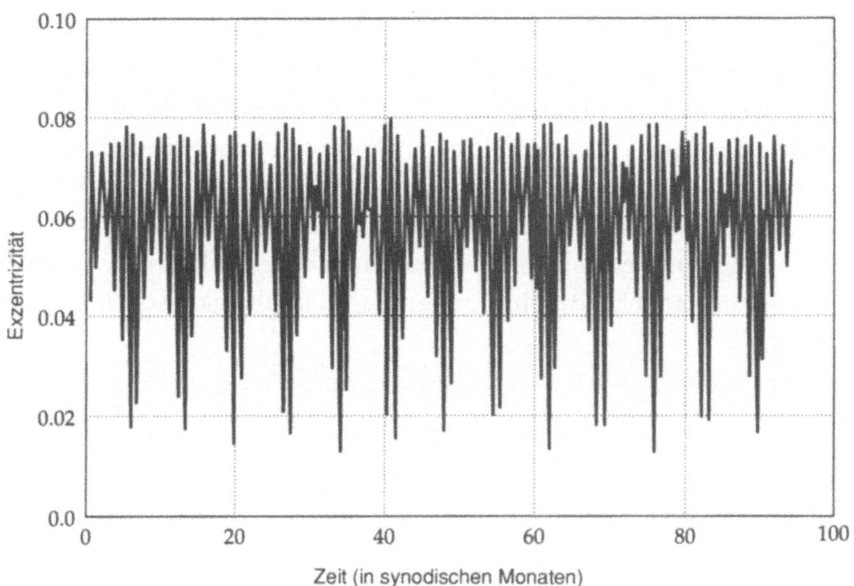

Die Komplexität und die kleinen Unregelmäßigkeiten der Mondbewegung zeigen sich in dieser Abbildung der Exzentrizität der Mondbahn im Lauf der Zeit, die vom Jahr 1980 an in synodischen Monaten gemessen wurde (Nachdruck mit freundlicher Genehmigung von Martin C. Gutzwiller, *Chaos in Classical and Quantum Mechanics*. New York: Springer 1990).

bestimmt wurden. Zwar stellen die Newtonschen Bewegungsgesetze, die der Methode Hills zugrunde liegen, sicher, daß Ursache und Wirkung miteinander verknüpft sind, aber das Verfahren bleibt umständlich und mühselig; es erinnert an das komplizierte Karussell von Kreisbahnen und Epizyklen des Ptolemäus. Das Modell des Ptolemäus bewährte sich überraschend gut, wie sich auch heute komplizierte algebraische Ausdrücke zur Berechnung von Planetenbahnen und Flugbahnen von Raumsonden bewähren. Aber sie setzen oft nur wenig Verständnis der Himmelsdynamik voraus und scheinen eher magisch als wirklich zu sein.

Während Hill sein Verfahren zum Umgang mit Spezialfällen des Dreikörperproblems entwickelte, erarbeitete der französische Mathematiker Henri Poincaré die Grundlagen für eine ganz andere Art, Probleme der Himmelsmechanik in Angriff zu nehmen. Die theoretische Arbeit Poincarés, die erst in der zweiten Hälfte dieses Jahrhunderts voll gewürdigt wurde, zeigt, daß die Gleichungen, die Newtons

Gesetze für drei oder mehr Körper ausdrücken, nicht nur die periodischen und genau vorhersagbaren Lösungen liefern, sondern auch irreguläre und unvorhersagbare. In den Worten von Martin C. Gutzwiller, der einmal mit den Feinheiten der Berechnung der Mondbewegung zu tun hatte und sich jetzt mit dem Chaos in dem noch seltsameren Bereich der Quantenmechanik beschäftigt, ist «die Bewegung des Mondes nur ein leichter Fall einer angeborenen Krankheit», an der die mathematische Beschreibung fast aller physikalischen Systeme leidet.

Kapitel 7
Prophet des Chaos

JOHN MILTON (1608–1674), *Das verlorene Paradies*

Mathematiker sind für die Verlockungen von Wettbewerben und Preisen genauso empfänglich wie die heutigen Unterhaltungskünstler oder Sportler. Jahrhundertelang schon werden für die Lösungen wichtiger mathematischer Probleme ansehnliche Belohnungen ausgesetzt, und seit Newtons Zeit haben Mathematiker eifrig um Ehrungen konkurriert, die von wissenschaftlichen Gesellschaften, Regierungen, Akademien oder Gruppen, die ganz spezielle Interessen verfolgten, angeboten wurden. Solche Preise bargen nicht nur die Anerkennung großer Leistungen, sondern waren auch Selbstbestätigung für zukünftige vielversprechende Hoffnungen. Junge Gelehrte bemühten sich deshalb darum, auf wissenschaftliche Institutionen Eindruck zu machen; ehrwürdige Koryphäen dagegen wollten gern den wissenschaftlichen *status quo* erhalten. Oft waren diese Wettbewerbe auch höchst politisch und führten zu internationalen Auseinandersetzungen, bitteren persönlichen Fehden und starken Rivalitäten.

Als Gösta Mittag-Leffler, Mathematikprofessor an der damals noch aufstrebenden Gelehrtenschule, die schließlich zur Universität Stockholm wurde, aus Anlaß des sechzigsten Geburtstags von Oskar II., König von Schweden und Norwegen, einen Wettbewerb anregte, erwartete er zweifellos, daß die Preisverleihung am 21. Januar

1889 von einigen Intrigen begleitet sein würde. Er konnte jedoch unmöglich den Skandal und das gewaltige, völlig neuartige mathematische Werk erahnen, zu dem der wissenschaftliche Streit führen sollte: genaugenommen zu der Geburt des Forschungsbereichs, den wir heute dynamisches Chaos nennen.

Für diesen Wettbewerb wurden Mathematiker aufgefordert, eine auf eigenen Forschungen beruhende Arbeit zu einer von vier Aufgaben zu verfassen. Diese waren vor allem von Karl Weierstraß formuliert worden, der an der Berliner Universität Mittag-Lefflers Lehrer gewesen war; sie betrafen eine Reihe brennender Fragen der aktuellen mathematischen Forschung.

Weierstraß war damals eine der bedeutendsten Gestalten der Mathematik. Ihm kam es auf klares Denken und auf die systematische Entwicklung mathematischer Begriffe an. Dadurch übte er einen wesentlichen Einfluß auf ein Gebiet aus, in dem man bemüht war, sich von der gegenständlichen Welt zu befreien und zu neuen, strengeren Definitionen sowie stärkerer Abstraktion zu gelangen. Seine meisterhaften Vorlesungen zogen scharenweise Mathematiker und Studenten aus der ganzen Welt nach Berlin. Weierstraß, ein methodischer und sorgfältiger Denker, veröffentlichte seine Ergebnisse nur widerwillig und nach ausgedehnter und gründlicher Überarbeitung. Er mißtraute der Intuition und war immer erfreut, wenn er Fehler in vorgeblichen Beweisen anderer fand. Es überrascht nicht, daß die vielen Gegner seiner spitzen Bemerkungen und Kritiken ihn als unerträglich arrogant beschrieben.

Eine der von Weierstraß für den Wettbewerb gestellten Aufgaben betraf die Himmelsmechanik. Sie ging auf eine anscheinend harmlose, aber anregende Bemerkung zurück, die Peter Gustav Lejeune Dirichlet, ein angesehener Mathematiker an der Universität Göttingen, fast 30 Jahre zuvor gemacht hatte. Dirichlet hatte nämlich 1858 zu seinem Schüler Leopold Kronecker gesagt, er habe eine neue Methode entdeckt, gewisse Differentialgleichungen zu lösen; zudem hatte er angedeutet, er könne durch Anwendung dieser Methode auf die Gleichungen der Himmelsmechanik streng beweisen, daß das Sonnensystem, wie es durch diese Gleichungen beschrieben wird, stabil ist.

Mathematisch gesehen, hängt die Stabilität des Sonnensystems von der Art der Lösungen der Differentialgleichungen ab, mit denen

Links: Gösta Mittag-Leffler (1846–1927);
rechts: Karl Weierstraß (1815–1897)
(mit freundlicher Genehmigung des Mittag-Leffler-Instituts).

die Planetenbewegungen beschrieben werden. Wenn Astronomen oder Mathematiker diese Lösungen als Reihen angaben – also als Summe unendlich vieler algebraischer Ausdrücke –, gingen sie davon aus, daß sie vernünftige Näherungen für das Verhalten der Planeten erhielten, wenn sie nur einige wenige Terme dieser Reihen berechneten. Sie nahmen also an, die übrigen Terme hätten auf das Endergebnis nur wenig Einfluß.

Ob ein solches Verfahren zulässig ist, hängt von der Art der jeweiligen Reihe ab. Wie die Mathematiker wissen, sind manche Reihen konvergent; eine schrittweise Summierung ihrer Terme führt zu Ergebnissen, die einem einzigen, wohldefinierten Wert zustreben. Andere Reihen divergieren; bei ihnen ergibt die Berücksichtigung weiterer Terme immer größere Summen, die sich niemals einem endlichen Wert nähern.

Es war jedoch nicht klar, zu welcher Kategorie die Reihen gehören, die sich in der Himmelsmechanik aus der Anwendung der Störungstheorie ergeben – Reihen nämlich, wie sie Charles Delaunay in seiner Mondtheorie entwickelt hatte (siehe Kapitel 9). Wenn sich die Konvergenz dieser Reihen beweisen ließe, wäre damit die Stabilität des von ihnen beschriebenen Sonnensystems bewiesen. Dies würde die Frage

Unendliche Reihen

Unendliche Reihen spielen in der Mathematik und ihren Anwendungen in der Naturwissenschaft einschließlich der Himmelsmechanik eine große Rolle. Die folgende Reihe von Brüchen ist ein Beispiel für eine unendliche Reihe:

$$1 + \frac{1}{2} + \frac{1}{3} + \frac{1}{4} + \frac{1}{5} + \ldots$$

Die Teilsummen einiger Reihen werden offensichtlich immer größer, wenn man immer mehr Terme berücksichtigt. Man betrachte zum Beispiel diese Reihe:

$$1 + 2 + 4 + 8 + 16 + \ldots$$

Die Teilsummen 1, 1 + 2, 1 + 2 + 4, … werden immer größer. Sie streben keinem endlichen Grenzwert zu, die Reihe divergiert also. Auch die Reihe im ersten Beispiel divergiert, aber viel langsamer als die zweite. Man würde ein solches Ergebnis anfangs gar nicht erwarten, wenn man Brüche addiert, die immer kleiner werden, aber die Bruchteile erweisen sich als groß genug, um die Reihe divergieren zu lassen.

Andererseits gibt es auch unendliche Reihen, die auf einen bestimmten Wert hin konvergieren. Wenn der unendlichen Reihe

$$1 - \frac{1}{3} + \frac{1}{5} - \frac{1}{7} + \ldots$$

beliebig viele weitere Terme zugefügt werden, nähert sich ihre Summe immer näher der Zahl

$$\frac{\pi}{4}.$$

Wenn man eine Million Summanden addiert und das Ergebnis mit 4 multipliziert, erhält man das Ergebnis π = 3,1415937, das in den ersten fünf Dezimalstellen richtig ist. Man müßte mehr Terme berechnen, wenn man einen noch besseren Wert für π erhalten wollte. In vielen Fällen läßt sich ohne einen mathematischen Beweis schwer sagen, ob eine vorliegende unendliche Reihe divergiert oder konvergiert.

Wenn die Glieder einer unendlichen Reihe ansteigende Potenzen einer Veränderlichen x enthalten, spricht man von einer Potenzreihe:

$$x - \frac{1}{2} x^2 + \frac{1}{3} x^3 - \frac{1}{4} x^4 \ldots$$

Isaac Newton gehörte zu den ersten, die erkannten, daß sich viele mathematische Beziehungen mit unendlichen Reihen ausdrücken lassen; er setzte sie geradezu genial zur Lösung mathematischer und wissenschaftlicher Probleme ein. Solche Ausdrücke spielten auch eine große Rolle bei seiner Entwicklung der sogenannten Infinitesimalrechnung.

In der Himmelsmechanik führen Näherungslösungen der entsprechenden Bewegungsgleichungen auf unendliche Reihen, die mit Hilfe solcher Variablen wie der Exzentrizität einer Bahn oder anderer Bahnparameter ausgedrückt werden. Mathematische Astronomen bewerten solche Ausdrücke danach, wie viele Terme sie berücksichtigen müssen, um Vorhersagen mit einer bestimmten Genauigkeit zu erhalten. In einigen Fällen haben sie jedoch keinen Beweis dafür, daß die angesetzten Reihen konvergieren.

    Was Newton nicht wußte

beantworten, ob Planeten immer dieselben grundlegenden Bewegungen ausführen oder ob ihre Bahnen sich radikal ändern können. Es war zum Beispiel denkbar, daß selbst die relativ schwachen Kräfte zwischen den Planeten über einen hinreichend langen Zeitraum Planetenbahnen verschieben und die Anordnung des Sonnensystems vollständig verändern könnten. Aber es war keine einfache Aufgabe, aus den Differentialgleichungen, mit deren Hilfe man seit Newtons Zeit die Bewegungen der Himmelskörper erklärte, jene Wechselwirkungen herauszuschälen, die sich langsam, aber stetig addierten, bis sie die Form der etwa elliptischen Bahnen festgelegt hatten.

Dirichlet starb ein Jahr nach seiner aufregenden Andeutung, ohne einen schriftlichen Hinweis auf seine angebliche Entdeckung zu hinterlassen. Aber Kronecker gab Dirichlets provozierende Bemerkung weiter. Dessen Beweise waren wegen ihrer sprühenden Eleganz und kristallklaren Strenge berühmt; deshalb wurde seine Bemerkung sehr ernst genommen. Unter anderen hatte Weierstraß beträchtliche Mühe darauf verwandt, den verlorenen Schatz wieder zu heben, aber alle Versuche waren ergebnislos geblieben.

Weierstraß schlug deshalb als eine der Preisfragen genau die vor, von der er meinte, Dirichlet habe sie gelöst: «Es sollen für ein beliebiges System materieller Punkte, die einander nach dem Newtonschen Gesetze anziehen, unter der Annahme, daß niemals ein Zusammentreffen zweier Punkte stattfindet, die Coordinaten jedes einzelnen Punktes in unendliche, aus bekannten Funktionen der Zeit zusammengesetzte und für einen Zeitraum von unbegrenzter Dauer gleichmäßig convergirende Reihen entwickelt werden.» Er behauptete dann rundheraus, es müsse nach seiner Überzeugung eine einfache Lösung geben. «Daß die Lösung dieser Aufgabe, durch deren Erledigung unsere Einsicht in den Bau des Weltsystems auf das wesentlichste würde gefördert werden, nicht nur möglich, sondern auch mit den gegenwärtig zu Gebote stehenden analytischen Hülfsmitteln erreichbar sei, dafür spricht die Versicherung Lejeune-Dirichlet's … Leider ist uns von dieser Untersuchung … nichts erhalten geblieben … es darf also als gewiß angenommen werden, daß sie nicht in schwierigen und verwickelten Rechnungen bestanden haben, sondern in der Durchführung eines einfachen Grundgedankens, den wiederaufzufinden ernster und beharrlicher Forschung wohl gelingen möge.»

Prophet des Chaos   171

In seiner reinen mathematischen Form betraf das Problem ein wichtiges Thema der theoretischen Himmelsmechanik. Es symbolisierte auch die im neunzehnten Jahrhundert immer deutlicher werdende Spaltung zwischen der angewandten Mathematik, die sich mit der Lösung praktischer Probleme beschäftigte, und der um ihrer selbst willen betriebenen reinen Mathematik. Die ferne Zukunft eines idealen wie auch immer besetzten Sonnensystems, das Planeten auf eigenschaftslose, sich im abstrakten dreidimensionalen Raum bewegende Punkte reduzierte, interessierte jene wenig, die nautische Almanache berechneten oder benutzten. Sie wünschten sich eine genaue Vorhersage der Position des Jupiter an einem bestimmten Datum oder des genauen Zeitpunkts der nächsten Mondfinsternis. Im Gegensatz dazu hatten die Theoretiker, die nach unerwarteten mathematischen Feinheiten suchten, absolut kein Interesse daran, die Position des Mondes auf 20 Dezimalstellen genau zu berechnen, wohl aber daran, wie das mathematische Handwerkszeug eigentlich funktionierte, das zu solch zutreffenden Vorhersagen führte.

Die Zusammenstellung einer Jury angesehener Mathematiker, die die zu erwartenden Arbeiten beurteilen sollte, brachte ihre eigenen Schwierigkeiten mit sich. Mittag-Leffler wollte das Ansehen des Preises gewährleisten, indem er das bestmögliche internationale Schiedsgericht zusammenstellte. Aber niemand konnte sich vorstellen, daß eine Gruppe aus so führenden Mathematikern wie Weierstraß, Arthur Cayley aus Cambridge, Charles Hermite aus Frankreich und Pafnuty Tschebyschew aus Rußland sich je über die Vorzüge einer eingereichten Arbeit würden einigen können. Vielmehr hätte wohl jede dieser alternden Berühmtheiten Einwände gegen die Zusammenarbeit mit diesen Kollegen erhoben und sich wahrscheinlich geweigert, einer Jury anzugehören, zu der einer der anderen drei gehörte. Weierstraß selbst sorgte sich, ob man Übereinstimmung erreichen könne, wenn die Mitglieder der Jury nicht von Angesicht zu Angesicht zusammenträfen, sondern sich der Post bedienen müßten, um einander ihre Meinungen mitzuteilen.

Als die Monate vergingen und der Geburtstag von König Oskar sich näherte, wurde die Kontroverse über die Zusammensetzung der Jury heftiger. Im Frühjahr 1885 hatte sich Kronecker, damals in Berlin ein Kollege von Weierstraß, in die Auseinandersetzungen eingeschal-

tet. Er war beleidigt, weil Weierstraß um die Formulierung der vier
Preisfragen gebeten worden war und Weierstraß noch dazu eine Frage
gewählt hatte, in der es um algebraische Beziehungen ging, für die sich
Kronecker selbst für den größten, wenn nicht gar einzigen Experten
hielt. Kronecker suchte deshalb nach Möglichkeiten, sich an seinem
Rivalen zu rächen. Er schrieb einen wütenden Brief an Mittag-Leffler,
in dem er drohte, den König darüber zu informieren, daß er schon vor
langer Zeit die Unmöglichkeit bewiesen habe, die gestellte Aufgabe
zu lösen.

Mittag-Leffler versuchte, die Wogen zu glätten. Er wollte Kronecker versöhnen, indem er erklärte, er habe Weierstraß einfach nur
aufgrund seines hohen Alters eine Ehre erweisen wollen. Als Weierstraß, der gerade seinen siebzigsten Geburtstag feiern sollte, davon
erfuhr, war er seinerseits beleidigt. Trotz der verletzten Egos und der
bösen Gefühle wurde das Vorhaben dennoch weiterverfolgt, und
Kroneckers Intrigen führten schließlich dazu, daß die Jury aus ihm
selbst, Weierstraß und Mittag-Leffler bestand. Die vier von Weierstraß formulierten Aufgaben blieben unverändert.

Die Ankündigung des Wettbewerbs fand viel Beachtung; der
ansehnliche Preis, der aus einer Goldmedaille und der fürstlichen
Summe von 2500 Kronen bestand, erregte weithin Aufmerksamkeit.
Unter den zahlreichen eingereichten Arbeiten war auch ein längerer
Beitrag von Jules Henri Poincaré, der nur wenige Jahre zuvor im Alter
von 27 Jahren Professor an der angesehenen Universität von Paris
geworden war. Der bärtige, bebrillte und zerstreute Mann entsprach
schon damals dem Stereotyp eines Mathematikprofessors.

Poincaré hatte ein unglaublich gutes Gedächtnis und arbeitete
stark intuitiv; oft löste er ein Problem im Kopf, während er ruhelos in
seiner Wohnung auf und ab ging. Erst wenn er eine Frage in Gedanken
beantwortete hatte, legte er das Ergebnis schriftlich nieder. Diese
Aufzeichnungen waren fast immer hastig zusammengestellt, denn
Poincaré lehnte es ab, seine Ausführungen nachzuvollziehen, um
Lücken zu füllen oder seine mathematischen Überlegungen zu ord-
nen. Er überließ diese Arbeit lieber anderen und gab sich damit
zufrieden, die entscheidenden Hindernisse überwunden und einen
groben Pfad gebahnt zu haben. Dann stürzte er sich Hals über Kopf
in das nächste Dickicht.

Poincaré hatte von Anfang an eine ganz eigenartige Einstellung zur Mathematik. Er war 1875 im Alter von 21 Jahren an eine Bergbauschule gegangen, um Ingenieur zu werden, hatte aber fast seine gesamte Freizeit damit verbracht, einen neuen Lösungsansatz für Differentialgleichungen zu entwickeln. Diese Forschungen erwiesen sich als so fruchtbar, daß er seine Ergebnisse drei Jahre später der Sorbonne als Doktorarbeit vorlegen konnte. Sein Doktorvater Gaston Darboux erinnerte sich: «Auf den ersten Blick war mir klar, daß diese Theorie ungewöhnlich war und volle Anerkennung verdiente. Jedenfalls enthielt sie genügend Angaben, um Stoff für mehrere gute Arbeiten zu bieten. Doch darf ich mich, falls eine genaue Beurteilung von Poincarés Arbeitsweise gewünscht wird, auch nicht scheuen zu sagen, daß etliche Punkte der Berichtigung oder Aufklärung bedurften. ... Poincaré führte durchaus bereitwillig die mir nötig erscheinenden Korrekturen und Erläuterungen ein; aber als ich ihn darum ersuchte, erklärte er mir, er habe schon viele neue Ideen im Kopf. Er beschäftigte sich schon damals mit einigen der großen Probleme, deren Lösungen er uns später liefern sollte.»

Wie in Kapitel 4 beschrieben, stellen Differentialgleichungen die Wirklichkeit als ein Kontinuum dar, das sich von einem Augenblick zum nächsten stetig verändert. Im wesentlichen stellen diese Gleichungen die Beziehungen dar, die zwischen den Werten solcher Veränderlicher wie Ort und Geschwindigkeit in einem verschwindend kurzen Zeitintervall genau vor und nach einem gegebenen Augenblick herrschen. Poincaré sagte dazu: «Statt die fortlaufende Entwicklung eines Phänomens in ihrer Gesamtheit zu betrachten, versucht man einfach, einen Augenblick mit dem unmittelbar vorausgehenden in Beziehung zu setzen; man nimmt an, daß der tatsächliche Zustand der Welt nur von der allerjüngsten Vergangenheit abhängt, sozusagen ohne von der fernen Vergangenheit direkt beeinflußt zu sein. Dank dieses Postulats braucht man das Problem nicht in seiner Gesamtheit zu betrachten, sondern kann sich darauf beschränken, seine ‹Differentialgleichung› aufzustellen.»

Es blieb das Problem, diese infinitesimalen Segmente zusammenzufügen oder zu integrieren, um aus den behaupteten Beziehungen den Verlauf eines Vorgangs von einem vorgegebenen Anfangszustand bis zu seinem Endzustand herzuleiten. Häufig erwies sich die Lösung

Henri Poincaré (1854–1912) (American Institute of Physics).

oder Integration dieser Gleichungen als schwierig oder sogar unmöglich, und die Praktiker in der Kunst der Infinitesimalrechnung neigten dazu, sich auf die wenigen Gleichungen zu konzentrieren, die sich am besten behandeln ließen. Diese Praktiker – Mathematiker, Naturwissenschaftler und Ingenieure – betrachteten gewöhnlich Spezialfälle, also nur einen Ausschnitt aller Möglichkeiten.

Im Gegensatz dazu wollte Poincaré gern den gesamten Bereich der Möglichkeiten auf einmal überblicken. Unter dem Einfluß der Arbeit von George Hill zum Dreikörperproblem und zur Mondtheorie (die im vorigen Kapitel erwähnt wurde) wollte Poincaré die Allgemeingültigkeit der Annahme überprüfen, daß sich die numerischen Ergebnisse dann, wenn ein Parameter in einer Differentialgleichung nur geringfügig verändert wird, nur wenig unterscheiden. Er vermutete also, daß eine kleine Veränderung eines Parameters nie zu einer wesentlichen Veränderung des Gesamtverhaltens führt, und hoffte zudem, sein einzigartiger Ansatz könne schließlich auch bestimmte Probleme der Himmelsmechanik erhellen.

In der Einleitung zu einer Sammlung seiner frühen Arbeiten zu Differentialgleichungen bemerkte Poincaré: «Könnte man nicht fragen, ob einer der Körper immer in einem bestimmten Bereich des Himmels bleibt, oder ob er sich nicht auch genausogut immer weiter entfernen könnte? Ob die Entfernung zwischen Körpern in unendlich ferner Zukunft zunimmt oder abnimmt oder ob sie auf immer zwischen Grenzen eingeschlossen ist? Könnte man nicht Tausende solcher Fragen stellen, die sich alle lösen ließen, wenn man nur wüßte, wie sich die Bahnen von drei Körpern qualitativ konstruieren lassen?»

Poincarés Verfahren ähnelt dem eines Befehlshabers, der sich vorsichtig auf unbekanntes Gebiet wagt und Kundschafter ausschickt, die das Land entlang bestimmter Routen erforschen sollen. Poincaré erkundete bei seinen Streifzügen ein sonderbares, vieldimensionales Gebilde, den sogenannten Phasenraum, der als Hintergrund für die geometrischen Formen und Flüsse dient, die die Gesamtheit der Lösungen von Differentialgleichungen darstellen. Der Begriff des Phasenraums entstand zunächst in einer höchst fruchtbaren Neuformulierung der Newtonschen Mechanik durch den irischen Mathematiker William Rowan Hamilton. Roger Penrose bemerkt dazu in seinem Buch *Computerdenken*, einer provozierenden Kritik der künstlichen Intelligenz: «Die Form der Hamiltonschen Gleichungen erlaubt uns, die Entwicklung eines klassischen Systems auf eine äußerst durchgreifende und allgemeine Weise zu ‹veranschaulichen›.»

Bevor Hamilton dieses Gleichungssystem einführte, beschäftigte sich die Mechanik vor allem mit den Positionen von Teilchen, und die Geschwindigkeit war nur das Verhältnis zwischen der Ortsänderung und der für sie benötigten Zeit. Hamiltons Formulierung verschob den Blickpunkt von den Geschwindigkeiten zu den Impulsen der Teilchen (der Impuls eines Teilchens ist das Produkt aus seiner Masse und seiner Geschwindigkeit). Diese einfache Veränderung hatte einen wesentlichen Einfluß auf die Lösung von Problemen der Mechanik. Weil Ort und Impuls voneinander unabhängige Größen sind und als

mehr oder weniger gleichberechtigt betrachtet werden können, lassen
sich zwei miteinander gekoppelte Systeme von Differentialgleichungen verwenden, von denen das eine beschreibt, wie sich die Impulse
von Teilchen im Lauf der Zeit verändern, und das andere, wie sich ihre
Orte verhalten. All diese Gleichungen lassen sich aus der sogenannten
Hamilton-Funktion herleiten, einem Ausdruck, der die Gesamtenergie eines Systems in Abhängigkeit von allen Orts- und Impulsvaria-
blen angibt. Penrose sagt: «Hamiltons Formulierung liefert eine sehr
elegante und symmetrische Beschreibung der Mechanik.»

In dieser Beschreibung hat jedes Teilchen, aus dem ein physikalisches System besteht, drei Impuls- und drei Ortskoordinaten, je eine
für die drei unabhängigen Raumrichtungen. Es sind also sechs Zahlen
oder Koordinaten nötig, um den «Zustand» eines einzelnen Teilchens
in einem gegebenen Augenblick festzulegen, und zwölf Koordinaten,
um die Zustände von zwei Teilchen festzulegen und so weiter. Man
kann sich dann einen abstrakten «Raum» mit sehr vielen Dimensionen
vorstellen, in dem jede Dimension einer Koordinate entspricht, die ein
physikalisches System mit einer bestimmten Anzahl von Teilchen
beschreibt.

Dieses mathematische Gebilde, der Phasenraum, erweist sich als
ausgezeichnetes Hilfsmittel zur Umwandlung von Zahlen in eine Art
Landkarte, aus der sich die zulässigen Möglichkeiten ablesen lassen.
Praktisch steckt – ganz unabhängig davon, wie kompliziert das betrachtete System auch sein mag – in jedem einzelnen Punkt des
Phasenraums der Bewegungszustand des Gesamtsystems in einem
bestimmten Augenblick. Hamiltons Differentialgleichungen geben
an, wie rasch sich jede der Koordinaten verändert, die ihrerseits
besagen, wie sich all die einzelnen Teilchen bewegen. Diese Ausdrücke
liefern für jedes Teilchen in jedem Augenblick eine Bewegungsrichtung, einen Pfeil. Zusammengenommen ergeben diese Pfeile die Richtung, die mit einem bestimmten Punkt im Phasenraum verknüpft ist.
Der Verlauf des resultierenden Pfeils im Lauf der Zeit beschreibt die
Veränderung des Gesamtsystems. Wenn sich der Zustand ändert,
beschreibt der Punkt eine Bahn im Phasenraum. Man braucht nur den
Pfeilen zu folgen. In der Tat ist die Lösung der Gleichungen gleichbedeutend mit der Konstruktion von Kurven entlang der Richtungen
des Pfeils in jedem Punkt. Das Ergebnis ist eine «Teilchenbahn», die

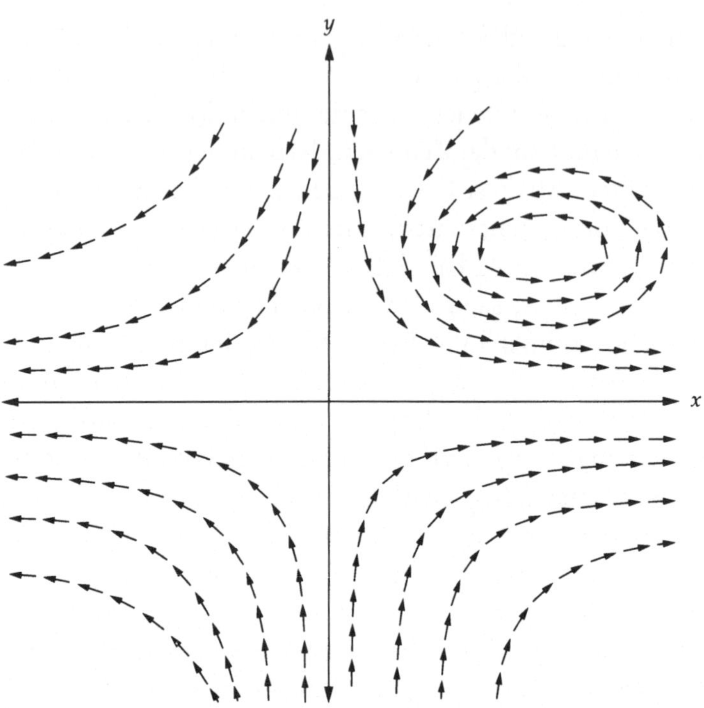

Eine Möglichkeit, das Gesamtverhalten eines Systems von Differentialgleichungen darzustellen, besteht darin, Vektoren zu zeichnen, die die Richtung des «Flusses» in verschiedenen Raumpunkten angeben.

einen abstrakten, im wesentlichen nicht vorstellbaren Raum durchquert, der ganz anders ist als der dreidimensionale Raum, durch den wirkliche Planeten wandern.

Im Rahmen einer solchen geometrischen Denkweise kann man sich alle möglichen Lösungen eines Systems von Differentialgleichungen als eine strömende Flüssigkeit vorstellen, wobei die Gleichungen die Geschwindigkeit in jedem Punkt des Stroms angeben. Ein ins Wasser geworfener Stock zeichnet auf der Wasseroberfläche eine Flußlinie nach; manchmal gleitet sie einfach dahin, und zu anderen Zeiten ist sie in einem trägen Wirbel gefangen. Wenn am selben Ort zwei Stöcke nacheinander fallengelassen werden, kann man beobachten, ob sie nahezu identischen Bahnen folgen, also das allgemeine Strömungsmuster unter verschiedenen Bedingungen vergleichen. Man konzentriert sich also nicht auf spezielle numerische Lösungen,

     Was Newton nicht wußte

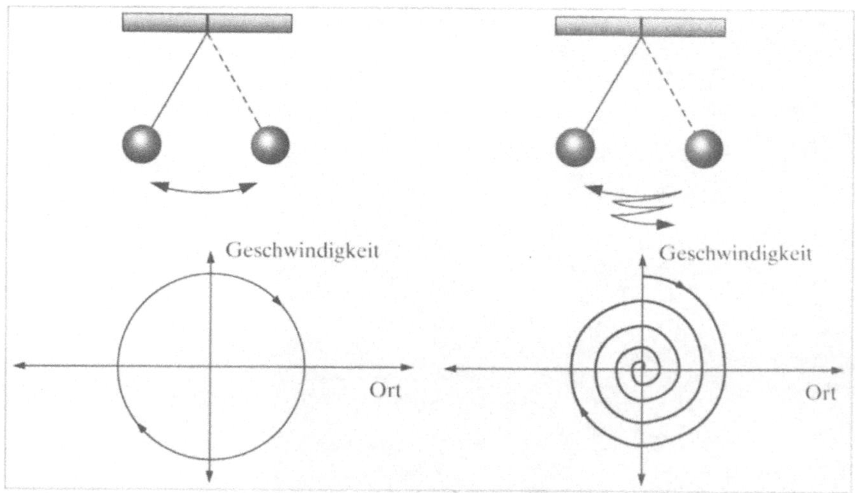

Der Phasenraum, ein abstrakter Raum, dessen Koordinaten Ort und Geschwindigkeit sind, ist ein nützlicher Begriff zur Veranschaulichung des Verhaltens eines dynamischen Systems. Die Bewegung eines Pendels (*oben*) ist beispielsweise völlig durch seine Anfangsposition und -geschwindigkeit bestimmt. Wenn das Pendel vor und zurück schwingt, beschreibt seine Bewegung eine «Bahn» im Phasenraum. Bei einem idealen, reibungsfreien Pendel ist die Bahn eine geschlossene Kurve (*unten links*). Wenn Reibung vorliegt, windet sich die Bahn als Spirale um einen Punkt (*unten rechts*), das Pendel kommt also zum Stillstand.

sondern erhält ein globales Bild der Dynamik, die durch die Gleichung dargestellt wird. Wie dahinziehende Schaumflecken liefert ein solches in einem abstrakten, mathematischen Raum gezeichnete Bild einen Schnappschuß von den Strömungen und Wirbeln in einem Fluß. Entsprechend kann man auch verschiedene Arten von Differentialgleichungen vergleichen und klassifizieren, indem man ihre Gesamtgeometrie und die Fließmuster vergleicht.

Im Phasenraum können sich Mathematiker all diese Verhaltensweisen, die in einer einzigen Differentialgleichung stecken, als Kurven und Kurvensysteme veranschaulichen. Bei einem einfachen System können ihre Bahnen lediglich eine gekrümmte Oberfläche, etwa einen Torus, die Oberfläche eines Reifens, ausfüllen. In komplizierteren Systemen können solche Systeme mehrdimensional sein und Drehungen und Windungen aufweisen. Jeder Punkt des Phasenraums, ganz gleich, ob durch ihn eine einfache oder eine gewundene Kurve verläuft, stellt den Zustand des Systems zu einem festen Zeitpunkt dar.

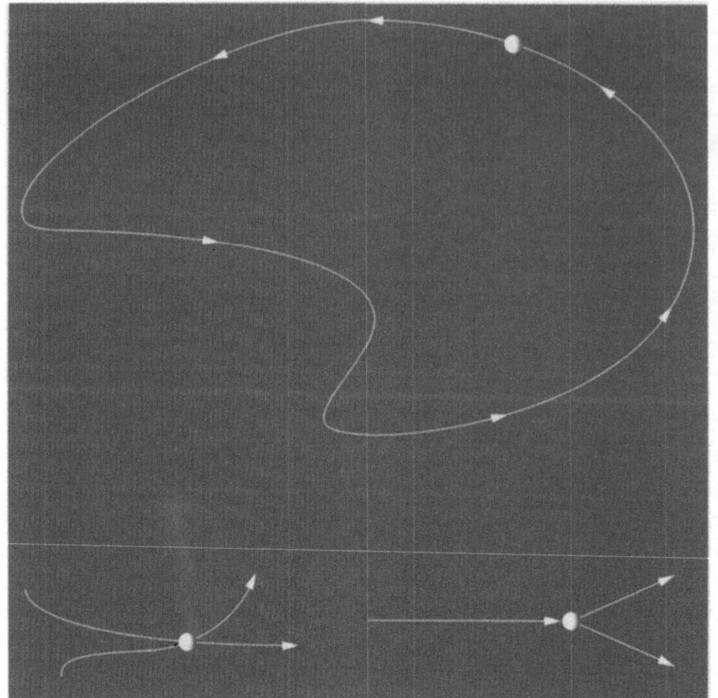

Jeder Punkt im Phasenraum, der eine geschlossene Kurve beschreibt, führt immer wieder dieselbe Bewegung aus (*oben*). Teilchenbahnen im Phasenraum können sich nicht schneiden oder verzweigen (*unten*).

Im Lauf der Zeit bewegt sich der Punkt und hinterläßt eine Spur. Wenn ein Parameter der Differentialgleichung verändert wird, verbiegt sich die Kurve, aber ähnliche Kurven verhalten sich ähnlich.

Im Fall von zwei Körpern, die infolge der Schwerkraft aufeinander wirken, führt die Lösung der zugehörigen Gleichungen zu einfachen Schleifen entlang einer bestimmten Oberfläche im Phasenraum. Wenn die diesen Schleifen entsprechenden Bewegungen räumlich dargestellt werden, ergeben sich die von Kepler entdeckten Ellipsen. Die Hinzunahme eines dritten Körpers stört dieses so angenehm einfache Bild. Jetzt reichen nämlich die Energie- und Impulserhaltungssätze nicht mehr aus, um die möglichen Bewegungen auf eine leicht definierbare Fläche oder Form zu beschränken, mit der sich umgehen läßt. Selbst unter der Annahme, einer der Körper habe eine so kleine Masse, daß er die anderen beiden kaum beeinflußt – dann liegt also fast ein Zwei-Körper-System vor –, wird die Geometrie des Phasenraums doch bemerkenswert kompliziert und schlecht zu veranschaulichen. Teilchenbahnen, die die Geschichten von drei Körpern

     Was Newton nicht wußte

darstellen, haben viel Freiheit; sie können im Phasenraum umherwandern oder sich verwinden.

Poincaré fühlte sich veranlaßt, an Mittag-Lefflers Wettbewerb teilzunehmen und das Verhalten der Lösungen von Differentialgleichungen der Himmelsmechanik mit Hilfe der ihm eigenen geometrischen Denkweise zu untersuchen. Angesichts der großen Schwierigkeit, die sich ergab, wenn die Lösungen, die die Form unendlicher Reihen hatten, gedeutet werden sollte, untersuchte er keine spezielle Lösungen, sondern ihre Gesamtheit, wie sie durch Ströme dargestellt werden. Dazu erweiterte er die Untersuchung der Differentialgleichungen und betrachtete nicht nur Zahlen, Formeln und algebraische Ausdrücke, sondern auch die zugehörige Geometrie, Kurven und ihre Veranschaulichung als Strömungen. Statt sich also den Inhalt dieses mathematischen Pakets anzuschauen, betrachtete Poincaré das Paket selbst, um daraus die Hinweise zu erhalten, die er brauchte, um zu bestimmen, ob eine Reihe konvergierte und welche Folgen dieses Ergebnis für die Stabilität eines dynamischen Systems hatte.

Poincarés Beitrag für den Wettbewerb war revolutionär und genial; er erklärte zunächst die geometrischen Überlegungen, die er dann auf das dynamische Verhalten von drei Körpern anwandte, die aufeinander Schwerkräfte ausüben. Er untersuchte insbesondere das sogenannte «eingeschränkte» Dreikörperproblem, mit dessen Hilfe Hill bessere Näherungen für die Mondbahn erhalten hatte. Die komplizierte, über 200 Seiten lange Arbeit Poincarés führte die Juroren, besonders Weierstraß, auf wenig vertrautes mathematisches Territorium. Sie brauchten Zeit, um Poincarés komplizierte Überlegungen nachzuvollziehen, aber sie standen auch unter großem Druck, weil sie ihre Beratungen rechtzeitig zu den Feierlichkeiten anläßlich des Geburtstags von König Oskar II. abschließen sollten. Letztlich war der Druck, den Preis termingerecht verleihen zu müssen, stärker als alle Vorbehalte des kränkelnden, erschöpften Weierstraß. Poincarés Arbeit war offensichtlich der beste Beitrag und verdiente den Preis. Weierstraß schrieb an Mittag-Leffler: «Teilen Sie bitte Ihrem Souverän mit, daß diese Arbeit zwar nicht als vollständige Lösung des gestellten Problems betrachtet werden kann; dennoch ist sie von solcher Bedeutung, daß sie eine neue Ära in der Geschichte der Himmelsmechanik einleiten wird. Der Zweck, den Seine Majestät mit der Ausschreibung dieses Wettbewerbs verfolgt, kann damit als erreicht betrachtet werden.»

Poincaré wurde zum Sieger erklärt, und seine Arbeit wurde anläßlich der Feierlichkeiten zum Geburtstag des Königs in den sehr einflußreichen *Acta Mathematica*, einer von Mittag-Leffler herausgegebenen Fachzeitschrift, veröffentlicht. Bald darauf ergaben sich jedoch Zweifel an Poincarés Beweis. Edvard Phragmén, ein Kollege Mittag-Lefflers, wies auf einen schwerwiegenden Fehler in der geometrischen Veranschaulichung der zum Beweis der Stabilität nötigen Differentialgleichungen hin. Die Nachricht davon führte sofort zu Beschwerden, daß ein anderer Mathematiker und Astronom ungerecht behandelt worden sei, der die Konvergenz in seiner Arbeit zu diesem Thema mit herkömmlicheren Verfahren bewiesen hatte. Weierstraß selbst schrieb später einem Kollegen, er habe einige mögliche Fehler in Poincarés Arbeit bemerkt, sei aber nicht in der Lage gewesen, sie zu berichtigen. Statt dessen hatte er einige vorsichtige Fußnoten hinzugefügt, die zusammen mit Poincarés Arbeit in den *Acta Mathematica* veröffentlicht werden sollten.

Mittag-Leffler war zutiefst verstört, daß solche Ankündigungen einen Schatten auf den Preis werfen und das Ansehen aller Betroffenen trüben könnten. Er griff zu dem drastischen Mittel, alle Kopien der Zeitschrift mit Poincarés Arbeit einzuziehen. Statt in einer späteren Ausgabe eine Berichtigung oder ein Eingeständnis des Fehlers zu veröffentlichen, überredete er Poincaré, seinen Beweis zu überarbeiten und eine neue Fassung einzureichen; sie sollte dann als Preisschrift veröffentlicht werden. Mittag-Leffler hoffte, weitere Kontroversen ausschließen und die Diskussion über diese Fragen beenden zu können, wenn er alle Kopien der anstößigen Ausgabe auftrieb und erbarmungslos vernichtete.

Poincaré selbst unternahm keinen Versuch, die Tatsache zu verheimlichen, daß er einen Fehler gemacht hatte, obwohl er niemals genau angab, welcher es war. Er wies im Vorwort seines überarbeiteten Beitrags sogar ausdrücklich auf Phragméns Verdienst hin, ihn auf den Fehler aufmerksam gemacht zu haben. Nach einigen Jahren relativ stillen Unbehagens und wiederholter Bemühungen einiger Mathematiker, Zweifel an den Verdiensten der Arbeit Poincarés zu wecken, hatten Mittag-Lefflers Vertuschungsversuche schließlich Erfolg. Die

   Was Newton nicht wußte

Introduction.

Le travail qui va suivre et qui a pour objet l'étude du problème des trois corps est un remaniement du mémoire que j'avais présenté au Concours pour le prix institué par Sa Majesté le Roi de Suède. Ce remaniement était devenu nécessaire pour plusieurs raisons. Pressé par le temps, j'avais dû énoncer quelques résultats sans démonstration; le lecteur n'aurait pu, à l'aide des indications que je donnais, reconstituer les démonstrations qu'avec beaucoup de peine. J'avais songé d'abord à publier le texte primitif en l'accompagnant de notes explicatives; mais j'avais été amené à multiplier ces notes de telle sorte que la lecture du mémoire serait devenue fastidieuse et pénible.

J'ai donc préféré fondre ces notes dans le corps de l'ouvrage, ce qui a l'avantage d'éviter quelques redites et de faire mieux ressortir l'ordre logique des idées.

Je dois beaucoup de reconnaissance a M. Phragmén qui non seulement a revu les épreuves avec beaucoup de soin, mais qui, ayant lu le mémoire avec attention et en ayant pénétré le sens avec une grande finesse, m'a signalé les points où des explications complémentaires lui semblaient nécessaires pour faciliter l'entière intelligence de ma pensée. Je lui dois la forme élégante que je donne au calcul de S_i^m et de T_i^m à la fin du § 12. C'est même lui qui, en appelant mon attention sur un point délicat, m'a permis de découvrir et de rectifier une importante erreur.

Dans quelques-unes des additions que j'ai faites au mémoire primitif, je me borne à rappeler certains résultats déjà connus; comme ces résultats sont dispersés dans un grand nombre de recueils et que j'en fais un fréquent usage, j'ai cru rendre service au lecteur en lui épargnant de fastidieuses recherches; d'ailleurs je suis souvent conduit à appliquer ces théorèmes sous une forme différente de celle que leur auteur leur avait d'abord donnée et il était indispensable de les exposer sous cette nouvelle forme. Ces théorèmes acquis, dont quelques-uns sont même classiques

In der Einleitung seiner Überarbeitung der Preisschrift bedankt sich Poincaré bei Edvard Phragmén für die sorgfältige Durchsicht seines ursprünglichen Beweises. Er schreibt dann weiter: «Er war es auch, der mich auf einen heiklen Punkt aufmerksam machte und es mir dadurch ermöglichte, einen entscheidenden Fehler zu entdecken und zu berichtigen.»

Aufregung legte sich, und der Vorfall wurde allmählich vergessen. Es gibt nur noch ein einziges vollständiges Exemplar der Ausgabe der Zeitschrift, die Poincarés ursprüngliche Arbeit enthielt; sie liegt im Mittag-Leffler-Institut in Djursholm, einer kleinen Stadt etwas nordöstlich von Stockholm, unter Verschluß.

Für Poincaré waren die Monate zwischen der Preisverleihung und der Veröffentlichung der überarbeiteten Fassung 1890 eine Zeit intensiven Nachdenkens und hektischer Aktivität. Er mußte seine Überlegungen überprüfen, um seine geometrischen Deutungen der Differentialgleichungen und die Folgerungen aus seinen Ergebnissen für die Himmelsmechanik klarzustellen. Sein genialer Verstand ermöglichte es ihm, wenn auch nur widerstrebend, anzuerkennen, daß es in deterministischen Systemen Raum für Unvorhersagbares gibt.

Poincarés revolutionäre Lösung dieser heiklen Probleme wurde schließlich in einer Arbeit von 270 Seiten mit dem Titel *Sur le Problème des trois corps et les équations de la dynamique* veröffentlicht. Seine in den *Acta mathematica* veröffentlichte überarbeitete Fassung erwies sich als ein mathematischer Meilenstein und als Vorläufer der umfangreichen zeitgenössischen Erforschung dynamischer Systeme. Jeder Leser, der es wagte, sich mit seiner schwierigen Sprache, seinen unkonventionellen Verfahren und seinen einschüchternden Überlegungen auseinanderzusetzen, ließ sich auf einen den Geist verwirrenden, aber höchst lohnenden Ausflug in eine neue Mathematik ein, die verblüffende Folgerungen für mathematische Modelle physikalischer Phänomene hatte. Mit verheerender Wirkung widerlegte Poincaré die von Weierstraß gehegten Erwartungen. Er weckte Zweifel und wies Ungewißheit nach, wo Weierstraß eine durchschaubare mathematische Lösung erwartet hatte, die den Weg zu immerwährender Gewißheit bahnen sollte.

Wie Poincaré zunächst ausführte, geben die Gleichungen, die drei durch Gravitation aufeinander wirkende Körper beschreiben, zwar eine wohlbestimmte Beziehung zwischen Zeit und Ort an, aber es gibt keine für alle Zwecke geeignete rechnerische Abkürzung – keine Zauberformel also –, die es erlaubt, genaue Vorhersagen über den Ort zu machen, an dem sie in beliebig ferner Zukunft sein werden. Im allgemeinen divergieren die sich aus der Störungstheorie ergebenden Reihen. Es gab auch in einem Newtonschen System reichlich Raum für das Unvorhersagbare, und die Frage der Stabilität ließ sich nicht direkt durch Überprüfung der divergenten Reihen lösen, die mit den Lösungen der Bewegungsgleichungen für das Sonnensystem verknüpft waren.

Das Dreikörperproblem hat also keine vollständige Lösung, die sich in einer kompakten Form angeben läßt. Aber es lassen sich Näherungslösungen finden, die nahezu jeden gewünschten Grad an Genauigkeit erreichen. Die Berechnung der ersten Glieder einer Reihe führt daher, auf meßbare Größen bezogen, bei vielen praktischen Anwendungen zu zufriedenstellenden Antworten. So waren alle, die sich für die Berechnung von Planeten und Mondpositionen interessierten, schon seit Jahrhunderten vorgegangen, und so gehen sie bis heute vor.

Poincaré bahnte den Weg für ein neuartiges Modell, das den Bereich der möglichen zukünftigen Entwicklungen beschreibt, aber nicht genau vorhersagt, welche verwirklicht werden. Er hielt sich nicht an den starren Rahmen, der durch die feineren, aber beschränkteren Mittel der quantitativen Mathematik gesetzt wurde, sondern wählte einen indirekteren, qualitativen Ansatz, indem er Bilder zeichnete, anstatt Berechnungen durchzuführen. Obwohl die von ihm mit so viel Geschick angewandten geometrischen Methoden weniger genau sind, bieten sie mehr Möglichkeiten, die Zukunft zu enthüllen, als herkömmliche Methoden.

Mit seinen Untersuchungen erhielt Poincaré einen ersten Einblick in das, was wir heute dynamisches Chaos nennen; er lernte es sogar in gewissem Sinne schätzen. Es entbehrt nicht der Ironie, daß gerade die fehlerhafte Anwendung dieser neuartigen Verfahren seine ersten Schlüsse über die Stabilität des Sonnensystems zunichte machte. Bei der Neufassung seiner Arbeit erkannte er, daß diese geometrischen Darstellungen nicht Stabilität offenbaren, sondern einen verwirrenden dynamischen Bereich von wundersamer Komplexität.

Wenn Poincaré seine imaginären Bilder zeichnete, war er nicht daran interessiert, eine Formel für eine bestimmte Lösung der Bewegungsgleichungen zu finden. Er wollte vielmehr sehen, wie alles zusammenpaßt. Dazu konzentrierte er sich auf jene Teilchenbahnen im Phasenraum, die sich in regelmäßigen Abständen wiederholen. Solche periodischen Bahnen kehren, nachdem sie eine Weile im Phasenraum herumgewandert sind, immer wieder exakt zu ihrem Ausgangspunkt zurück. Dann machen sie sich in einem Kreislauf der Orte und Geschwindigkeiten erneut auf genau denselben Weg.

Um diese Schleifen im Phasenraum zu finden, untersuchte Poincaré nicht den ganzen Raum und die Familien geometrischer Flächen, die alle möglichen Bahnen definieren, sondern einen Querschnitt durch diese Fläche. Praktisch verwandelte er die Differentialgleichungen, die die Bewegung als einen ständigen Fluß beschreiben, in eine Reihe von Schritten, die festlegen, was in regelmäßigen Zeitintervallen mit der Bewegung geschieht.

Die Mathematiker nennen das Ergebnis dieses Verfahrens eine iterierte Abbildung. Es ist, als ob man Stroboskopaufnahmen macht, die in regelmäßigen Abständen eine Bewegung einfangen. Wenn sich die Bewegung genau wiederholt und die Blitze mit der richtigen Frequenz auftreten, erscheint der bewegte Körper jedesmal am selben Ort und mit derselben Geschwindigkeit. Die entsprechende Poincaré-Karte, ein Querschnitt durch den Phasenraum, zeigt einen einzigen Punkt. Wenn die Bewegung unregelmäßig ist, erfaßt jeder Blitz das Objekt an einem anderen Ort. In diesem Fall zeigt dann die zugehörige Poincaré-Karte eine Folge von Punkten, die über die Karte verteilt sind. Wie ein wirkliches stroboskopisches Foto stellen diese Punkte jedoch (außer unter bestimmten Umständen) nicht die wirklichen Orte eines Körpers oder einer Gruppe von Körpern dar, die mit Hilfe eines Blitzlichts «eingefangen» wurden. Vielmehr sind sie eine abstrakte Darstellung der gesamten Bewegung.

Poincaré entdeckte, daß er stroboskopische Karten erhalten konnte, die einen einzigen Punkt oder eine Folge von Punkten zeigen, die schließlich zu einer bestimmten Position zurückkehren und den Zyklus wiederholen. Solche Beispiele entsprechen periodischen Lösungen der zugrundeliegenden Differentialgleichungen. Er konzentrierte sich dann auf das, was mit Bahnen geschieht, die in unmittelbarer Nähe periodischer Bahnen liegt. Er fand, daß Bahnen mit nur wenig verschiedenen Ausgangspunkten erstaunlich rasch weit auseinanderlaufen können und keineswegs für alle Zeiten einander nahe bleiben müssen. Er fand auch, daß die sich ergebenden Folgen von Punkten ganze Bereiche des Querschnitts ausfüllen können; das weist auf eine Bahn hin, die völlig zufällig durch den Phasenraum wandert und anscheinend niemals genau zu ihrem Ausgangspunkt zurückkehrt.

Diese seltsamen, wandernden Bahnen hatte Poincaré anfangs übersehen; von ihnen hatte er einen Schimmer eingefangen, als er seinen Beitrag überarbeitete, mit dem er den Preis gewann. Er bemerkte später in seiner umfangreichen dreibändigen Abhandlung *Les Méthodes nouvelles de la Mécanique céleste*: «Man ist beeindruckt von der Komplexität dieses Bildes, das ich gar nicht erst versuchen will zu

     Was Newton nicht wußte

Eine Methode, Teilchenbahnen im Phasenraum zu untersuchen, besteht darin, zu sehen, welches Muster sie erzeugen, wenn sie ein imaginäres Blatt Papier durchstoßen, das ihnen in den Weg gelegt wird. Das Muster, das sich auf einem solchen «Poincaré-Schnitt» zeigt, liefert ein bequemes Verfahren zum Erkennen verschiedener Bahntypen im Phasenraum. So stellt zum Beispiel ein einzelner Punkt in einem solchen Diagramm eine rein periodische Bewegung dar (o.). Eine kompliziertere, zyklische Bewegung, die sich schließlich nach vier Durchläufen wiederholt, würde vier verschiedene Punkte ergeben (unten).

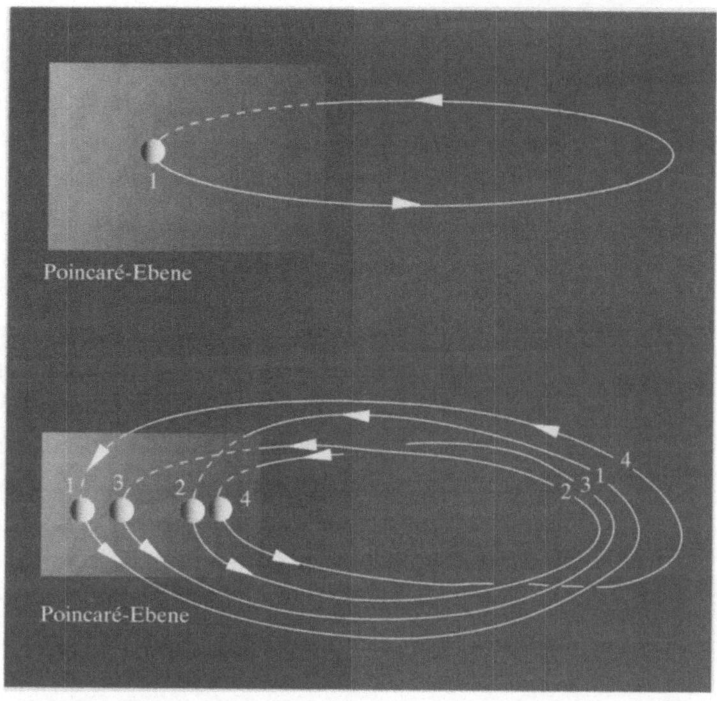

zeichnen. Nichts kann uns eine bessere Vorstellung von der Komplexität des Dreikörperproblems und allgemein aller Probleme der Dynamik geben ...»

Moderne Computersimulationen zeigen, was Poincaré vermutete, aber nicht direkt veranschaulichen konnte. Diese Punkt für Punkt aufgebauten Diagramme lassen uns ganze Welten sehen, die von einer einzelnen mäandrierenden Bahn erkundet werden – eine ganze Landschaft von Inseln, Straßen, Bergen und Kontinenten. Während die Bahn ihre Spur zieht und mit jedem stroboskopischen Blitz einen weiteren Punkt zur Karte hinzufügt, füllen sich einige Bereiche rascher als andere, und manche bleiben ganz leer. Wenn ein Teil dieser seltsamen Landschaft vergrößert wird, zeigt sich eine hierarchische Struktur von größter Komplexität: Winzige Inseln schwimmen in den Wasserstraßen zwischen den Inseln, in die engen Straßen zwischen den kleinen Inseln sind noch winzigere Inseln eingebettet und so weiter, ad infinitum.

Weil eine einzige Bahn, die an einem bestimmten Punkt beginnt, einen Teil des Phasenraums fast ausfüllen kann, ist es schwierig,

Bahnen mit sehr langen Perioden von jenen zu unterscheiden, die sich nie genau wiederholen. Die zugrundeliegenden Differentialgleichungen verweisen auf zwei völlig unterschiedliche Verhaltensweisen, nämlich auf regelmäßige (periodische oder fast periodische) und unregelmäßige (chaotische, nichtperiodische, aber beschränkte) Bewegungen. Global gesehen, sind jedoch Ordnung und Zufälligkeit so sehr vermischt, daß sich unmöglich sagen läßt, wo das eine endet und das andere beginnt. Natürlich hatte Poincaré nicht die raffinierten rechnerischen und graphischen Hilfsmittel zur Verfügung, die es ihm erlaubt hätten, all dies zu errechnen. Seine Einsichten in diesen verblüffenden Bereich ergaben sich aus seinen theoretischen Überlegungen und nicht aus numerischen Simulationen. Welch ein seltenes Genie muß er gewesen sein, wenn er sich dieses seltsame dynamische Verhalten vorstellen konnte, das wir jetzt mit Hilfe der modernen Computer so leicht erkennen können!

Poincaré glaubte zunächst, er könne die Stabilitätsfrage lösen, indem er die Spuren auf seinen stroboskopischen Karten untersuchte. Er fand dabei Punkte, die anscheinend auf der Schnittlinie von zwei Flächen lagen. Aufgrund seiner großen Erfahrung beim Zeichnen und Deuten von Phasenbildern und Flußlinien, die das Verhalten beschreiben, das hinter einer Differentialgleichung steckt, wandte Poincaré (verständlicherweise, aber fälschlich) einige dieser Begriffe auch auf seine Untersuchung der entsprechenden stroboskopischen Karten an. Da er schon bewiesen hatte, daß die Flußlinien in Phasenbildern sich nicht schneiden können, nahm er an, diese Regel würde mit all ihren Konsequenzen auch für seine Karten gelten. Er deutete die scheinbaren Kreuzungen als das Aufeinandertreffen von Flächen, die stabiles und nicht-stabiles Verhalten darstellen und dadurch eine Art von Schranke bilden, die das Verhalten des Systems einschränkt und es davon abhält, zu weit abzuweichen. Für Poincaré folgte aus dieser Art von Geometrie Stabilität; das war der Fehler in seinem ursprünglichen Beitrag gewesen. Als er das Ganze für die Neufassung überdachte, mußte er sich nach der wahren Bedeutung dieser einander schneidenden Flächen fragen.

Richard McGehee, Mathematiker an der Universität von Minnesota, hat die ursprüngliche Arbeit eingehend untersucht; er beschrieb Poincarés Fehler als denselben elementaren, aber verständlichen Feh-

     Was Newton nicht wußte

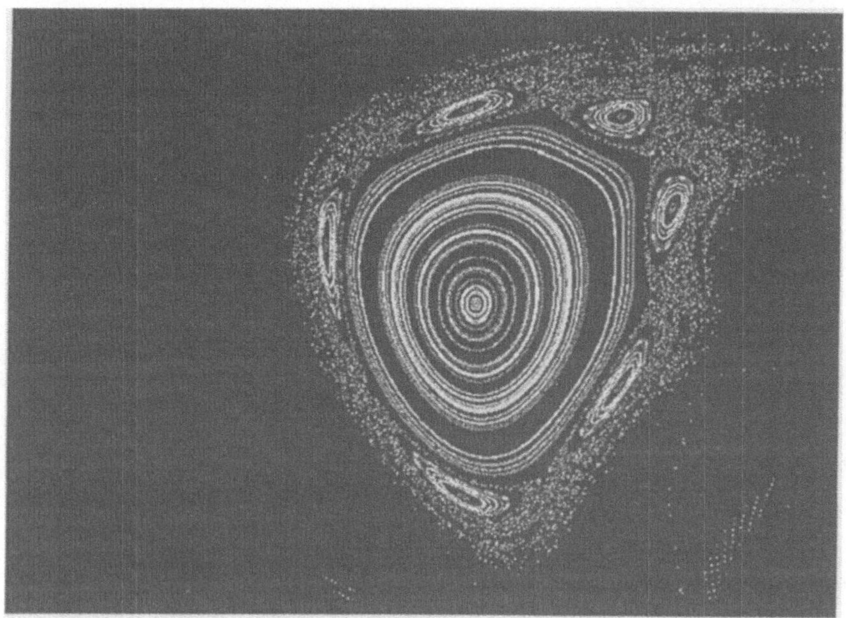

In vielen Fällen können die Bahnen im Phasenraum so gewunden sein, daß die resultierende Poincaré-Karte ein äußerst kompliziertes Muster aufweist, bei dem Inseln der Regelmäßigkeit in einem Meer von Chaos schwimmen, das den instabilen Bahnen entspricht, die zufällig verteilte Punkte liefern.

ler, den viele Studenten heute machen, wenn ihnen in Differentialgleichungen erstmals eine ähnliche Situation begegnet. Poincaré gewann daraus jedoch eine ungeheuer bedeutungsvolle Einsicht.

Die zur Beschreibung einer bestimmten Situation in der Himmelsmechanik nötigen mathematischen Ausdrücke sind äußerst kompliziert. Daher ist es hilfreich, das einfachere Beispiel eines Pendels zu verwenden, wenn man verstehen will, wie die Frage nach der Stabilität mit Poincarés Phasenbildern und stroboskopischen Karten zusammenhängt. Man stelle sich ein Pendel vor, wie man es in einer Penduhr findet, also einen starren Stab, der am einen Ende aufgehängt ist und am anderen Ende ein Gewicht trägt. Die Schwerkraft steuert die Bewegung des Pendels, während es hin und her schwingt und Reibung und Luftwiderstand die Amplitude der Schwingung verringern und das Pendel schließlich zum Stillstand kommen lassen. Um das Pendel in Gang zu halten, muß eine Energiequelle ihm periodisch einen kleinen Stoß – einen kleinen Energiestoß – versetzen.

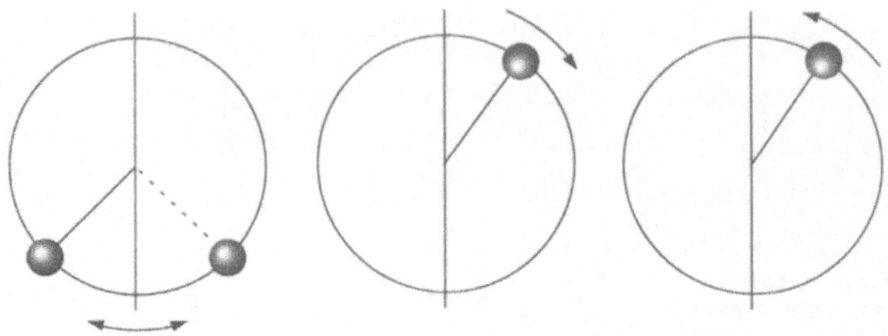

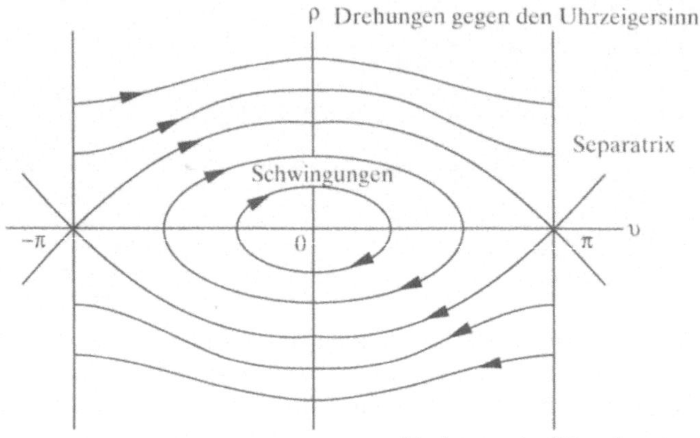

Ein einfaches Pendel kann (in mathematischer Idealisierung) drei Arten von Bewegungen ausführen: Es kann hin und her schwingen (*oben links*), es kann sich im Uhrzeigersinn drehen (*oben Mitte*), und es kann sich entgegen dem Uhrzeigersinn drehen (*oben rechts*). Außerdem kann es in der stabilen Ruhelage sein oder in der instabilen Ruhelage oder sich auf diese zubewegen, ohne sie in endlicher Zeit zu erreichen. Im Phasenraum erscheinen die Bewegungen des Pendels als geschlossene Bahnen. Man kann sich das dargestellte Diagramm (*unten*) um einen Zylinder gewickelt denken, so daß seine linken und rechten Kanten zusammentreffen. Die Separatrix genannte Bahn entspricht der instabilen Stellung des Pendels, in der es nach oben zeigt und sich weder in die eine noch in die andere Richtung bewegt.

In Abwesenheit der Reibung und der Energiequelle lassen sich die unaufhörlichen Schwingungen eines Pendels durch eine einfache Formel beschreiben. Die Lösungen der zugehörigen Differentialgleichungen entsprechen im Phasenraum auf einer Poincaré-Karte des Pendelverhaltens jeweils Kreisen. Diese Lösungen enthalten nicht nur einfache Schwingungen von einer Seite zur anderen, sondern auch Drehungen, bei denen das Pendel so rasch schwingt, daß es über-

 Was Newton nicht wußte

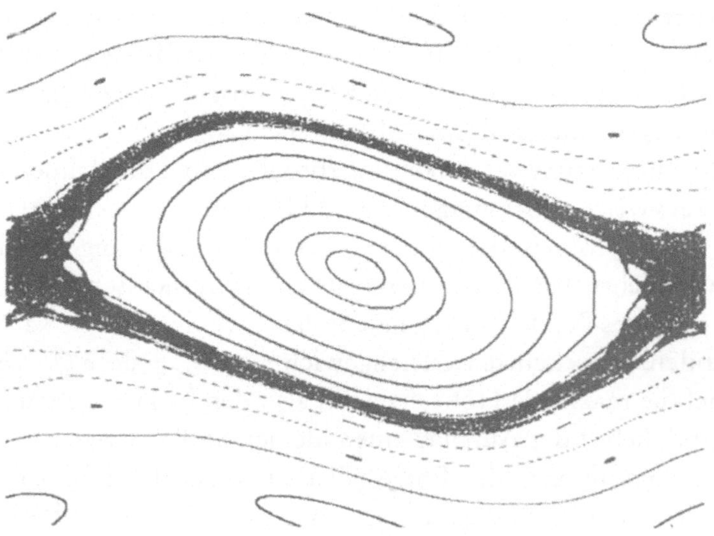

Wenn an einem einfachen Pendel ein Motor angebracht wird, der den Aufhängepunkt des Pendels in der Horizontalen hin und her schiebt, verändert sich die Dynamik des Pendels. Im Phasenraum kann man weiterhin innere Bereiche sehen, die geschlossene Bahnen aufweisen, die einem Hin- und Herschwingen des Pendels entsprechen, und äußere Bereiche, in denen das Pendel in einem vollen Kreis schwingt. Aber in der Nähe der Separatrix, wo das Pendel fast oben stehenbleibt, wird die Bewegung chaotisch und unvorhersagbar.

schlägt, also einen vollständigen Umlauf ausführt. Es gibt eine dritte Lösung, bei der das Pendel zu Beginn und am Schluß senkrecht in die Höhe weist und kurz in einem labilen Gleichgewicht zwischen der Schwingung in die eine oder in die andere Richtung verharrt. Die Lösung, bei der das Pendel unendlich lange Zeit braucht, bis es den höchsten Punkt erreicht, entspricht einer sogenannten homoklinen Bahn, die die Lösungen, die zu einer Schwingung (oder «Libration») führen, von denen unterscheidet, die zur Drehung führen. Aber in diesem System ist nichts chaotisch. Die homokline Bahn bildet eine wirkliche Grenze.

Das Vorliegen von Reibung und die Addition einer nur winzigen Antriebskraft, die den Energieverlust ausgleicht, ändert alles. Diese Hinzufügung kleiner Schwankungen bringt einen Grad an Unsicherheit darüber hinein, ob das Pendel zurückfallen wird oder sich weiter dreht, wenn es sich dem obersten Punkt nähert. Diese Empfindlichkeit führt zu sehr komplizierten Bewegungen, wenn sich das Pendel auf seiner dynamischen Scheide zwischen einer Bewegungsform und der anderen ein wenig verschiebt. Kleine Veränderungen der Anfangsbedingungen können also zu sehr unterschiedlichen Ergebnissen führen. Die homokline Schranke ist zerbrochen, und die Bahnen können nun frei zwischen Schwingungen und Drehungen wechseln.

Philipp Holmes, der an der Cornell University angewandte Mathematik lehrt, hat dies so beschrieben: «Physikalisch hat ein leises Anstoßen des Pendels aufregende Folgen, wenn es in der Nähe seines instabilen, umgekehrten Gleichgewichts ist. ... Jedesmal, wenn das Pendel die maximale Höhe erreicht, also den invertierten, instabilen Zustand, liefert der Auftrieb einen kleinen Stoß entweder nach links oder rechts, je nach der Phase (Zeit). Die genaue Zeit, zu der das Pendelgewicht diese Lage erreicht, ist also entscheidend, und diese wird wiederum durch die Zeit bestimmt, zu der es diese Stellung nach der vorigen Schwingung verlassen hat. Dies ist die physikalische Deutung der empfindlichen Abhängigkeit von den Anfangsbedingungen.»

Poincaré entdeckte, daß die Grundgleichungen, die die Bewegungen von drei Körpern bestimmen, ähnlich empfindliche Abhängigkeiten aufweisen. Obwohl er nur den engen Bereich der Himmelsmechanik untersuchte, trifft seine Überlegung auf die gesamte Newtonsche Mechanik zu. Die Fragen nach der Entwicklung der Mondbahn gelten ebenso für fast jedes dynamische System, ganz gleich, ob es ein von einem Motor angetriebenes Pendel ist oder auch die turbulente Strömung in einem Wasserfall – wenn nur die zugehörigen Bewegungsgleichungen nicht so schwierig zu lösen wären. Poincarés Entdeckung zeitigte somit die erstaunliche Erkenntnis, daß unvorhersagbares, anscheinend gesetzloses Verhalten in einem System vorkommen kann, das vollständig durch genaue und berechenbare Gesetze bestimmt wird. Viele Ereignisse in der gegenständlichen Welt sind daher in gewissem Grade unvorhersagbar, weil es unmöglich ist, die Situation in der Zukunft mit hinreichender Genauigkeit zu berechnen. Wie immer das quantitative mathematische Modell aussehen mag, das zur Vorhersage der Zukunft verwendet wird, immer gibt es im Herzen der Newtonschen Mechanik unvermeidliche Ungewißheit.

     Was Newton nicht wußte

Poincaré kam immer wieder auf diese Themen zurück und versuchte, das Wesen und den Umfang der von ihm entdeckten Ungewißheit zu klären. In seinem 1903 veröffentlichten Aufsatz «Naturwissenschaft und Methode» schreibt er: «Eine sehr kleine Ursache, die für uns unbemerkbar bleibt, bewirkt einen beachtlichen Effekt, den wir nicht übersehen können, und dann sagen wir, daß dieser Effekt vom Zufall abhänge. Würden wir die Gesetze der Natur und den Zustand des Universums für einen gewissen Zeitpunkt exakt kennen, so könnten wir den Zustand dieses Universums für irgendeinen späteren Zeitpunkt genau voraussagen. Aber selbst wenn die Naturgesetze für uns kein Geheimnis mehr enthielten, könnten wir doch den Anfangszustand immer nur *näherungsweise* kennen. Wenn wir dadurch in den Stand versetzt würden, den späteren Zustand mit demselben *Näherungsgrade* vorauszusagen, so ist das alles, was man verlangen kann. Wir sagen dann: die Erscheinung wurde vorausgesagt, sie wird durch Gesetze bestimmt. Aber so ist es nicht immer; es kann der Fall eintreten, daß kleine Unterschiede in den Anfangsbedingungen große Unterschiede in den späteren Erscheinungen hervorrufen. Ein kleiner Irrtum in den ersteren kann dann einen außerordentlich großen Irrtum für die letzteren nach sich ziehen. Die Vorhersage wird unmöglich und wir haben eine ‹zufällige Erscheinung›.»

Poincarés Erkundungen dieser seltsam zwielichtigen Welt von Chaos und Ordnung, in der das Pendel einer Uhr oder das Sonnensystem, die von den Gesetzen der Newtonschen Mechanik beherrscht werden, so komplizierte Bewegungen vollführen können, warfen eine Unmenge neuer Fragen auf. Selbst in einem so stark vereinfachten System wie Hills speziellem Modell für die Mondbahn steckte der Keim des dynamischen Chaos. Wenn diese Bahnen schon in einem Dreikörpersystem vorkommen konnten, war möglicherweise das ganze Sonnensystem instabil. Wenn nur die Zeit ausreichte, konnten die winzigen Wirkungen, die ein Planet auf den anderen ausübt, solche Bedingungen erzeugen, unter denen sich eine Bahn plötzlich in eine neue Lage verschiebt oder das gesamte Sonnensystem auseinanderdriftet.

Beim Sonnensystem sind diese Fragen nach Stabilität und Chaos eng mit dem Phänomen der Resonanz verknüpft. Lösungen, die die Form unendlicher Reihen haben, konvergieren oft deshalb nicht, weil immer wieder irgendwo in dieser Reihe unerwartet ein Glied auftauchen kann, bei dem eine große Zahl durch eine sehr kleine dividiert werden muß. Der Beitrag dieses Terms kann dann riesig sein und das Resultat deutlich übersteigen, das sich nach der Berechnung früherer Terme abzeichnete. Außerdem können auch kleine Fehler im Nenner zu der Ungewißheit beitragen, weil sie den Wert des Terms über einen weiten Bereich schwanken lassen. In der Himmelsmechanik lassen sich solche Ausdrücke in gewisser Weise mit den kleinen, sich aber addierenden Wechselwirkungen zwischen einander anziehenden Körpern vergleichen. Diese Wechselwirkungen oder Resonanzen verstärken einander und haben einen großen Einfluß auf die Bewegung, etwa so, wie wiederholte Stöße mit genau der richtigen Frequenz die Amplitude eines Pendels stark vergrößern.

Poincaré ließ somit die Newtonschen Bewegungsgesetze unverändert, aber er veränderte ganz entscheidend das Verständnis der Wissenschaftler dafür, welches Verhalten sie erfassen. Erst mit den Mitteln der modernen Technologie wurde es jedermann möglich, Zugang zur Veranschaulichung zu bekommen und die Bedeutung der Welt zu würdigen, die Poincaré in seinen Gleichungen geschaut hatte.

Wie es für ihn charakteristisch war, ließ Poincaré viele Fragen offen und viele Vermutungen unbewiesen. Seine Ergebnisse zum Thema «Chaos» umfaßten die meisten Lösungen, aber nicht alle. In den folgenden Jahren nahmen Mathematiker eine Reihe dieser Fragen in Angriff und beantworteten sie eine nach der anderen. Ein Jahr nach Poincarés Tod konnte der finnische Mathematiker Karl F. Sundman 1913 auf die berühmte Preisfrage die endgültige Antwort geben, die sich Poincaré entzogen und ihn auf den Weg zum dynamischen Chaos geschickt hatte. Sundman fand genau das, was die Aufgabe forderte: eine spezielle Lösung des Dreikörperproblems in Form einer konvergenten Reihe. Leider nähert sich diese Reihe ihrem endlichen Wert so langsam, daß sie für alle praktischen Zwecke nutzlos ist. Es würde zu lange dauern, wenn man so viele Glieder berechnen wollte, wie nötig sind, um dem richtigen Wert nahe genug zu kommen.

Im Lauf der nächsten 40 Jahre sind nur wenige Mathematiker dem Weg gefolgt, den Poincaré mit der geometrischen Untersuchung dynamischer Systeme gebahnt hatte. Unter ihnen war George Birkhoff, der in den dreißiger Jahren einen großen Teil der theoretischen

Grundlagen für das legte, was heute Chaos heißt. Bei ihren Bemühungen, im zweiten Weltkrieg ein Radarsystem zu entwickeln, stieß eine englische Forschergrupe sogar auf dieselbe Art von komplizierten Lösungen für Differentialgleichungen – in diesem Fall zur Beschreibung bestimmter Schaltkreise – wie Poincaré. Aber nur wenige schenkten ihnen Aufmerksamkeit, und noch weniger konnten sich die weitreichenden Folgerungen solch unsteten Verhaltens vorstellen, das sich aus mathematischen Gleichungen ergab, die zur Beschreibung physikalischer Systeme dienen.

Im Jahr 1954 formulierte Andrei N. Kolmogorov, ganz in der großen russischen Tradition der Erforschung dynamischer Systeme, das Dreikörpersystem aufs neue. Er skizzierte eine Möglichkeit, wie sich die Komplexität, die mit periodischen Bahnen im Phasenraum verknüpft ist, in Angriff nehmen läßt, und andere Mathematiker füllten die Einzelheiten aus. Vladimir I. Arnol'd, einer von Kolmogorovs Schülern, konnte 1963 schließlich Poincarés Problem lösen – und er kam zu erstaunlichen Ergebnissen. Arnol'd bewies, daß die Reihen, die zur Beschreibung der Bewegungen im Dreikörperproblem angesetzt wurden, unter gewissen Bedingungen konvergieren und unter anderen nicht. Poincaré hatte nur die zweite Art untersucht, als er schloß, daß die Reihen, denen man gewöhnlich in der Himmelsmechanik begegnet, divergieren.

Die Bewegung in einem System von drei oder mehr Körpern ist also je nach den Anfangsbedingungen manchmal regelmäßig und manchmal chaotisch. Diese Regelmäßigkeit zeigt sich zum Beispiel in langsamen kleinen Veränderungen in der Exzentrizität einer Planetenbahn über eine unendlich lange Zeit hinweg, während die ganze Bahn sich unter dem Einfluß von Störungen langsam dreht und in einer Ebene verläuft, die langsam um eine unveränderliche Position schwingt. Das Chaos zeigt sich in Bahnen, die plötzliche Sprünge in der Exzentrizität zeigen, durch die der Planet oder ein anderer Himmelskörper weit aus seiner üblichen Bahn im Raum hinausgetragen wird.

Durch ihre Untersuchung rein mathematischer Gebilde konnten Poincaré und seine Nachfolger einen faszinierenden, komplexen Bereich aufzeigen, der uns zuvor verborgen geblieben war. Eingeschlossen in die Gleichungen, die zur Beschreibung von Bewegungen im

Sonnensystem verwendet werden, lagen diese unerwarteten Feinheiten praktisch über zwei Jahrhunderte im Winterschlaf – bis Poincaré den wahren Umfang von Newtons Bewegungsgesetzen offenbarte. «Das wahre Ziel der Himmelsmechanik ist nicht die Berechnung der Ephemeriden [Tabellen mit Planetenpositionen], sondern vielmehr die Entdeckung all der Phänomene, die sich durch Newtons Gesetz erklären lassen», schrieb Poincaré in der Einleitung zu seinem großen Werk über die Himmelsmechanik.

Aber haben die sich daraus ergebenden theoretischen Spekulationen irgend etwas mit den massereichen Planeten, den herumtreibenden Asteroiden und den torkelnden Monden des wirklichen Sonnensystems zu tun? Sagen diese bizarren mathematischen Wunder etwas Grundsätzliches über die langfristige Zukunft des Sonnensystems aus? Nach Jahrhunderten der Suche nach Regelmäßigkeiten war es an der Zeit, am Himmel nach Hinweisen auf Chaos und nicht nach Ordnung zu suchen.

Kapitel 8
Lücken im Gürtel

In einer Parade der kleineren Planeten hätte das unter dem Namen *Asteroid 951 Gaspra* bekannte Gesteinsfragment wenig Merkmale vorzuweisen, mit denen es die Aufmerksamkeit auf sich lenken könnte. Als völlig gewöhnlicher Teil des Asteroidengürtels läuft Gaspra auf einer elliptischen Bahn, die ihn im Mittel 331 Millionen Kilometer von der Sonne entfernt hält. Entdeckt wurde er 1916 von Astronomen der Sternwarte auf der Krim, die ihn nach dem berühmten Kurort am Schwarzen Meer benannten, in dem Leo Tolstoi viele Jahre seines Lebens verbrachte. Dieser winzige, schwache Fleck ist nur einer von mehreren Tausenden steinerner Welten, die zwischen Mars und Jupiter angesiedelt sind. Sie gehören zu dem Geröll, das bei der Bildung des Sonnensystems übrigblieb.

Am 29. Oktober 1991 widerfuhr Gaspra jedoch die Auszeichnung, zur rechten Zeit am rechten Ort zu sein. An diesem Tag sauste die Raumsonde *Galileo* auf ihrer langen und gewundenen Bahn zum Jupiter an Gaspra vorbei und erhaschte so den ersten nahen Blick auf einen Asteroiden. Die Raumsonde hatte eine Geschwindigkeit von 8 Kilometer pro Sekunde und kam diesem Einsiedler bis auf 1600 Kilometer nah.

Es war eine ansehnliche Leistung, daß *Galileo* das Ziel so genau erreichte, denn man wußte wenig über Gaspras Bahn; die Genauigkeit der Bahnbeobachtung war gering, und alles schien sich gegen eine enge Begegnung verschworen zu haben. Aber umfassende internationale

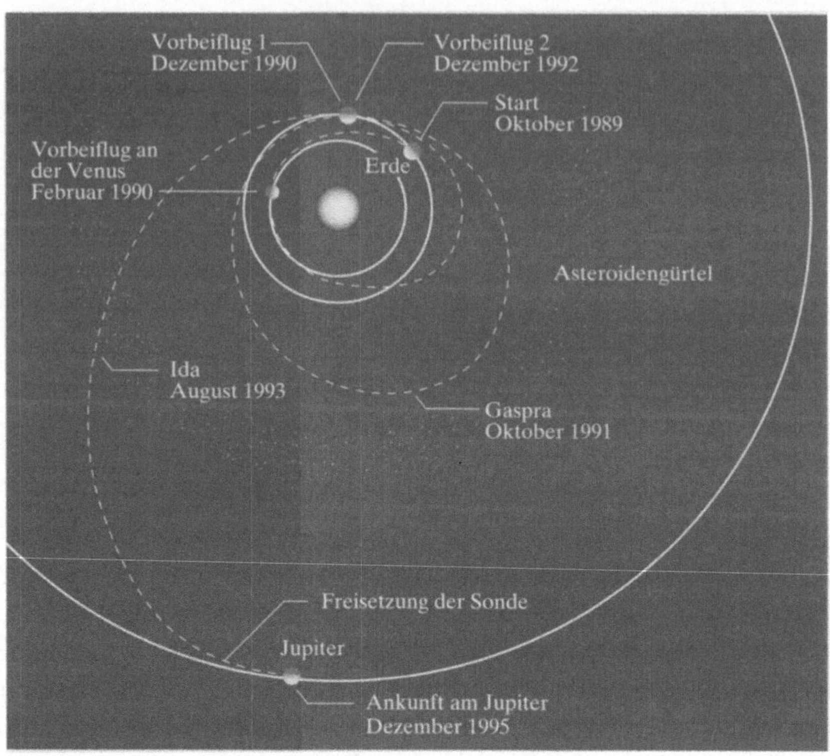

Am 29. Oktober 1991 flog die Raumsonde *Galileo* auf ihrem Weg zum Jupiter durch den Asteroidengürtel und am Asteroiden 951 Gaspra vorbei (NASA, Jet Propulsion Laboratory).

Bemühungen führten dazu, daß die Beobachtungen, die mit irdischen Teleskopen von der Erde aus vorzunehmen waren, rechtzeitig abgeschlossen wurden und die Astronomen die Position ihres beweglichen Zieles in jedem Augenblick bis auf wenige Dutzend Kilometer genau angeben konnten. Mit solchen Daten ausgerüstet, konnten die Raumfahrt-Kontrollstationen auf der Erde die Bahn von Galileo so fein abstimmen, daß die Sonde den Asteroiden ins Blickfeld bekam. Als es dann schließlich zum Vorbeiflug kam, hatten die Projektingenieure das Raumschiff bis auf eine himmlische Haaresbreite – lediglich 5 Kilometer – dorthin gebracht, wo es sein sollte. Aufgrund dieser Genauigkeit konnten sie sicher sein, daß die Kameras der Raumsonde ihnen ein vollständiges Bild von Gaspra schicken würden.

      Was Newton nicht wußte

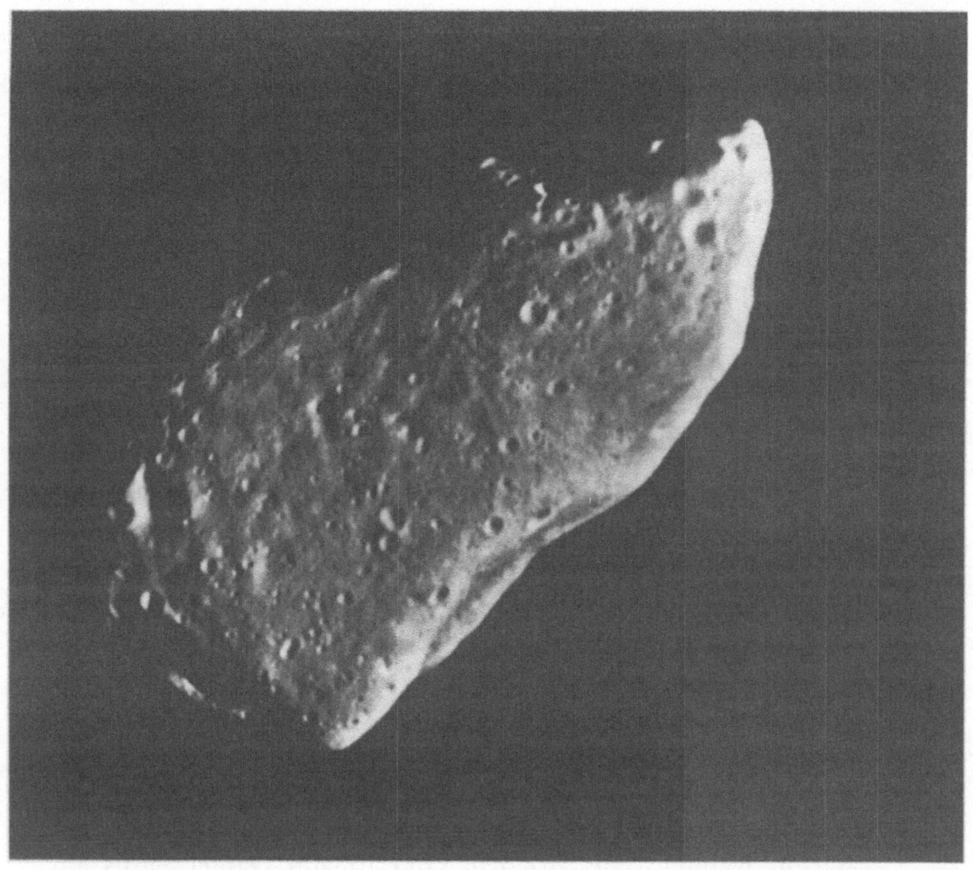

Ein Mosaik aus zwei Bildern, die aufgenommen wurden, als die Raumsonde *Galileo* 5300 km von Gaspra entfernt war, etwa 10 Minuten vor der größten Annäherung, liefert ein genaues Bild des Asteroiden (NASA, Jet Propulsion Laboratory).

Das erste an die Erde gesandte Bild zeigte eine längliche, zerfurchte «Kartoffel» von nur 19 mal 12 mal 11 Kilometern. Dieser triste, graue, mit kleinen Kratern übersäte Klumpen hatte eine Oberfläche voller Risse, Narben und Kanten. Seine zerklüftete Landschaft ließ vermuten, daß Gaspra nicht von Anfang an so ausgesehen hatte, sondern vermutlich Teil eines größeren, viel älteren Körpers gewesen war, der durch Kollisionen zerschlagen worden war – vielleicht war er von einem Gesteinsbrocken abgeschlagen worden, der möglicherweise 200 Millionen Jahre alt war.

Lücken im Gürtel199

Mit Hilfe der aufregenden Bilder, die *Galileo* lieferte, und mit vielen anderen Beobachtungen und Messungen stellen die Astronomen jetzt die Puzzleteile vom Ursprung der Asteroiden zusammen. Diese seltsamen Körper, Überbleibsel des frühen Sonnensystems, geben Hinweise auf die Massen, die sich vor 4,5 Milliarden Jahren zusammenfanden und von den Planeten loslösten. Darüber hinaus schweben diese stark von der Sonne und von Jupiter beeinflußten Kleinplaneten, die selbst aber nur eine äußerst geringe Gravitationswirkung ausüben, in einem dynamischen Wunderland, in dem sich Störungen durch die Planeten leicht ausweiten und zuvor sehr ähnliche Bahnen verzerren können. Wo könnte man besser nach Hinweisen auf das dynamische Chaos suchen, das Henri Poincaré in seinen Gleichungen fand?

Vor zweihundert Jahren verzeichneten astronomische Kataloge des Sonnensystems noch keinen einzigen Asteroiden, sondern nur die Sonne, sechs Planeten und die geheimnisvollen flüchtigen Kometen. Durch einen bemerkenswerten Zufall gab das Sonnensystem jedoch selbst einen numerischen Hinweis, der die Aufmerksamkeit der Astronomen auf den Bereich lenkte, in dem die meisten Asteroiden zu finden sind. Dieser Hinweis auf Regelmäßigkeit im Sonnensystem hatte einen gewissen Reiz, denn wir Menschen entdecken gern Ordnung in scheinbar zufälligen Anordnungen.

Wie in Kapitel 1 beschrieben, fand Johann Daniel Titius ein bestimmtes Zahlenverhältnis zwischen den Entfernungen der sechs bekannten Planeten von der Sonne, als er sie mit der Entfernung der Erde von der Sonne verglich. Eine Zahl dieser Folge entsprach jedoch keinem Planeten. Dort, wo wegen der fünften Zahl ein weiterer Planet erwartet wurde, gähnte eine Lücke. Um diese zu füllen und die Folge benutzen zu können, behauptete Titius, es müsse in einer Entfernung von etwa dem 2,8fachen der Entfernung Erde–Sonne zwischen Mars und Jupiter einen Planeten geben.

Als Wilhelm Herschel 1781 jenseits des Saturn, nicht weit von dem Ort, wo die Zahlen auf einen weiteren Planeten hinwiesen, überraschend einen Planeten fand, wurde die Vorhersage von Titius glaubwürdig. Sie löste eine konzentrierte Suche nach einem Himmelskörper zwischen Mars und Jupiter aus. Einige Astronomen organisierten sich unter Leitung von Johann Hieronymus Schröter, der in

Lilienthal bei Bremen eine Sternwarte hatte, und Franz Xaver Freiherr von Zach in Gotha zu einer «Himmelspolizei», die den fehlenden Planeten suchen wollte. Diese Wachmänner des Nachthimmels erstellten Karten, die alle Sterne bis zu einer gewissen Größenklasse verzeichneten, und verglichen sie dann sorgfältig mit jedem beobachteten Ausschnitt des Himmels. Sie suchten nach Objekten, die nicht verzeichnet waren oder sich relativ zu anderen Sternen von einer zuvor aufgezeichneten Position offensichtlich entfernt hatten.

Die erste Beobachtung gelang jedoch nicht einem Mitglied dieser Gruppe, sondern Giuseppe Piazzi, einem Mönch, der 1790 in Palermo eine Sternwarte aufgebaut und eingerichtet hatte. Er machte sich das für astronomische Beobachtungen vorteilhafte Klima zunutze und nahm das langfristige Vorhaben in Angriff, die astronomischen Koordinaten von mehreren tausend Sternen zu bestimmen. Weil die Lage dieser Sternwarte als damals südlichster in Europa so einzigartig gut war, konnte er wesentlich mehr Sterne beobachten, als zuvor katalogisiert worden waren.

Am ersten Tag des neunzehnten Jahrhunderts bemerkte Piazzi während der Suche nach einem bestimmten Stern einen wesentlich schwächeren sternähnlichen Körper, der nicht in dem von ihm gerade überprüften Katalog enthalten war. Die Beobachtungen des geheimnisvollen Objekts in den folgenden Nächten zeigten, daß es sich gegenüber seinem Sternhintergrund langsam bewegte, zuerst rückwärts, dann aber die Richtung umkehrte und die Hintergrundsterne überholte. Piazzi war unsicher, ob der Himmelskörper ein Planet oder ein Komet war, und beobachtete ihn regelmäßig bis zum 11. Februar; dann erkrankte er, und als er einige Tage später wieder gesund war, konnte er nur noch eine weitere Beobachtung vornehmen, bevor das Objekt der Sonne so nahe kam, daß es in ihrer Helligkeit verschwand.

Piazzi hatte seinen Kollegen in anderen Teilen Europas seine Entdeckung sofort mitteilen wollen, aber die politischen Unruhen in Italien verzögerten die Postzustellung. Deshalb hatte niemand sonst Gelegenheit, den Körper zu beobachten. Dieser schwache Fleck, der nur ein Zehntel von der Helligkeit des Uranus hatte und schon an der Grenze der Leistungsfähigkeit der meisten damaligen Fernrohre lag, zeigte keine Planetenscheibe, die ihn leichter auffindbar gemacht hätte. Um das Objekt wiederzufinden, wenn es mehrere Monate später wieder aus dem Sonnenschein auftauchen würde, mußten die Astronomen seine Bahn kennen. Piazzis Beobachtungen umfaßten aber nur einen Zeitraum von 41 Tagen, und in dieser Zeit hatte sich der Körper – noch dazu an einem für Beobachtungen ungünstigen Ort – um einen Winkel von nur drei Grad am Himmel bewegt. Jeder Versuch, die Bahn eines solch unauffälligen Körpers aus diesen kargen Daten zu berechnen, schien vergeblich zu sein.

Für Carl Friedrich Gauß jedoch, einen 23jährigen Mathematiker, der schon früh in seinem Leben eine besondere Begabung für Mathematik und eine bemerkenswerte Fähigkeit zu höchst komplizierter Arithmetik bewiesen hatte, stellte dieses Problem eine anregende Herausforderung dar. Er hatte seine Studien an der Universität Göttingen abgeschlossen und lebte von dem kleinen Gehalt, das ihm sein Gönner Herzog Ferdinand von Braunschweig, gewährte. Da er gerade eben eine große mathematische Arbeit abgeschlossen hatte und in der zweiten Hälfte des Jahres 1801 wenig anderes seine Zeit in Anspruch nahm, wandte Gauß sein beträchtliches Talent der Himmelsmechanik zu. Wie ein geschickter Mechaniker nahm er sozusagen die knirschende, gewichtige Maschine auseinander, mit der man Bahnen näherungsweise bestimmt hatte, und baute sie zu einem leistungsfähigen Gerät um, das selbst mit einem Minimum an Daten hinreichend zuverlässig arbeiten konnte.

Unter der Annahme, daß Piazzis Objekt die Sonne auf einer Kreisbahn umlief und indem er unter Verwendung von nur drei Beobachtungen seines Ortes am Himmel seine vorläufige Bahn bestimmte, berechnete Gauß, wo der Körper sein würde, wenn er wieder zum Vorschein käme. Im Dezember, nach drei Monaten Arbeit, überreichte er von Zach seine Vorhersage. Jede Hoffnung, dieses himmlische Stäubchen nach fast einem Jahr wieder zu finden, beruhte jetzt auf der Zuverlässigkeit der neuen Methoden von Gauß und der Genauigkeit seiner Rechnungen. In der letzten Nacht des Jahres 1801 fand von Zach den Himmelskörper nur einen halben Grad von dem von Gauß vorhergesagten Ort entfernt. Nach dieser aufregenden Beobachtung verkündete der Astronom erfreut das Wiederauffinden des Ausreißers.

Der Erfolg der von Gauß durchgeführten Rechnungen rechtfertigte seinen neuartigen Ansatz; man schrieb Piazzis schwachem Fleck

Carl Friedrich Gauß (1777–1855)
(Smithsonian Institution).

jetzt die nahezu kreisförmige Bahn eines Planeten zu und nicht die typisch langgestreckte eines Kometen. Die Berechnungen bestätigten auch, daß dieses planetenähnliche Objekt die Sonne in einer Entfernung umrundete, die derjenigen sehr nahe war, die Titius für den fehlenden Planeten vorhergesagt hatte. Aber der Himmelskörper war wesentlich kleiner als erwartet. Nach Meinung einiger Astronomen war es ein solch enttäuschend kleines Fragment nicht wert, in die erhabene Gesellschaft der großartigen Planeten aufgenommen zu werden.

Piazzi benannte sein Objekt nach Ceres, der Schutzgöttin Siziliens. Drei Monate später entdeckte Heinrich Wilhelm Olbers, ein in Bremen praktizierender Arzt, ein anderes Objekt, das Ceres ähnelte und das er Pallas nannte. Olbers war ein guter und hingebungsvoller

Amateurastronom, der das obere Stockwerk seines Hauses zu einer Sternwarte umgebaut hatte und den größeren Teil seiner Nächte der Beobachtung widmete. Er fand 1807 ein weiteres solches Objekt, das er Vesta nannte. In der Zwischenzeit war auch der Asteroid Juno gesichtet worden. Angesichts der Vielfalt dieser kleinen, aber nicht zu vernachlässigenden Objekte schlug Wilhelm Herschel die Bezeichnung *Asteroiden* vor, die auf ihr sternähnliches Aussehen verwies. Andere, darunter Piazzi, sprachen lieber von *Planetoiden* oder *Kleinplaneten*.

Während sich die Astronomen über die Namensgebung stritten, verbesserte Gauß seine Methoden weiter und berechnete erfolgreich die Bahnen von Juno, Pallas und Vesta. Für Gauß bot die Entdeckung immer neuer Asteroiden Gelegenheit, die Wirksamkeit seiner Verfahren zu überprüfen. Seine Erfolge brachten ihm sofortige und dauerhafte Anerkennung als führendem Mathematiker Europas und eine ehrenvolle Stellung als Astronomieprofessor und Direktor der Sternwarte in Göttingen, wo er für den Rest seines langen, produktiven Lebens bescheiden lebte.

Gauß hatte es nie eilig, seine Gedanken veröffentlicht zu sehen, ganz gleich, ob es um reine Mathematik, Astronomie oder Physik ging, und überarbeitete seine Ergebnisse unermüdlich immer von neuem, bis sie ihm vollkommen erschienen. Indem er seine Gedanken schrittweise klärte und nur das Wesentliche aufschrieb, verwischte er alle Spuren des Weges, den er gegangen war, um zu seinen Einsichten zu gelangen. Niemals störte ein Gerüst die eleganten mathematischen Strukturen, die er so geduldig konstruiert hatte. Dieser strenge Stil, der heute die Mathematik durchdringt, könnte zu einem weniger glücklichen Vermächtnis gehören, das Gauß hinterlassen hat; denn die starke Abstraktion, die einen großen Teil der modernen Mathematik auszeichnet, ist für den nicht Eingeweihten praktisch undurchdringlich. Nur wenige trauen sich, in das Dickicht einzudringen.

Gauß verwandte Jahre darauf, seine Methoden der Berechnung von Planeten- und Kometenbahnen zu verbessern. Als sie endlich seinem hohen Standard genügten, bemerkte er mit Stolz, es gebe kaum noch eine Spur von Ähnlichkeit zwischen den Methoden, mit denen die Bahn von Ceres zuerst berechnet worden war, und denen, die er jetzt anwandte. Er veröffentlichte sein Verfahren 1809 in einer langen

   Was Newton nicht wußte

Arbeit, die er *Theoria motus corporum coelestium* nannte; heute noch spielt diese «Theorie der Bewegung der Himmelskörper» eine wichtige Rolle für moderne astronomische Berechnungen.

Als sich die anfängliche Aufregung über die Entdeckung der Asteroiden gelegt hatte, nahm das Interesse an ihnen ab; zwischen 1807 und 1845 wurden keine weiteren gefunden. Aber in den folgenden Jahren wiesen Beobachtungsergebnisse immer wieder deutlich darauf hin, daß diese kleinen Lichter nicht vernachlässigt werden durften. Ausgerüstet mit besseren Teleskopen und vollständigeren und zuverlässigeren Sternkarten stießen die Astronomen auf immer mehr Asteroiden, und der Strom der Entdeckungen verwandelte sich in eine Flut. Von diesen Kleinplaneten – die fast alle auf ähnlichen, benachbarten Bahnen zwischen Mars und Jupiter laufen – waren im Jahre 1890 schon 300 bekannt.

Für die Astronomen war diese merkwürdige Fülle von Planetoiden sowohl rätselhaft als auch lästig. Woher kamen sie? Waren sie die Fragmente eines ansehnlichen massereichen Planeten, der sich irgendwann in der Vergangenheit aufgelöst und eine breite Spur seiner Trümmer hinterlassen hatte? Oder handelte es sich lediglich um Überbleibsel, die sich nie zu einem stattlichen Körper zusammengefunden hatten? Und, unabhängig davon, wie viele es waren, wie ernst sollte man diese rätselhaften, anscheinend uninteressanten Objekte überhaupt nehmen?

Mit der Einführung der Photographie in die Astronomie wurden in noch rascherer Folge Asteroiden entdeckt. Um die Jahrhundertwende war das Aufspüren und die Identifizierung von Asteroiden zu einem anspruchsvollen Spezialgebiet geworden, das nur von wenigen Hingebungsvollen ernst genommen wurde. In diesem Teil der Astronomie lieferten winzige schwache Streifen auf photographischen Platten leicht das Beweismaterial, aber es erforderte viel Zeit und Aufmerksamkeit, genaue Ortsmessungen, Bahnberechnungen und zutreffende Vorhersagen zukünftiger Positionen zu erstellen. Tatsächlich ließen sich die Objekte nur auseinanderhalten, indem man ihre Bahnen jeweils einzeln beschrieb.

Asteroiden ließen sich leicht finden und, wie die Erfahrungen von Harlow Shapley und Seth B. Nicholson zeigen, auch leicht wieder aus dem Auge verlieren. Im September 1916 suchten die beiden Astronomen mit Hilfe des 1-m-Spiegels im Mount-Wilson-Observatorium in der Nähe von Los Angeles den Nachthimmel nach dichten Sterngruppen, sogenannten Kugelhaufen, ab. Diese riesigen Gebilde enthalten Millionen von Sternen und sind so weit von uns entfernt, daß sie selbst im größten damals verfügbaren Teleskop nur als verschwommene Kügelchen erschienen. Eines Nachts entdeckten Shapley und Nicholson zufällig etwas, das sich als ein sehr kleiner Asteroid erwies. Zu dieser Zeit empfanden die Astronomen diese Kleinplaneten eher als lästig denn als Phänomene, die wirklich Aufmerksamkeit verdienten. Mehr zum Spaß als aus einem ernsthaften Interesse heraus beschlossen Shapley und Nicholson, den Asteroiden allnächtlich routinemäßig zu beobachten, während er langsam an den Sternen vorbei über den Himmel zog. Shapley nannte das Objekt, das auf der Liste der bekannten Asteroiden die Zahl 878 erhielt, nach seiner einjährigen Tochter Mildred.

Als der Asteroid sechs Wochen später aus dem Blickfeld verschwand, hatten die Astronomen hinreichend viele Daten gesammelt, um seine Bahn näherungsweise berechnen zu können. Danach lief Mildred entlang einer ziemlich langgezogenen Ellipse gerade außerhalb der Bahn des Mars. Für Shapley war die Sache damit erledigt.

Trotz mehrerer Bemühungen anderer Astronomen in den folgenden Jahren, den Asteroiden Mildred zu finden, blieb er jahrzehntelang unentdeckt (und Mildred Shapley wurden von ihren vier Brüdern und ihren Freunden damit aufgezogen, daß sie eine «verlorene» Frau sei). Fünfundsiebzig Jahre nach der ursprünglichen Entdeckung konnte die Internationale Astronomische Union jedoch bekanntgeben, der Asteroid Mildred sei wiedergefunden worden – das Ergebnis eindrucksvoller astronomischer Detektivarbeit.

Gareth V. Williams, einer der Direktoren am Minor Planet Center des Harvard-Smithsonian-Observatoriums in Cambridge, Massachusetts, hatte die Koordinaten mehrerer Asteroiden erhalten, die am 10. April im 1-m-Teleskop der Europäischen Südsternwarte in Chile auf einer photographischen Platte erfaßt waren. Aufgrund seiner Rechnungen war Williams zu der Überzeugung gekommen, daß die Bewegung eines dieser Asteroiden einer Extrapolation der Messungen an Mildred aus dem Jahr 1916 entsprach. Wie andere Astronomen hatte auch Williams nach Mildred Ausschau gehalten

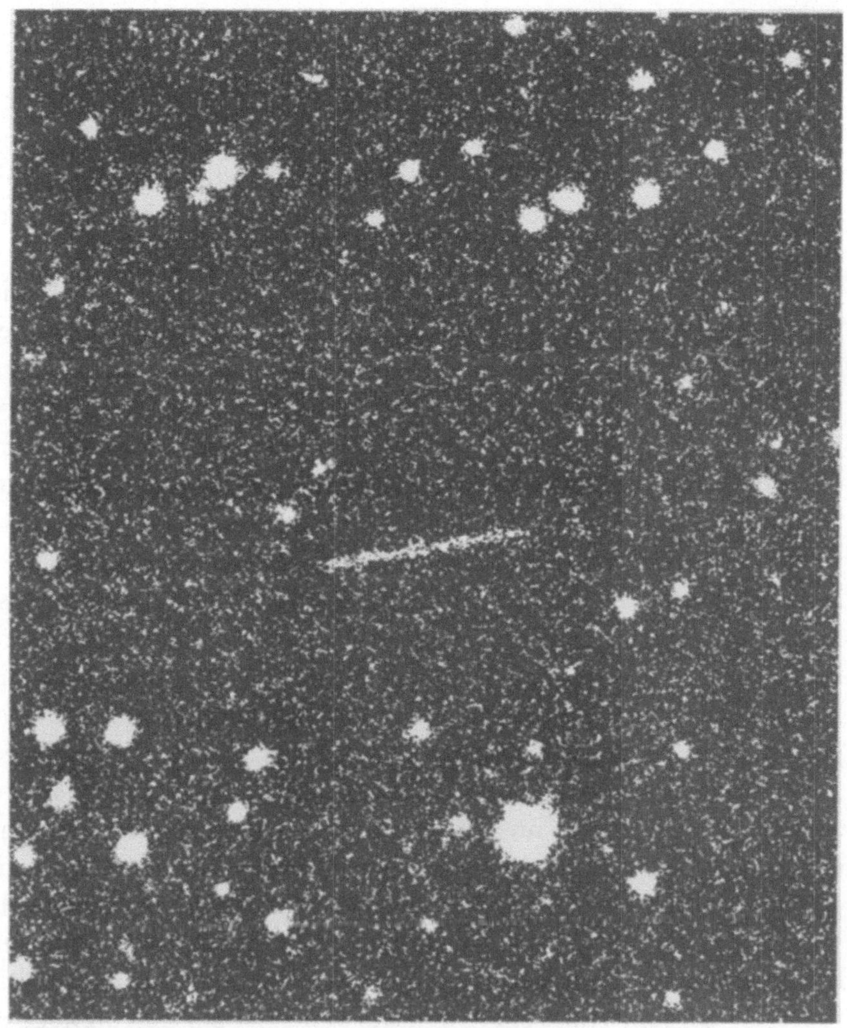

Der Asteroid 878 Mildred erscheint auf dieser Vergrößerung eines grobkörnigen Fotos vom 11. Juli 1977 als Streifen. Weil die Belichtungszeit 60 Minuten betrug, hinterließ Mildred relativ zu den Hintergrundsternen eine Spur (European Southern Observatory).

und glaubte zu ahnen, wo sie wohl wäre. Mit viel Intuition und langer, geduldiger Arbeit am Computer entdeckte Williams, daß die Position eines 1985 einmal beobachteten Asteroiden ebenfalls grob zu der Spur von Mildred paßte. Als andere Astronomen nun wußten, wonach sie suchen sollten, fanden sie bald weitere Bilder des

Asteroiden auf Platten, die 1977 und 1984 belichtet worden waren. Das bestätigte Mildreds Rückkehr.

Die Neuigkeiten waren für Mildred Shapley Matthews natürlich sehr erfreulich. Sie war damals wissenschaftliche Mitarbeiterin und Dozentin am Labor für Mond- und Planetenforschung der Universität von Arizona in Tucson und bemerkte befriedigt: «Ich habe versprochen, hier auszuhalten, bis der Asteroid wiedergefunden war.»

Asteroiden gehen übrigens gar nicht so selten «verloren». Allein 1931 beispielsweise fanden Asteroidenjäger 398 neue Objekte, aber nur 159 waren gut genug identifiziert, um längere Zeit hindurch beobachtbar zu sein. Der Rest verschwand nach einem kurzen Moment im Rampenlicht wieder in der Anonymität des Asteroidengürtels. Die gewaltige Aufgabe, diesen «Himmelswürmern» auf der Spur zu bleiben, schien kaum der Mühe wert zu sein. Die Zahlen allein waren überwältigend und entmutigend.

Dirk Brouwer, einer der hervorragenden Praktiker der Himmelsmechanik in diesem Jahrhundert, bemerkte 1935: «Eine Frage wird heute mit mehr Nachdruck gestellt als je zuvor: Was fangen die Astronomen mit diesen Hunderten von Kleinplaneten an, zu denen jedes Jahr ein Dutzend neue hinzukommen? Alle diese Bahnen müssen ständig verfolgt werden. Die Berechnung genauer Ephemeriden aus den elliptischen Bahnen von über tausend Objekten ist keine einfache Aufgabe. Die Berechnung der theoretischen Positionen mit einer Genauigkeit, die den besten modernen Beobachtungen entspricht, erfordert, daß die Anziehung durch die wichtigsten Planeten berücksichtigt wird. Wenn dies für alle bekannten Planeten durchgeführt werden soll, ist das ein Arbeitsaufwand, der zur Zeit unmöglich groß erscheint.» Selbst mit den heutigen Digitalcomputern lassen der Bedarf an genauen Vorhersagen der Asteroidenpositionen – die als Referenzpunkte für die Instrumente in Raumsonden und für andere Zwecke dienen – und die rasche Entdeckung so vieler neuer Asteroiden Brouwers Bemerkung noch richtig klingen.

Die Astronomen haben bis jetzt über 5000 Asteroidenbahnen beschrieben, und sie schätzen, daß der Hauptasteroidengürtel bis zu einer Million Gesteinsbrocken mit Durchmessern von einem Kilometer oder mehr enthält. Angesichts so vieler Asteroiden kann man sich den Asteroidengürtel als Autoskooterbahn vorstellen, auf der

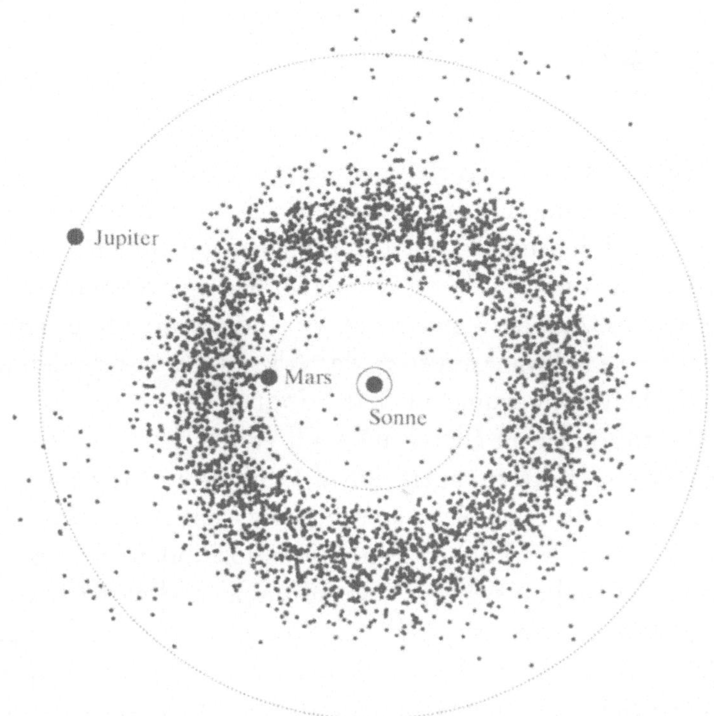

Ein «Schnappschuß» des inneren Sonnensystems, der die Lage von Sonne, Mars und Jupiter sowie von ungefähr 5000 Asteroiden zu einem bestimmten Zeitpunkt zeigt. Die meisten Asteroiden umlaufen die Sonne in einem Gürtel, der 1,5 astronomische Einheiten breit ist und zwischen den Bahnen von Mars und Jupiter liegt (mit freundlicher Genehmigung von Dr. S. Ferraz-Mello, Universität São Paulo).

immer wieder Himmelskörper zusammenstoßen. In Wirklichkeit jedoch ist das Volumen, durch das diese Objekte hindurchgehen, während sie um die Sonne wirbeln, so riesig, daß ein Asteroid in der Regel mehrere Millionen Kilometer von seinem nächsten Nachbarn entfernt ist. Enge Begegnungen und wirkliche Zusammenstöße sind relativ selten.

Trotzdem können im Asteroidengürtel seltsame Dinge geschehen. Die Asteroiden, die durch die Gravitationswirkungen der Sonne, des Jupiter und (in geringerem Maße) anderer Planeten wiederholt hin und her gezogen werden, laufen auf ihren periodischen Bahnen um die Sonne im Zickzack. Auf solchen Bahnen könnten sich geringe, über lange Zeiträume wirkende Einflüsse summieren und zu radikalen Veränderungen der Bahnen führen.

Die mühevollen Beobachtungen und eingehenden Untersuchungen von Daniel Kirkwood lieferten erste Hinweise darauf, daß die Dynamik des Asteroidengürtels geradezu verblüffend ist. Kirkwood, der mit Begeisterung Astronomie und Mathematik lehrte, verbrachte einen großen Teil seiner Freizeit mit der Erforschung der kleineren Mitglieder des Sonnensystems: Kometen, Kleinplaneten und Meteoriten. Als er 1857 an der Universität von Indiana arbeitete, bemerkte er verblüffende Schwankungen in der Anzahl der Asteroiden in unterschiedlichen Entfernungen von der Sonne.

Weil Asteroiden im allgemeinen auf elliptischen Bahnen laufen, schwanken ihre Entfernungen von der Sonne innerhalb eines bestimmten Bereichs. Diese Schwankung verwischt alle Lücken, die auf Diagrammen mit wirklichen Asteroidenpositionen zu einem bestimmten Augenblick sichtbar sein könnten. Kirkwood bestimmte nicht die Position, sondern jeweils die Länge der größeren Halbachse eines jeden Asteroiden, also die Entfernung von der Mitte seiner elliptischen Bahn zu seinem sonnenfernsten Punkt. Zu seiner Überraschung entsprachen den Zahlenreihen bei bestimmten Werten der großen Halbachse nur sehr wenige Asteroiden.

Kirkwood bemerkte, daß von den 50 damals bekannten Asteroiden überraschend wenige die Sonne in Entfernungen umlaufen, die Umlaufperioden von einem Drittel, zwei Fünftel bzw. der Hälfte der des Jupiter entsprechen. Diese Lücken finden sich genau bei jenen Entfernungen von der Sonne, bei denen das Verhältnis der Bahnperiode eines Asteroiden zu der des Jupiter kleinen ganzen Zahlen entspricht. Wenn zum Beispiel ein Objekt auf einer Bahn läuft, die etwa 2,5mal so viel Abstand von der Sonne hat wie die Erde, vollendet es für jeden Umlauf des Jupiter drei Umläufe. Alle Objekte, die die Sonne etwa in dieser Entfernung umrunden, befinden sich in einer sogenannten 3:1-Resonanz.

Solche Resonanzen sind wichtig, weil diese einfachen ganzen Zahlenverhältnisse bedeuten, daß Asteroid und Planet einander in regelmäßigen zeitlichen Abständen an fast demselben Ort nahe kommen. Im Lauf der Zeit häufen sich diese Übereinstimmungen zu wahrnehmbaren Gravitationswirkungen an, die den Asteroiden so

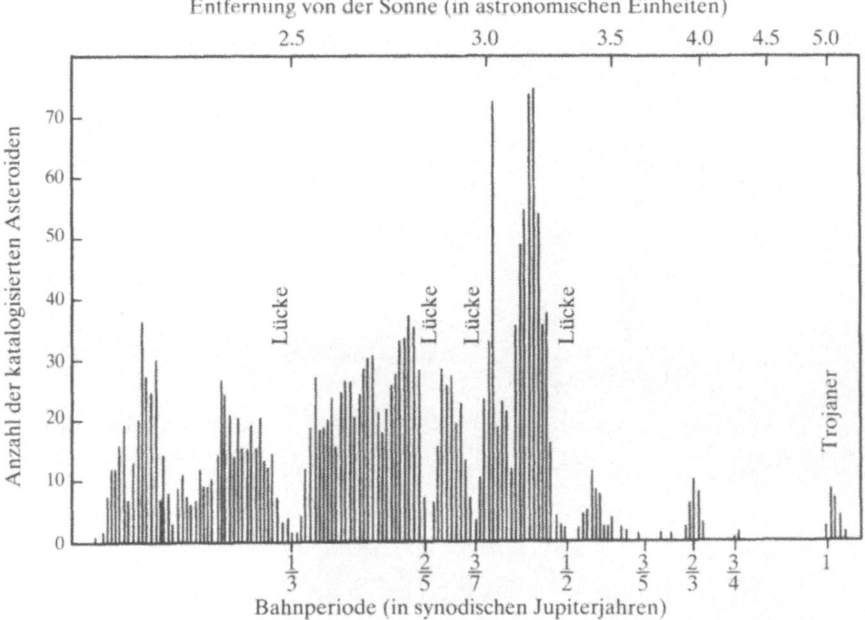

Wenn die Anzahl der Asteroiden gegen ihre Entfernungen von der Sonne aufgetragen wird, zeigt sich, daß sehr wenige solche Bahnen haben, deren Perioden einfachen Bruchteilen wie ein Drittel, zwei Fünftel, drei Siebtel und der Hälfte der Bahnperiode des Jupiter entsprechen.

weit verschieben könnten, daß sich die Exzentrizität seiner Bahn verändert und sich seine beobachtete Lage am Himmel verschiebt.

Weitere Untersuchungen von Kirkwood und anderen zeigten außerdem das Ausbleiben von Asteroiden bei Resonanzen, für die das Verhältnis der Umlaufperiode des Jupiter zu der eines Asteroiden 7:3 bzw. 9:4 betragen würde. Seltsamerweise verweisen manche Verhältnisse wie etwa 1:1 (das für den als Trojaner bekannten Asteroidenhaufen gilt, der dieselbe Bahn hat wie Jupiter, ihm aber nicht in den Weg gerät) und 3:2 (wie für die Hilda-Asteroiden) eher auf einen Überfluß als auf einen Mangel an Asteroiden in den entsprechenden Entfernungen.

Kirkwood behauptete, daß eine wiederholte Anziehung durch Jupiter die Asteroiden irgendwie aus der Nähe einer Resonanz wegziehen könnte. Vielleicht stört die Bewegung des Jupiter alle Körper in solchen Bahnen und verursacht Instabilitäten, bis sie sich so weit

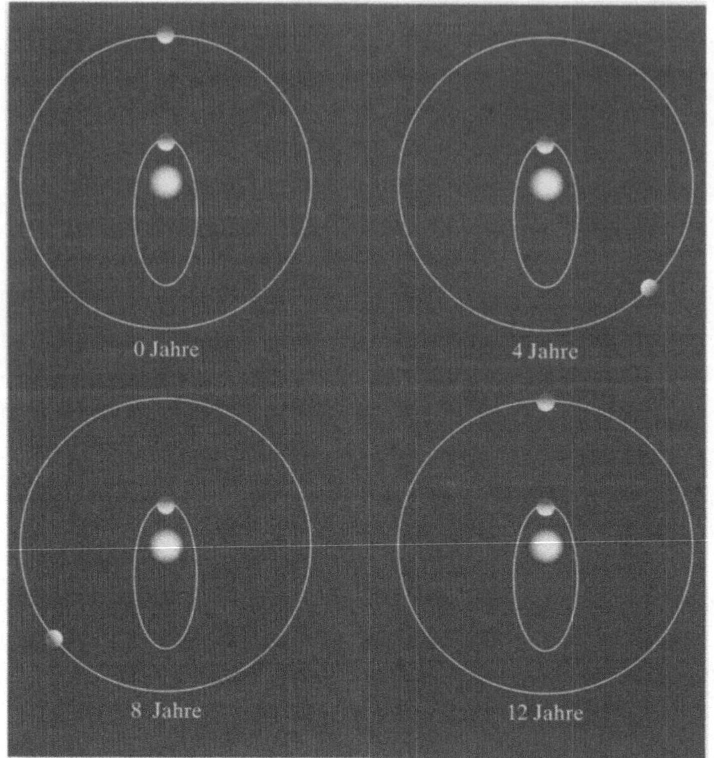

Ein Asteroid (innere, elliptische Bahn), der mit Jupiter in einer 3:1-Resonanz ist, vollendet einen Umlauf um die Sonne in einem Drittel der Zeit, die Jupiter benötigt (äußere, ungefähr kreisförmige Bahn). In diesem hypothetischen Beispiel kommen sich der Asteroid und Jupiter alle 12 Jahre besonders nah. Solche wiederholte Krafteinwirkung des Planeten kann den Asteroiden in eine neue Bahn bringen, die möglicherweise die des Mars kreuzt.

entfernt haben, daß keine Resonanz mehr auftritt. Aber diese Erklärung konnte die Defizite bei einigen Resonanzen und die Haufenbildung bei anderen nicht zufriedenstellend begründen, und sie konnte auch nicht sagen, wie die Schwerkraft eine möglicherweise so dramatische Veränderung der Bahn eines Asteroiden bewirken könnte.

Eine Möglichkeit, die Stabilität bestimmter Asteroidbahnen zu verstehen, besteht im Vergleich ihrer Bahnformen über Äonen hinweg. Frühe Bemühungen in dieser Richtung beruhten auf einer Art Mittelwertbildung bei den mathematischen Ausdrücken, die eine Bahn näherungsweise beschreiben, wie bei der Störungstheorie. Dieses Verfahren läßt sich damit vergleichen, daß man den Verschluß einer Kamera lange geöffnet hält, während man das Meer fotografiert. Im fertigen Foto mittelt sich dann das ständige Steigen und Fallen der Wellen heraus, und man sieht eine glatte Fläche. Je nach der Belichtungsdauer zeigen sich jedoch langfristige, nicht geglättete Tendenzen als deutliche Verschiebungen in der Position des Horizonts. Bei die-

     Was Newton nicht wußte

sem Verfahren kommt es darauf an, daß man die geeignete mittlere Periode verwendet, um bestimmte langfristige Schwankungen zu verdeutlichen. In der Himmelsmechanik wäre es ein Anzeichen für langfristige Stabilität, wenn es keine großen Abweichungen vom Mittelwert gäbe.

Obwohl viele Astronomen versuchten, das Prinzip der Mittelwertbildung auf das Rätsel der Asteroiden anzuwenden, stellte die brillante Analyse der Schwächen der Störungstheorie durch Henri Poincaré (wie wir sie im vorigen Kapitel umrissen haben) solche Verfahren in Frage. Weil kleine Unterschiede in den Anfangsbedingungen später zu großen Abweichungen führen können, läßt sich unmöglich mit Sicherheit voraussagen, wie sich eine Bahn in der fernen Zukunft verändern kann. Trotzdem sind die Differenzen über kurze Zeiten (nur wenige hundert Jahre) ziemlich klein, und Poincaré selbst verwendete ein solches Mittelungsverfahren, als er bestimmen wollte, wie die 2:1-Resonanz die Bahnen von Asteroiden beeinflußt. Aber er hatte wenig Erfolg.

Nachdem anscheinend alle auf der Mechanik der Bahnen beruhenden Ansätze versagten, wenn es um die Erklärung der geheimnisvollen Lücken im Asteroidengürtel ging, vertraten immer mehr Astronomen die Meinung, das Problem habe angenehm wenig mit der Dynamik zu tun. Wenn diese Lücken nicht auf den Einfluß der Schwerkraft auf die Asteroiden zurückzuführen seien, dann, so behaupteten sie, gab es sie vielleicht schon, als sich das Sonnensystem bildete, oder sie waren vielleicht irgendwie mit den Vorgängen verknüpft, die zur Entstehung des Sonnensystems selbst geführt hatten.

In den siebziger Jahren dieses Jahrhunderts sahen sich mathematische Astronomen und Planetenwissenschaftler die Entwicklung der Bahnen mit neuen Augen an. Sie hatten nun den Computer zur Verfügung, der es ihnen erlaubte, die zugrundeliegenden Bewegungsgleichungen für Bahnberechnungen zu verwenden, die weiter in die Zukunft reichten, als Poincaré und seine unmittelbaren Nachfolger es je hatten erreichen können. Zudem hatten sie sich an den Gedanken gewöhnt, daß rein mathematische Hilfsmittel, die vor allem von Mathematikern entwickelt worden waren, um Probleme der Dynamik zu behandeln, für physikalische Systeme wichtig sein konnten – vielleicht sogar für das Sonnensystem. Dieser mathematische Bereich, der das enthält, was wir heute Chaos nennen, aber keineswegs darauf beschränkt ist, stellte einen neuartigen reizvollen Rahmen dar, in dem sich über die Himmelsmechanik nachdenken ließ.

Obwohl Poincaré viele der Grundgedanken formuliert hatte, die der Vorstellung zugrunde liegen, deterministische Systeme könnten gelegentlich unvorhersagbares Verhalten zeigen, hatten sich nur wenige Wissenschaftler die Mühe gemacht, die technischen Einzelheiten durchzuarbeiten, die das umfangreiche Werk ihres Vorgängers zur Himmelsmechanik enthielt, um diese Gedanken wieder zu entdecken. Mit Ausnahme einiger weniger Mathematiker, die in Poincarés Nachfolge entscheidende Teile seines Werks vollendet und erweitert hatten, schenkte praktisch niemand diesen faszinierenden Entwicklungen viel Aufmerksamkeit, und kaum jemand erkannte, welche weitreichenden Konsequenzen sie für die Beschreibung physikalischer Systeme hatten.

Jetzt war die Reihe an den Astronomen, sich nicht im «wirklichen» Raum, sondern im Phasenraum der Mathematiker umzuschauen, in dem sie Veränderungen von Position und Geschwindigkeit eines Objekts als eine sich windende Bahn veranschaulichen konnten. Bei diesen ersten Computerstudien wurde klar, daß der Phasenraum, in dem die Positionen und Geschwindigkeiten von Planeten und Asteroiden aufgetragen sind, im allgemeinen in solche Bereiche eingeteilt werden kann, in denen das Verhalten regelmäßig und vorhersagbar ist, und in solche, in denen es chaotisch und unvorhersagbar ist. Für einige Kombinationen von Anfangspunkten und Anfangsgeschwindigkeiten war das zukünftige Verhalten klar, für andere blieb es verborgen. In diesem abstrakten Reich erschienen Resonanzen oft als winzige, anscheinend stabile Inseln, die von Zonen umgeben waren, in denen Chaos herrschte.

Die Schwierigkeit bestand darin, daß man enorm viel Computerleistung benötigt, wenn man die Differentialgleichungen integrieren will, die zur Berechnung der Bahnen von Asteroiden nötig sind, um die zweifellos vorhandenen chaotischen Bereiche zu erfassen. Forscher konnten vielleicht 10 000 Jahre weit in die Zukunft sehen, aber sie konnten überhaupt nicht sicher sein, daß diese Zeit lang genug war, um zu erfassen, wie stark sich die Bahnformen möglicherweise verschieben konnten. So gab es keine endgültige Antwort auf die entscheidende Frage, ob die Asteroiden bestimmte Bahnen verlassen und dadurch die Lücken in Kirkwoods Durchmusterung erzeugt haben konnten. Aber es gab genug Hinweise darauf, wie wichtig es war, die Bewegung der Asteroiden in der Nähe von Resonanzen auch qualitativ zu klären, bevor man ernsthaft weitere Hypothesen über den Ursprung der Kirkwood-Lücken erwog.

Nur die Rechnung konnte hier die Antworten liefern. Gab es eine Möglichkeit, die numerische Integration von Asteroidbahnen nicht nur 10 000 Jahre, sondern sogar 100 000 Jahre in die Zukunft auszudehnen? Ließen sich die numerischen Ergebnisse geschickt glätten und so die meisten der rasch veränderlichen Beiträge beseitigen, gleichzeitig aber doch die Komponenten beibehalten, die von Resonanzeffekten und langfristigen Trends herrühren? Gab es eine rechnerische Abkürzung in die Zukunft?

Die Lösung einiger dieser Probleme stammt aus der bahnbrechenden Arbeit eines Studenten des CalTech. Ende der siebziger Jahre fand allmählich die von einer kleinen Gruppe von Enthusiasten verkündete Botschaft vom dynamischen Chaos bei den Wissenschaftlern Gehör. Zu den vom Chaos-Fieber Erfaßten gehörte Jack Wisdom. Er war tief in die Himmelsmechanik eingetaucht und von der Vorstellung fasziniert, daß es in einem deterministischen System regelloses Verhalten geben könnte; er ergab sich deshalb bereitwillig diesem geheimnisvollen Reiz.

Wisdoms Doktorvater, Peter Goldreich, hatte ihm vorgeschlagen, die möglichen Anwendungen der chaotischen Dynamik auf Probleme der Himmelsdynamik zu erwägen. Wisdom erinnert sich, wie ihm besonders Goldreichs Beschreibung des Problems der Kirkwoodschen Lücken als ein vielversprechender Ansatz erschienen war – *falls* ein Weg gefunden werden konnte, die wesentlichen Merkmale von Asteroidbahnen viel schneller zu berechnen, als die damals verfügbaren Methoden und Computer es erlaubten.

Das war ein beträchtliches Hindernis, aber Wisdom war hartnäckig. Er verwob Gedanken, die aus mehreren Quellen stammten, zu einem neuen und einzigartigen Geflecht und erarbeitete schrittweise die rechnerischen Abkürzungen, die zur Untersuchung der Entwicklung von Asteroidbahnen im Lauf von Jahrtausenden nötig waren. Tatsächlich fand er einen einfachen, leicht berechenbaren mathematischen Ersatz für die Differentialgleichungen der Himmelsmechanik. Dann konzentrierte er sich wie Poincaré nicht auf den stetigen Fluß von einem Punkt des Phasenraums zum nächsten, sondern auf stroboskopische Schnappschüsse des Systems, die die entscheidenden Kennzeichen insgesamt einfingen, ohne unbedeutende Einzelheiten hereinzubringen (siehe Kapitel 7). Unter der Annahme, daß diese Surrogatmethode wirklich das Verhalten der zugrundeliegenden Differentialgleichungen wiedergab, konnte Wisdom in Sekunden Rechenzeit erreichen, wozu man früher Tage gebraucht hatte. Anfangs konzentrierte Wisdom seine Untersuchungen auf das Verhalten von Asteroidbahnen in der Umgebung der berühmten 3:1-Resonanz, wo Kirkwood eine der auffallendsten Lücken gefunden hatte. Um den Bewegungen der Asteroiden auf die Spur zu kommen, bevölkerte er den Bereich der 3:1-Resonanz mit etwa 300 fiktiven, masselosen Objekten und berechnete, wie ihre Bahnen sich über zwei Millionen Jahre entwickelten. Jede Berechnung einer Asteroidbahn mit einer etwas unterschiedlichen Ausgangsposition im Bereich dieser Resonanz lieferte einen weiteren Punkt in Wisdoms Diagramm, das zeigte, wie schnell Bahnen ihre Grundform oder ihre Exzentrizität variieren können. Er entdeckte, daß Bahnen sich in einigen Fällen änderten, ohne ihre Exzentrizität radikal zu verändern. Diese Bahnen lagen anscheinend in einem stabilen Bereich des Phasenraums. Bei anderen Ausgangspunkten und Geschwindigkeiten verschoben sich die Bahnen manchmal plötzlich von einer Exzentrizität zur anderen. Solche Bahnen lagen in einem chaotischen Bereich. Aus diesem Gemisch von Ordnung und Chaos konnte Wisdom abschätzen, mit welcher Wahrscheinlichkeit ein Asteroid aus seiner anfänglichen Bahn herausgeschleudert werden würde.

Mit Hilfe dieser Berechnungen erstellte Wisdom ein genaues Diagramm, das zeigte, wie weit sich die chaotischen Bereiche, die instabilen Bahnen entsprechen, in der Nähe der 3:1-Resonanz erstrecken. Seine Rechnungen zeigten, daß Jupiter eine chaotische Zone bestimmt. Wenn zwei Objekte Anfangsgeschwindigkeiten und Positionen haben, die zu diesem Bereich gehören, können sie schließlich doch auf ganz verschiedenen Bahnen enden. Der zukünftige Verlauf

   Was Newton nicht wußte

Spitzen im Graphen der Exzentrizität einer besonders chaotischen Bahn eines hypothetischen Asteroiden in der Nähe einer 3:1-Resonanz mit Jupiter, die über viele Millionen Jahre berechnet wurde, entsprechen plötzlichen großen Veränderungen in der Form seiner elliptischen Bahn (mit freundlicher Genehmigung von Jack Wisdom).

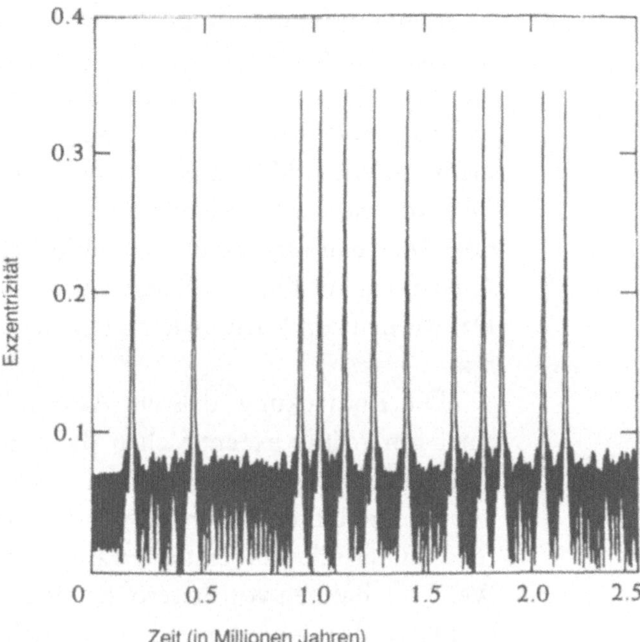

aller Bruchstücke, die bei gelegentlichen Zusammenstößen zwischen Gesteinsbrocken entstanden, wird dann, wenn diese zufällig am richtigen Ort mit der richtigen Geschwindigkeit landen, über lange Zeiträume hin unvorhersagbar. Diese Asteroiden müssen ihre Bahnen nicht unbedingt verändern, aber die Möglichkeit eines solchen drastischen Ereignisses ist nicht ausgeschlossen.

Die numerischen Experimente Wisdoms mit seinen fiktiven, masselosen Asteroiden zeigten, daß ein Asteroid in der chaotischen Zone bis zu einer Million Jahre auf einer nahezu kreisförmigen, wenig exzentrischen Bahn zubringen kann. Aber dieses träge Verhalten kann von einigen wenigen unregelmäßigen Sprüngen plötzlich unterbrochen werden, die die Bahn sehr exzentrisch machen können. Und das kann schlimme Folgen haben. Nahezu kreisförmige Bahnen können sich nach einigen hunderttausend Jahren gemäßigten Verhaltens plötzlich strecken und so stark elliptisch werden, daß sie die Bahnen von Mars und Erde schneiden. Im Lauf der Zeit werden diese vorübergehend verschobenen Asteroiden von den Planeten beiseite gefegt; sie fallen auf die Erde oder den Mars oder werden in neue Bahnen geschleudert.

Bahnen, die ursprünglich innerhalb der chaotischen Zone um die 3:1-Resonanz lagen, würden also allmählich gleichsam leergefegt, so daß eine Lücke im Asteroidengürtel entsteht. Die 3:1-Lücke ist somit nicht auf eine direkte Einwirkung des Jupiter zurückzuführen; vielmehr entfernen Mars und Erde nach und nach einen großen Teil aller Objekte, die auf hinreichend exzentrische Bahnen geraten und Erd- oder Marsbahn kreuzen. Der Jupiter erzeugt nur die Resonanz, die Asteroiden auf Bahnen bringt, die die Mars- oder Erdbahn kreuzen. Das Modell von Wisdom kann Kirkwoods 3:1-Lücke plausibel erklären.

Die Entdeckung, daß ein Asteroid 100000 Jahre oder mehr in einer nur mäßig exzentrischen Bahn zubringen und dann plötzlich von der fast kreisförmigen Bahn abweichen kann, kam völlig unerwartet. Die Untersuchungen von Wisdom zeigten auch, wie irreführend numerische Integrationen sind, die nur 10000 Jahre umspannen. Wenn die Bahnen von Asteroiden über viel längere Zeiträume untersucht werden, könnten sie erstaunlich unterschiedliches Verhalten aufweisen. Erst als die Bahn eines Asteroiden über Hunderttausende von Jahren berechnet wurde, erhielt man einen Eindruck von seiner wirklichen Bewegung.

Wisdom berechnete auch, daß ein Fünftel der Objekte aus der chaotischen Zone um die 3:1-Resonanz innerhalb eines Zeitraums von einer halben Million Jahre eine die Erdbahn kreuzenden Umlaufbahn haben könnte. Dieser Befund legt eine Lösung der alten Frage nach der Herkunft der Meteoriten nahe. Obwohl viele Wissenschaftler vermuteten, daß der häufigste Meteorit, der sogenannte Chondrit, aus dem Asteroidengürtel stammt, konnte niemand, ohne unwahrscheinliche und umständliche Theorien, angemessen erklären, wie dieses Gestein je auf Bahnen gelangen konnte, die die Erdbahn kreuzen. Die Überlegungen von Wisdom sind deshalb so überzeugend, weil sie nichts Komplizierteres voraussetzen, als daß ein Asteroid einem Planeten sehr nahe kommt.

Als Wisdom diesen überraschenden Gedanken zunächst 1981 recht vorsichtig in seiner Doktorarbeit und im folgenden Jahr in einer Arbeit in *The Astronomical Journal* veröffentlichte, waren die meisten Astronomen skeptisch. Viele meinten, ein solch ungewöhnliches Verhalten müsse eine Eigenart der mathematischen Methode sein, auf der die Vorhersage beruht, spiegele aber nicht wirkliche Ereignisse wider. Sie vermuteten, dieses mathematische Kunststück simuliere nicht die tatsächlichen Bewegungen der Asteroiden, sondern liefere lediglich ein Mittel, Ausmaß und Art der chaotischen Zonen um eine Resonanz herum zu berechnen, ohne jedoch anzugeben, wo ein Asteroid zu einer bestimmten Zeit sein würde. Die Kritiker behaupteten, es gebe keine direkte Entsprechung zwischen den Bahnen, die Wisdom abgebildet hatte, und jenen, die direkt aus der Integration der Differentialgleichungen folgen.

In der Tat erschwerten Hinweise auf das Vorliegen von Chaos die Aufgabe, die chaotischen Bahnen genau zu berechnen, ganz ungemein. Man stelle sich einen Billardtisch vor, der mit großen, eng benachbarten zylindrischen Pollern bestückt ist. Zwei Kugeln mit etwas unterschiedlichen Ausgangspunkten durchlaufen diese Anordnung im allgemeinen auf zwei völlig verschiedenen Wegen. Die Vorhersage, welchen Weg eine bestimmte Kugel wählt, ist heikel, wenn deren Ausgangsposition nicht ganz genau bekannt ist. Nach wenigen Zusammenstößen mit den Pollern haben sich die Abweichungen summiert, und Berechnungen der zukünftigen Position der Kugel können bestenfalls einen Bereich angeben, in dem sie wahrscheinlich sein wird, obwohl die Kugel selbst einen wohldefinierten Weg nimmt.

Eine kleine Veränderung des Ausgangspunkts kann also zu erstaunlich stark abweichenden Ergebnissen führen; außerdem kann durch das Auf- und Abrunden von Zahlen im Verlauf einer Berechnung eine ähnliche Wirkung entstehen und das Endergebnis ebenfalls wesentlich beeinflußt werden. Man stelle sich einen Computer vor, der mit Zahlen bis zu einer Genauigkeit von 14 Dezimalstellen arbeitet. Computerexperimente zeigen, daß zwei Bahnen, die an Punkten beginnen, deren Koordinaten sich nur in der letzten Dezimalstelle unterscheiden, nach wenigen Dutzend Schritten nichts mehr miteinander zu tun haben. Ebenso wie die Fehler mit jedem Stoß der Billardkugel größer werden, können sie sich auch mit jedem Rechenschritt vergrößern, bei dem eine Zahl gerundet wird.

Ein Forscher muß also irgendwie die Folgen von Rundungsfehlern in einer mathematischen Rechnung von den Ungewißheiten zu trennen versuchen, die von den Grenzen der Messungen physikalischer Systeme, und den Eigenschaften des physikalischen Systems selbst auferlegt sind. Die Frage der Vorhersagbarkeit ist wichtig, weil die Iteration oder wiederholte Auswertung geeigneter mathematischer Ausdrücke eine Standardmethode ist, um Näherungslösungen für Gleichungen zu finden, die Systeme in der Himmelsmechanik beschreiben. Wie gut können solche Vorhersagen sein, wenn die Anfangsbedingungen im allgemeinen nur bis auf ein oder zwei Dezimalstellen bekannt sind und wenn die von einem Computer errechneten Werte daher notwendigerweise unsicher sind?

Wegen dieser Unsicherheiten sind lange numerische Integrationen chaotischer Teilchenbahnen in der Himmelsmechanik selten umkehrbar. Es ist nicht möglich, die Bahn eines Asteroiden 200 000 Jahre oder länger in die Zukunft zu berechnen und sich dann zu genau derselben Position und Geschwindigkeit zurückzuarbeiten, bei der die Rechnung begann. Da die Gesetze der Mechanik zeitumkehrbar sind, müßten die Berechnungen umkehrbar sein. Die Anhäufung von Fehlern, die durch das Abrunden von Zahlen verursacht werden, macht zusammen mit der für Chaos typischen raschen Divergenz benachbarter Teilchenbahnen die rechnerische Umkehrung praktisch unmöglich.

In solchen Situationen können mathematische Astronomen, die sich darauf verlassen, daß der Computer nützliche Ergebnisse liefert, ihre Methoden nicht vollständig und streng rechtfertigen. Während Traditionalisten in der Nachfolge von Laplace und Lagrange bei dem Gedanken an ein Rechenverfahren erschauern, das nicht umkehrbare Bahnen liefert, würde ein moderner Dynamiker sagen, daß es darauf ankommt, was man aus der Rechnung herausholen will. Die neuen Methoden können die exakte Position und Geschwindigkeit eines Asteroiden nicht eine Million Jahre in der Zukunft oder Vergangenheit bestimmen, aber sie können die Wahrscheinlichkeit einer plötzlichen Verschiebung der Exzentrizität einer Bahn abschätzen. Außerdem kann eine berechnete Bahn sehr wohl ungenau sein, aber sie verhält sich qualitativ immer noch wie eine wahre Umlaufbahn, wenn sie im Phasenraum herumhüpft und fast denselben Bereich füllt – solange bei der Berechnung der Bahn einige Vorsichtsmaßnahmen befolgt werden. Manchmal erfordert dies, daß numerische Ergebnisse in Form langer Ziffernfolgen stehenbleiben, damit nicht ein Rundungsfehler der Berechnung den Todesstoß versetzt.

     Was Newton nicht wußte

Jack Wisdom schrieb in diesem Zusammenhang: «Glücklicherweise bedeutet dies nicht (nur), daß wir in einem flehentlichen Gebet
die Hände zu den Göttern der Dynamik heben müssen, sie möchten
die Ergebnisse stimmen lassen. Vielmehr muß man das Phänomen im
umfassenden Zusammenhang der dynamischen Systeme sehen und
zeigen, daß das Verhalten in der Tat nicht außergewöhnlich ist, sondern genau dem gleicht, das in anderen dynamischen Systemen gefunden wurde.» Um zusätzliche numerische Ergebnisse zu erhalten, die
seine Behauptung belegen sollten, schnorrte Wisdom sich so viel
Computerzeit, daß er die nötigen Berechnungen mit den vollständigen, nicht gemittelten Differentialgleichungen durchführen konnte –
ein Verfahren, das für die Astronomen vertrauter und annehmbar ist.
Er erhielt im wesentlichen dieselben Ergebnisse wie mit seiner kürze-
ren Methode.

Wisdom schloß eine seiner Arbeiten mit den Worten: «Angesichts
der Tatsachen … läßt sich die Bedeutung von chaotischem Verhalten
bei der Entstehung der Lücke [im Asteroidengürtel] gar nicht hoch
genug einschätzen. Es braucht keine anderen Hypothesen als die
Dynamik des dreidimensionalen elliptischen eingeschränkten Dreikörperproblems und die Gegenwart des Mars, um die genaue Form
und Größe der 3:1-Kirkwood-Lücke zu erhalten.»

George Wetherill war ein Astronom, der Wisdoms Gedanken
schon ernst nahm, bevor noch weitere Berechnungen angestellt waren. Er berechnete mit Hilfe von Wisdoms Modell, wie die abweichenden Bahnen in der Nähe der 3:1-Resonanz aussehen würden, wenn
die Asteroiden sich der Erde näherten oder auf ihr einschlügen. Die
Ergebnisse entsprachen den Beobachtungen von Meteoritenspuren
am Himmel, die von der Erde aus vorgenommen worden waren; das
sprach für Wisdoms Verfahren. Der Bereich um die 3:1-Resonanz ist
möglicherweise die Quelle von zumindest einem Teil der Trümmer,
die als Meteoriten durch die Erdatmosphäre fliegen.

Trotzdem konnte die Hypothese von Wisdom das Problem nicht
vollständig lösen. Eine Analyse der Dynamik läßt zwar vermuten, in
der Nähe der 3:1-Lücke liege die Quelle einiger die Erdbahn kreuzen-
der Asteroiden. Die Zusammensetzung von Überresten chondriti-
scher Meteoriten, die auf der Erde gefunden und im Labor untersucht
wurden, entsprach jedoch nicht genau der von Asteroiden, deren Bahn

zur Zeit in der Nähe der Lücke verläuft; die Zusammensetzung solcher Asteroiden wird aus dem von ihnen reflektierten Licht erschlossen.

Es gibt noch weitere Probleme. Die 2:1- und die 3:2-Resonanz sind dynamisch gesehen viel komplizierter als die 3:1-Resonanz, die relativ weit von anderen wichtigen Resonanzen entfernt liegt. Trotzdem sind die Gleichungen, mit denen die Asteroidbahnen in der Nähe dieser beiden Resonanzen beschrieben werden, nahezu identisch, und beide Lösungsmengen sind qualitativ ähnlich. Aber die 2:1-Resonanz markiert eine Lücke im Asteroidengürtel, während die 3:2-Resonanz einen Überfluß an Asteroiden zeigt – diejenigen der sogenannten Hilda-Asteroiden.

Warum gibt es bei der einen Resonanz nur wenige Asteroiden und bei der anderen sehr viele? Der wirkliche Grund dieses Unterschieds bleibt unklar, obwohl neuere Berechnungen auf qualitative Unterschiede des Phasenraums in der Umgebung der beiden Resonanzen hindeuteten. Insbesondere scheint es in der 3:2-Zone fast kein chaotisches Verhalten zu geben. Das könnte erklären, warum es dort Asteroiden gibt, jedoch nicht, warum es dort mehr sind als anderswo. Vielleicht haben sich die Hilda-Asteroiden einfach in einer vor Chaos geschützten dynamischen Nische niedergelassen. Seltsamerweise sagen mehrere vereinfachte Computermodelle der 3:2-Resonanz noch mehr Asteroiden voraus, als es dort gibt.

Unklar ist auch, warum es bei der 2:1-Resonanz eine Lücke geben sollte, denn chaotische Bahnen allein garantieren diese Lücke noch nicht. Im Fall der 3:1-Resonanz führt die Verschiebung zu sehr exzentrischen Bahnen die Asteroiden über die Bahnen von Mars und Erde hinaus, und die Planeten fegen sie beiseite. Asteroiden, die in der Nähe der 2:1-Resonanz kreisen, sind viel sonnenferner; die Wahrscheinlichkeit, daß sie schließlich auf langgestreckten Bahnen laufen, die bis zu den Bahnen von Mars und Erde reichen, ist viel geringer. Was hat zur Entvölkerung der 2:1-Asteroiden geführt?

Eine weitere rätselhafte Eigenschaft der Verteilung der Asteroiden ist noch nicht erklärt, nämlich die deutliche Abnahme ihrer Anzahl jenseits der 2:1-Resonanz. Zunächst könnte man denken, der störende Einfluß des Jupiter sei zu stark. Dann müßten alle Bahnen in diesem Bereich instabil sein, aber das trifft nicht zu. Erste numerische Untersuchungen ergaben, daß Bahnen im Bereich zwischen der 2:1- und

3:2-Resonanz nicht besonders chaotisch oder instabil sind. Andererseits umfaßten diese Untersuchungen vielleicht einen zu kurzen Zeitraum der Evolution der Bahnen, um Instabilitäten nachweisen zu können. Jeder Streifen des Asteroidengürtels könnte sehr wohl eindeutige dynamische Merkmale haben, die von geringen Unterschieden in den Gravitationskräften herrühren, die auf die dort befindlichen Körper wirken.

Zudem können einzelne Asteroiden verwirrende Botschaften übermitteln. Andrea Milani und Anna M. Nobili, Astronomen an der Universität Pisa, beschäftigten sich 1992 genauer mit dem Asteroiden 522 Helga, der in einer wenig bevölkerten Zone des äußeren Asteroidengürtels umläuft. Wie sie zeigten, ist Helgas Bahn insofern «chaotisch», als ihre Position sich nicht für mehr als 10 000 Jahre in die Zukunft vorhergesagen läßt. Aber Helgas elliptische Bahn, die der des Jupiter relativ eng folgt, scheint auf einen Bereich des Asteroidengürtels beschränkt zu sein. Solch merkwürdiges Verhalten führt zu einer sonderbaren Terminologie und zu dem anscheinend paradoxen Begriff des «stabilen Chaos».

In einer Anmerkung zu diesen Untersuchungen beschrieb der Astronom Carl D. Murray dieses seltsam dissonante Verhalten: «Wenn man von Chaos in der Bewegung von Körpern im Sonnensystem spricht, werden Bilder von Zusammenstößen von Planeten, kollidierenden Asteroiden und einer Vielzahl von katastrophalen Ereignissen beschworen. Obwohl Gravitationseinflüsse zu chaotischen Bahnen führen können, kann das Wesen des Chaos doch sehr subtil sein.» Er bemerkt dann, daß das scheinbare Paradoxon eines stabilen Chaos mehr in der Ungenauigkeit liegt, mit der wir die beiden Worte im Alltagsleben verwenden, als in einem wirklichen Widerspruch in der dynamischen Theorie. In Anbetracht der vielen Möglichkeiten, den Begriff «stabil» zu definieren, kann man sich auch eine stabile Bahn vorstellen, die regellose Abweichungen von einer regelmäßigen Spur aufweist, wobei sich diese jedoch in engen Grenzen halten. So beschreibt beispielsweise die in einer Rouletteschüssel kreisende Kugel im wesentlichen eine chaotische Bahn, bleibt aber normalerweise doch auf die Schüssel beschränkt.

Im Fall des Asteroiden Helga erzeugt die Tatsache, daß seine Bahnperioden und die des Jupiter sich ungefähr wie 7:12 verhalten, eine Resonanz, die den Asteroiden vor störenden, engen Annäherungen an den Planeten bewahrt. Indem Milani und Nobili ihre Untersuchungen von Helga auf allgemeinere dynamische Themen ausweiteten, gingen sie noch weiter und behaupteten, ein stabiles Chaos könne bei den im Sonnensystem herrschenden Kräfteverhältnissen eine recht verbreitete Eigenschaft sein.

Ein großer Teil der heutigen Forschung zu den Bahnen von Asteroiden versucht zu erklären, warum das Sonnensystem die Anordnung hat, die wir vorfinden. Indem die Forscher die Grenzen von chaotischen Bereichen sorgfältig umreißen, können sie die Dynamik der Asteroiden besser verstehen und schließlich genug Informationen sammeln, um die Ursprünge zu überprüfen.

Solche Untersuchungen könnten auch einen praktischen Wert haben, weil das Interesse an der Suche nach erdnahen Körpern immer größer wird. In den letzten Jahrzehnten haben die Astronomen überraschend viele Objekte gefunden, die sich auf Bahnen bewegen, die sie der Erde recht nahe bringen. Obwohl die Wahrscheinlichkeit eines Zusammenstoßes mit einem solchen Objekt winzig ist, bleibt er doch möglich. Die Geologie liefert deutliche Hinweise auf vergangene Katastrophen, die auf solche Einschläge zurückzuführen sind. Alte Krater und andere Spuren zeugen von den enormen Energien, die in solchen Zusammenstößen stecken. Wissenschaftler sind kürzlich zu der erstaunlichen Erkenntnis gekommen, daß vor etwa 65 Millionen Jahren ein Körper von etwa 10 Kilometern Durchmesser auf die Erde gefallen sein könnte und dadurch vielleicht eine Umweltkatastrophe ausgelöst wurde, die zum Aussterben der Dinosaurier und vieler anderer Tierarten führte. Ein aufregendes Ereignis spielte sich auch am 30. Juni 1908 in der Nähe des Flusses Tunguska in Sibirien ab. Ein sich rasch bewegender Körper, wahrscheinlich ein steiniger Asteroid mit 30 Metern Durchmesser, explodierte in einer Höhe von etwa neun Kilometern. Er hinterließ keinen Aufprallkrater, fällte aber etwa 1000 Quadratkilometer Wald. Katastrophen der Größenordnung von Tunguska kommen vielleicht alle paar Jahrhunderte vor.

Seit die Astronomen solchen Körpern mehr Aufmerksamkeit widmen, haben sie in den letzten Jahren mehrere Beinahe-Einschläge registriert. Am 18. Januar 1991 entdeckten sie zum Beispiel ein kleines Objekt, 1991 BA genannt, das sich der Erde bis auf 170 000 Kilometer näherte, das ist weniger als der halbe Abstand zum Mond. Mit einem Durchmesser von nur fünf bis zehn Metern war es der kleinste je beobachtete Asteroid, der aber, wenn er auf die Erde gefallen wäre, einen gewaltigen Aufschlag erzeugt hätte.

Warum es solche erdnahen Asteroiden überhaupt gibt, bleibt ein Rätsel. Jeder Asteroid mit Bahnen innerhalb des inneren Sonnensystems würde vermutlich innerhalb von etwa hundert Millionen Jahren mit Merkur, Venus, Erde oder Mars zusammenstoßen. Weil diese Zeitspanne viel kürzer ist als die 4,5 Milliarden Jahre, die das Sonnensystem alt ist, wäre jeder Körper, den es schon zu Beginn gab, vor langer Zeit durch die Planeten eliminiert worden. Die Astronomen vermuten, daß es einen Prozeß gibt, der ständig weitere Objekte auf Bahnen führt, die die Planetenbahnen kreuzen, um die Körper zu ersetzen, die bei Zusammenstößen zerstört werden. Die Vorratsquelle für diesen Ersatz befindet sich wahrscheinlich irgendwo im Asteroidengürtel, wobei die Gravitationswirkung des Jupiter als eine Art Katapult dient.

Andererseits könnten einige dieser Körper die Reste erloschener Kometen sein – schmutzige Schneebälle aus Eis und Staub, die gewöhnlich einen Kilometer Durchmesser haben –, die sich als gewöhnliche steinige Asteroiden tarnen. Ihre Staubmäntel könnten so dick sein, daß sie den Verdunstungsprozeß aufhalten, der für das diffuse Koma und den Schweif der Kometen so typisch ist. Die Astronomen hoffen, einen Eindruck von der Zusammensetzung wenigstens einiger dieser Objekte zu erhalten, wenn sie das Spektrum des Sonnenlichts sorgfältig vermessen, das an ihren Oberflächen reflektiert wird. Jede vorhandene Substanz entfernt etwas Licht einer charakteristischen Wellenlänge, so daß im Spektrum verräterische Lücken entstehen, die als eine Art Fingerabdruck dienen.

Bis jetzt haben die Astronomen über 130 erdnahe Objekte identifiziert, von denen keines innerhalb der nächsten 200 Jahre auf die Erde fallen sollte. Um jedoch größere Gewißheit zu erhalten, sehen die Wissenschaftler die Notwendigkeit, die Bewegungen bekannter erdnaher Objekte genauer zu beobachten und andere Beispiele zu finden, mit deren Hilfe sie ein vollständigeres Bild von ihrer Verteilung gewinnen können. Wenn die Teleskope in Zukunft noch besser werden, werden die Astronomen vermutlich von immer mehr Beinahe-Treffern berichten können.

Lücken im Gürtel

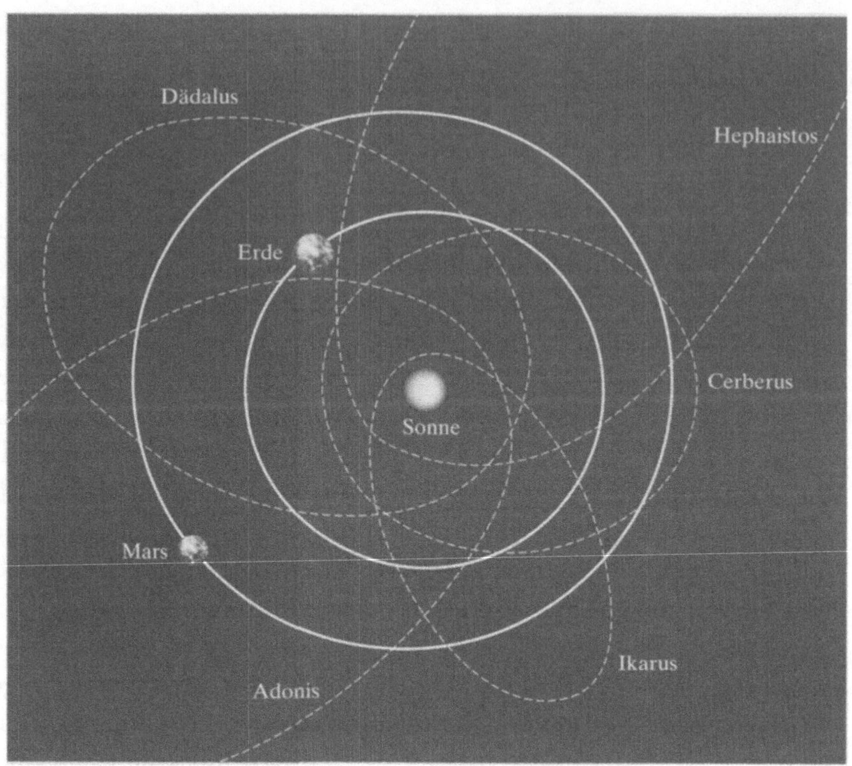

Apollo-Asteroiden wie die fünf hier eingezeichneten haben Bahnen, die die Erdbahn kreuzen. Bis jetzt sind über 100 aufgezeichnet worden (Lucy McFadden, California Space Institute).

Die Dynamik der Asteroiden, besonders in der Nähe von Resonanzen, bleibt rätselhaft. Sicherlich unterscheidet sich jede Resonanz irgendwie von den anderen, aber die Enthüllung ihres wahren Wesens ist ein respektheischendes Unterfangen. Obwohl die Forscher im allgemeinen eine einigermaßen gute qualitative Übereinstimmung zwischen der Lage von Lücken und der von chaotischen Bereichen gefunden haben, zeigen die quantitativen Vergleiche oft keine völlige Übereinstimmung. Das läßt die Möglichkeit offen, daß die für die Bildung des Sonnensystems verantwortlichen Vorgänge die Struktur und die speziellen Merkmale des Asteroidengürtels mitbestimmt haben könnten.

Gleichzeitig sollte bemerkt werden, daß die Bereiche des Asteroidengürtels relativ klein sind, in denen die Bewegung nicht vorhersag-

   Was Newton nicht wußte

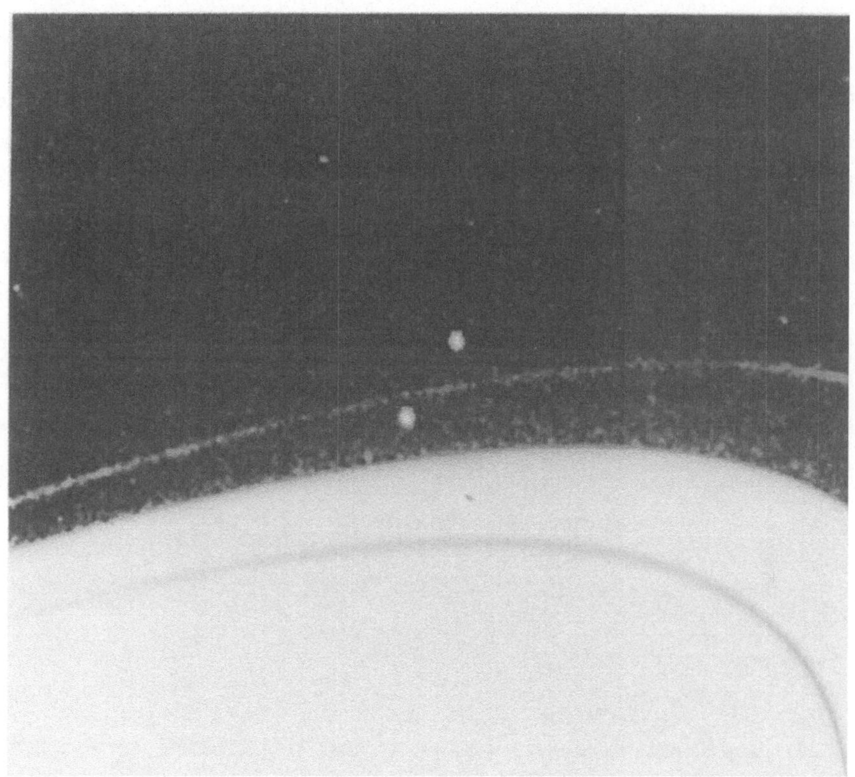

Die komplizierte Struktur der spektakulären Saturnringe zeigt, welche außerordentlich komplizierten Wirkungen die Schwerkraft haben kann. Hier befinden sich zwei winzige Monde (Prometheus und Pandora) auf beiden Seiten des F-Rings des Saturn, die jeder nur einen Durchmesser von 50 km haben. Die Gravitationswirkungen dieser beiden Monde tragen anscheinend dazu bei, die Teilchen im F-Ring innerhalb eines Streifens von 100 km Breite zu halten (NASA, Jet Propulsion Laboratory).

bar ist. Die meisten Asteroidbahnen scheinen stabil zu sein. Nur jene in der Nähe von Resonanzen zeigen unregelmäßiges Verhalten, und selbst das gilt nicht allgemein, wie der Fall der bei bestimmten Resonanzen überreichlichen Asteroiden und das von Nobili, Milani und anderen entdeckte stabile Chaos zeigen. Aber wenn die Kräfte nicht auch zu chaotischen Bewegungen führen könnten, gäbe es keine Möglichkeit, wie die Schwerkraft Meteoriten und Kometen aus dem Asteroidengürtel auf den Weg zu einem Zusammenstoß mit der Erde oder anderen Körpern und auf lange Schleifenbahnen um die Sonne schicken könnte oder wie Planeten die herumlaufenden Körper einfangen und sie als Monde behalten könnten.

Das Chaos ist nur eine von vielen komplizierten Abläufen, zu denen die Schwerkraft führen kann. Vielleicht kommen die besten und oft die rätselhaftesten Beispiele für diese dynamischen Eigenarten in den Miniatur-Asteroidengürteln vor, die die Planeten umgeben – in den erstaunlich schönen Ringen des Saturn und den diffuseren Perlenketten, die Jupiter, Uranus und Neptun schmücken. Jeder Ring erzählt seine eigene dynamische Geschichte.

Kapitel 9

Hyperion torkelt

Lodernd saß Hyperion noch auf seinem Feuerball
Und atmete den Weihrauch ein, der von den Menschen
Aufstieg zum Sonnengott; doch nicht sicher war er.

JOHN KEATS (1795–1821), *Hyperion*

Die trockene Atacama-Wüste, ein felsiger Streifen längs des Vorgebirges der Anden im Norden Chiles, ist Heimat von Taranteln und Skorpionen. Aber die knochentrockene Wüstenluft und die klaren, dunklen Nächte ziehen noch andere Besucher an. Regelmäßig pilgern Astronomen zu den Teleskopen auf den Hügeln von La Silla, Cerro Tololo und Las Campanas. Dort nehmen sie Proben von dem kostbaren Licht, das von Planeten, Sternen und Galaxien stammt.

Im Jahr 1987 war James Klavetter drei Wochen lang an der Reihe. Er kam ans Cerro-Tololo-Inter-American-Observatorium, um Hyperion zu beobachten, einen kalten, unförmigen Brocken aus Eis und Stein, der den Saturn umläuft. Drei Jahre zuvor hatten Jack Wisdom, Stanton Peale und François Mignard kühn behauptet, Hyperion torkele auf seiner Bahn, statt sich glatt wie ein Kreisel zu drehen. Das war eine überraschende Aussage, weil kein anderer größerer natürlicher Satellit im Sonnensystem ein so unregelmäßiges Verhalten aufweist. Klavetters Aufgabe in Cerro Tololo war es, nach unstetigen Veränderungen in der Helligkeit des Hyperion zu suchen, die auf ein Torkeln hindeuten könnten.

Die Suche nach eindeutigen Beweisen für Hyperions chaotische Bewegung führte Klavetter im Zeitraum von dreieinhalb Monaten an drei Teleskope auf zwei Kontinenten. Er lernte, Hyperions schwaches Funkeln vom Glanz seines riesigen Vaters zu unterscheiden. Er be-

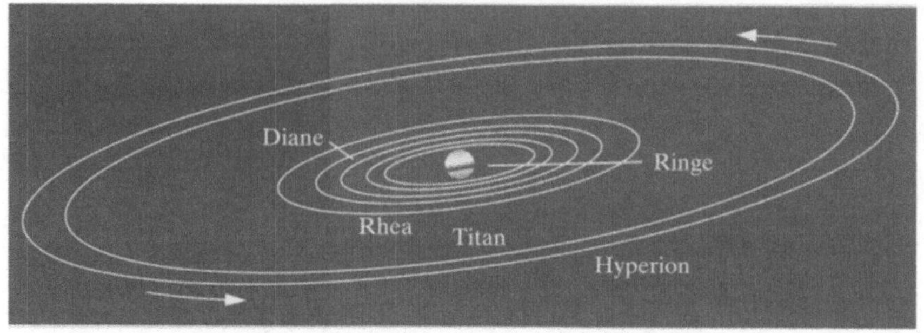

Hyperion umkreist den Saturn auf einer Bahn, die weit außerhalb von dessen berühmten Ringen und knapp außerhalb der Bahn des Titan liegt. Hyperion hat etwa 1,48 Millionen Kilometer Abstand vom Saturn und braucht 21,3 Tage, um den Planeten zu umrunden (nach Daten, die vom U.S. Naval Observatory zur Verfügung gestellt wurden, © SERC).

wältigte unvorhergesehene technische Schwierigkeiten, lernte mit unhandlichen Instrumenten umzugehen, erbettelte und borgte Beobachtungszeit, um seine Reihe nächtlicher Beobachtungen lückenlos durchzuführen, und er war enttäuscht, wenn seine Arbeit gelegentlich von schlechtem Wetter unterbrochen wurde. Endlich hatte er dann genug Daten gesammelt, um sich ein überzeugendes Bild von Hyperions rätselhaftem Verhalten machen zu können.

Bis die Raumsonde *Voyager 2* im August 1981 an Saturn vorbeiflog, wußten die Astronomen nur wenig über Hyperion. Dieser kleine, eher unauffällige Satellit, der erstmals 1848 bemerkt worden war, hat weniger als ein Zehntel der Größe des irdischen Mondes. Er umläuft den Saturn einmal in 21,28 Tagen in einer mittleren Entfernung von 1480000 Kilometern. Obwohl seine langgezogene Bahn weit außerhalb der berühmten Saturnringe liegt, spürt Hyperion die Gravitationsanziehung nicht nur des Saturn, sondern auch die von seinem großen Mond Titan, dessen Bahn gerade innerhalb der des Hyperion liegt.

Als *Voyager 2* die ersten Aufnahmen von Hyperion machte, waren die Wissenschaftler, die die Begegnung mit Saturn verfolgten, überrascht, weil sie keine Kugel sahen, sondern einen Fleck. Zunächst erinnerte sie die Form des Satelliten an einen Hamburger, aber als sie ihn auch von anderen Seiten sehen konnten, verglichen sie ihn lieber mit einem zerbeulten Rugbyball oder einer Kartoffel oder einer Erd-

   Was Newton nicht wußte

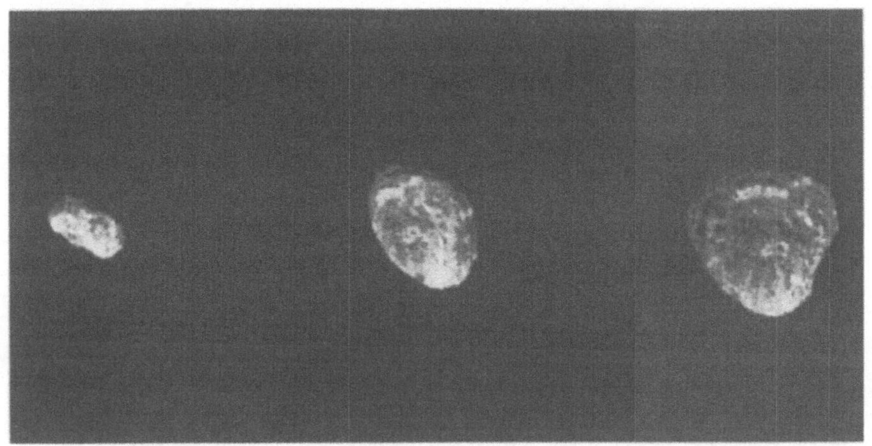

Diese von der Raumsonde *Voyager* 2 aufgenommenen Bilder zeigen drei unterschiedliche Ansichten der unregelmäßigen Form des Hyperion (NASA, Jet Propulsion Laboratory).

nuß. Die sorgfältige Untersuchung der Bilder ergab später, daß dieser seltsam geformte, pockennarbige Trabant fast doppelt so lang wie breit ist und ungefähr 380 mal 290 mal 230 Kilometer mißt. Er ist viel unregelmäßiger geformt als alle anderen großen Monde im Sonnensystem.

Noch seltsamer jedoch war seine Orientierung. Ein so langgestreckter Satellit, dessen lange Achse zum Äquator des Saturn zeigt, sollte sich um seine kurze Achse drehen. Die Bilder der *Voyager*-Sonde ließen vermuten, Hyperion sei statt dessen geneigt und seine Drehachse stehe schief.

Unabhängig von der Ausrichtung der Drehachse scheint sich Hyperion einmal in 13 Tagen um sich selbst zu drehen, während er den Saturn etwa alle 21 Tage umläuft. Auch das ist ungewöhnlich. Unser Mond vollendet eine Umdrehung beispielsweise in der Zeit, die er braucht, die Erde einmal zu umlaufen, dreht also einem irdischen Beobachter immer dieselbe Seite zu. Außer bei Hyperion gibt es sogar bei allen großen Satelliten eine umkehrbar eindeutige Entsprechung zwischen Bahnperiode und Drehperiode.

Dieses Verhalten ist kein Zufall, sondern wird durch die Gezeitenwirkungen verursacht, die auf der Schwerkraft beruhen, mit der Planet und Mond einander anziehen. Gezeiten entstehen, weil ein

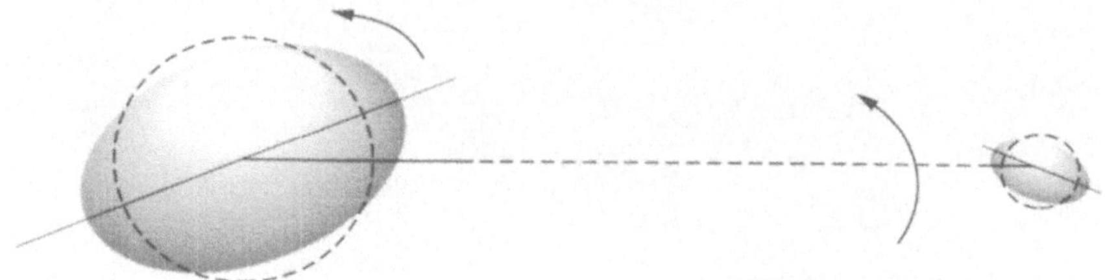

In diesem Beispiel wird ein Planet (*links*) durch seinen Mond (*rechts*) zu einem Ellipsoid verformt. Die Längsachse des Ellipsoids zeigt jedoch nicht direkt zum Trabanten, weil die rasche Drehung des Planeten sie aus dieser Richtung abdrängt. Ein Energieverlust aufgrund von Gezeitenreibung (infolge der Bewegung von Flüssigkeiten oder der Verschiebung von Gestein im Inneren des Planeten) sorgt dafür, daß der Planet gekippt bleibt. Die Wölbung, die dem Mond etwas näher ist, spürt dessen Schwerkraft stärker als die abgewandte Seite. Dieses Ungleichgewicht verlangsamt allmählich die Drehung des Planeten. Gleichzeitig treibt der Mond auf eine etwas entferntere Bahn ab.

Planet einen gewissen Raum einnimmt. Die Teile des Planeten, die unterschiedlich weit vom Satelliten entfernt sind, erfahren etwas unterschiedliche Gravitationskräfte. Weil aber der Planet eine Einheit ist, können sich diese Teile nicht völlig frei und unabhängig voneinander bewegen. Deshalb verformt sich der Planet, wobei er innere Verzerrungen und Spannungen entwickelt; sie liefern die Kräfte, die nötig sind, damit sich all seine Teile gleichzeitig als Reaktion auf die veränderlichen Einflüsse der Schwerkraft beschleunigen können. Im Idealfall wird ein Planet gestreckt; dadurch entsteht eine Wölbung, die ihr maximales Ausmaß entlang einer Geraden erreicht, die das Zentrum des Planeten mit dem des Satelliten verbindet, und diese Wölbung dreht sich mit derselben Geschwindigkeit, mit der der Satellit den Planeten umläuft. Satelliten werden ähnlich verzerrt.

Unweigerlich geht ein Teil der Energie verloren, die nötig ist, um durch die Verschiebung von festem oder flüssigem Material die Wölbung zu erzeugen. Berstende Felsen, brechende Wellen und andere unumkehrbare Prozesse verbrauchen einen winzigen Bruchteil der Energie des Systems. Diese Auswirkungen verzögern die Reaktion des Planeten auf seinen Mond erheblich. Die Verzögerung führt dazu, daß sich die Gezeitenwölbung des Planeten unter dem Satelliten, der sie erzeugte, hinwegdreht; die Gravitationsanziehung zwischen dieser asymmetrisch angeordneten Wölbung und dem Satelliten verzögert dann die Rotation des Planeten. Dieser Vorgang verlangsamt auch

     Was Newton nicht wußte

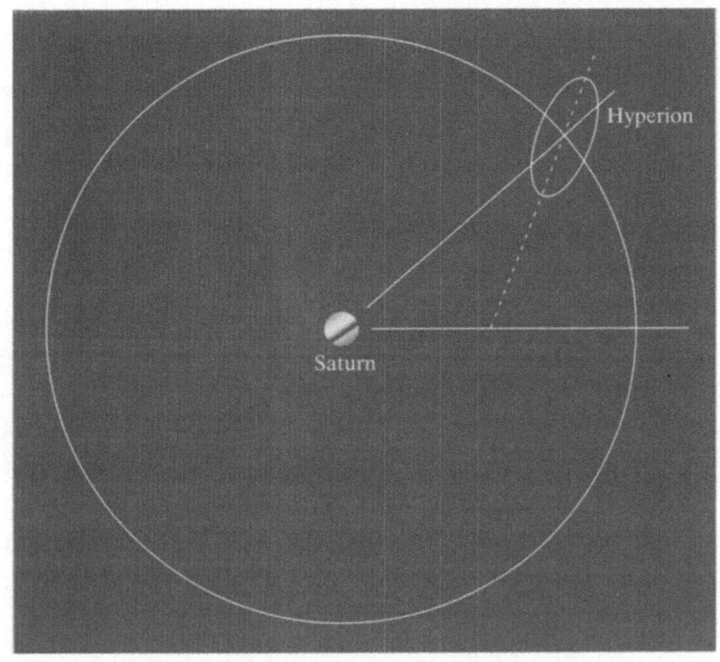

Diese Skizze zeigt die Orientierung eines idealisierten Hyperion auf seiner Bahn um den Saturn.

heute die Drehgeschwindigkeit der Erde und bewirkt, daß der Mond sich immer weiter entfernt. Infolge des dabei entstehenden Zerrens und Dehnens dämpft die bei diesem Tauziehen entstehende Gezeitenreibung die Bewegung des Satelliten. Auch dadurch verlangsamt er sich und dreht sich schließlich mit einer der Zeit entsprechenden Geschwindigkeit, die ein Umlauf um den Planeten braucht.

Aber warum hat Hyperion sich nicht auch beruhigt und damit abgefunden, dem Saturn immer dasselbe Gesicht zuzuwenden? Wisdom, Peale und Mignard schlossen, es gäbe zwei entscheidende Faktoren, die Hyperion davon abhielten, in einen synchronen Zustand zu gelangen: seine ungewöhnliche, langgestreckte Form und der Einfluß des Titan, seines großen Nachbarsatelliten.

Wisdom vergleicht den Gezeitenvorgang, der auf Hyperion wirkt, mit dem, was beim Drehen einer teilweise gefüllten zylindrischen Flasche passiert. Während sich eine einmal in Rotation versetzte volle Flasche relativ lange um ihre Längsachse dreht (diese verläuft vom Flaschenhals bis zum Boden mitten durch die Flasche), behält eine nur teilweise gefüllte Flasche diese Bewegung nicht bei. Sie ändert allmählich ihre Richtung und dreht sich schließlich um ihre kurze

Hyperion torkelt

Achse (die in der Mitte von einer Seite der Flasche zur anderen läuft). Die Bewegung der Flüssigkeit im Inneren der teilweise gefüllten Flasche führt zu einer Art Gezeitenreibung, deren Wirkung analog zu den Gezeitenkräften ist, die der Saturn auf Hyperion ausübt.

Aber asymmetrisch wirkende Kräfte können nicht alles erklären. So dreht sich zum Beispiel Jupiters langgestreckter Mond Amalthea stabil um seine kurze Achse, während seine lange Achse auf Jupiter gerichtet ist.

Hier kommt nun Titan ins Spiel. Sein großer Einfluß hat die zuvor fast kreisförmige Bahn des Hyperion zu einer Ellipse gedehnt. Weil ein umlaufender Satellit schneller ist, wenn er seinem Stammplaneten näher ist, schwankt die Geschwindigkeit des Hyperion ganz beträchtlich. Außerdem umrundet er Saturn nur dreimal in der Zeit, in der Titan ihn viermal umläuft. Das ständige Zerren des großen Satelliten hat Hyperion anscheinend auf eine stabile Bahn gebracht.

All diese Einflüsse addieren sich zu einem ständig gefährdeten Kräftegleichgewicht. Wisdom, Peale und Mignard haben vorhergesagt, daß in einer solchen Situation Hyperions Drehperiode schwanken sollte und die Richtung und die Lage seiner Drehachse sich innerhalb nur weniger Bahnperioden verschieben sollten. Mit anderen Worten: Der Satellit sollte, während er auf einer stabilen Bahn läuft, wie ein Akrobat in Zeitlupenbewegung im Raum herumpurzeln. Nach Wisdoms Schätzung verändert sich die Drehperiode des Hyperion in nur zwei Saturnumläufen vom Wert Null – keine Drehung – auf den Wert von einer Drehung in zehn Tagen.

Um einen besseren Eindruck vom seltsamen Verhalten des Hyperion zu bekommen, setzten Wisdom und seine Kollegen zur Lösung der Bewegungsgleichungen, die das Drehverhalten des Hyperion beschreiben, einen Computer ein. Mit Hilfe dieser Ergebnisse erhielten sie dieselbe Art von Phasenraumdiagrammen, die Poincaré bei seiner Erforschung der Dreikörperdynamik verwendet hatte. Im Fall des Hyperion zeigten die Diagramme die Beziehung zwischen der Ausrichtung des Satelliten und der Zahl seiner Umdrehungen pro Umlauf, wobei mehrere Anfangsbedingungen vorgegeben waren. Es war, als ob man eine Reihe von Blitzlichtaufnahmen so gemacht hätte, daß Hyperion jedesmal am selben Platz auf seiner Bahn eingefangen würde.

Wäre die Orientierung des Hyperion stabil, würden aufeinanderfolgende Punkte in einem solchen Diagramm auf genau den gleichen
Ort fallen. Verschöbe sich seine Drehachse jedoch unregelmäßig,
lägen die abgebildeten Punkte irgendwo in einem bestimmten Bereich,
und Hyperions Bewegung müßte chaotisch genannt werden. Kombinationen von Anfangspunkten und Geschwindigkeiten, die zu insgesamt weitverstreuten Punkten führen, stellen einen chaotischen Bereich dar. In diesem Fall zeigt sich das Chaos nicht in sprunghaften
Veränderungen von Form oder Orientierung der Satellitenbahn, sondern in plötzlichen Verschiebungen der Ausrichtung des Hyperion
selbst.

Bei einem unregelmäßig geformten Satelliten auf einer exzentrischen Bahn erstrecken sich chaotische Zonen über einen weiten Bereich möglicher Bahnen. Während sich Hyperions Bahn einspielt,
können die Bedingungen leicht so werden, daß der Satellit in einen
chaotischen Bereich kommt. Die kleinste Abweichung seiner Drehachse von ihrer Normallage senkrecht zur Bahnebene des Satelliten
kann dann so rasch größer werden, daß die Achse nach nur wenigen
Bahnperioden parallel zur Bahnebene liegt und sich dann auf eine neue
Richtung einstellt. Zur Zeit ist Hyperion, der an eine Bahn-Resonanz
mit Titan gefesselt ist, in einem solchen ausgedehnten chaotischen
Bereich.

Das von Wisdom, Peale und Mignard gezeichnete Bild gibt einen
deutlichen Hinweis auf eine seltsame Mischung von Ordnung und
Chaos bei Hyperion. Weil er einer regelmäßigen, vorhersagbaren
Bahn folgt, können die Astronomen seine Lage für Jahre im voraus
berechnen, ohne sich um mehr als den Bruchteil einer Sekunde zu
irren. Gleichzeitig sind die Richtungen, in die die drei Achsen des
Satelliten deuten, wesentlich schlechter vorhersagbar. Die meisten
Planeten und Satelliten rollen wie Kugeln auf einem Billardtisch auf
ihrer Bahn weiter und drehen sich um eine Achse, die mehr oder
weniger parallel zu sich selbst bleibt. Hyperion dagegen ähnelt einer
dicken, etwas abgeflachten Wurst. Er scheint in zufälliger Weise zu
schwingen und legt sich nie auf eine bestimmte Achse fest.

Mehrere Arbeitsgruppen versuchten Hyperions ungewöhnliches
Verhalten zu erfassen, wobei sie *Voyager*-Bilder und erdgebundene
Messungen, besonders von Schwankungen in der Helligkeit des

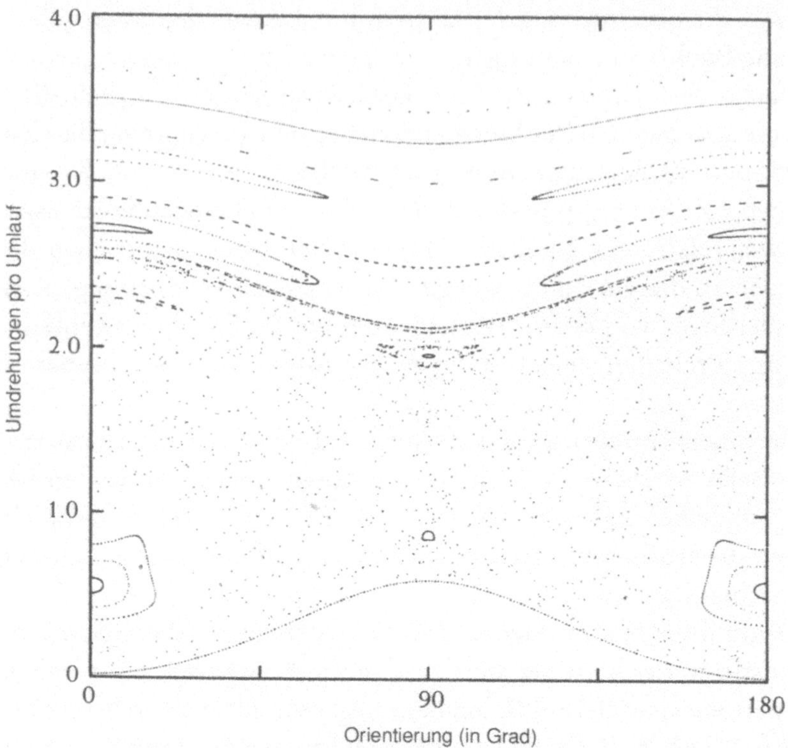

Durch Integration der Bewegungsgleichungen des Hyperion und mit Hilfe eines Diagramms, das die Orientierung des Satelliten relativ zur Zahl seiner Umdrehungen pro Umlauf zeigt, wenn der Satellit jeweils einen bestimmten Punkt seiner Bahn um den Saturn erreicht, wird klar, daß die Punkte in großen Bereichen zufällig verteilt sind, was auf chaotisches Verhalten hinweist. Geschlossene Bahnen – Inseln der Stabilität – begrenzen Bereiche geordneten Verhaltens (mit freundlicher Genehmigung von James Klavetter).

Satelliten, heranzogen. Wegen seiner unregelmäßigen Form hängt die Lichtmenge, die er zu einer bestimmten Zeit reflektiert, von seiner Ausrichtung ab, denn eine größere Oberfläche reflektiert mehr Sonnenlicht als eine kleinere. Unregelmäßige nicht-periodische Schwankungen in der Helligkeit des Satelliten müßten eine chaotische Rotation anzeigen. Die Resultate erwiesen sich als zweideutig, obwohl die Beobachtungen ergaben, daß die Helligkeit des Hyperion tatsächlich schwankt. Die Messungen wurden jedoch nicht häufig genug aufgeführt, um die Hypothese zu überprüfen, daß der Satellit torkelt, seine

     Was Newton nicht wußte

Drehrichtung und -geschwindigkeit sich also innerhalb kurzer Zeiträume ändern.

James Klavetter erfuhr von Hyperions Torkeln erstmals in einem Vortrag, den Wisdom 1983 am MIT hielt. Der Gedanke war so faszinierend, daß er sich vornahm, die Helligkeit des Satelliten systematisch zu beobachten. Nach seiner Einschätzung sollte Hyperions Helligkeit um bis zu einer halben Größenklasse schwanken. Dies wäre mit einem kleinen bis mittelgroßen Teleskop leicht zu beobachten.

Klavetters erste Beobachtungsreihe, die er 1984 anstellte, ließ jedoch keine Schlüsse zu. Der Nachweis, daß Hyperions Bewegung wirklich chaotisch war, ließ sich nicht so direkt führen, wie Klavetter gehofft hatte, und sein Vorhaben weitete sich wesentlich aus. Computersimulationen der Bewegung des Satelliten ließen vermuten, daß Klavetter eine Reihe von nächtlichen Beobachtungen brauchte, die sich über mindestens 13 Wochen erstrecken müßten, einen Zeitraum also, in dem Hyperion viereinhalb Umläufe um den Saturn ausführt. Aber der heftige Wettbewerb unter den Astronomen verhindert im allgemeinen, daß irgend jemand an einem großen Gerät so viel Beobachtungszeit erhält. Indem Klavetter anbot, an Vorhaben mitzuarbeiten, die andere Astronomen interessierten, brachte er es dennoch fertig, einen Zeitplan zu erarbeiten, bei dem er drei Wochen an Cerro Tololo, eine Woche zur Überbrückung am Lowell-Observatorium in Flagstaff (Arizona) und über einen längeren Zeitraum von fast drei Monaten am nahegelegenen McGraw-Hill-Observatorium arbeiten konnte.

Da der Saturn seinerzeit am Südhimmel stand, war Cerro Tololo ein idealer Platz für die Beobachtung des Hyperion. Leider fand Klavetter, daß das einzige ihm zugängliche Photometer ungeeignet war, um die Helligkeit des Hyperion zu messen. Das Problem war der Saturn. Mit seiner Helligkeit, die die von Hyperion um eine Million übersteigt, überflutete er, da er nur 1,3 bis 4 Bogensekunden von ihm entfernt war, die ganze Umgebung des Satelliten mit Licht, und das vergrößerte die scheinbare Helligkeit von Hyperion. Es mußte also so viel Licht wie möglich davon abgehalten werden, in die Öffnung des Fernrohrs zu gelangen, aber doch genug Licht durchgelassen werden, um Hyperions schwaches Schimmern erkennen zu können. Die Qualität der verfügbaren Ausrüstung erfüllte diese Bedingungen einfach nicht, und schließlich mußte Klavetter auf die Daten von Cerro Tololo verzichten.

Am Lowell-Observatorium hatte Klavetter Zugang zu einer ladungsgekoppelten Kamera (CCD), mit der er sowohl die Leuchtkraft des Hyperion als auch die Helligkeit des Himmels messen konnte, aber das Wetter spielte nicht mit. Er erhielt während seines einwöchigen Aufenthalts in zwei weit auseinanderliegenden Nächten zwei beeinträchtigte Messungen. Die schlechte Qualität der Daten und die neuntägige Lücke bis zu den Beobachtungen am McGraw-Hill-Observatorium ließen ihn auch diese Daten verwerfen.

Glücklicherweise erwies sich Klavetters längerer Aufenthalt in McGraw-Hill als weitaus ergiebiger. Er konnte mit dem großen 2,4-m-Teleskop beobachten, das mit einem guten Lichtdetektor ausgerüstet war, und mit einem ähnlich ausgestatteten 1,3-m-Teleskop. Indem er sich von anderen eingeplanten Beobachtern Zeit erbettelte, mit Nächten und halben Nächten handelte und nebenher Kometen verfolgte, schaffte er es, seine Beobachtungsreihe mit nur wenigen Unterbrechungen durchzuführen. Seine Ausdauer und sein Einfallsreichtum sollten sich auszahlen.

Klavetter beobachtete Hyperion vom 31. Mai bis zum 5. August und erhielt über einen Zeitraum von 53 Tagen in 37 Nächten brauchbare Daten. Das klare Wetter war das beste, an das man sich erinnern konnte, und nur elf Nächte waren zu neblig oder bewölkt, um Helligkeitsbestimmungen zuzulassen. Drei andere Meßreihen waren aufgrund von Fehlern an Instrumenten, starken Winden oder störendem Licht des Titan unbrauchbar. Klavetters Arbeit kam im August mit Eintritt der «Monsun»-Zeit in Arizona zum Ende. Nach seiner ersten Serie konnte er nur noch einmal, elf Tage später, beobachten.

Anfangs wußte Klavetter nicht, ob Hyperions Helligkeit sich im Lauf einer Nacht verändern würde. Wenn er genug Beobachtungszeit hatte, bestimmte er deshalb bei einer einzigen Sitzung die Helligkeit des Satelliten bis zu neunmal. Die Helligkeit blieb während dieser kurzen Zeit tatsächlich unverändert, und die Vorsichtsmaßnahme erwies sich als überflüssig, aber Klavetter wußte das damals nicht und machte so viele Messungen wie nur möglich.

Klavetter erinnert sich an diese langen Sommernächte auf dem McGraw-Hill-Observatorium als an eine Zeit der Einsamkeit (oft war

     Was Newton nicht wußte

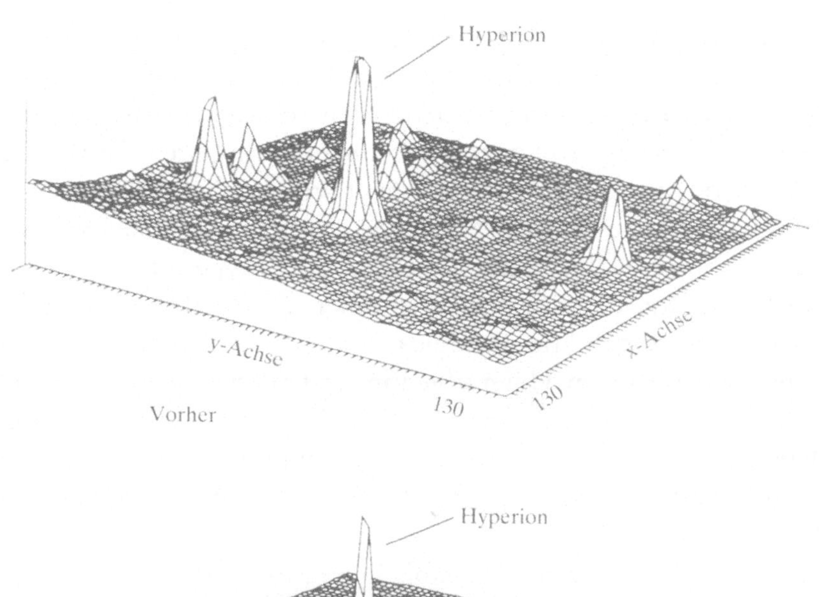

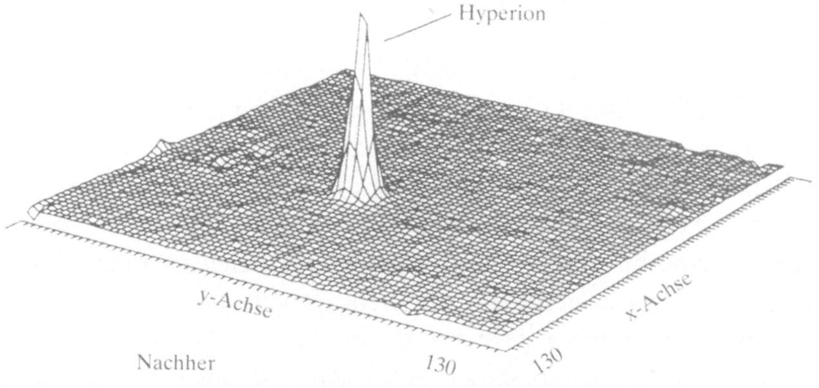

Um die wahre Helligkeit des Hyperion zu ermitteln, mußte Klavetter das ungleichförmige Leuchten des Himmels berücksichtigen und die Bilder benachbarter Sterne subtrahieren (mit freundlicher Genehmigung von James Klavetter).

seine einzige Gesellschaft sein Hund Athabasca) und als eine Prüfung für sein Durchhaltevermögen. Tage und Nächte waren gefüllt mit der anstrengenden Arbeit an den riesigen, gelegentlich störrischen Teleskopen. Aber die ungewöhnlich lange Zeit, die er auf der Sternwarte verlebte, brachte ihn vermutlich in nähere Berührung mit dem Geist seiner astronomischen Vorfahren, als es in der modernen Forschung üblich ist, in der gewöhnlich nur wenig Zeit auf die Arbeit mit automatisierten, ferngesteuerten Teleskopen und Instrumenten verwendet wird.

Als Klavetter eine Reihe bemerkenswert vollständiger Beobachtungen in der Hand hatte, machte er sich an die zeitraubende Arbeit der Datenanalyse. Zunächst mußte er die Helligkeitsmessungen um das ungleichmäßige Leuchten des Himmels korrigieren, das vor allem durch Saturns starkes Licht verursacht und durch die Nähe des Hyperion zu den Sternen im Milchstraßensystem kompliziert wurde. Darüber hinaus erfaßte jede Beobachtung des Hyperion nicht nur den Satelliten selbst, sondern auch bis zu einem Dutzend Sterne innerhalb desselben winzigen Himmelsstücks, die jeder hell genug waren, um mehr als ein Prozent Unterschied im endgültigen Wert der wahren Helligkeit oder der astronomischen Größe des Hyperion auszumachen. Um zu erfassen, wie Hyperions Drehung sein Erscheinungsbild beeinflußt, mußte Klavetter die Positionen des Satelliten auf seiner Bahn relativ zur Sonne und zum Saturn berücksichtigen, die auch seine Helligkeit in jedem Augenblick beeinflussen.

Schließlich konnte Klavetter eine Lichtkurve zeichnen, die aus einer Reihe von Punkten bestand, die jeder Hyperions wirkliche Helligkeit in einer bestimmten Nacht darstellten. Diese Daten wiesen zwar tatsächlich starke Helligkeitsschwankungen auf, aber die Werte schwankten unstet und stiegen und fielen so unregelmäßig, daß es keine offensichtliche Möglichkeit gab, eine glatte, periodische, wellenförmige Kurve zu zeichnen, die alle Punkte erfaßte. Klavetter sah nichts in seinen Analysen, das auf ein regelmäßiges Verhalten schließen ließ. Keine glatte Kurve, die Rotationsperioden zwischen einer Stunde und sieben Wochen entsprochen hätte, paßte zufriedenstellend zu allen Punkten. Hyperion konnte unmöglich in einem regelmäßigen oder periodischen Rotationszustand sein. Klavetter konnte die unsteten Helligkeitsschwankungen nur durch ein chaotisches Torkeln erklären. Nichts, was er sonst versuchte, führte zum Erfolg.

Es genügte jedoch nicht, einigermaßen ausführliches Beweismaterial anzusammeln, aus dem sich schließen ließ, daß Hyperion sich unregelmäßig verhält, sondern Klavetter mußte noch sehen, ob er eine vernünftige Entsprechung zwischen seinen Beobachtungsdaten und dem theoretischen Bild von Hyperions chaotischem Verhalten finden konnte, wie es Wisdom, Peale und Mignard ursprünglich beschrieben hatten. Entsprach die scheinbare Bewegung des Hyperion der Defi-

          Was Newton nicht wußte

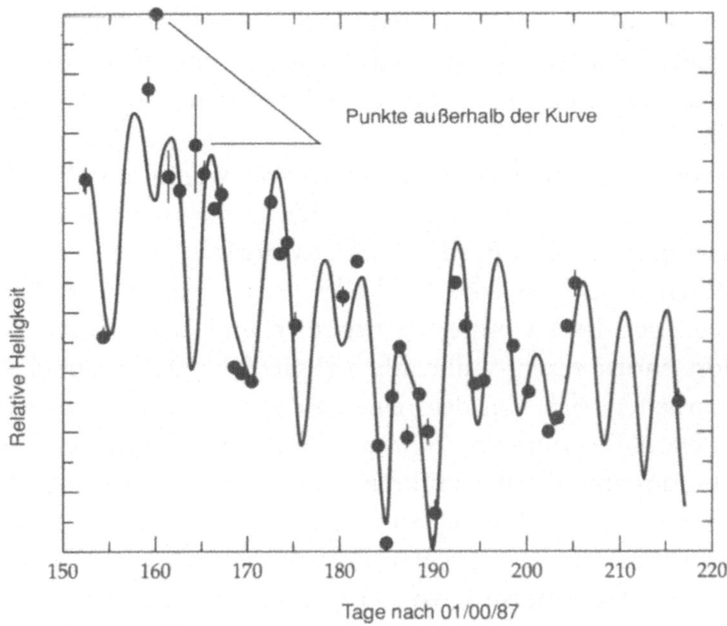

Die Darstellung der nächtlichen Helligkeit des Hyperion über einen Zeitraum von mehr als 60 Tagen führte zu einem Durcheinander von Punkten, die sich nicht durch eine einzige Kurve erfassen ließen (mit freundlicher Genehmigung von James Klavetter).

nition einer chaotischen Bahn? Konnten Theorie und numerische Simulation eine Lichtkurve erzeugen, die der beobachteten ähnelte?

Hyperions Helligkeit hängt, von der Erde aus gesehen, vor allem von der Form des Satelliten ab. Hyperion, der eher einer Erdnuß gleicht als einer etwas abgeflachten Kugel (wie die Erde), wirft wegen der wechselnden Richtung zu verschiedenen Zeiten unterschiedlich viel Licht zur Erde. Um diese Einflüsse angemessen zu berücksichtigen, weitete Klavetter das von Wisdom, Peale und Mignard entwikkelte idealisierte Schema aus, um das dynamische Verhalten des Satelliten erfassen zu können. Er glättete die etwas unregelmäßige Erdnußform zu einem flachen Ellipsoid, das durch drei unterschiedlich lange Achsen charakterisiert ist. Jeder Schnitt parallel zu einer dieser Achsen ergibt dann einen elliptischen Querschnitt. Mit überwiegend geometrischen Überlegungen hoffte Klavetter dann zu zeigen, wie die Richtung, in die dieses Ellipsoid weist, sich auf die Helligkeit auswirkt, die wir von der Erde aus beobachten. Wenn die Achsen in bestimmten

Hyperion torkelt

Richtungen starr blieben, würde sich die Helligkeit des Ellipsoids auf seiner 21tägigen Reise in typischer, sich wiederholender Weise verändern; das Zunehmen und Abnehmen der Intensitäten sollte immer gleich bleiben.

Wenn Forscher versuchen, eine Menge von Werten durch eine glatte Kurve zu verbinden, verwenden sie gewöhnlich so viele Beobachtungen wie nur möglich. Bei der Analyse von Messungen an einem anscheinend chaotischen System fand Klavetter es jedoch einfacher, mit einer einzigen Beobachtung zu beginnen und dann, wenn die Analyse Fortschritte machte, allmählich zusätzliche Daten einzubeziehen. Er arbeitete sich von dem einen ausgewählten Datenpunkt zurück zu den im Phasenraum verstreuten Anfangsbedingungen, die zu diesem bestimmten Ergebnis führen konnten. Es ist ein wenig, als wenn man einen Film rückwärts laufen läßt, um den Anfangspunkt einer Kugel zu finden, die auf einem Billardtisch umherrollt. Wenn eine zweite Helligkeitsmessung von Hyperion berücksichtigt wird, reduziert sich die Anzahl seiner möglichen Bahnen. Von den Rotationszuständen, die anfangs zusammengestellt wurden, weil sie dem ersten Punkt entsprachen, der aus der Lichtkurve ausgewählt wurde, paßten also nur wenige auch zum zweiten ausgewählten Punkt.

Mit Hilfe eines Computers durchsuchte Klavetter sorgfältig alle entsprechenden Bereiche des Phasenraums, um nachzuweisen, daß bestimmte Anfangsbedingungen in seinem theoretischen Modell die Drehachse des Hyperion verlagern könnten. Diese Verlagerung ergibt eine gute Näherung an die unregelmäßige Bewegung, die zum dynamischen Modell eines chaotisch torkelnden Satelliten paßt. Nach vielen vergeblichen Versuchen konnte er schließlich Schritt für Schritt zeigen, daß die verstreuten Datenpunkte seiner Lichtkurve einer solchen zugelassenen chaotischen Bahn entsprachen. Seine Computersimulationen der Bewegungen eines Ellipsoids, die genau am richtigen Punkt begannen, lieferten das nötige Beweismaterial.

Aber war die Übereinstimmung gut genug? Das Chaos selbst schließt eine endgültige, überzeugende Antwort auf diese Frage aus. Ganz gleich, wie gut frühere Punkte einer Kurve entsprechen mögen – sobald die Bahn von der projizierten Bahn im Phasenraum abzuweichen beginnt, kann sich die zukünftige Bahn so weit verschieben, daß sie niemals zur ursprünglichen Bahn zurückkehrt. Genau das macht es unmöglich, die zukünftige Entwicklung eines chaotischen Systems aus Messungen vorherzusagen. Jede Ungenauigkeit in diesen Messungen wächst so rasch an, daß sie zu völliger Unbestimmtheit führen kann. Selbst wenn es möglich gewesen wäre, Orientierung und Drehrichtung des Hyperion bis auf zehn Dezimalstellen genau zu messen, als *Voyager 1* dem Saturn begegnete, wäre es doch unmöglich gewesen, seine Ausrichtung zu der Zeit vorherzusagen, als *Voyager 2* neun Monate später ankam.

Ironischerweise sind ja die Bewegungsgleichungen bekannt und können gelöst werden. Die Lösungen hängen jedoch so stark von den Anfangsbedingungen ab, daß die Vorhersagbarkeit verlorengeht.

Obwohl Klavetter nicht absolut und positiv beweisen konnte, daß das Purzeln des Hyperion, wie es sich aus Helligkeitsschwankungen ergibt, eine chaotische Bewegung darstellt, lieferten seine Ergebnisse doch nützliche dynamische Informationen über den Satelliten. *Voyager 2* hatte nur etwa 50 Prozent des Hyperion mit hoher Auflösung photographiert, und die Wissenschaftler hatten keine vollständige Karte seiner von Kratern zerklüfteten Oberfläche zeichnen können. Immerhin war klar, daß Hyperion eine bemerkenswert unregelmäßige Form hat, die nur grob dem vollkommenen Ellipsoid ähnelt, daß Klavetter in seinen Computersimulationen verwendet hatte. Trotzdem konnte er die Lichtkurve des Satelliten auf weniger als fünf Prozent genau annähern. Diese Übereinstimmung zwischen Theorie und Beobachtung ermöglichte es Klavetter, seinen Helligkeitsmessungen Informationen über Hyperion zu entnehmen. Dieser hat danach eine nahezu gleichförmige Dichte; in seinem Inneren gibt es wahrscheinlich wenige Massenkonzentrationen, die die Bewegung des Satelliten aus dem Gleichgewicht bringen oder verschieben könnten.

Interessanterweise unterstützen die *Voyager*-Bilder von Hyperions zerbeulter Oberfläche die Auffassung, daß er in einer chaotischen Zone liegt. Hyperion könnte sehr wohl als ein mehr oder weniger kugelförmiger Satellit begonnen haben. Wie andere Saturnmonde wurde er vermutlich schon früh stark bombardiert. Während andere Satelliten vielleicht im Lauf von Jahrmillionen mehrmals zerbrachen und wieder zusammengesetzt wurden, könnte die chaotische Bewegung des Hyperion das bei ihm verhindert haben. Bruchstücke aus Einschlägen auf Hyperion blieben vielleicht im Umlauf und fielen nicht auf den Planeten zurück. Was wir jetzt Hyperion nennen, könnte einfach der größte Brocken sein, der nach einem katastrophal starken Aufprall, der den Mond nur als einen zernarbten, schroffen Schatten seiner selbst hinterließ, übriggeblieben ist.

Gleichzeitig ist es höchst unwahrscheinlich, daß Hyperion in einem chaotischen Zustand begann. In ferner Vergangenheit war seine Rotationsperiode (sein Tag) viel kürzer als seine Bahnperiode, also sein Jahr. Als Gezeitenkräfte im Lauf von Äonen allmählich die Rotation des Satelliten verlangsamten, erreichte Hyperion unweigerlich eine Rotationsgeschwindigkeit, die ihn in eine chaotische Zone schickte. In diesem kritischen Stadium stand die Drehachse wahrscheinlich nahezu senkrecht auf der Bahnebene. Sobald der Satellit in die chaotische Zone eintrat, wurde diese schwergewonnene Stabilität in wenigen Tagen zerstört: Hyperion begann zu torkeln.

Hyperion scheint jetzt in dieser Art von Bewegung gefangen zu sein. Weil die chaotische Zone um die 4:3-Resonanz zwischen den Bahnperioden von Hyperion und Titan so enorm groß ist, gibt es nur wenig Aussicht, daß die Bahn des Mondes je eine der wenigen kleinen Inseln der Stabilität in der Nähe erreicht. Und selbst wenn Hyperion es schließlich fertigbringt, einen synchronen Zustand zu erreichen, wird er weiter torkeln, weil die mit dieser bestimmten Bahn verbundene Insel selbst instabil ausgerichtet ist.

Natürlich ist Hyperion nicht das einzige seltsam geformte Objekt, das einen Planeten umläuft. Hyperion mag einzigartig sein, weil er jetzt eine chaotische Bewegung aufweist; Wisdom vermutet jedoch, alle unregelmäßig geformten Satelliten könnten in der Vergangenheit angefangen haben zu torkeln, als sie sich näherungsweise synchron mit ihrem Planeten drehten. Obwohl zum Beispiel die als Phobos und Deimos bezeichneten Felsbrocken den Mars heute auf vollkommen regelmäßigen Bahnen umrunden, könnten sie vor langer Zeit über Zeiträume zwischen 10 und 100 Millionen Jahren chaotisch getorkelt haben. Der Neptunmond Nereide, der eine höchst exzentrische Bahn hat und dessen Größe mit der des Hyperion vergleichbar ist, könnte ein ähnliches Stadium durchlaufen haben.

Lassen sich auch heutige Hinweise darauf finden, daß ein Mond eine chaotische Zeit durchgemacht hat? Einige Forscher haben behauptet, der Lavafluß, die Vulkankegel und andere exotische Oberflächenmerkmale von Miranda – einem Uranusmond – könnten in einer Zeit chaotischen Schlingerns entstanden sein. Aber genauere Untersuchungen lassen dies als unwahrscheinlich erscheinen. Während verstärkte Gezeitenwirkungen während einer solchen Zeit genug Wärme liefern könnten, um etwas vulkanische Aktivität zu erzeugen, könnte Mirandas Ausrichtung nur dann instabil geworden sein, als sie ihren synchronen Rotationszustand begann. Das wäre relativ bald nach ihrer Entstehung gewesen, weil sie schon nach etwa 300000 Jahren so langsam hätte sein müssen, daß ein synchroner Zustand erreicht war. Die Episoden chaotischen Purzelns wären zu bald nach Mirandas Bildung eingetreten, könnten also nicht den großen Altersumfang erklären, der ihren Oberflächenmerkmalen zugeschrieben wird.

Das Beispiel des Hyperion, das schon seinen Weg in die Lehrbücher gefunden hat, ist der erste schlüssige Beweis für chaotische Bewegung im Sonnensystem. Es beweist auch ein viel allgemeineres Phänomen – eine überraschende, bis jetzt unerwartete chaotische Episode in der Jugend eines jeden unförmigen Satelliten, der durch Gezeitenkräfte verlangsamt wird, bevor er eine Seite für immer seinem Stammplaneten zuwendet. Ebenso überraschend erweist sich das Torkeln in dieser Situation als ein Kennzeichen für Chaos. Zweifellos hat eine Reihe von unregelmäßig geformten Satelliten zu verschiedenen Zeiten in der Geschichte des Sonnensystems eine Periode chaotischen Schlingerns durchgemacht, die dann auch wieder aufhörte. Nur Hyperion wurde in eine Situation hineingetrieben, die ihn dazu zwingt, bis heute chaotisch zu torkeln.

Chaos ist nur eine von vielen Verhaltensweisen von Satelliten und Planeten. Die Schwerkraft bewirkt ihre Wunder durch eine umfangreiche Palette von Bewegungen, die sich nicht unmittelbar aus den ihre Wirkungen beschreibenden Differentialgleichungen ablesen lassen. Wie Newton und seine Nachfolger erkannten, besteht das Problem bei der Bestimmung der Stabilität und der langfristigen Geschichte von Bahnen darin, daß die entsprechenden Differentialgleichungen bemerkenswert verschiedenartige Lösungen haben. Es erfordert ziemlich viel mühsame Algebra, wenn man auch nur einen Schimmer davon erhaschen will, wie ein Planet oder ein Mond sich verhält, von

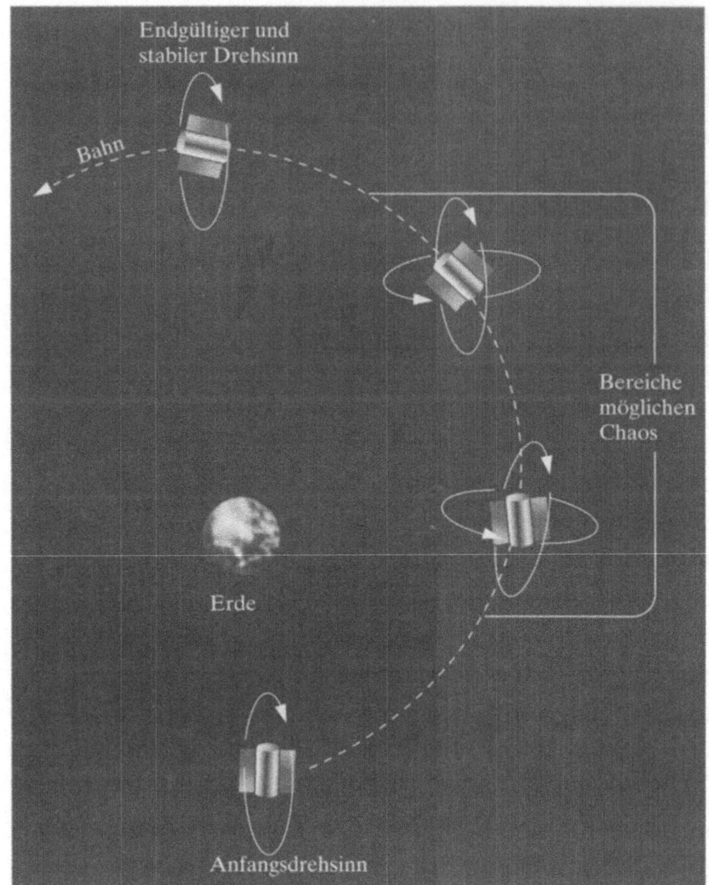

Ein künstlicher Satellit, der sich um seine Längsachse dreht, geht allmählich zu einer Drehung um seine Querachse über. Während der Satellit diese Bewegungen durchführt, könnte er womöglich einen gefährlichen chaotischen Bereich durchlaufen (University of Wisconsin-Madison).

einem künstlichen Satelliten im unebenen Gravitationsfeld der Erde ganz zu schweigen. Insbesondere muß man wissen, wie sich wichtige, langfristige Trends sauber von einem Hintergrund kurzzeitiger Schwankungen trennen lassen, wenn man diese Merkmale in einer Differentialgleichung separieren will.

Die Arbeit von Charles-Eugène Delaunay Mitte des neunzehnten Jahrhunderts stellt einen besonders mutigen Versuch dar, die Bahn des Mondes durch Trennung lang- und kurzfristiger Trends zu beschreiben. Delaunay hatte eine Ausbildung als Ingenieur und unterrichtete Ingenieurwissenschaften; er interessierte sich von Berufs wegen für Astronomie und Mechanik, denn damals gehörte eine Vorlesung über Himmelsmechanik zur Ingenieurausbildung. Delaunay schrieb sogar

    Was Newton nicht wußte

eine Abhandlung über Astronomie für Ingenieure. Aber seine private Leidenschaft, die er von 1847 an zwei Jahrzehnte lang systematisch verfolgte, betraf die kleinen Unstimmigkeiten, die die Bemühungen von Laplace vereitelt hatten, die Bewegung des Mondes vollständig zu erklären.

Vor dem Computerzeitalter kannten Wissenschaftler wie Delaunay keine andere Möglichkeit, die Bewegung eines Himmelskörpers vorherzusagen, als durch das Berechnen von Näherungslösungen der betreffenden Differentialgleichungen, also langen Reihen algebraischer Ausdrücke, sogenannter Potenzreihen. Wenn die Wissenschaftler einmal geeignete Formeln gefunden hatten, wandten sie sich der lästigen Aufgabe zu, das Verfahren in eine Folge geeigneter Schritte zu gliedern, um die Lösungen berechnen zu können. Die Entwicklung der Formeln und die Erstellung länglicher Tabellen, die die Hilfskräfte in den Almanach-Büros dann zur Berechnung von Mond- oder Planetenpositionen verwenden konnten, erforderte jahrelange Arbeit. Und wenn jemand mit bescheideneren Rechenfähigkeiten es nicht schaffte, die Ortsänderung des Mondes in kürzerer Zeit zu berechnen, als der Mond für seinen Weg brauchte, mußte das Unternehmen unabhängig von der Eleganz der Methode und der Genauigkeit des Ergebnisses als Fehlschlag betrachtet werden.

Delaunay, der allein arbeitete, widmete zwanzig Jahre seines Lebens dem Mond. Mit fast übertriebener Strenge achtete er sorgfältig darauf, seine mit der Hand angefertigten Berechnungen zu dokumentieren, und er zeigte sogar, wie jeder einzelne Term in einer langen Kette algebraischer Ausdrücke aus dem vorigen folgt. Nach zehn Jahren, in denen er sein Programm durchführte, und weiteren zehn Jahren, die er mit der Überprüfung verbrachte, veröffentlichte er schließlich 1860 und 1867 in zwei Bänden die Ergebnisse seiner heroischen algebraischen Umformungen und Berechnungen. Aber selbst diese endlosen Tabellen, die es erlaubten, die Position des Mondes zu einer bestimmten Zeit genauer zu berechnen als je zuvor, erreichten nicht die Genauigkeit der Beobachtungsdaten aus dem alten Griechenland.

Es verstrichen hundert Jahre, bevor jemand das Interesse oder die Fähigkeit hatte, Delaunays Arbeit zu überprüfen. In den Jahren nach

1950 begannen mathematische Astronomen, sich mit den Methoden Delaunays zu beschäftigen, um mögliche Anwendungen bei der Berechnung der Bahnen künstlicher Satelliten zu erforschen. Gleichzeitig entwickelten Forscher spezielle Computerprogramme, die mit abstrakten algebraischen Symbolen umgehen konnten und nicht nur mit Zahlen. Diese neuartigen Computer-Algebra-Systeme lieferten den Astronomen genau die Hilfsmittel, die sie zur Überprüfung von Delaunays Listen von Formeln und algebraischen Ausdrücken brauchten, die Seite um Seite seiner zwei dicken Bände füllten.

André Deprit, Jacques Henrard und Arnold Rom gehörten zu den ersten, die diesen Ansatz bei der Neubetrachtung von Delaunays lange vernachlässigtem Werk anwendeten. Diese drei benutzten 1970 an den Boeing Scientific Research Laboratories in Seattle ein von ihnen entwickeltes Computer-Algebra-System, um Delaunays Formeln und Tabellen zu überprüfen. Ihre Berechnungen, die im wesentlichen Delaunays Bemühungen nachvollzogen, erforderten etwa 20 Stunden Rechenzeit, also sehr wenig im Vergleich mit den 20 Jahren, die Delaunay auf das Projekt verwendet hatte. Bemerkenswerterweise fanden sie in dem ganzen Werk nur drei Fehler, die alle in eher unwichtigen Ausdrücken vorkamen. Zudem waren zwei der Fehler Folgen des ersten, in dem Delaunay statt eines Koeffizienten 33/16 in einem algebraischen Ausdruck versehentlich 23/16 eingesetzt hatte.

Durch den Erfolg ermutigt, verallgemeinerten Deprit und seine Kollegen Delaunays Arbeit auf die Verwendung zusätzlicher Ausdrücke, wodurch sie einen wesentlich höheren Genauigkeitsgrad erreichten, als es bei der Berechnung der Mondpositionen und der Bahnen künstlicher Satelliten zuvor für möglich gehalten worden war. Indem sie die Theorie etwas abänderten, konnten sie auch die Auswirkungen des atmosphärischen Sogs und der Abweichungen von der Kugelform der Erde auf Satelliten in niedriger Höhe berücksichtigen.

Solche Methoden sind jedoch im allgemeinen zu mühsam, lästig und kompliziert, als daß Ingenieure sie benutzen würden, die rasch überblicken möchten, welche Erdbahnen für eine bestimmte Raummission geeignet sein könnten. Schwankungen im Gravitationsfeld der Erde aufgrund der äquatorialen Wölbung, der ungleichmäßigen Massenverteilung in ihrem Inneren und anderer Verzerrungen haben großen Einfluß auf die Bahn eines künstlichen Satelliten. Um ihn von

     Was Newton nicht wußte

la fonction R ne contient plus aucun terme périodique; elle se trouve donc
réduite à son terme non périodique seul, terme qui, en tenant compte des
parties fournies par les opérations 129, 260, 349 et 415, a pour valeur

$$R = \frac{\mu}{2a}$$

$$+ m' \frac{a^2}{a'^3} \left\{ \frac{1}{4} - \frac{3}{2}\gamma^2 + \frac{3}{8}e^2 + \frac{3}{8}e'^2 + \frac{3}{2}\gamma' - \frac{9}{4}\gamma^2 e^2 - \frac{9}{4}\gamma^2 e'^2 + \frac{9}{16}e^2 e'^2 + \frac{15}{32}e'^4 - \frac{33}{2}\gamma'e^2 \right.$$

$$+ \frac{9}{4}\gamma'e'^2 + \frac{25}{16}\gamma^2 e^4 - \frac{27}{8}\gamma^2 e^2 e'^2 - \frac{45}{16}\gamma^2 e'^4 + \frac{45}{64}e^2 e'^4$$

$$+ \left(\frac{9}{16}\gamma^2 + \frac{225}{64}e^2 - \frac{27}{16}\gamma^4 - \frac{387}{32}\gamma^2 e^2 + \boxed{\frac{23}{16}\gamma^2 e'^2} - \frac{225}{128}e^4 + \frac{825}{64}e^2 e'^2 + \frac{9}{8}\gamma^4 \right.$$

$$\left. + \frac{3897}{64}\gamma^4 e^2 - \frac{99}{16}\gamma^4 e'^2 - \frac{1431}{256}\gamma^2 e^4 - \frac{1419}{32}\gamma^2 e^2 e'^2 - \frac{225}{512}e^4 - \frac{825}{128}e^4 e'^2 \right) \frac{n'}{n}$$

$$- \left(\frac{31}{32} - \frac{33}{8}\gamma^2 - \frac{971}{32}e^2 + \frac{465}{64}e'^2 + \frac{273}{64}\gamma^4 + \frac{5709}{64}\gamma^2 e^2 - \frac{117}{4}\gamma^2 e'^2 + \frac{4989}{256}e^4 \right.$$

$$\left. - \frac{1905}{8}e^2 e'^2 + \frac{3255}{128}e'^4 \right) \frac{n'^2}{n^2}$$

$$- \left(\frac{255}{32} - \frac{31515}{1024}\gamma^2 - \frac{551115}{4096}e^2 + \frac{6885}{64}e'^2 + \frac{20541}{512}\gamma^4 + \frac{927831}{2048}\gamma^2 e^2 \right.$$

$$\left. - \frac{218115}{512}\gamma^2 e'^2 + \frac{1622985}{16384}e^4 - \frac{4069635}{2048}e^2 e'^2 \right) \frac{n'^2}{n^2}$$

$$- \left(\frac{5515}{192} - \frac{296779}{3072}\gamma^2 - \frac{6380965}{12288}e^2 + \frac{16285}{64}e'^2 \right) \frac{n'^4}{n^4}$$

$$- \left(\frac{28841}{288} - \frac{113181307}{294912}\gamma^2 - \frac{1681901051}{1179648}e^2 + \frac{1393609}{384}e'^2 \right) \frac{n'^5}{n^5}$$

$$- \frac{9814775}{36864} \frac{n'^6}{n^6} - \frac{128268199}{663552} \frac{n'^7}{n^7}$$

$$+ \left[\frac{9}{64} - \frac{45}{16}\gamma^2 + \frac{45}{64}e^2 + \frac{15}{128}e'^2 \right.$$

$$\left. + \left(\frac{225}{512} - \frac{1935}{256}\gamma^2 + \frac{7425}{1024}e^2 + \frac{225}{64}e'^2 \right) \frac{n'}{n} + \frac{869}{512}\frac{n'^2}{n^2} - \frac{10391}{8192}\frac{n'^3}{n^3} \right] \frac{a^2}{a'^2} \right\}$$

Diese Seite aus dem zweiten Band von Charles Delaunays Werk, in dem er mit
umfangreichen, ohne Hilfsmittel durchgeführten Berechnungen mit zuvor nie erreichter
Genauigkeit die Position des Mondes als eine Funktion der Zeit angab, enthält den
einzigen größeren Fehler, der beim Nachrechnen in unserer Zeit in seinem Werk
gefunden wurde. Der Bruch in dem eingerahmten Ausdruck muß 33/16 lauten und nicht
23/16 (Nachdruck mit freundlicher Genehmigung von Richard Pavelle, Michael Rothstein
und John Fitch, «Computer Algebra», *Scientific American*, Dezember 1981, S. 151).

unnötigem Torkeln oder vom Abdriften von seinem geplanten Kurs abzuhalten, müssen die Ingenieure die Position und Orientierung eines Satelliten ständig überwachen. Sonst könnten Gravitationsabweichungen eine Bahn verschieben oder einen Satelliten stark genug erschüttern, um ihn von der Erfüllung seines Auftrags abzuhalten. Die Lebenszeit eines Satelliten im Raum hängt ja weitgehend von der Brennstoffmenge ab, die er für Manöver einsetzen kann, bei denen Bahnabweichungen korrigiert werden, die durch die Unregelmäßigkeiten im Gravitationsfeld der Erde zustande kommen.

In der Tat ist es keine einfache Sache, einen Satelliten in eine stabile Umlaufbahn um die Erde zu bringen. Als 1957 das Raumfahrtzeitalter heraufdämmerte, wußte niemand genau, wohin oder auch nur ob ein Satellit im Lauf seiner Lebenszeit im Raum abdriften würde. Die Raumfahrtingenieure konzentrierten sich darauf, diese primitiven Sputniks zu verfolgen, und sie lernten durch Erfahrung, daß Bahnen sich drastisch verändern können. Es war nicht ungewöhnlich, daß man einen Satelliten für Zeiträume von Stunden bis zu Monaten aus dem Auge verlor.

Denken wir zum Beispiel an einen Satelliten auf einer Umlaufbahn über dem Äquator, der zudem immer über demselben Punkt auf der Erde schwebt. Kleine Schwankungen im Gravitationsfeld der Erde können den Satelliten von seiner geplanten Bahn ablenken; dann müssen ihm Signale gesendet werden, die die Düsen starten, so daß sich z.B. seine Flughöhe ändert.

Im allgemeinen ist eine äquatoriale Umlaufbahn hinreichend stabil, so daß ein Satellit dort lange Zeit bleiben kann, ohne viel Brennstoff zu verbrauchen. Bleibt ein Satellit sich jedoch selbst überlassen, dann treibt er aus einer äquatorialen Bahn langsam, aber unausweichlich zu einer Position über dem Indischen Ozean, wo die Schwerkraft der Erde etwas größer ist als anderswo, weil dort unter dem Ozean ungewöhnliche große Mengen dichter Materie konzentriert sind. Im Lauf der Jahre sind schon viele Satelliten und viel Weltraumschutt auf diesen Friedhof geraten.

Immer intensiver suchen Ingenieure und Planer von Raumflügen nach stabilen Bahnen, damit sie weniger Brennstoff mitgeben müssen und sich die ständige Überwachung und Korrektur teilweise ersparen können. Es haben sich gewisse Bahnen als nützlicher erwiesen als

 Was Newton nicht wußte

andere; deshalb ist die genaue Kenntnis des langfristigen Verhaltens von Bahnen notwendig, wenn Zusammenstöße aufgrund der dichten Belegung vermieden werden sollen. Es ist für die Raumfahrtingenieure wichtig, genau zu wissen, wo solche stabilen Bahnen liegen und wieviel Spielraum sie bieten.

Um den Raumfahrtingenieuren bei der Wahl geeigneter Bahnen zu helfen, hat André Deprit, der dem National Bureau of Standards (jetzt National Institute of Standards and Technology) angehört, Ende der achtziger Jahre mit drei Wissenschaftlern des Naval Research Laboratory – Shannon Coffey, Liam Healy und Étienne Deprit, seinem Sohn – zusammengearbeitet, um ein flexibles und bequemes Verfahren zu entwickeln, das veranschaulicht, wie Verzerrungen des Gravitationsfelds der Erde die Dynamik von Satelliten beeinflussen, die die Erde umrunden. Sie koppelten Graphiken mit einem leistungsfähigen Computer, der viele Berechnungen gleichzeitig durchführen kann, und zeichneten so eine Art Umrißkarte des Phasenraums – des abstrakten Raums, dessen Dimensionen Orte und Impulse sind –, in dem die Bewegungen eines Satelliten mit dem Schwerefeld der Erde verknüpft sind.

Um ein globales Bild von langfristigen Trends in der Bewegung eines Satelliten zu erhalten, setzten die Forscher eine verbesserte Fassung der Computeralgebra ein, die Deprit und seine Kollegen früher verwendet hatten, als sie Delaunays Mondformeln bestätigten. Diese Verfahren erlaubten ihnen, die langfristigen Trends zu erkennen, die im allgemeinen für die Planer von Raumflügen interessanter sind als die geringen wiederholten Verschiebungen und Schwankungen, die einen Satelliten Minute für Minute und Tag für Tag aus der Bahn bringen könnten.

Das Ergebnis dieser Arbeit war keine gewöhnliche Karte der Erdoberfläche. Vielmehr zeigt sie eine zweidimensionale Landschaft, deren Koordinaten nicht Längen- und Breitengrade sind, sondern der Drehimpuls des Satelliten auf seiner Bahn und der Winkel zwischen dem Äquator und der Verbindungslinie vom Erdmittelpunkt zum Perigäum, also dem Punkt, an dem der Satellit der Erde am nächsten ist. Jeder Punkt des so entstandenen «Phasenporträts» stellt eine Bahn mit einem bestimmten Drehimpuls und einer bestimmten Richtung dar. Entsprechend der Energie der jeweiligen

Bahn wird jedem Punkt eine bestimmte Farbe oder Grauschattierung zugeschrieben.

In den so entstehenden Karten zeigen verschiedenfarbige Streifen an, wie das ungleichförmige Schwerefeld der Erde die Bahnen beeinflußt. Wenn die Erde vollkommen kugelförmig wäre und nichts sonst die Gleichmäßigkeit ihres Schwerefeldes störte, wäre das Bild einfarbig und jede Bahn stabil. In einer solchen Situation liefe ein Satellit auf einer Ellipse, deren einen Brennpunkt die Erde bildet. Solche Bahnen können Kreise sein und auch sehr langgezogene Ellipsen, und die Kurven können in derselben Ebene liegen wie der Erdäquator oder einen beliebigen Winkel mit ihm bilden – sie können sogar rechtwinklig zur Äquatorebene der Erde liegen, also einen Satelliten über beide Pole laufen lassen.

Karten, die Gravitationswirkungen wie jenen entsprechen, die durch die etwas asymmetrische äquatoriale Wölbung der Erde zustande kommen, enthalten konzentrische Ringe, die an den gemeinsamen Grenzen zu komplizierten, verblüffenden Anordnungen mit steilen Gipfeln, flachen Tälern und engen Pässen verwoben sind. Einige Merkmale dieser Karten verweisen auf Bahnen, die in der Regel stabil sind oder nur wenig schwanken, andere auf seltsame Bahnen, die zu Purzelbäumen, Schwankungen oder ziellosem Treiben führen.

Mit Hilfe dieser berechneten Bilder können die Ingenieure bei allen möglichen Bahnen die Entwicklung von deren Form und Position nachvollziehen. An den Umrissen können sie leicht erkennen, welche Bahnen dazu neigen, stabil zu sein. Wenn sie die Koordinaten einer interessanten Bahn gefunden haben, können sie die zugehörige Differentialgleichung lösen, um eine genauere Vorstellung davon zu erhalten, wie ein Satellit sich auf dieser Bahn verhalten würde. Mit Hilfe von etwas elementarer Mathematik können sie dann genau die Bedingungen berechnen, die nötig sind, um ein bestimmtes Raumfahrzeug in eine Bahn zu bringen, in der es vorläufig bleiben kann, und auch, welche Geschwindigkeit nötig ist, damit es seine endgültige Bahn erreicht.

Zunächst wandten Coffey und seine Kollegen sein Verfahren der Veranschaulichung auf ein vereinfachtes Gleichungssystem an, das nur die Abweichungen berücksichtigte, die von der äquatorialen Wölbung der Erde herrühren. Diese Gleichungen trafen am besten auf

 Was Newton nicht wußte

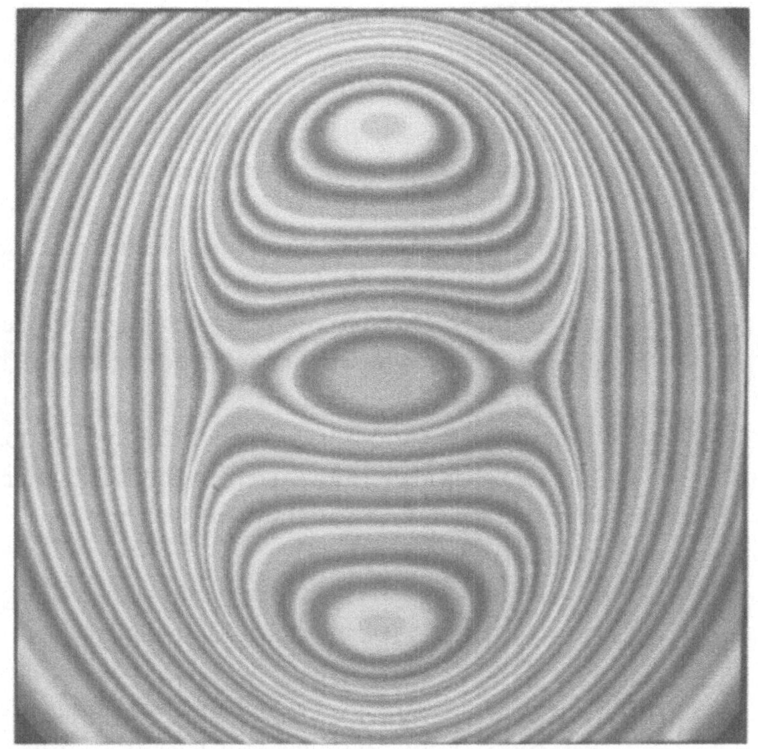

In dieser Ansicht der «nördlichen Halbkugel» des Phasenraums, die den Bewegungsgleichungen für Satelliten in der Erdumlaufbahn entspricht, stellt der Mittelpunkt eine kreisförmige Satellitenbahn dar. Punkte, die weiter von der Mitte entfernt sind, bezeichnen Bahnen mit größeren Exzentrizitäten und geringeren Neigungen (Liam Healy, Étienne Deprit).

einen Satelliten auf einer niedrigen Bahn zu, in der der Einfluß des Mondes nicht groß war und Schwankungen der Massenverteilung der Erde sich herausmittelten. Mit Hilfe eines solchen auf das wesentliche beschränkten Modells erhielten die Forscher wichtige Erkenntnisse über die Merkmale von Bahnen in der Nähe der sogenannten kritischen Neigung von 63°.

Die Bewegungsgleichungen für diesen Winkel waren bekanntermaßen schwierig zu lösen, und vor dem Ende der fünfziger Jahre wußte niemand, wie eine Bahn bei dieser Neigung letztlich aussehen würde. So war es ein Schock, als die Sowjetunion eine Reihe von Satelliten mit dem kritischen Winkel startete und damit die aufregende Tatsache bewies, daß sich Satelliten auf solchen Bahnen stabil verhalten. Es dauerte nicht lange, bis die USA es der Sowjetunion gleichtaten; in den letzten Jahren wurden fast zwei Drittel der Satelliten der amerikanischen Marine unter diesem Winkel gestartet, vor allem deshalb, weil dies die Aufgabe vereinfachte, sie zu kontrollieren.

Die Marine wollte sehr gern mehrere Satelliten auf solchem Wege in eine Ellipse schicken – etwa fünf, die miteinander gleiche Winkel bildeten. Als ihre Ingenieure versuchten, eine solche Anordnung stabil zu halten, bereitete ihnen die Verfolgung in einem Fall große Mühe. Die Satelliten drifteten weiter ab, als sie sollten.

Mit Hilfe von Phasenporträts, die Bahnen in der Nähe der kritischen Neigung veranschaulichten, entdeckten Coffey und seine Mitarbeiter, wie komplex die Bewegungen sein können, die unter diesen dynamischen Bedingungen möglich sind. Einige Bahnen sind stabil, andere sicherlich nicht. Später berücksichtigten die Forscher die Wirkungen viel schwächerer Störungen, um Ergebnisse zu erhalten, die für jene Ingenieure nützlich sind, die Satellitenbahnen zwischen 500 und 3000 Kilometer über der Erdoberfläche planen. Ein zusätzlicher Schritt erlaubte es, die von Mond und Sonne verursachten Störungen einzuplanen.

In einer Arbeit, die Coffey und seine Kollegen 1990 in der Zeitschrift *Science* veröffentlichten, bemerkten sie, daß ihre Karten auf neue dynamische Phänomene hinweisen, die ihrerseits eine kritische Untersuchung der Gleichungen erfordern, mit denen die Berechnungen zuerst vorgenommen wurden. Sie schrieben: «Wir haben den Kreis geschlossen. Die Analyse eines dynamischen Systems führte zur graphischen Darstellung, die unsere Ergebnisse belegte. Verbesserungen in den Verfahren der Veranschaulichung offenbarten neue Phänomene, die uns eine bessere mathematische Analyse ermöglichten.»

An den Miniatur-Sonnensystemen, die viele der Planeten umgeben, wird deutlich, daß Satelliten – künstliche wie natürliche – mannigfaltige Instabilitäten aufweisen können, von denen sich einige dem Chaos zuschreiben lassen. Aber wie ist es mit den Planeten selbst? Sind ihre Bewegungen wirklich vorhersagbar und vorherbestimmt, oder unterliegen auch sie den Launen des Chaos? Wie das nächste Kapitel zeigt, erfordert auch eine vorläufige Antwort auf diese Fragen Berechnungen in einem Ausmaß, das selbst Johannes Kepler erstaunt haben würde.

Kapitel 10
Digitale Planetarien

BOETIUS (etwa 480–525), *Der Trost der Philosophie*

Der unüberschaubare Komplex des Massachusetts Institute of Technology (MIT) mit all seinen Laboratorien und Büros beherbergt ungeheuer viele Zeit- und Raummaschinen. Diese wunderbar vielseitigen Geräte werden letztlich von Elektronen getrieben und von mathematischer Logik gesteuert; sie ermöglichen weite Ausflüge sowohl ins Weltall als auch in Vergangenheit und Zukunft. Eines dieser Geräte hat eine besonders ehrfurchtgebietende Aufgabe.

Das neue Gerät wurde im Frühjahr 1991 in Betrieb genommen und trägt einen fast banalen Namen, der es, technisch gesehen, zutreffend beschreibt: Supercomputer Toolkit. Dieser «Werkzeugkasten Supercomputer» ist das Ergebnis der einzigartigen Zusammenarbeit zwischen zwei Wissenschaftlern, nämlich Jack Wisdom, der für seine bahnbrechende Erkundung der dynamischen Ursachen der Lücken im Asteroidengürtel und des unsteten Kreiselns des Saturnmondes Hyperion Anerkennung erntete, und Gerald Jay Sussman, einem umgänglichen und ideenreichen Computerwissenschaftler, dessen Interessengebiete von der künstlichen Intelligenz bis zur Astronomie reichen. Beide spielten eine große Rolle bei der Entwicklung von Computerprogrammen, die wichtige Aspekte der Stabilität und des Chaos in der Himmelsmechanik berechnen sollen.

Wie die mythischen Argonauten ließen sich diese beiden MIT-Professoren auf eine wagemutige und gefährliche Reise in unbekannte

Gewässer ein. Der nach ihren Wünschen gebaute Superrechner, kaum so groß wie ein mittlerer Aktenschrank, enthält vielleicht in der leisen Bewegung seiner Elektronen den Schlüssel zum Sonnensystem. Eine seiner wichtigsten Aufgaben ist die Lösung der Gleichungen, die die Bewegungen der neun Planeten des Sonnensystems beschreiben, um so etwas über dessen Zukunft vorhersagen und von dessen Vergangenheit entdecken zu können.

Natürlich sind Wisdom und Sussman nicht die ersten, die die Frage nach der langfristigen Zukunft und der Stabilität des Sonnensystems in Angriff nahmen. Diese ungelösten, quälend unzugänglichen Themen plagen die Himmelsmechaniker schon seit mindestens 200 Jahren. Der erste große Versuch, das Problem zu lösen, führt uns ins Frankreich der zweiten Hälfte des achtzehnten Jahrhunderts und zur erstaunlichen Karriere von Pierre-Simon Marquis de Laplace.

Dem selbstsicheren Zwanzigjährigen, der auf einem Bauernhof in der Normandie geboren worden war, muß Paris 1769 wie eine große Bühne erschienen sein, auf der er seine mathematische Tüchtigkeit beweisen konnte. Laplace vertraute darauf, aufgrund der freundlichen Empfehlungen einer Reihe einflußreicher Leute und der Zeugnisse von Professoren der Universität Caen (wo er fünf Jahre lang studiert hatte) bald Zugang zu den intellektuellen Kreisen und modischen Salons der aufstrebenden Stadt zu erhalten. So klopfte er auch an die Tür von Jean d'Alembert, dem alternden Naturwissenschaftler, Mathematiker und Philosophen, der nach einer langen Karriere (zu der die in Kapitel 6 beschriebene Erforschung der Mondbewegung gehört hatte) die beherrschende Gestalt des französischen akademischen Lebens war. D'Alembert war Pariser, berühmt, weil er die Kunst der geschliffenen Konversation beherrschte, und bekannt für seine Bereitschaft, junge Hoffnungsträger zu fördern und zu unterstützen.

Laplace bat also d'Alembert um ein Gespräch und übergab dazu dem Diener seine Empfehlungsbriefe. D'Alembert weigerte sich, den Besucher zu empfangen, und schickte eine schroffe Nachricht, er sei nicht an jungen Leuten interessiert, die ihm lediglich von prominenten Menschen empfohlen würden. Der junge Mathematiker war zunächst bestürzt, sah darin aber auch eine Aufforderung und verfaßte, in seine Unterkunft zurückgekehrt, einen längeren Brief über die allgemeinen Grundlagen der Mechanik. Der geniale Gedankengang und die offensichtliche Beherrschung der Materie, die sich in dem Brief zeigten, fesselten die Aufmerksamkeit von d'Alembert, und er lud den jungen Mann ein. In seiner Antwort schrieb er: «Monsieur, Sie sehen, daß ich mich wenig um Ihre Empfehlungsschreiben gekümmert habe; Sie brauchen keine. Sie haben sich selbst besser eingeführt. Das genügt mir; meine Unterstützung ist Ihnen sicher.»

Innerhalb weniger Tage wurde der junge Mann zum Professor der Mathematik an der École Militaire ernannt. Bis zu seinem Tod 1827 hatte Laplace das Vertrauen d'Alemberts in sein beträchtliches Talent mehr als gerechtfertigt. Er hatte sich zudem als ein verschlagener, berechnender Opportunist erwiesen und es geschafft, den blutigen Übergang vom alten Regime zum republikanischen Frankreich, den Aufstieg und Fall von Napoleons Reich und die spätere Wiederherstellung der Monarchie zu überleben. Laplace, der sich geschickt mit dem politischen Wind zu drehen wußte, entkam wiederholt Gefangennahme und Hinrichtung, obwohl er sich offen zu späteren Opfern wie dem Chemiker Antoine Lavoisier bekannte. Ob als Mitglied einer Kommission, die mit der Reform des nationalen Systems von Gewichten und Maßen beauftragt war, oder als Gründungsmitglied des Bureau des Longitudes, immer war er bereit, jenen zu dienen und zu helfen, die gerade das Sagen hatten.

Laplace beherrschte sein Leben lang die Kunst, zur rechten Zeit am rechten Ort zu sein. Er war 1799 sogar sechs Wochen lang unter Napoleon Innenminister. Aber seine Verdienste als Verwaltungsbeamter waren so gering, daß Napoleon gegen Ende seines Lebens, als er auf der einsamen Insel St. Helena im Exil war, einmal bemerkte, Laplace habe kein Problem vom richtigen Gesichtspunkt aus gesehen: «Er suchte überall nach Haarspaltereien, hatte nur zweifelhafte Einfälle und brachte schließlich den Geist der Kleinlichkeit in die Verwaltung.» Napoleon kannte jedoch den großen Wert von Mathematik und Naturwissenschaften für die Staatskunst, und deshalb achtete er Laplace weiterhin und ehrte ihn schließlich sogar mit einem Adelstitel. In den erbitterten Propagandakriegen zwischen England und Frankreich, die einen großen Teil der napoleonischen Ära einnahmen, schadete es nicht, daß sich Laplace aufgrund seiner eingehenden Beschäftigung mit der Himmelsmechanik mit einigem Recht als Newton Frankreichs bezeichnen konnte.

Neben den politischen Abenteuern zeichnete ihn eine unleugbar glänzende Begabung für Mathematik und ihre Anwendung auf die Astronomie aus. Von 1773 an widmete Laplace den größten Teil seines wissenschaftlichen Lebens der Rolle der Newtonschen Gravitation im großen Rahmen des Sonnensystems. Mit beträchtlichem Können und Virtuosität setzte er die Mathematik als ein Präzisionswerkzeug ein, mit dem sich eine Reihe von wichtigen Rätseln in der Dynamik des Sonnensystems angehen und teilweise auch lösen ließen.

Die Frage nach der Stabilität des Sonnensystems stellte ein besonders großes Problem dar. Das Gewirr von wechselseitigen Gravitationseinwirkungen, die von den bekannten Planeten und der Sonne ausgeübt wurden, war so komplex, daß keine vollständige mathematische Lösung möglich erschien. Newton selbst hatte gewisse Unregelmäßigkeiten in den Planetenbewegungen bemerkt, von denen er vermutete, daß sie zu einer Störung des Sonnensystems führen könnten, wenn die Bahnen nicht in strategischen Momenten neu bestimmt würden. Er schloß daraus, es seien in periodischem Abstand göttliche Eingriffe nötig, um die Gleichförmigkeit des Systems zu erhalten.

Im siebzehnten und achtzehnten Jahrhundert lieferten die verwirrenden Bewegungen von Saturn und Jupiter ein besonders einleuchtendes Beispiel für Störungen, die anscheinend das Gleichgewicht veränderten. Beobachtungen, die sich über viele Jahrzehnte erstreckten, legten nahe, daß die Bahn des Jupiter stetig enger wurde, während sich die des Saturn langsam, aber stetig ausdehnte. Johannes Kepler hatte schon 1625 geahnt, daß da etwas nicht in Ordnung war, und Edmond Halley hatte in seinen 1695 erstellten Tabellen der Planetenpositionen ausdrücklich Korrekturen dieser Bewegungen angebracht. Seine Anpassungen liefen auf eine Abweichung von fast 1° in tausend Jahren in der berechneten Position des Jupiter und von über 2° in der des Saturn hinaus.

Bald nach seiner Ankunft in Paris begann der junge Laplace mit der Ausführung seines wohlüberlegten Plans, mit dem er die Berechnung und Beschreibung der Planetenbahnen verbessern wollte. Im ersten Schritt bewies er mathematisch, daß Unregelmäßigkeiten in den Exzentrizitäten und Neigungen der Planetenbahnen beschränkt sind. Nach seiner theoretischen Analyse schwanken die Werte dieser Bahnparameter um feste Werte, statt größer zu werden. Obwohl die Planeten also Bahnen folgen, die regelmäßig von den idealen Bahnen abweichen, weichen sie nicht sehr weit von diesen ab.

Die Anwendung des mathematischen Modells von Laplace auf ein idealisiertes Sonnensystem half, zusammen mit neuen Beobachtungen, das Rätsel um Jupiter und Saturn zu lösen. Zunächst zeigte eine sorgfältige Überprüfung der Beobachtungen des siebzehnten und achtzehnten Jahrhunderts, daß die Veränderungen dieser Bahnen sich genau umgekehrt verhielten, als man angenommen hatte. In Wirklichkeit dehnte sich die Bahn des Jupiter aus, während die des Saturn enger wurde. Dann bewies Laplace 1784, daß die Planeten sich etwa alle 59 Jahre fast am selben Punkt der Ekliptik begegnen, weil der Saturn für zwei Umläufe um die Sonne so viel Zeit braucht wie Jupiter für fünf. Im Lauf der Zeit addieren sich die zugehörigen Schwerewirkungen, so daß sich die Planeten so weit verschieben, daß sich ihre beobachteten Positionen am Himmel verändern. Weil die Periodendauern nicht genau

das Verhältnis kleiner ganzer Zahlen sind, verschiebt sich die Position
der Konjunktion allmählich, und die anscheinend reziproke Wirkung
der beiden Planeten kehrt sich nach etwa 450 Jahren um. Die beobachteten Störungen beider Bahnen sind daher einfach Auswirkungen einer
langsamen Schwingung mit einer Periode von 900 Jahren.

Laplace bemerkte später zu dem Erfolg, den er bei der Beantwortung dieser Frage mit Hilfe des Newtonschen Gravitationsgesetzes
hatte: «Die Unregelmäßigkeiten bei den beiden Planeten schienen
früher nicht durch das Gravitationsgesetz erklärbar zu sein – jetzt aber
stellen sie einen der überraschendsten Beweise dar. Es war das Schicksal von [Newtons] glänzender Entdeckung, daß jede entstehende
Schwierigkeit Anlaß zu einem neuen Triumph geworden ist, und
dieser Umstand ist das sicherste Kennzeichen des wahren Systems der
Natur.»

Laplace hatte 1786 mit Hilfe seines idealisierten mathematischen
Sonnensystems bewiesen, daß alle Abweichungen in den Exzentrizitäten und Neigungen von Planetenbahnen klein und konstant sind
und sich selbst korrigieren. Diese Störungen, so schloß er, konnten
sich also nicht so anhäufen, daß sie die Anordnung des Sonnensystems
zerstören könnten. Weil Neigungen und Exzentrizitäten stets innerhalb wohldefinierter Grenzen bleiben, würde die Konfiguration des
Sonnensystems selbst für immer dieselbe bleiben. Wie ein riesiges, sich
selbst regulierendes Uhrwerk, das von der universalen Schwerkraft
angetrieben wird, ist das Sonnensystem inhärent stabil und vorhersagbar – nach der Theorie von Laplace.

Laplace, der von jeder mathematischen Idee fasziniert war, die
helfen konnte, die Natur zu verstehen, sammelte sehr viele verschiedene Verfahren und Ergebnisse, die Licht auf die Struktur des Sonnensystems werfen konnten, und faßte sie in seiner monumentalen
Traité de la mécanique céleste (Abhandlung über Himmelsmechanik)
zusammen. In diesen fünf dicken Bänden führte er nicht nur den
Ausdruck *Himmelsmechanik* ein, sondern bewies auch geradezu
glänzend, was sich erreichen läßt, wenn alle Bewegungen im Sonnensystem als rein mathematische Probleme angesehen werden. Dieses
umfangreiche Werk verkörpert den großen Wunsch Laplaces, die
Naturwissenschaft in ein Vorhaben zu verwandeln, das allein von der
Mathematik vorangetrieben und geleitet wird.

Laplace hatte beträchtliches Vertrauen in seinen Ansatz und seine Methoden; er begann die Abhandlung mit der vollmundigen Erklärung: «Gegen das Ende des vorigen Jahrhunderts machte Newton seine Entdeckung der allgemeinen Schwere öffentlich bekannt. Seit dieser Epoche ist es den Geometern gelungen, alle bekannten Erscheinungen des Weltsystems auf dieses große Gesetz der Natur zurückzuführen und so den astronomischen Theorien und Tafeln eine ungehoffte Genauigkeit zu verschaffen. Mein Zweck ist es, diese in einer großen Anzahl von Werken verstreuten Theorien unter einem Gesichtspunkt darzustellen. Vereinigt umfassen sie alle Resultate der allgemeinen Schwere über das Gleichgewicht und über die Bewegungen der festen und flüssigen Körper, die unser Sonnensystem und ähnliches in dem unermeßlichen Raum des Himmels ausmachen, und bilden die Mechanik des Himmels. Betrachtet man die Astronomie auf die allgemeinste Art, so ist sie eine große Aufgabe der Mechanik. ... Die Auflösung derselben hängt also zu gleicher Zeit von der Genauigkeit der Beobachtungen und von der Vollkommenheit der Analysis ab.»

Laplace sah das Wirken der Natur insgesamt, wie das des Sonnensystems, als das eines Uhrwerks. Sowie die Anfangslage und -bewegung eines jeden Körpers in einem System bekannt sind, war nach seiner Meinung dessen zukünftiger Lauf – ob es um Planeten ging oder um fallende Äpfel – vollständig bestimmt und im Prinzip berechenbar. In seiner klassischen Aussage zum Determinismus stellte er fest: «Eine Intelligenz, die in einem gegebenen Augenblick alle Kräfte kennt, durch welche die Natur belebt wird, und die entsprechende Lage aller Teile, aus denen sie zusammengesetzt, und die darüber hinaus groß genug wäre, um alle diese Daten einer Analyse zu unterziehen, würde in derselben Formel die Bewegungen der größten Körper des Universums und die des kleinsten Atoms umfassen. Für sie wäre nichts ungewiß, und die Zukunft ebenso wie die Vergangenheit wäre ihren Augen gegenwärtig.»

Das Ansehen, die Berühmtheit und die allgemeinverständlichen Schriften des Laplace sicherten dieser deterministischen Ansicht ein großes Publikum. Aber in den späteren weitreichenden Diskussionen und leidenschaftlichen Debatten erhoben Philosophen, Mathematiker und andere Gelehrte viele Einwände. So können zum Beispiel kleine Ursachen große Wirkungen haben. Man stelle sich einen Felsbrocken vor, der auf der Spitze eines Berges liegt. Der kleinste Stoß könnte den Stein eine große Lawine auslösen lassen, wenn er den Berghang hinunterrollt.

Gab es auch im Sonnensystem ähnliche Instabilitäten? Laplace glaubte das nicht, aber andere mathematische Astronomen, die seinen Spuren folgten, waren nicht so sicher. Sie machten sich Gedanken über Resonanzen und deren möglicherweise unvorhersagbaren Einfluß auf Planetenbahnen. Selbst Laplace konnte bei seinem Versuch, die Bewegung des Mondes zu erklären, nicht alle Einzelheiten seiner Bahn deuten. Es blieb eine quälende Unstimmigkeit zwischen Theorie und Beobachtung, die einfach nicht verschwinden wollte.

Wie in Kapitel 7 beschrieben, brauchte es die scharfsinnige Erkenntnis und das Genie eines Henri Poincaré, um die den Formeln innewohnenden Unbestimmtheiten zu bemerken, die selbst einem so einfachen System eigen sind wie dem von drei Körpern, die sich unter dem Einfluß ihrer wechselseitigen Schwerkraft bewegen. Was dieses erstaunlich störrische mathematische Verhalten für die Stabilität des wirklichen Sonnensystems bedeutete, erwies sich jedoch als eine wirklich komplizierte Frage. Die vielfachen Gravitationswechselwirkungen zwischen den Planeten verändern fortwährend die Planetenbahnen. Ellipsen dehnen sich, schrumpfen und schwanken. Aber solange die Veränderungen in mehr oder weniger regelmäßigen Zyklen ablaufen, bleiben diese quasi-periodischen Bahnen stabil. Obwohl Planeten mit solchen Bahnen ihre Bewegungen nicht in regelmäßigen Intervallen genau wiederholen – wie bei einem Sonnensystem aus nur einem Planeten und einem Zentralgestirn –, lassen sich ihre Bewegungen eindeutig als das Ergebnis oder die Summe einer Reihe solcher periodischer Bewegungen ausdrücken.

Wenn jedoch Exzentrizität, Größe oder Neigung einer Bahn sich unstet verändern, dient dieses unregelmäßige Verhalten als ein Indiz für mögliche Instabilität. Im schlimmsten Fall könnten solche Schwankungen einen Planeten dazu veranlassen, die Bahn eines anderen zu kreuzen; das könnte zum Zusammenstoß der Planeten führen oder dazu, daß ein Planet aus seiner regulären Bahn und vielleicht sogar aus dem Sonnensystem hinausgeschleudert wird. Obwohl die Astronomen früher annahmen, die Abweichungen eines Planeten von der regelmäßigen Bewegung seien in der Vergangenheit klein gewesen und würden es auch in Zukunft bleiben, könnte man vermuten, dieses Phänomen sei auch im Sonnensystem zu finden, falls dynamische Systeme unerwartet neben regelmäßigem auch chaotisches Verhalten zeigten.

In einer Ausweitung der Arbeit Poincarés gewann Vladimir I. Arnol'd 1963 eine entscheidende Erkenntnis hinsichtlich der Stabilität. Wie in Kapitel 7 erwähnt, bewies er: Ein Sonnensystem wird, auch wenn es die Möglichkeit hat, sich chaotisch zu verhalten, für alle praktischen Zwecke quasi-periodisch und damit stabil bleiben, wenn nur die Massen, Bahnneigungen und -exzentrizitäten der Planeten hinreichend klein sind. Aber erfüllt unser eigenes Sonnensystem diese Kriterien für Stabilität? Läuft es auf im wesentlichen quasi-periodischen Bahnen, oder sind seine Vergangenheit und Zukunft wirklich durch die im Chaos steckende Ungewißheit verborgen?

Die Antwort ergibt sich natürlich von selbst, wenn das physikalische Experiment einfach seinen Lauf nimmt. Aber dieser Versuch, der schon vor 4,5 Milliarden Jahren begann und noch mindestens so lange weitergehen wird, läuft viel zu langsam ab, als daß wir diese Frage dadurch entscheiden könnten. Die Mathematik ermöglicht eine Abkürzung des Verfahrens, aber nur, wenn die Gleichungen wirklich die entscheidenden Elemente des Sonnensystems erfassen und sich zudem mit der notwendigen Genauigkeit lösen lassen.

Im Prinzip kann ein hinreichend leistungsfähiger Computer die notwendigen Berechnungen vornehmen, aber die numerischen Integrationen beim Sonnensystem erfordern außerordentlich viel Rechenzeit. Jede direkte Berechnung muß in Schritten vorgehen, die klein genug sind, um jedem Planeten folgen zu können. Der schnelle Merkur kreist in 88 Tagen um die Sonne, während der ferne Pluto dazu Jahrhunderte braucht. Weil außerdem in Jahrtausenden nicht viel geschieht, muß die Entwicklung der Bahnen über viele Jahrmillionen verfolgt werden, wenn sich sinnvolle Erkenntnisse über das langfristige Verhalten ergeben sollen. Kein Rechenmodell kann solche ungeheuren Zeiträume leicht bewältigen; immer muß viel Mühe auf Berechnungen verschwendet werden, die für sich genommen nicht besonders viel hergeben.

Die mathematischen Astronomen benötigen viele Jahre, bis sie die Rechenhilfsmittel erarbeitet hatten, die einen Blick in die Zukunft des

Sonnensystems gestatten. Zunächst erwiesen sich selbst die leistungsfähigsten Computer der Aufgabe nicht gewachsen, und die Forscher mußten Kompromisse schließen, indem sie das Sonnensystem vereinfachten, Sonderfälle betrachteten oder die von ihren numerischen Integrationen erfaßten Zeiträume begrenzten. In den Jahren nach 1970 erforschten mehrere Projekte unabhängig voneinander die Bewegungen von Jupiter, Saturn, Uranus, Neptun und Pluto. Die inneren Planeten waren besonders schwierig zu erfassen, weil sehr kurze Intervalle nötig waren, um die Entwicklung ihrer Bahnen genau zu berechnen; deshalb wurden sie fast immer vernachlässigt. Trotzdem konnte die Integration selbst eines vereinfachten Sonnensystems nicht weit in die Vergangenheit oder die Zukunft hineinreichen.

Jene Forscher, die das Glück hatten, die wenigen und minutiös verplanten Rechenhilfen nutzen zu können, die im Lauf der Zeit für solche langfristigen, umfassenden Projekte zur Verfügung gestellt wurden, konnten beschränkte Ausflüge in die Zukunft oder die Vergangenheit des Sonnensystems unternehmen und ermitteln, wie sich die Bahnen im Lauf der Äonen entwickeln. Weil sehr genaue Integrationen über simulierte Perioden, die Millionen von Jahren umspannen, außerordentlich viel Geld kosten, mußten sich viele Forscher bescheiden. Noch 1983 war niemand weiter als fünf Millionen Jahre in die Zukunft des Sonnensystems vorgedrungen, und jene, die so weit kommen konnten, fanden keine klaren Anzeichen für Unregelmäßigkeiten.

Aber es gab einen anderen Ansatz, für den sich besonders Gerald Sussman einsetze. Sussman kam 1964 ans MIT – als recht unsicherer 17jähriger Studienanfänger – und lernte dort die noch neuen Herausforderungen der Computerwelt kennen, in der er viele Gelegenheiten zur Erkundung und Entdeckung fand. Während seiner ersten Studienjahre entstand an der Universität das Labor für künstliche Intelligenz. Sussman wandte sein Können im Bereich der Elektronik und des Computerprogrammierens auf mehrere Projekte an, auch solcher, die mit der Robotik zu tun hatten. Für seine Dissertation in Mathematik verbrachte er 1973 einen beträchtlichen Teil seiner Zeit mit der Entwicklung des verwirrenden Gedankens, daß Irrtümer («bugs») Merkmale haben könnten, die er «nützlich» nannte.

     Was Newton nicht wußte

Beim Beschreiben der Grundlagen seiner Theorie der «Problemlösung durch das Beheben von Mängeln fast richtiger Pläne» fragte Sussman: «Wieviel Zeit hat jeder von uns schon darauf verwandt, einen Fehler in einem Computerprogramm, einem elektronischen Gerät oder einem mathematischen Beweis zu finden? Gelegentlich scheint es, als ob ein Fehler bestenfalls lästig und schlimmstenfalls verheerend sei. Ist es Ihnen je in den Sinn gekommen, daß solche Fehler Hinweise auf leistungsfähige Strategien schöpferischen Denkens sind? Daß vielleicht das Erschaffen und Entfernen solcher Fehler notwendige Schritte im normalen Vorgang einer Problemlösung sind? Neuere Forschung am Laboratorium für künstliche Intelligenz des MIT legen nahe, daß genau dies der Fall ist.» Aus dieser Theorie entstand Sussmans raffiniertes und vielgepriesenes Computermodell dafür, wie wir eine Fertigkeit erwerben. Es fand seine Realisierung in einem Computerprogramm mit dem Namen HACKER, das zum Beispiel herausfinden kann, welche Bewegungen ein Roboterarm ausführen muß, wenn er aus einem Haufen von Bausteinen einen bestimmten Stein herausgreifen soll. Dieses Problemlösungssystem hat die Fähigkeit, seine Leistung durch Üben zu verbessern.

In den Jahren nach Sussmans ersten Erfahrungen mit den Zentraleinheiten von Computern – digitalen Giganten – nahmen Anzahl und Art der Computer, die Forschern zur Verfügung standen, explosionsartig zu. Personalcomputer und Workstations wurden zu Selbstverständlichkeiten. Kein Labor oder Büro ist mehr ohne eines oder mehrere dieser Geräte denkbar, die Daten sammeln, Information aufbereiten oder Nachrichten übermitteln. Von einer Reihe von Supercomputern ließ sich behaupten, sie seien die raschesten «Zahlenfresser» der Welt. Viele Forscher, die schwierige Probleme bearbeiteten, versuchten, Zugang zu diesen vergleichsweise seltenen und teuren Maschinen zu erhalten.

Aber diese Superrechner hatten die Nachteile aller Geräte, die für sehr verschiedene Zwecke dienen sollen. Damit eine hohe Leistung und große Flexibilität erreicht wurden, mußten die Konstrukteure schwierige Entscheidungen treffen, und die sich daraus ergebenden Kompromisse erschwerten oft die Lösung spezieller Aufgaben. Kein allgemein verwendbarer Computer ist für alle Anwendungen ideal.

Sussman kam zu der Überzeugung, daß viele Forscher zu viel
Energie darauf verwendeten, Software-Elefanten in schnelle Vollblü-
ter zu verwandeln, statt sich mit der Physik oder Chemie des vorlie-
genden Problems zu beschäftigen. Seiner Meinung nach sollten die
Zeit und die Energie, die zum Anpassen von Computerprogrammen
aufgewendet wurden, um die gewünschten Ergebnisse auf einem
Allzweckcomputer zu erzielen, besser auf die Zusammenarbeit mit
Computeringenieuren verwendet werden; dann würde man ein auf
bestimmte Rechenprobleme zugeschnittenes Gerät erhalten. Dieses
könnte die Eigenheiten und Besonderheiten eines Problems auf eine
Weise behandeln, die einem serienmäßigen Computer nicht möglich
ist.

Sussman entwickelte eine Strategie, wie diese spezielle Hard-
ware zu bauen sei. Zuvor hatte er schon zwei Mikroprozessoren
entworfen und gebaut, die mit einem Dialekt der Programmsprache
LISP programmiert wurden. Jetzt interessierte ihn besonders die
Hardware, die zu den faszinierenden Entdeckungen Jack Wisdoms
bei den Bahnen von Asteroiden geführt hatte (diese wurden in
Kapitel 8 beschrieben). Aufgrund seiner alten Begeisterung für die
Astrophysik kamen Sussman Zweifel an den Abkürzungen, die
Wisdom bei seinen Berechnungen vorgenommen hatte, und an den
Näherungen, auf denen sein Modell der Asteroidenbewegung beruhte. Sussman wünschte sich eine klarere Antwort und schlug
deshalb vor, einen Computer zu entwerfen, dessen einziges Ziel es
sein sollte, das Verhalten einer kleinen Anzahl von Körpern zu
berechnen, die sich nach dem Newtonschen Gravitationsgesetz nahezu auf Kreisbahnen bewegen. Ein solches Gerät würde nicht nur
die von Wisdom benötigten Lösungen liefern; es würde auch weniger Geld kosten als ein für diese Aufgabe speziell programmierter
Supercomputer.

Sussman nannte das von ihm vorgeschlagene Gerät «Digitales
Planetarium», in Erinnerung an die großartigen mechanischen Uhr-
werke und Modelle des Sonnensystems, die im achtzehnten und
neunzehnten Jahrhundert gebaut worden waren. Diese komplizierten
Gebilde aus verschieden großen Kugeln, die über lange Stäbe an
zahnradgetriebenen Achsen montiert sind, ahmen recht starr und
recht ungenau die Bewegungen von Planeten und Monden nach.

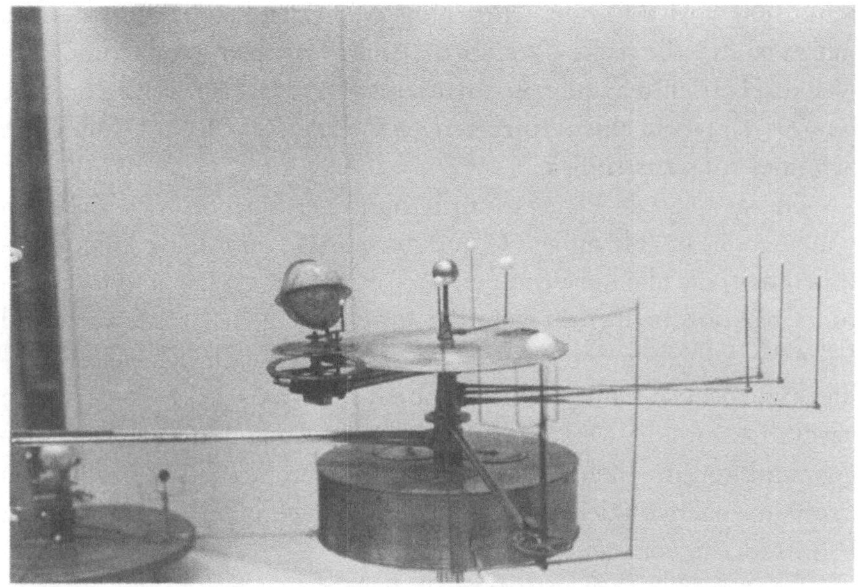

Planetarien – mechanische Modelle des Sonnensystems – sind konkrete Zeugnisse für die im siebzehnten Jahrhundert verbreitete Überzeugung, daß das Weltall sich wie eine gutregulierte Uhr verhält.

Sussmans Gerät sollte ein billiger, schneller, speziell auf die Lösung himmelsmechanischer Probleme zugeschnittener Computer sein. Aber es war nicht einfach, das Geld für den Bau eines Spezialcomputers zu erhalten. Sussman erinnert sich: «Obwohl es offensichtlich Vorteile bringt, wenn man ein Gerät speziell für einen bestimmten Zweck baut, entspricht es einfach nicht der Denkweise eines Astrophysikers, eines zu entwerfen und zu bauen. Ein vorläufiger Plan zur Konstruktion des Digitalen Planetariums wurde von der Abteilung für astronomische Instrumente bei der National Science Foundation mit der Begründung abgelehnt, das Vorhaben sei undurchführbar. Eine solche Einstellung verblüfft angesichts der ungeheuer komplizierten Projekte, die gerade Astrophysiker beim Bau ihrer Teleskope verwirklicht haben. Der Bau von Computern ist weit weniger schwierig.»

Schließlich sah Sussman 1984 eine Gelegenheit, seine Gedanken zu überprüfen. Während eines Forschungsaufenthalts am CalTech führte er eine Gruppe von Menschen zusammen, die seine planetarische Zeit- und Raummaschine konstruieren sollten. Im Lauf eines Jahres bauten die sechs – drei theoretische Physiker, zwei Computerwissenschaftler (darunter Sussman) und ein Ingenieur – elektronische Komponenten zu einem einzigartigen Computer von der Größe eines Schuhkartons zusammen.

Dieses Digitale Planetarium bestand genaugenommen aus zehn voneinander unabhängigen Computern. Das Gerät hatte keine Zentraleinheit, die alle notwendigen Berechnungen nacheinander durchführt; es koordinierte vielmehr die Arbeit von zehn Prozessoren und teilte die Aufgaben unter diesen auf, so daß es wesentlich leistungsfähiger wurde. Der Computer war wie ein elektronisches Sonnensystem verdrahtet, um die Operationen zu vereinfachen und zu beschleunigen, und konnte die für ein himmelsmechanisches System typischen Probleme nachvollziehen, wobei jedem Planeten und der Sonne je ein Prozessor zugeordnet war.

Das Gerät enthielt auch spezielle Schaltkreise zur Beschleunigung und Koordinierung der wenigen grundlegenden Rechenoperationen, die das Digitale Planetarium immer wieder ausführen mußte, wenn es um Probleme der Himmelsmechanik ging. Die Siliziumchips waren von den Ingenieuren von Hewett-Packard für die Computer dieser Firma entwickelt worden, und Sussmans Freunde dort halfen ihm aus. «Ohne sie wäre das Planetarium nicht möglich gewesen», sagte Sussman später. Mit Hilfe dieser Chips konnte Sussman bestimmte mathematische Operationen dauerhaft verdrahten. Das beschleunigte den Ablauf; ein herkömmlicher Computer muß ja normalerweise erst die Anweisungen aus dem Speicher abrufen, die zum Abarbeiten eines Programms nötig sind.

Diese Sonderleistungen und Verbesserungen führten zu einem kleinen Gerät, das Bewegungen im Sonnensystem mit einer Geschwindigkeit berechnen konnte, die etwa einem Drittel der Geschwindigkeit des Cray-1-Supercomputers bzw. dem 60fachen der Geschwindigkeit einer VAX 11/780, eines verbreiteten Forschungscomputers von etwa der Größe eines Schranks, entsprach. Das Digitale Planetarium nahm wenig mehr Leistung auf als eine 150-Watt-Lampe und konnte doch mit erstaunlicher Geschwindigkeit durch Vergangenheit und Zukunft des Sonnensystems rasen. Anders als ein mechanisches Planetarium, das auf unveränderliche, völlig vorhersag-

     Was Newton nicht wußte

Das Digitale Planetarium, hier 1984 auf der Wiese vor dem CalTech, war ein speziell für die Erforschung der Dynamik des Sonnensystems konstruierter, sehr schneller und genauer Computer (mit freundlicher Genehmigung von Gerald Jay Sussman).

bare Bahnen eingestellt ist, war dieser neue elektronische Mechanismus flexibel genug, Schritt für Schritt zu berechnen, wie sich ein Planet bewegen würde.

Leider hatte Wisdom das CalTech schon verlassen, als Sussman dorthin kam, um sein Gerät zu bauen. Als aber Sussman im folgenden Jahr mit seinem neuen, speziell für ihn gebauten Planetenrechner im Gepäck ans MIT zurückkam, war Wisdom dort gerade Assistenzprofessor für Planetenwissenschaften geworden. Eine Zusammenarbeit der beiden ergab sich wie von selbst. Als erstes lieh sich Wisdom die Maschine aus, um seine Hypothese zu überprüfen, daß chaotische Asteroidbahnen zu bestimmten Lücken in der Verteilung der Asteroiden zwischen Mars und Jupiter führen könnten. Sowohl das Digitale Planetarium als auch Wisdoms Hypothese bestanden die Prüfung glänzend. Das neue Gerät konnte nun ein viel größeres Problem in Angriff nehmen.

Der erste größere «Ausflug» des Digitalen Planetariums führte es etwa 100 Millionen Jahre in die Zukunft und ebenso weit in die

Auf dieser Aufnahme von 1988 sind Jack Wisdom (*links*) und Gerald Sussman (*rechts*) neben dem Digitalen Planetarium abgebildet (Donna Coveney/MIT).

Vergangenheit. Die Leistungsfähigkeit der Rechenverfahren in Verbindung mit den spezialisierten digitalen Schaltkreisen ermöglichten es dem Gerät, diese beachtliche Reise in nur wenigen Monaten zurückzulegen; sie drängte so einen ansehnlichen Teil der Geschichte des Sonnensystems auf einen menschlichen Zeitraum zusammen. Die Simulation konnte die Bewegungen von Jupiter, Saturn, Uranus, Neptun und Pluto um die Sonne berücksichtigen und lieferte die erste wirkliche Erkenntnis über die langfristige Zukunft des äußeren Sonnensystems. Da die Simulation sich über 200 Millionen Jahre erstreckte, erfaßte sie das Hundertfache des Zeitraums früherer Berechnungen.

Natürlich ließ sich nicht der Ort jedes Planeten zu jeder Zeit angeben. Wisdom, Sussman und ihre Mitarbeiter konzentrierten sich vielmehr darauf, statistische Veränderungen solch wichtiger Bahnparameter wie Exzentrizität, Neigung und der großen Halbachse zu verfolgen. Aus diesen Daten konnten sie eine Vielzahl sogenannter Spektraldichten gewinnen, die die für die Bahn eines Planeten typischen Frequenzen zeigen. In den zugehörigen Diagrammen würde sich ein einzelner Planet, der die Sonne umläuft, als einzelne Spitze zeigen, aus der sich ergibt, daß er auf einer Bahn mit einer charakte-

 Was Newton nicht wußte

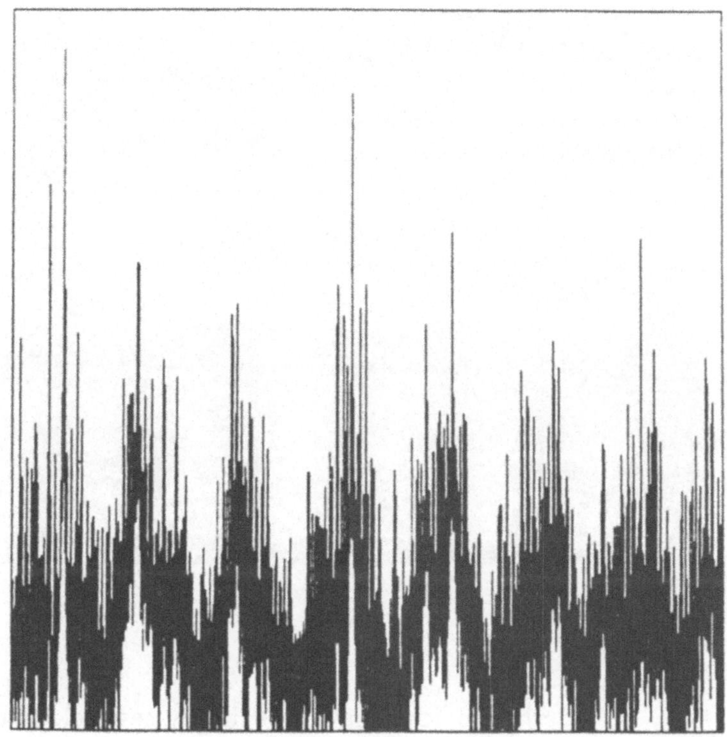

Die Spektraldichte einer mit der Exzentrizität der Bahn des Jupiter verknüpften Variablen ist ein Maß für die Komplexität der Planetenbewegung. Ein einzelner Planet, der auf einer rein periodischen Bahn verliefe, hätte eine einzelne, für ihn charakteristische Frequenz, der in der zugehörigen Spektraldichte eine einzige senkrechte Linie entspräche (mit freundlicher Genehmigung von Jack Wisdom).

ristischen Umlaufdauer um die Sonne kreist. Kompliziertere Wechselwirkungen weisen mehrere charakteristische Frequenzen auf, die sich in der entsprechenden Spektraldichte als eine Folge von Spitzen zeigen.

Die vom Digitalen Planetarium erzeugten Spektraldichten ließen deutlich erkennen, wie wenig die herkömmlichen Störungsrechnungen geeignet sind, wichtige Komponenten der Planetenbahnen zu bestimmen. So wies beispielsweise die Spektraldichte des Jupiter mehrere Frequenzen auf, die sich nicht in den langen Summen algebraischer Terme der besten Störungstheorie für die Planetenbahnen finden ließen. Obwohl dieses Modell schon 200 Terme enthielt, die die wichtigsten Einflüsse berücksichtigen sollen, zeigten die neuen Berechnungen, daß für eine gute Näherung an die Bahn des Jupiter eine noch längere Folge von Termen nötig ist.

In der Simulation stellte sich die Bewegung des Pluto als besonders kompliziert heraus. Die Astronomen kannten schon mehrere Beson-

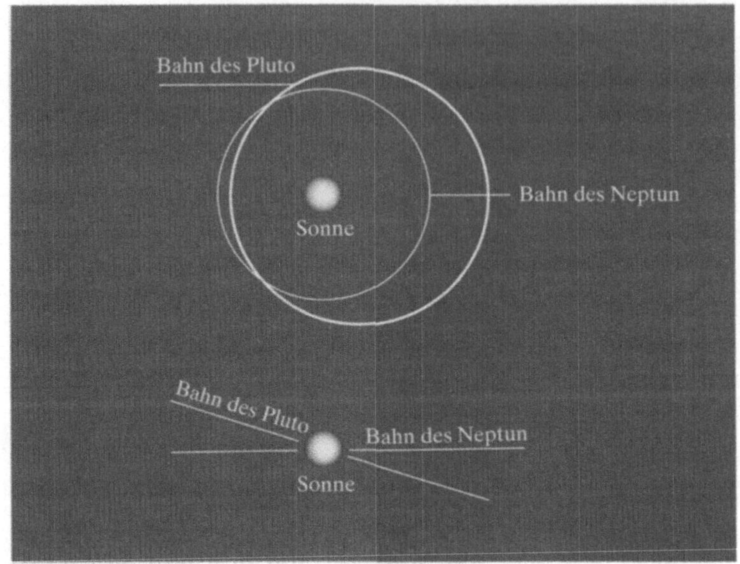

Die Bahn des Pluto ist gestreckter und gegenüber der Ekliptik stärker geneigt als die Bahn jedes anderen Planeten in unserem Sonnensystem. Die Bahn ist sogar so exzentrisch, daß Pluto der Sonne gelegentlich näher ist als Neptun. Außerdem vollendet Neptun drei Umläufe um die Sonne in der Zeit, in der Pluto sie zweimal umrundet. Aber Neptun überholt Pluto immer an einem Punkt, an dem die beiden Bahnen voneinander den größten Abstand haben.

derheiten der ungewöhnlich lang gestreckten und geneigten Bahn des Pluto, die die Bahn des Neptun kreuzt. Pluto ist auf seinem langen Weg, bei dem er in 248 Jahren einmal um die Sonne kriecht, heute – und noch bis 1999 – der Sonne sogar näher als Neptun. Diese gelegentlichen Kreuzungen führen jedoch weder zu Zusammenstößen noch zu Begegnungen, weil die beiden Planeten auf ihrer Bahn in Resonanz sind. Neptun umläuft die Sonne fast dreimal in der Zeit, die Pluto für zwei Umläufe benötigt. Wenn also Neptun Pluto überholt, ist Pluto immer am fernen Ende seiner Ellipse, also so weit von der Sonne und von der Bahn des Neptun entfernt wie möglich; daher ist Neptun immer weit von Pluto entfernt, wenn sich die Bahnen kreuzen.

Darüber hinaus hatten frühere numerische Integrationen eine weitere, subtilere Resonanz gezeigt. Plutos Perihel (der Abstand, bei dem er am sonnennächsten ist) und sein Aszendent (der Abstand, bei dem seine Bahnebene die der Erde kreuzt) sind miteinander verknüpft. Die allmähliche Verschiebung der Position dieser Ereignisse hat genau die gleiche Periode.

Die Berechnungen des Digitalen Planetariums enthüllten mehrere zuvor unbekannte Eigenschaften der Bewegung des Pluto. Dieser

     Was Newton nicht wußte

weist überraschend viele starke Schwankungen auf, die sich über Jahrmillionen hinweg wiederholen; das könnte keine algebraische Störungstheorie oder numerische Integration, die weniger als eine Million Jahre erfaßt, ohne weiteres zeigen. Das verräterischste Anzeichen möglicherweise regelloser Schwankungen in der Bahn des Pluto war das Rauschen in seiner Spektraldichte, das auf Resonanzen und andere Wechselwirkungen schließen läßt, die den Planeten immerzu erschüttern.

Um Anzeichen von Chaos zu erkennen, führten die Forscher getrennte Simulationen durch, bei denen Pluto gleichsam im Rampenlicht stand. Sie betrachteten sozusagen, was geschähe, wenn zwei Plutos an etwas verschiedenen Punkten begännen. Aber diese Rechnungen konnten nicht beweisen, daß die beiden Bahnen deutlich divergieren, also ihre eigenen Wege gehen, wie es in einem chaotischen System sein müßte.

Wisdom und Sussman beschlossen dann, noch längere Integrationen durchzuführen, um die Besonderheiten des Pluto weiter zu erhellen. Aber jetzt mußten sie sich direkt mit den kleinen numerischen Unstimmigkeiten beschäftigen, die ihre Integrationen zu Beginn gestört hatten. Weil ein Computer Zahlen nur auf relativ wenige Dezimalstellen genau angeben kann, ist der Umgang mit den riesigen Zahlen, die in der Himmelsmechanik auftreten, für ihn nicht leicht. Die Ergebnisse müssen also gerundet werden, und die daraus resultierenden Fehler können sich, so winzig sie auch sind, rasch zu einer ernsthaften Abweichung auswachsen, die um so gravierender wird, je länger der Computer rechnet.

Wenn solche Berechnungen in die Zukunft geführt und dann umgekehrt werden, führen sie das System im allgemeinen nicht zum Ausgangspunkt zurück. Auf solchen Rundreisen durch die Zeit kommen die Planeten also nicht genau dorthin zurück, wo sie einmal waren. Außerdem verändern Rundungsfehler bei jedem Schritt die Gesamtenergie des Systems ein wenig. Weil das Sonnensystem im Lauf seiner Entwicklung Energie weder verliert noch aufnimmt, sollte seine Gesamtenergie konstant bleiben. Besonders dort, wo ein stark von den Anfangsbedingungen abhängiges Chaos herrscht, führen Rundungsfehler zu Ungewißheiten in der Vorhersage des zukünftigen Verhaltens von Planeten. Ein zusätzlicher Fehler ergibt

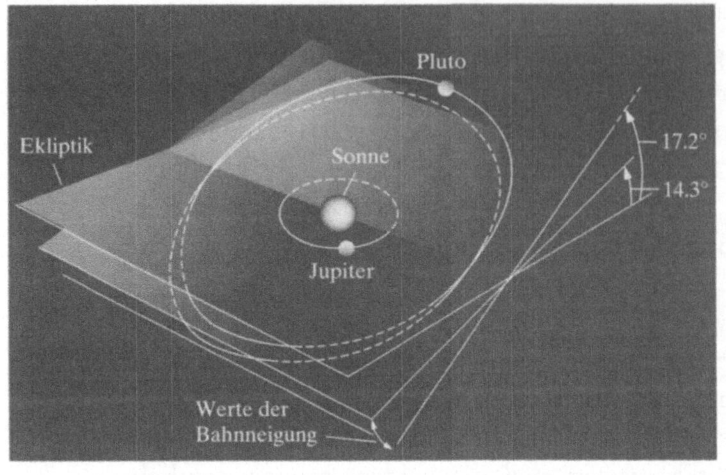

Rechnungen, die 214 Millionen Jahre umspannen, zeigen Veränderungen in der Neigung der Bahn des Pluto (*oben*), die auf einen Zyklus von 34 Millionen Jahren schließen lassen, der sich einer Schwingung mit einer Periode von 3,8 Millionen Jahren überlagert (*unten*) (Nachdruck mit freundlicher Genehmigung von Piet Hut und Gerald Jay Sussman, «Advanced Computing for Science», *Scientific American*, Oktober 1987, S. 152).

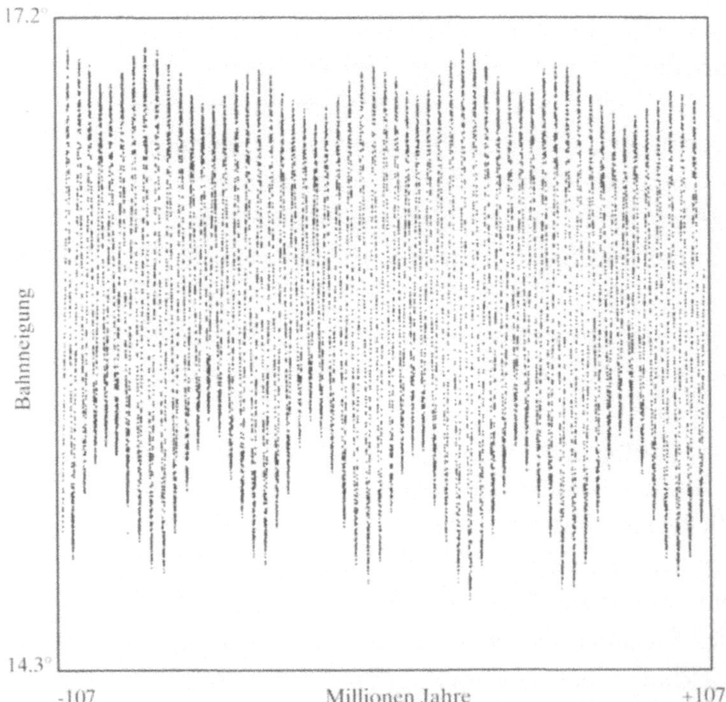

   Was Newton nicht wußte

sich, weil die stetige Bewegung der Planeten durch diskrete Schritte angenähert werden muß; diese entsprechen plötzlichen Ortsveränderungen.

Beide Arten von Fehlern trugen bei den Integrationen des Planetariums in annähernd gleichem Ausmaß zu den Diskrepanzen bei; die Lösung des Problems bestand darin, dafür zu sorgen, daß die Fehler einander soweit wie möglich aufhoben, damit ihre Gesamtwirkung möglichst klein blieb. Die Häufung von Rundungsfehlern hatte die anfänglichen Integrationen von Wisdom und Sussman auf 100 Millionen Jahre beschränkt; deshalb war es äußerst wichtig, den Energiefehler in Grenzen zu halten, wenn längere, zuverlässigere Integrationen ermöglicht werden sollten. Wisdom und Sussman hatten mehrere Hinweise darauf, wie sie vorgehen sollten. Sie wußten nicht genau, warum der Energiefehler in ihrer Maschine so zunahm, wie sie es beobachteten. Dieses Anwachsen hatte mit der Art der logischen Schaltung zu tun und mit der sehr komplexen Wechselwirkung zwischen ihr und den Zahlen einer Berechnung. Sie entdeckten jedoch, daß aus einem geheimnisvollen Grund die Geschwindigkeit, mit der der Energiefehler zunahm, anscheinend von der Größe des Schrittes abhing, der in der Kette der Integrationen von einer Berechnung zur nächsten gemacht wurde.

Anfangs hatten Wisdom und Sussman eine etwas willkürliche Schrittgröße von 40 Tagen angesetzt; das Planetarium berechnete also die Positionen der Planeten 40 Tage nach Beginn und verwendete diesen neuen Wert als nächsten Anfangswert, von dem aus die Positionen 40 Tage in der Zukunft berechnet wurden und so weiter. Als die Forscher mit der Schrittgröße experimentierten, fanden sie, daß die Fehlerzuwachsrate sich bei manchen Schrittgrößen vergrößerte, bei anderen aber verkleinerte.

Zunächst führte diese Erkenntnis nicht weiter. Dann saß Sussman bei einer Konferenz über Steuerungstheorie am Ames-Forschungszentrum in Kalifornien, das der NASA unterstand, zufällig neben William Kahan, einem angesehenen Fachmann für Computerarithmetik. Sussman war Kahan nie zuvor begegnet und wußte nichts von dessen Fähigkeiten, beschrieb ihm aber während eines besonders langweiligen Vortrags einmal sein Problem. Kahan bemerkte, möglicherweise höbe sich ein Teil des Fehlers irgendwie auf. Er warnte,

Digitale Planetarien

dieser glückliche Zufall könne gefährlich werden, und drängte Sussman, ihn sorgfältig zu untersuchen. Als Sussman wieder am MIT war, beauftragte er seinen Schüler Panayotis Skordos herauszufinden, wie der Fehler von der Schrittgröße abhing. Skordos brauchte etwa sechs Monate, bis er nach vielen Testreihen erkannte, daß man getrost weitermachen konnte.

Erstaunlicherweise fanden die beiden durch Probieren eine Schrittgröße, die den Energiefehler im wesentlichen am Anwachsen hinderte, ganz gleich, wie lange die Rechnung dauerte. Der Schaltkreis im Digitalen Planetarium forderte offensichtlich eine Schrittlänge von 32,7 Tagen, und niemand konnte erklären, warum sich gerade diese Zahl am besten bewährte. Aber in Prüfreihen konnten die Forscher beweisen, daß die Abweichungen für die Position des Jupiter am kleinsten waren, wenn sie gerade diese Schrittgröße verwendeten. Merkwürdigerweise waren die Diskrepanzen bei den Rundkursen aller Planeten dann auch vergleichbar groß, bei anderen Schrittgrößen aber nicht.

Nach diesen Abänderungen konnte das Digitale Planetarium die Bewegungen der äußeren Planeten über fast eine Milliarde Jahre simulieren, und aus einem unbekannten Grund, der mit den Eigenheiten der arithmetischen Einheit des Geräts zu tun hatte, erwies sich die entsprechende Berechnung als wesentlich genauer als alle früheren Integrationen des Sonnensystems. Zum Beispiel konnten Sussman und Wisdom die Bahnbewegung des Pluto über 3,4 Millionen Umläufe um die Sonne in die Zukunft berechnen und dann bis auf etwa 10 Bogensekunden genau (nur einem Drittel der scheinbaren Breite des Mondes) den Ausgangspunkt wieder errechnen.

So begann die fünf Monate dauernde, ununterbrochene Odyssee des Digitalen Planetariums in die Zukunft der fünf äußeren Planeten. Die Maschine brachte es schließlich auf 845 Millionen Jahre und umspannte damit etwa 20 Prozent des Alters des Sonnensystems.

Als die Integration zu einem Ende kam und die Forscher sich das Verhalten der Bahnparameter der Planeten ansahen, fanden sie wenig, was ihnen chaotisch vorkam. Die vier größeren äußeren Planeten zeigten alle diejenigen feinen Schwankungen von Bahnexzentrizität, Neigung und Orientierung, die man schon in früheren Integrationen beobachtet hatte. Aber die Bahnen blieben hartnäckig regelmäßig.

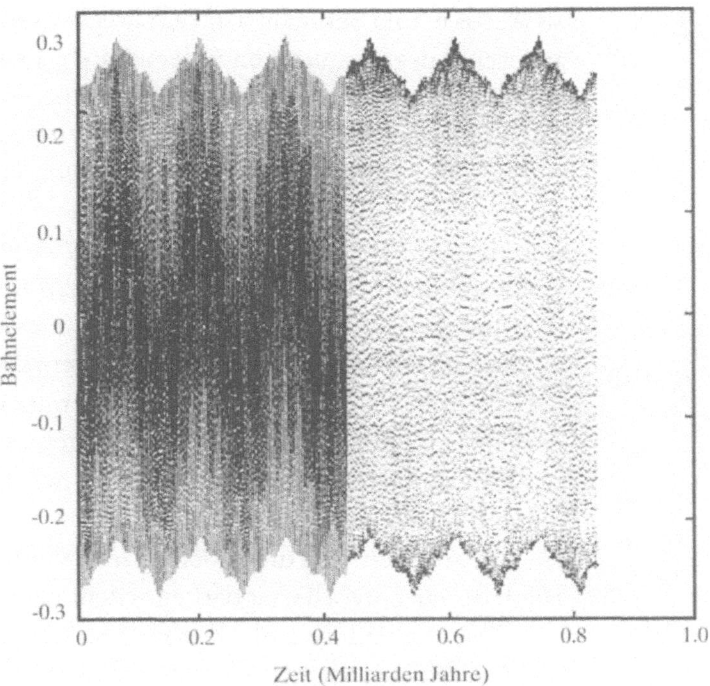

Als der Wert einer Größe, die mit der Exzentrizität der Bahn des Pluto verknüpft ist, über 845 Millionen Jahre zurückverfolgt wurde, zeigten sich Schwingungen mit einer Periode von 137 Millionen Jahren (mit freundlicher Genehmigung von Jack Wisdom).

Wieder stellte sich die an mehrere Resonanzen gebundene Bahn des Pluto mit ihren langfristigen zyklischen Schwankungen als komplizierter heraus als die übrigen.

Als Wisdom und Sussman ihre gesammelten Daten untersuchten, konnten sie neben denen, die sie bei früheren Untersuchungen gefunden hatten (und die wiederzusehen sie sich freuten), mehrere neue Zyklen erkennen. Zu diesen periodischen Schwankungen gehörten solche mit Perioden von 3,8 Millionen und mit 34 Millionen Jahren in der Neigung der Bahn des Pluto und rätselhafte Spuren von noch längeren Zyklen, die 150 Millionen bzw. 600 Millionen Jahre umfaßten. Das Perihel der Bahn schien in Zyklen eingebunden zu sein, die 3,7 Millionen, 27 Millionen bzw. 137 Millionen Jahre umspannten.

Aber Pluto zeigte während der ganzen 845 Millionen Jahre des simulierten Laufs keine deutlichen Anzeichen sprunghafter Veränderungen. Die Bewegungen des Planeten schienen unabhängig von allen Variationen regelmäßig zu sein und ließen sich genausogut mit Stabilität wie mit Instabilität verknüpfen. Hinweise auf Chaos traten auf, als Wisdom und Sussman das Verhalten von Zwillingsplutos mit etwas anderen Ausgangspunkten untersuchten. Die Lagen und Geschwindigkeiten der zunächst benachbarten Planeten, die sie als Teilchenbahnen im Phasenraum darstellten, divergierten exponentiell. Berechnungen des sogenannten Lyapunow-Exponenten (nach dem russischen Mathematiker Aleksander M. Lyapunow), der zur Kennzeichnung chaotischen Verhaltens verwendet wird, zeigten, daß die Entfernung zwischen den beiden Plutos in jeweils 20 Millionen Jahren um den Faktor e (etwa 2,72) zunimmt.

Dieser spezielle Befund läßt vermuten, daß die Astronomen zwar die Position des Pluto im nächsten Jahr mit einem nur kleinen Fehler vorhersagen können, aber nicht mit angemessener Sicherheit wissen, wo Pluto in 100 Millionen Jahren sein wird. Die Ausgangsposition und die Geschwindigkeit des Planeten lassen sich nicht genau feststellen und angeben, und diese kleine Ungewißheit führt unweigerlich zu langfristiger Unvorhersagbarkeit – dem Kennzeichen von Chaos.

Obwohl dadurch die Vorhersage schwierig wird, folgt daraus nicht unbedingt, daß sich Pluto auf eine neue Bahn schwingen oder bald aus dem Sonnensystem entfernen wird. Das könnte geschehen, aber wir können es nicht wissen. Außerdem hat Pluto sich anscheinend ohne wesentliche Abweichungen während eines beträchtlichen Bruchteils der Geschichte des Sonnensystems an seine heutige Bahn gehalten. Es ist möglich, daß die jetzige Bahn des Pluto im Phasenraum genau die Merkmale hat, die nötig sind, um den Planeten in eine relativ kleine chaotische Zone zu bringen. Weiterhin können die wichtigsten Eigenschaften seiner Bahn auf die kleinen, wenn auch im wesentlichen unvorhersagbaren Schwankungen beschränkt sein, die für einen relativ milden Fall von Chaos kennzeichnend sind. Wenn diese Zone jedoch durch einen engen Pfad mit einer viel größeren verknüpft wäre und wenn Pluto schließlich die zur Wahl dieses Pfades nötigen Kriterien erfüllte, könnte der Planet ohne Vorwarnung auf eine völlig andere Bahn geraten, ebenso wie gewisse Asteroiden plötzlich aus ihren zwischen Mars und Jupiter liegenden Bahnen herauskatapultiert werden können.

Was dies über die Vergangenheit des Pluto besagt, ist ebenfalls nicht ganz klar. Wenn die Bahn dieses Planeten uns heute chaotisch erscheint, bestätigt das die Hypothese, nach der Pluto zunächst auf einer Bahn lief, die seiner jetzigen ähnelt, oder auf einer Bahn begann, die wenig Neigung und Exzentrizität hatte, und sich dann, nachdem er mindestens ein chaotisches Stadium durchgemacht hatte, seine jetzige kauzige Bahn suchte. Als einziges Überbleibsel aus der Zeit, als das Sonnensystem voller kleiner Körper war, könnte Pluto das Glück gehabt haben, nicht aus dem Sonnensystem herausgeschleudert oder in einen der größeren schon existierenden Planeten hineingeschleudert worden zu sein.

Wie das mathematisch idealisierte Sonnensystem des Laplace stellt das Modell des Digitalen Planetariums natürlich nur eine Näherung der wirklichen Verhältnisse dar. Wisdom und Sussman setzten eine Reihe von Annahmen und mehrere Vereinfachungen an, von denen sie hofften und glaubten, daß sie ihre wichtigsten Folgerungen nicht wesentlich beeinflussen würden. Ihr Modell berücksichtigte nicht solche exotischen Wirkungen wie die gelegentlich große Annäherung eines Sterns an das Sonnensystem und die langsame, stetige Abnahme der Sonnenmasse durch die Aussendung von Licht und Teilchen im Sonnenwind. Sie vernachlässigten die kleinen Wirkungen der inneren Planeten, indem sie annahmen, diese Körper bewegten sich so rasch und seien der Sonne so nahe, daß ihre Gravitationswirkung sozusagen mit der der Sonne verschmelzen. Sie ließen auch die kleineren Korrekturen unbeachtet, zu denen die in die Allgemeine Relativitätstheorie eingefügte verbesserte Gravitationstheorie führt.

Außerdem waren Fehler in den angenommenen Planetenmassen unvermeidlich, denn diese werden mit Hilfe von Raumsonden und Radarsystemen auf der Erde immer genauer gemessen. Auch die wirklichen Positionen und Geschwindigkeiten der Planeten, die die Ausgangsdaten für die Simulation lieferten, waren nur Näherungen. Wisdom und Sussman nahmen zudem an, der Pluto sei ein «Probekörper» mit der Masse Null. Ihr simulierter Pluto reagierte also auf die Gravitationswirkung der anderen Planeten, übte aber selbst keine aus.

Chaos hat die Eigenschaft, sich auszubreiten. Jeder Planet, selbst ein so kleiner wie Pluto, wirkt in einem gewissen Grad durch seine Schwerkraft auf die anderen. In der Tat hat ein internationales Konsortium von Forschern, die sich mit der Dynamik des Sonnensystems beschäftigen, am Projekt LONGSTOP (Longterm Gravitational Study of the Outer Planets) teilgenommen, das langfristig die Gravita-

tionswirkungen der äußeren Planeten untersucht und Hinweise auf seltsame Resonanzen und Energieaustausch zwischen den massereichen äußeren Planeten liefert. Mit Hilfe eines Cray-Supercomputers der Universität London verfolgte diese Gruppe die Bahnen der äußeren Planeten rechnerisch über 100 Millionen Jahre. Aus den Ergebnissen leiteten sie eine kleine Reihe von Schwankungen in den Bahneigenschaften von Jupiter, Saturn, Uranus und Neptun her, aber keine Anzeichen großer Instabilitäten. Trotzdem scheinen sich die Bahnen in einer ziemlich offenen Weise zu verändern; sie lassen damit einen Spalt offen, durch den Chaos in das System schleichen könnte.

Jack Wisdom und sein Kollege Matthew Holman statteten dem Pluto 1991 quasi einen weiteren Besuch ab, wobei sie diesmal eine veränderte Fassung der rechnerischen Vereinfachung anwandten, mit der Wisdom die Bahnen der Asteroiden aufgespürt hatte (wie in Kapitel 8 beschrieben wurde). Diese Berechnungen verfolgten die Entwicklung der äußeren Planeten über 1,1 Milliarden Jahre; sie halten damit den Rekord der bislang längsten Erkundung der Bahnänderungen im äußeren Sonnensystem. Sie lieferten auch unabhängige Bestätigungen dafür, daß die Bewegung des Pluto chaotisch ist.

Die neuen Daten bestätigten alle wichtigen Ergebnisse des Abenteuers, für das das Digitale Planetarium steht, und ergaben ebenfalls

        Was Newton nicht wußte

Zyklen in den Bewegungen des Pluto mit Perioden von 34 Millionen bzw. 137 Millionen Jahren. In Anbetracht der unterschiedlichen mathematischen Hilfsmittel ist die Ähnlichkeit beider Ergebnisreihen erstaunlich. Zudem weist ein leicht steigender Trend in den neuen Graphen auf das Vorliegen von Schwankungen in der Bewegung des Pluto hin, die über eine Milliarde Jahre umspannen – oder vielleicht sogar auf eine enorm langsame, dauerhafte Verschiebung der Bahn des Pluto.

Das Digitale Planetarium führte die letzten Berechnungen im Jahre 1990 durch; seitdem ruht es in den Archiven des *National Museums of American History* der Smithsonian Institution in Washington D.C., wo es veralteten mechanischen Planetarien und anderen astronomischen und rechnerischen Hilfsmitteln früherer Zeiten Gesellschaft leistet. Aus Anlaß seiner Emeritierung am 2. August 1991 verlieh Sussman der Maschine eine offizielle Golduhr des MIT und sprach ihr seinen Dank für sieben Jahre treuer, zuverlässiger Dienste aus.

Sussman und Wisdom setzen ihre Odyssee mit ihrem neuen Gerät, dem Supercomputer Toolkit, fort. Wie sein Vorgänger bewältigt er die Mathematik der Himmelsmechanik mit größter Leichtigkeit. Er ist jedoch schneller und leistungsfähiger als das Digitale Planetarium und kann alle Planeten des Sonnensystems berücksichtigen.

Kapitel 11
Himmlische Disharmonien

Unseren Seelen ist es gegeben,
Den wunderbaren Weltenbau zu verstehen:
Sie messen jedes Wandelsternes Bahn,
Weiter nach unendlichem Wissen strebend.

CHRISTOPHER MARLOWE (1564–1593), *Conquest of Tamburlaine*

Pierre-Simon de Laplace gab der Himmelsmechanik ihren Namen. Er gehörte auch zu der erlesenen Gruppe von Mathematikern und Astronomen, die am 25. Juni 1795 in Paris das Bureau des Longitudes gründeten. Dieser Akt entsprang der Leidenschaft für wissenschaftliche Ordnung und Vernunft, die im revolutionären Frankreich neben aller Unordnung herrschte. Das Bureau war der genauen Messung und Zeitbestimmung gewidmet und sollte auch das gut regulierte Uhrwerk des Sonnensystems überwachen.

Laplace beschaftigte sich mit dem Problem, die Bewegungen von Mond und Planeten exakt genug vorherzusagen, um der Schiffahrt zuverlässige Tabellen liefern zu können. Heute beschäftigt sich Jacques Laskar mit vielen der gleichen Themen wie sein berühmter Vorgänger am Bureau des Longitudes vor zwei Jahrhunderten. Auch er möchte die Stabilität des Sonnensystems und seine langfristige Zukunft erkunden. Aber seine neuen Erkenntnisse, die im Computerzeitalter ihre Form und Ausgestaltung erhalten, weisen auf ein Sonnensystem hin, das unausweichlich am Rand des Chaos balanciert.

Die Reise zu diesem überraschenden Ergebnis begann mit den schon von antiken Astronomen beobachteten zwingenden Regelmäßigkeiten in den Bewegungen am Nachthimmel. Kepler, Galilei und Newton begnügten sich nicht mit reiner Beschreibung, sondern fanden Erklärungen und machten Vorhersagen; sie entnahmen den mangelhaften, verwirrenden Daten sowie der Unsicherheit und Vieldeutigkeit der Erfahrung die bemerkenswert einfachen Grundgesetze, die das Weltall bestimmen. Sie erfanden eine ideale mathematische Welt, die sich der Natur als Spiegel vorhalten und sie wie niemals etwas zuvor kontrollieren und manipulieren ließ. Den Weg zu diesem Triumph des Geistes über die Materie wies die fast ungeschmälerte Vollkommenheit des Sonnensystems, denn sie lieferte die genauesten Daten und erlaubte die ersten Überprüfungen der neuen Theorien.

Mit Hilfe dieser mathematischen Modelle für die wirkliche Welt erreichten Naturwissenschaftler und Mathematiker alles, was zu erreichen war: Sie lösten Gleichungen, analysierten die Lösungen und leiteten einfache Formeln her. Die Himmelsmechanik und andere wissenschaftliche Unterfangen feierten einen Triumph nach dem anderen. Bei all diesen Erfolgen erkannten die Wissenschaftler nur langsam die chaotischen Phänomene, die sich hinter ihren Berechnungen verbargen. Eigentlich hätte die Ungeordnetheit der alltäglichen Erfahrungen einen Hinweis darauf geben können, daß viel mehr an Newtons Gesetzen war, als die Vollkommenheit träumen ließ, die einige einfach lösbare Differentialgleichungen vorgaukelten. Als Henri Poincaré sich dem Allgemeinen und Qualitativen zuwandte, war er der erste, der erkannte, welche verwirrenden Möglichkeiten in Newtons majestätischem Uhrwerk steckten.

Laskars Reise ins Chaos begann um 1983 recht harmlos mit dem heiklen Problem herauszufinden, wie sich die Erdumlaufbahn im Lauf der letzten Millionen Jahre verändert hat. Solche Daten könnten helfen, mögliche Verbindungen zwischen geringen Verschiebungen der Erdbahn und Klimaschwankungen aufzuzeigen. Die herkömmliche, schwerfällige Methodik der Himmelsmechanik war dieser Aufgabe jedoch nicht gewachsen. Laskar erkannte bald die Sinnlosigkeit des Versuchs, Näherungslösungen zu suchen, die die Form langer algebraischer Ausdrücke haben, wie sie Laplace und Le Verrier herleiteten und die zur Entdeckung des Neptun geführt hatten (siehe Kapitel 5). Wie Poincaré ein Jahrhundert zuvor so trefflich gezeigt hatte, konvergieren derart formulierte Lösungen im allgemeinen nicht, liefern also keine Antwort. Dieser allmähliche Verlust an Gewißheit wird problematisch, wenn die Berechnungen exakt genug sein

     Was Newton nicht wußte

Jacques Laskar
(mit freundlicher Genehmigung von Jacques Laskar).

müssen, um die Bahnschwankungen über Millionen von Jahren zu reproduzieren.

Laskar entschied sich, das Problem in zwei Teile zu zerlegen. Er verzichtete auf den Anspruch, die genauen Positionen der Planeten in Zeiträumen vorherzusagen, die einige Millionen Jahre oder mehr umfaßten. Er nahm sich also nicht etwa vor, für die Planeten eine sinnvolle Zeittafel zu erstellen, meinte jedoch, eine vernünftige Karte ihrer Bahnen zeichnen zu können.

Laskar verwendete nicht die vollständigen Bewegungsgleichungen, sondern zog eine Formulierung vor, die allmähliche, aber kumulative Veränderungen in Form und Orientierung einer Bahn verdeutlicht. Er arbeitete mit Gleichungen, die die immer wieder auftretenden Schwankungen und Unregelmäßigkeiten in den Planetenbahnen glätteten und nur langfristige Trends erkennen ließen. Das ähnelt dem Verfahren der Börsenanalytiker, die dem erratischen Auf und Ab der täglichen Aktienkurse ein Minimum an Sinn entnehmen wollen. Nachdem sie den Mittelwert eines Aktienindex, etwa des Dow Jones

Industrial oder des DAX, bestimmt haben, der das Verhalten vieler verschiedener Aktien zusammenfaßt und damit den gesamten Aktienmarkt präsentiert, verfolgen sie die Mittelwerte über 30 Tage, wobei sie jeden Tag den ältesten Wert außer acht lassen und den neuesten hinzufügen.

Laskar wandte eine vergleichbare Methode auf die Himmelsbahnen an und konnte solche Teile der Bewegung eines Planeten isolieren, die dauerhaften Veränderungen in entscheidenden Merkmalen der Bahn zuzuordnen sind. Um dieses Kunststück zu vollbringen, verwendete er Computeralgebra – ein raffiniertes System, bei dem der Computer mit Symbolen und nicht mit Ziffern umgeht – und konstruierte mühsam ein mathematisches Gebilde, das schließlich über 150000 algebraische Ausdrücke umfaßte. Diese Monstrosität erlaubte es ihm, die Massen der Planeten gleichmäßig auf ihre gesamte Bahn zu verteilen. Dann konnte er mit Hilfe eines Computers diese «gemittelten» Differentialgleichungen integrieren und verfolgen, wie die Planetenbahnen sich entwickelten.

Bald hatte sich der Geltungsbereich erweitert, denn Laskar hatte sich nach der Untersuchung der Unregelmäßigkeiten der Erdbahn, die der Klimaforschung helfen sollte, die Frage nach der Stabilität des gesamten Sonnensystems gestellt. Als Ausgangspunkt für seine Suche nach dem Schicksal des Sonnensystems definierte Laskar einen Anfangszustand, der die Positionen, Geschwindigkeiten und Massen aller Planeten mit Ausnahme von Pluto in einem bestimmten Augenblick festlegte. Dann ließ er einen Supercomputer die Berechnungen durchführen, um so die Entwicklung des Sonnensystems nachzuvollziehen, wobei er die Bahnen der Planeten 200 Millionen Jahre lang in Schritten von 500 Jahren verfolgte.

Weil er ja auf der Suche nach Chaos war, wiederholte er die Berechnung mit etwas anderen Ausgangsdaten, um die beiden Ergebnisse vergleichen zu können. Wenn die Bahnen näherungsweise regelmäßig (oder quasi-periodisch) sind, sollten die zwei berechneten Bahnen des Sonnensystems im Phasenraum (dem abstrakten Raum, in dem man nicht nur die Position, sondern auch die Geschwindigkeit oder den Impuls verfolgt) nahe beieinander liegen und sich höchstens mit einer Geschwindigkeit voneinander entfernen, die proportional ist zu der verstrichenen Zeit. Im Gegensatz dazu würde sich Chaos

          Was Newton nicht wußte

deutlich zeigen, wenn sich ihre Entfernung nach gleichen Zeiten jeweils verdoppelte. Je chaotischer ein System ist, desto kürzer ist die Zeitspanne, in der sich der Abstand zwischen zwei sonst gleichen Körpern im Phasenraum verdoppelt. Durch eine solche Vergrößerung anfangs winziger Unterschiede reagiert die Vorhersage der Vergangenheit oder der Zukunft eines Systems äußerst empfindlich auf dessen jetzigen Zustand und auf die Genauigkeit, mit der dieser Zustand bestimmt werden kann. Wir können seine Zukunft deshalb niemals genau vorhersagen und seine Vergangenheit nicht genau rekonstruieren.

Auf diese Weise enthüllte Laskar das Chaos in der mutmaßlichen Entstehungsgeschichte des Sonnensystems. Nach seinen Gleichungen sollte sich der Abstand zwischen den Bahnen von zwei Sonnensystemen, die von etwas unterschiedlichen Positionen und Geschwindigkeiten im Phasenraum ausgehen, nach jeweils 3,5 Millionen Jahren verdoppeln. Ein Unterschied im Ausgangspunkt von nur eins zu 10 Milliarden – eine Abweichung, die bei der Messung der Position der Erde zu einem bestimmten Augenblick 100 Meter betragen würde – nähme so rasch zu, daß man unmöglich sagen könnte, wo die Erdbahn 100 Millionen Jahre später verliefe.

Es fanden sich weitere Hinweise auf Chaos bei den Planeten. Wie in Kapitel 10 beschrieben, hatten Jack Wisdom und Gerald Sussman in der Bewegung des Pluto chaotische Komponenten gefunden. Nun hatten Laskars Rechnungen deutlich gezeigt, daß unter bestimmten Bedingungen ein mit der Erde identischer Körper, der aber auf einer etwas anderen Position seiner Bahn ist, leicht auf eine ganz andere Bahn geraten könnte. Das Ergebnis von Laskar bedeutete jedoch nicht notwendigerweise, daß die Erde mit einiger Wahrscheinlichkeit in den nächsten zehn Millionen Jahren von ihrer gewohnten Bahn abweichen und dann vielleicht einen Kollisionskurs mit Mars und Venus steuern wird. Auf seltsam mehrdeutige Weise läßt sich berechnen, daß die Erde *wahrscheinlich* in den nächsten 100 Millionen Jahren dieselbe mittlere Entfernung von der Sonne beibehalten wird, aber man kann sich dessen nicht *absolut* sicher sein.

Laskar betonte diesen Punkt in einer Arbeit, die er 1989 in der Zeitschrift *Nature* veröffentlichte: «Dies bedeutet nicht, daß wir nach einer (geologisch gesprochen) kurzen Zeitspanne Katastrophen wie ein Kreuzen der Bahnen von Venus und Erde zu erwarten haben. Aber die herkömmlichen Hilfsmittel der quantitativen Himmelsmechanik (numerische Integrationen oder analytische Theorien), die aus vorgegebenen Anfangsbedingungen eindeutige Lösungen erhalten möchten, können solche Ereignisse nicht vorhersagen.» Die Vorhersagbarkeit der Bahnen der inneren Planeten einschließlich der Erde nimmt innerhalb von einigen zehn Millionen Jahren deutlich ab. Laskar formulierte diesen Schluß vorsichtig: «Die Berechnungen zeigen, daß die Lösungen unseres Differentialsystems chaotisch sind, wenn wir von den Anfangsbedingungen des Sonnensystems ausgehen. Dieses System von Differentialgleichungen bietet eine gute Näherung für das wirkliche Sonnensystem. Wir können schließen, daß die Bewegung des Sonnensystems, insbesondere des inneren, nahe daran ist, chaotisch zu sein, aber die genaue Bedeutung von ‹nahe› ist nur schwer zu bestimmen.»

Wie in der Welt der Wissenschaft unvermeidlich, gab es Heckenschützen, und viele Forscher fanden diese Ergebnisse zunächst wenig überzeugend. Die Methoden waren zu neu und zu wenig bewährt. Man fragte nach ihrer Zuverlässigkeit und argwöhnte, die Ergebnisse könnten Folgen der bei den Berechnungen verwendeten Verfahren sein und keine wirklichen Phänomene darstellen. Manche Mathematiker bezweifelten, ob Astronomen überhaupt die zu solchen Überlegungen nötige Mathematik beherrschten, und belegten nicht nur den Begriff Chaos selbst, sondern auch die Mittel, die zum Beweis seiner Existenz herangezogen wurden, mit vernichtender Kritik. Auf ähnliche Einwände war die frühere Arbeit von Wisdom, Sussman und anderen gestoßen, die ihre Ergebnisse auf komplizierte mathematische Verfahren und viele Berechnungen stützten.

Laskar versuchte, einen Teil dieser Kritik in einer längeren Arbeit zu entkräften, die er im folgenden Jahr in *Icarus* veröffentlichte. Insbesondere versuchte er die Frage zu beantworten, was genau an den Planeten, ihrer Anordnung und ihren Wechselwirkungen zu dieser grundsätzlichen Ungewißheit führt. Laskar fand, daß gewisse Ausdrücke in seinen gemittelten Gleichungen auf zwei zuvor nicht erkannte komplizierte, aber versteckte Gravitationswechselwirkungen zwischen Planeten als Hauptquelle dieses überraschend chaotischen Verhaltens hinwiesen. Eine dieser Wechselwirkungen oder

     Was Newton nicht wußte

Resonanzen betraf Mars und Erde, die andere Merkur, Venus und Jupiter.

Hier war der Haken: Resonanzen zerstören die Vorhersagbarkeit. Sie verwandeln kleine Effekte in möglicherweise entscheidende Faktoren und vereiteln alle Bemühungen, die Bahnen in ihrer Nachbarschaft langfristig zu berechnen. In dynamischen Systemen wie dem Sonnensystem, in dem die Sonne bei weitem den größten Einfluß hat und alle anderen Körper ihren Einfluß nur wenig stören, führen Resonanzen also zu Chaos; sie bestimmen auch weitgehend, wo es auftritt. Chaos kommt nicht einfach irgendwo im Sonnensystem vor. Laskar schloß: «Die großen Schwankungen in den Grundfrequenzen des inneren Sonnensystems im Lauf der Zeit machen für die Untersuchung mehrerer langfristiger Phänomene in der Geschichte des Sonnensystems eine neue Sichtweise erforderlich... Die hier beschriebene Dynamik des Sonnensystems ist völlig anders als die regelmäßige fastperiodische Bewegung, die Laplace und Lagrange vor 200 Jahren beschrieben haben, und viel komplizierter.»

Weil Laskar gemittelte Gleichungen angesetzt hatte, bot die Integration der vollen Bewegungsgleichungen eine Möglichkeit, seine Schlüsse zu überprüfen. Zu jener Zeit hatte Scott Tremaine vom Institut für theoretische Astrophysik der Universität Toronto mit seinen Mitarbeitern seine eigenen Methoden zur Berechnung von Planetenbahnen über lange Zeiträume verbessert. In früheren Untersuchungen hatten Tremaine, Martin Duncan und Thomas Quinn bei ihrer Suche nach möglicherweise stabilen Bahnen zwischen den Planeten ein anderes mathematisches Verfahren verwendet, das besonders wichtige Wechselwirkungen zwischen den Planeten verdeutlichte. Sie hofften, Bereiche des Raums zu finden, in denen sich bis dahin nicht entdeckte Trümmer finden ließen, die von der Entstehung des Sonnensystems stammten.

Sie nahmen einen Computer zu Hilfe, der das Verhalten von 300 Probekörpern – masselosen Körpern, die auf die Anziehung durch simulierte Planeten reagieren, aber selbst keinen Einfluß ausüben – in einem dynamischen System verfolgte, das sich näherungsweise wie das wirkliche Sonnensystem verhielt; sie entdeckten dabei, daß viele Bahnen zwischen Uranus und Neptun chaotisch werden. Pluto könnte also, wie sie hiermit bestätigten, seine heutige ungewöhnliche Bahn

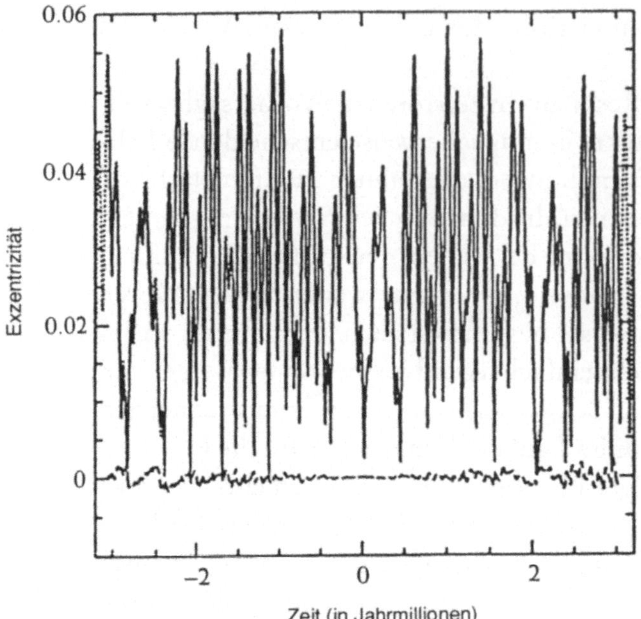

Die Exzentrizität der Erdbahn, wie sie über einen Zeitraum von sechs Millionen Jahren berechnet wurde, wobei die Gegenwart dem Nullpunkt entspricht. Die ausgezogene Linie stellt die von Quinn, Tremaine und Duncan erhaltene Lösung dar und liegt nahe bei der gepunkteten Linie, die Laskars Ergebnis beschreibt. Die gestrichelte Linie unten veranschaulicht den Unterschied zwischen beiden Lösungen (aus Laskar et al., *Icarus.* New York: Academic Press, 1992).

auf chaotische Weise erreicht haben. Etwa die Hälfte dieser Bahnen zwischen Uranus und Neptun würde im Lauf von fünf Milliarden Jahren chaotisch genug, um ihre Probekörper aus dem Sonnensystem herauszuschleudern.

Diese unabhängig von Laskar arbeitenden Forscher setzten ebenfalls Computer ein, um die Bewegungsgleichungen für die Planeten des Sonnensystems direkt zu lösen. Sie gaben sich besondere Mühe, ihr Modell physikalisch so genau wie möglich zu machen. Dazu berücksichtigten sie viele Einflüsse, auch jene, die die Allgemeine Relativitätstheorie beschreibt, und spürten der Entwicklung dieser Bahnen über einen Zeitraum von sechs Millionen Jahren nach – jeweils drei Millionen Jahre in die Zukunft und in die Vergangenheit. Obwohl diese Berechnungen das von Laskar aufgezeigte chaotische Verhalten nicht unmittelbar bestätigen konnten, wiesen sie doch auf dieselbe Resonanz hin, die Laskar zwischen Mars und Erde bemerkt hatte.

An diesem Punkt kamen Wisdom und Sussman ins Bild. Sie simulierten 1992 mit Hilfe ihres neuen, speziell für sie entwickelten Supercomputers Toolkit die Entwicklung des gesamten Sonnensystems über einen Zeitraum von 36 Milliarden Tagen oder fast 100

     Was Newton nicht wußte

Millionen Jahren. Diese Berechnungen, bei denen jede Reise von 100 Millionen Jahren Dauer einen ganzen Monat Rechenzeit benötigte, bestätigten ihre früheren Ergebnisse zur chaotischen Bewegung von Pluto und das allgemeine Ergebnis von Laskar, nach dem das Sonnensystem als Ganzes chaotisch ist. Genauere Untersuchungen der Bahnen einzelner Planeten zeigten, daß die größeren Planeten unabhängig voneinander Anzeichen von chaotischem Verhalten aufweisen. Insbesondere Pluto zeigte wiederum große Instabilitäten in seiner Bewegung; das ließ vermuten, daß der unbekannte physikalische Mechanismus, der seine Bahn chaotisch beeinflußt, äußerst robust ist und unabhängig davon wirkt, ob im übrigen System irgendwo Chaos vorliegt oder nicht.

In einer Arbeit, die Wisdom und Sussman noch im selben Jahr in *Science* veröffentlichten, schlossen sie: «Unsere Integration des gesamten Sonnensystems über 100 Millionen Jahre zeigt, daß das Sonnensystem chaotisch ist, wobei der Zeitraum für exponentielle Divergenz etwa 4 Millionen Jahre beträgt. Wenn unsere Rechnungen ein in jeder Hinsicht ähnliches Verhalten ergeben wie die von Laskar, ist das eine deutliche Bestätigung dafür, daß das Sonnensystem chaotisch ist. Wir und Laskar haben nicht die gleichen numerischen Experimente durchgeführt und außerdem etwas unterschiedliche Massen, etwas unterschiedliche Anfangsbedingungen und etwas unterschiedliche physikalische Gesetze vorausgesetzt; der chaotische Charakter des Sonnensystems hängt also offenbar nicht sehr empfindlich vom jeweiligen Modell oder von den numerischen Methoden ab.»

Die Übereinstimmung zwischen diesen sehr unterschiedlichen Ansätzen zur Berechnung der dynamischen Entwicklung des Sonnensystems lieferte eine starke indirekte Bestätigung für das Vorhandensein von Chaos. Zudem boten die von Laskar in seinen Gleichungen entdeckten Resonanzen eine mögliche Erklärung für das Chaos. Offensichtlich spielt chaotische Dynamik im Sonnensystem eine gewisse Rolle; sie könnte auch etwas über die langfristige Stabilität des Systems aussagen. Aber Wisdom und Sussman warnten: «Wir werden die Folgen aus der beobachteten chaotischen Evolution erst dann ganz verstehen, wenn wir die dafür verantwortlichen Kräfte kennen.»

Weil Laskar, Tremaine und Wisdom sehr unterschiedliche Methoden anwandten, lieferte die gute Übereinstimmung ihrer Ergebnisse

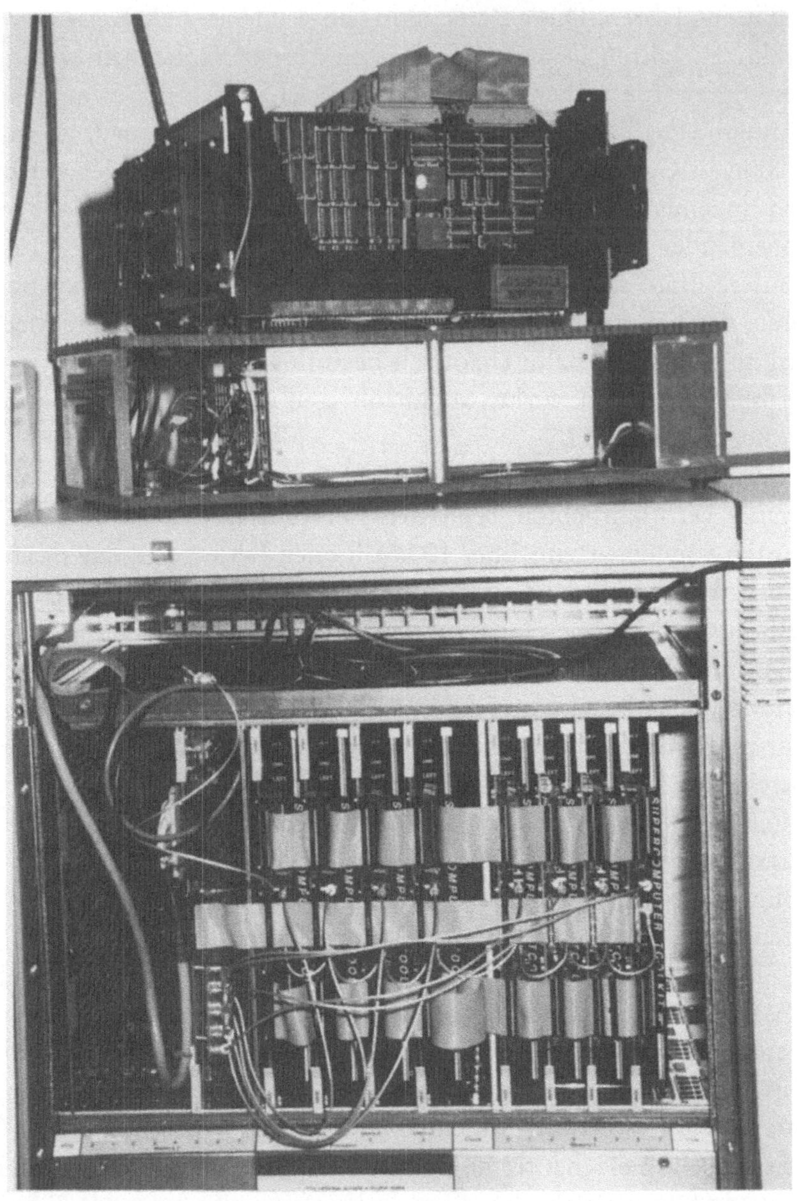

Das Digitale Planetarium steht auf seinem Nachfolger, dem Supercomputer Toolkit (mit freundlicher Genehmigung von Gerald Jay Sussman).

  Was Newton nicht wußte

auch eine wichtige unabhängige Überprüfung der benutzten Methoden. Eben diese Existenz zuverlässiger Verfahren zur Berechnung einigermaßen realistischer Planetenbahnen über relativ lange Zeiträume hat sogar zu einem neuen Forschungsgebiet geführt. Es lassen sich jetzt sozusagen fiktive Sonnensysteme erschaffen, die einen Eindruck von der Variabilität geben, die innerhalb eines Planetensystems zulässig ist.

Gerald Quinlan, ein Mitarbeiter Tremaines, begann 1991 mit der Untersuchung der Entwicklung von Bahnen in fiktiven Sonnensystemen aus vier Planeten, deren Massen, Positionen und Bahnen denen von Jupiter, Saturn, Uranus und Neptun ähneln. In Simulationen von über 50 solcher zufällig angeordneter Sonnensysteme zeigte eine Mehrheit zumindest leichte Anzeichen von chaotischem Verhalten. In einem Fall konnte eine ganz kleine Verschiebung der Position des Saturn, die seine Bahn etwas weiter machte, das ganze System ins Chaos treiben. In der Zusammenfassung dieser vorläufigen Arbeit schrieb Quinlan: «Chaos scheint eine verbreitete Eigenschaft von Planetensystemen zu sein, selbst wenn die Planeten auf Bahnen beginnen, die weit voneinander entfernt sind. Weil so viele dieser [zufällig] veränderten Sonnensysteme … chaotisch waren, ist es nicht überraschend, wenn unser wirkliches Sonnensystem chaotisch ist. Wir wären überrascht, wenn das nicht der Fall wäre.»

Im allgemeinen sahen die so berechneten Bahnen unregelmäßiger aus, als sie es im wirklichen Sonnensystem sind; gleichzeitig jedoch widerfuhr diesen Bahnen nie etwas Schlimmes. Sie kreuzten sich nicht, und keiner der Planeten wurde innerhalb einiger Millionen Jahre aus dem System herausgeschleudert. Es zeigte sich, anders gesagt, viel häufiger ein beschränktes Chaos als ein katastrophales.

Solche Computerexperimente könnten etwas über das Ausmaß aussagen, in dem Stabilitätsforderungen das Sonnensystem in die Form zwingen, die wir beobachten. Ist die in unserem Sonnensystem vorliegende Verteilung von Planeten nur eine von vielen möglichen stabilen Anordnungen? Oder ist sie, weil sie stabil ist, die einzige dauerhafte? Solche Fragen sind größtenteils ungelöst.

Die Meinungen unterscheiden sich auch in bezug auf das damit verwandte Problem, ob es im Sonnensystem Raum für einen weiteren Planeten geben könnte, ohne daß seine offensichtliche Stabilität ge-

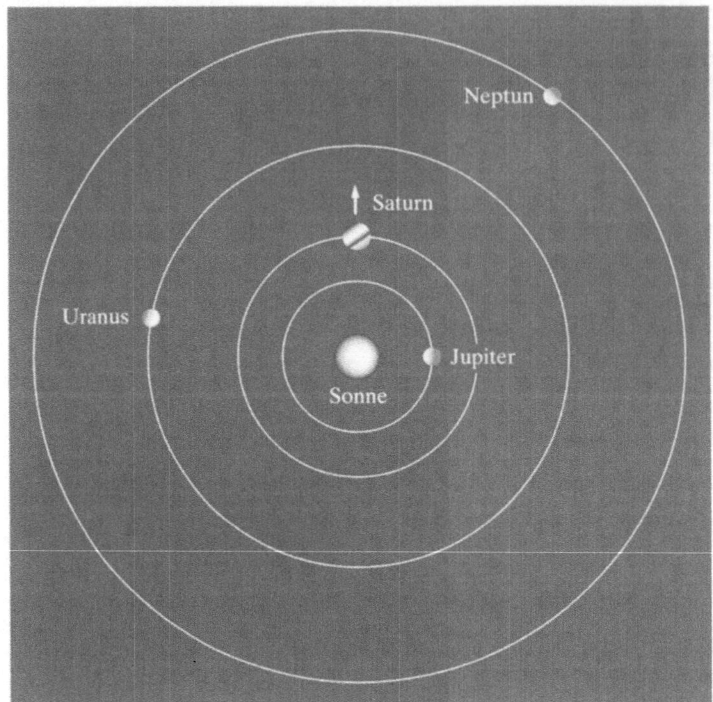

In einem fiktiven Sonnensystem, das nur vier Planeten enthält (Doppelgänger von Jupiter, Saturn, Uranus und Neptun), gibt es Hinweise auf chaotische Bewegung, wenn die Bahn des Saturn so verschoben wird, daß die mittlere Entfernung des Planeten von der Sonne etwas größer ist als im wirklichen Sonnensystem. Eine solche Veränderung bringt, auch wenn sie klein ist, das System näher an die 5:2-Resonanz zwischen der mittleren Bewegung von Jupiter und Saturn heran.

stört würde. Einige Forscher, darunter Peter Goldreich vom CalTech, vermuten, alle zusätzliche Materie könnte aus dem Sonnensystem herausgeschleudert werden. Diese Art von Ausschlußverfahren könnte zu genau der Konfiguration von Planeten und Asteroiden geführt haben, die wir heute sehen, bei der vor allem die massereichsten Brocken überlebt haben. Solche großen Körper sind viel schwerer abzulenken oder hinauszuwerfen als winzige Fragmente, die im Sog ihrer massereichen Begleiter treiben.

Einige Wissenschaftler haben sogar vermutet, das Sonnensystem könnte vor mehreren Milliarden Jahren eine Reihe von zusätzlichen Planeten besessen haben, die vielleicht die Größe des Mondes oder des Mars hatten und irgendwann ausgestoßen wurden. Computersimulationen zeigen, daß die Bahnen von Körpern mit der Größe von Asteroiden ihre Exzentrizität plötzlich verändern können, was zu Zusammenstößen oder Hinauswurf führen kann. Dasselbe könnte auch, wenn die Zeit nur lang genug ist, mit eindringenden Planeten geschehen. Außerdem könnte ein Proto-Jupiter, der sich allmählich

     Was Newton nicht wußte

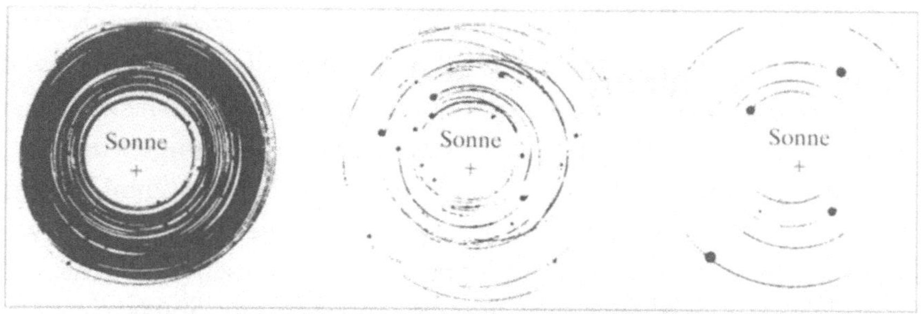

Diese drei Zeichnungen zeigen die Entstehung der inneren Planeten in einer Computersimulation. *Links*: Die Simulation beginnt mit 100 Planetoiden; *mitte*: Nach 30 Millionen Jahren sind diese Planetoiden zu 22 Proto-Planeten verschmolzen; *rechts*: Dieses Bild zeigt die Entwicklung nach 441 Millionen Jahren; die Bildung der inneren Planeten war schon nach 150 Millionen Jahren im wesentlichen abgeschlossen (nach G.W. Wetherill; Nachdruck mit freundlicher Genehmigung aus William J. Kaufmann, *Universe*, 3. Auflage. New York: W. H. Freeman, S. 142).

auf eine sonnennähere Bahn verschöbe, leicht Materie einsammeln, die von dem Schwarm meteorähnlicher Körper übrigblieb, die es vermutlich während der Bildung des Sonnensystems gab und die in ihrem Sog eine breite, relative leere Zone hinterließen.

Ein Astronom hat vermutet, das Sonnensystem habe aufgrund seiner Entstehung einmal Tausende von Plutos enthalten. In einem solchen Fall wäre der Hinauswurf vieler dieser Körper praktisch unvermeidlich gewesen. Noch haben wir keine Möglichkeit, solche ausgestoßenen Körper direkt zu beobachten; Astronomen, die diese Möglichkeit überprüfen, müssen sich also auf Hinweise verlassen, die aus Computersimulationen dynamischer Bedingungen in der frühen Geschichte des Sonnensystems stammen.

Die Rolle des Chaos bei der Bildung des Sonnensystems bleibt ein umstrittenes Thema. Es herrscht wenig Übereinstimmung darüber, ob sich das Sonnensystem aus der ursprünglichen Gas- und Staubwolke heraus in den ersten Millionen Jahren seiner Existenz zu seiner jetzigen Gestalt konsolidierte – bei der Planeten in großen Abständen auf etwa kreisförmigen Bahnen laufen, die alle etwa in derselben Ebene liegen –, oder ob es sich in den letzten fünf Milliarden Jahren allmählich zu seinem jetzigen Zustand entwickelte. Es ist sicherlich möglich, daß Chaos in der dynamischen Geschichte des Sonnensystems nur eine eingeschränkte Rolle spielte, also etwa lediglich die Bereiche zwischen den großen Planeten leerfegte und die verzwickten Kräfteverhältnisse im Asteroidengürtel schuf. Zum jetzigen Zeitpunkt weiß niemand, ob Chaos auch eine Rolle spielte, als die Bereiche zwischen Venus und Erde sowie zwischen Erde und Mars bereinigt wurden.

Immerhin haben Forscher in nahezu jeder langfristigen Integration, die bis jetzt vorgenommen wurde, Hinweise auf eine Art von chaotischem Verhalten gefunden. Solche Ergebnisse legen nahe, daß das Chaos das Sonnensystem wirklich durchdringt. Sogar die allgemeine Beschaffenheit des Sonnensystems – neun weit voneinander entfernte, große Planeten mit nur wenig Schutt zwischen ihnen – läßt vermuten, die chaotische Dynamik könnte bei seiner Bildung eine große Rolle gespielt haben.

Gleichzeitig stehen die Bemühungen, die Frage der Stabilität des Sonnensystems zu beantworten, vor einem ernsthaften und vielleicht unüberwindlichen Hindernis. Wie Scott Tremaine sagt: «Irgendwie muß man sich letztlich mit Wahrscheinlichkeiten abfinden. Man kann nichts endgültig ausschließen. Selbst wenn sich ein System sehr gutmütig benimmt, gibt es immer noch eine kleine Möglichkeit, daß es auf einem schmalen Weg zu praktisch jeder Konfiguration gelangen könnte.» Demnach läßt sich mit einem mathematischen Modell, das chaotisches Verhalten automatisch berücksichtigt, unmöglich mit absoluter Sicherheit beweisen, daß irgend etwas nicht irgendwann einmal passieren kann. Diese Beschränkung ist Ausdruck der Art der verwendeten Mathematik und völlig unabhängig von den üblichen Unbestimmtheiten, die mit der Genauigkeit der Messungen, der Formulierung und Anwendbarkeit von physikalischen «Gesetzen» und den häufig fragwürdigen Beziehungen zwischen komplizierter Wirklichkeit und einfachen mathematischen Modellen zu tun haben.

Eine andere Frage betrifft die Bedeutung der exponentiellen Divergenz benachbarter Bahnen in einem chaotischen System, wie sie durch eine Zahl angegeben wird, die heute Lyapunow-Exponent oder Lyapunow-Zeit genannt wird. Laskars Berechnung des Sonnensystems führte zu einer Lyapunow-Zeit von etwa 5 Millionen Jahren, und die Arbeit von Wisdom und Sussman ergab einen Wert von 25 Millionen Jahren für die Bahn des Pluto und 4 Millionen Jahren für das Sonnensystem. Obwohl man den Wert dieses Exponenten weithin als ein Maß für Chaos benutzt, ist er nicht notwendigerweise ein Maß für den Zeitraum, innerhalb dessen eine drastische Veränderung in einer einzelnen Bahn oder einem ganzen System eintreten könnte.

Wenn man das Ausmaß des Chaos als das exponentielle Anwachsen der Divergenz benachbarter Bahnen definiert, erhält man, wie einige Wissenschaftler betont haben, nur eine quantitative Information. Ob dieses Verhalten qualitative Folgen für die Lebenszeit des Sonnensystems hat, ist ein faszinierendes, aber größtenteils ungelöstes Problem.

Alle diese Fragen sind beunruhigend. Sussman und Wisdom haben dazu bemerkt: «Die Tatsache, daß fast alle langfristigen Integrationen des Sonnensystems mit physikalisch völlig unterschiedlichen Modellen eine exponentielle Divergenz von Bahnen mit einem Zeitraum zwischen 3 und 30 Millionen Jahren ergeben, ist sehr auffallend. Es ist ein anderes alarmierendes Kennzeichen des chaotischen Verhaltens in langfristigen planetarischen Integrationen, daß nichts Aufregendes geschieht. Dies wird noch schlimmer durch die Tatsache, daß wir [trotz der Bemühungen von Laskar und anderen] in keinem Fall den Mechanismus eindeutig identifiziert haben, der das chaotische Verhalten hervorruft.»

In der Tat deutet das Überleben des Sonnensystems in etwa der heutigen Form über Milliarden Jahre – viel länger als der berechnete Lyapunow-Exponent es vermuten ließe – deutlich darauf hin, daß die zugrundeliegende dynamische Theorie noch viel Arbeit erfordert. Chaos, also regelloses Verhalten, scheint irgendwie unvereinbar damit, daß sich die Planeten lange Zeit um die Sonne drehen, ohne etwas Verrücktes zu tun. Selbst die Asteroiden, Treibgut auf einem bewegten Meer, laufen an der Leine.

Der Schlüssel für diese Abläufe ist möglicherweise die Tatsache, daß es gelegentlich innerhalb eines physikalischen Systems eine Grenze dafür gibt, wie weit zwei Bahnen im Phasenraum divergieren können. Zum Vergleich stelle man sich zwei benachbarte Punkte auf einer Kugeloberfläche vor. Wenn sie sich voneinander entfernen, nimmt ihr Abstand zunächst zu; im Lauf der Zeit jedoch führen ihre Bewegungen sie über die gesamte Kugeloberfläche, und gelegentlich kommen sie einander wieder nah. Außerdem kann die Entfernung zwischen den beiden Punkten niemals größer sein als der halbe Kugelumfang. Wenn also die Entfernung zwischen ihnen sich wiederholt

Myron Lecar (*oben*), Fred Franklin (*Mitte*) und Marc Murison (*unten*) am Harvard-Smithsonian Center for Astrophysics (mit freundlicher Genehmigung von Myron Lecar).

verdoppelt, reicht schließlich der Raum gar nicht mehr aus, und die Divergenz kann nicht weitergehen. Ähnlich haben Bahnen im Phasenraum oft nur einen bestimmten Bereich, in dem sie sich bewegen können.

   Was Newton nicht wußte

Myron Lecar, Fred Franklin und Marc Murison, drei Forscher am Harvard-Smithsonian Center for Astrophysics, machten 1992 einen Schritt zur Beantwortung der Frage, warum das Vorliegen von Chaos und die damit einhergehende Unvorhersagbarkeit mit der Beständigkeit des Sonnensystems über Milliarden Jahre vereinbar ist. Mit Hilfe von Computersimulationen untersuchten sie über tausend Beispiele für drei Arten von Umlaufbahnen. Im einen Fall berechneten sie Beispielbahnen eines Asteroiden, auf den nur die Schwerkraft der Sonne und des Jupiter wirkte. In einem anderen Fall betrachteten sie Bahnen hypothetischer Asteroiden, die zwischen denen von Jupiter und Saturn verliefen. Im dritten Fall verfolgten sie die Bahn eines winzigen Körpers, der anfangs den kleineren der beiden Sterne eines Doppelsterns umkreiste.

Sie berechneten für jeden Fall die Lyapunow-Zeit – den charakteristischen Zeitraum, für den eine Bahn als vorhersagbar gilt – und erhielten so eine Abschätzung dafür, wie weit in die Zukunft sein chaotisches Verhalten sich vorhersagen ließe. Die Forscher verglichen dann die berechnete Lyapunow-Zeit mit der Zeit, die Bahnen brauchen, um sich so weit zu verändern, daß ein umlaufender Körper eine Planetenbahn kreuzen oder dem System entkommen kann. Sie entdeckten, daß trotz der großen Unterschiede zwischen den drei Arten der betrachteten Umlaufbahnen alle etwa dieselbe Beziehung zwischen der Lyapunow-Zeit und der viel längeren Zeit zeigten, nach der eine Bahn mit einiger Wahrscheinlichkeit einen plötzlichen, drastischen Übergang zu einer neuen Exzentrizität oder Ausrichtung erfahren wird. Nach dieser Beziehung ist die Übergangszeit porportional zu der 1,8ten Potenz der Lyapunow-Zeit.

Für das Sonnensystem bedeuten die Ergebnisse, daß eine Katastrophe zumindest eine Billion Jahre lang unwahrscheinlich ist. Dies ist auch nach astronomischen Maßstäben eine lange Zeit. Lange bevor sie vergangen ist, wird die Sonne sehr wahrscheinlich das Sonnensystem verschluckt haben, wenn sie sich gegen Ende ihrer Lebensdauer bei der Umstellung von einer Energiequelle auf eine andere in einer gigantischen Explosion ausdehnt.

Könnte das Sonnensystem mit einiger Wahrscheinlichkeit schon früher in Schwierigkeiten geraten? Ja, aber die Wahrscheinlichkeit ist sehr klein – wenn auch nicht null.

Lecar veranschaulicht den Vorgang, der diesen Ergebnissen zugrunde liegt, an einem Satz gut ineinander eingepaßter hohler Eier und stellt sich vor, wie ein winziger Fleck sich verhält, der ursprünglich auf den engen Raum zwischen den beiden kleinsten dieser hohlen Eier beschränkt ist. Die Lyapunow-Zeit eines solchen Systems ist relativ kurz, weil der Fleck im Raum zwischen den Eiern nur wenig Bewegungsmöglichkeit hat. Der Fleck kann jedoch auch durch enge Gänge in den benachbarten Zwischenraum (zwischen den beiden nächstgrößeren Eiern) gelangen und so weiter, bis er das letzte Ei erreicht, wo er frei wird, sich in einem viel größeren Raum zu bewegen. Die Zeit, die der Fleck benötigt, um durch zufällige Schritte in diesen weiteren Raum zu «diffundieren», entspricht dem, was Lecar die «Übergangszeit» nennt. Es geschieht nicht viel, bevor der Fleck ganz nach außen gelangt ist, und erst, wenn er nicht länger gefangen ist, kann er sein dynamisches Verhalten entscheidend verändern.

Wenn ein solcher Mechanismus in einem dynamischen System wirkt, spielt die Statistik eine entscheidende Rolle. In sehr wenigen Fällen könnte der Fleck in nur kurzer Zeit die richtigen Wege durch seine dynamischen Eierschalen finden und ganz nach außen gelangen. Drastische Veränderungen könnten dann viel rascher eintreten als erwartet. In anderen Fällen bliebe der Fleck sehr lange gefangen. Wenn man also realistische Bewegungsgleichungen für das Sonnensystem integrierte, die 4,5 Milliarden Jahre in die Zukunft reichen (was viel kürzer ist als seine vorhergesagte Übergangszeit von etwa einer Billion Jahren), fände man mit großer Wahrscheinlichkeit eine Erdbahn, die der heutigen weitgehend gleicht. Wenn diese Berechnung jedoch einmilliardenmal durchgeführt würde, könnte eine der Integrationen möglicherweise eine dramatische Veränderung von Form, Größe oder Neigung der Erdbahn aufweisen.

Lecar und seine Mitarbeiter betrachteten jedoch nur drei Spezialfälle, zu denen Gravitationswirkungen gehörten, die viel weniger kompliziert waren und die weniger Körper betrafen, als es im Sonnensystem der Fall ist. Welche Folgen ihre Analyse für wirkliche Planeten und andere chaotische Systeme hat, bleibt unklar. Einige Wissenschaftler vermuten, es werde sich vermutlich keine einzige allgemeingültige Möglichkeit finden lassen, die Abläufe genau zu beschreiben. In vielen Fällen hängen die Einzelheiten des Geschehens sehr stark von der Anordnung der Körper in dem betrachteten System ab. Ebenso fehlt eine überzeugende Erklärung, warum der Exponent in den untersuchten Fällen gerade 1,8 ist.

Martin Duncan von der Queen's University in Kanada hat sich mit dem langfristigen dynamischen Verhalten hypothetischer Asteroidbahnen jenseits des Neptun beschäftigt. Dieser Bereich des Sonnensystems umfaßt den sogenannten Kuiper-Gürtel, der möglicherweise eine gewaltige Vorratskammer für Kometen darstellt. Diese Kometen können Milliarden von Jahren in ihrem Speicher verbringen und unauffällig die Sonne umrunden, bis ihre Bahnen plötzlich exzentrisch genug werden, um sie aus dem Gürtel heraus und über die Bahn des Neptun hinweg zu schleudern, von wo aus Neptun sie dann in die Sonne wirft.

Duncans Simulationen, die bis zu eine Milliarde Jahre umfassen, bestätigen, daß diese Objekte ähnliche Lyapunow-Zeiten haben, wie sie von Lecar und seiner Gruppe berechnet wurden. Weil Duncan die Bewegung der Asteroiden viel weiter in die Zukunft verfolgt, kann er auch direkt bestätigen, daß sie hundert- oder tausendmal länger auf normalen Bahnen bleiben, als die Lyapunow-Zeit selbst es anzeigen würde. Diese Körper brauchen lange, bis sie den Kuiper-Gürtel verlassen, obwohl sich ihre Lage unmöglich weit über die Zeit hinaus genau vorhersagen läßt, die durch den Lyapunow-Exponenten angegeben wird.

Diese Stabilität angesichts von Unvorhersagbarkeit bleibt ein großes Rätsel. Pluto zum Beispiel ist wohl schon lange stabil, viel länger, als aus den Grenzen der Vorhersagbarkeit seiner Bahn folgt. Und die Bahnen der inneren Planeten und Asteroiden haben offensichtlich, obwohl sie anscheinend viel chaotischer sind als Pluto, auch keine dramatischen Veränderungen durchgemacht.

Chaos und Instabilität sind also nicht unbedingt gleichbedeutend. Die 3:2-Resonanz zwischen Plutos Bahn um die Sonne und Neptuns Periode könnte sogar verhindern, daß Pluto aus dem Sonnensystem herausgeschleudert wird. In größerem Maßstab könnten sich innerhalb des Sonnensystems selbst subtile Wechselwirkungen abspielen, die es irgendwie in seiner jetzigen Konfiguration gefangen halten.

Im Sonnensystem könnten also chaotischen Bewegungen, die genaue Vorhersagen bis in die ferne Zukunft ausschließen, so enge

Grenzen gesetzt sein, daß Bahnüberschneidungen und andere Katastrophen abgewendet werden. Ob das Sonnensystem ohne größere Abweichungen weiter in seinem jetzigen Lauf verharren wird, bleibt eine offene Frage; seine Geschichte legt jedoch zweifellos nahe, daß es wahrscheinlich für geologisch bedeutsame Zeiträume stabil bleiben wird.

Diese seltsame und subtile Situation in bezug auf die Stabilität bahnte sich in dem mathematischen Werk an, das in den fünfziger Jahren von Andrei N. Kolmogorow und von mehreren Mathematikern, die seinen Spuren folgten, ausgearbeitet wurde. Kolmogorow, sein Schüler Vladimir I. Arnol'd und Jürgen Moser stellten exakt definierte mathematische Kriterien dafür auf, ob Störungen ein dynamisches System instabil machen können. Die Arbeiten von Poincaré und seinen Nachfolgern hatten die Mathematiker schon zuvor vermuten lassen, daß die Phasenräume von Systemen, die drei oder mehr Körper umfassen, durch ein kompliziertes Gemisch von regelmäßigen und chaotischen Bereichen gekennzeichnet sind. Die Frage blieb offen, ob die im Vergleich mit dem überwältigenden Einfluß der Sonne schwachen Störungen der Planeten ausreichen, um zu wahrer Instabilität zu führen.

Mit der sogenannten KAM-Theorie (das Kürzel besteht aus den Anfangsbuchstaben der Nachnamen der drei Hauptverfasser der Theorie) können die Mathematiker beweisen, daß Bewegungen in einem dynamischen System zum größten Teil regelmäßig oder quasiperiodisch sind, wenn die Störungen klein bleiben. Anders gesagt, führt eine große Menge von Ausgangsbedingungen zu quasi-periodischen und nicht zu chaotischen Bahnen, wenn die Massen der Planeten und die Exzentrizitäten und Neigungen ihrer Bahnen hinreichend winzig sind. Außerdem entspricht die Länge der Zeit, die die Planeten zur Vollendung eines Umlaufs um die Sonne brauchen, vielleicht nicht immer so einfachen Verhältnissen wie 1:2, 1:3 oder 2:3.

Die Bahnen, die angesichts kleiner Störungen Regelmäßigkeit zulassen, sind genau die, bei denen keine Resonanzen auftreten. Unter solchen Bedingungen könnten die Planeten sich nicht einfach auf ihren eigenen Weg machen; das System wäre also stabil. Weil resonante Bahnen jedoch eng benachbart sein können, kann eine kaum wahrnehmbare Verschiebung eines Ausgangspunkts sehr

   Was Newton nicht wußte

wohl eine regelmäßige Bahn in eine instabile verwandeln. Arnol'd hat sogar bemerkt, daß die Anfangsbedingungen, die zu regelmäßigem bzw. chaotischem Verhalten führen, sehr nahe beieinander liegen. Selbst wenn die Bewegung eines Himmelskörpers regelmäßig ist, genügt daher eine kleine Störung seines Anfangszustands, um sie chaotisch zu machen.

Arnol'd zog im Licht dieser mathematisch definierten Beschränkungen seinen eigenen Schluß über das Schicksal des Sonnensystems: «Zum Glück entwickeln sich diese chaotischen Störungen nur äußerst langsam; deshalb ist die Zeit, in der sich Chaos manifestiert, bei einer hinreichend kleinen Störung des Anfangszustands groß im Vergleich zu der Zeit, die das Sonnensystem schon besteht. Während der nächsten Milliarde Jahre wird sich also der größte Teil des Sonnensystems kaum verändern, und das von Newton beschriebene ‹Uhrwerk› wird weiter gut funktionieren können.»

Laskar hat jedoch bemerkt, daß das Sonnensystem – besonders die inneren Planeten – sozusagen weit von der Innenstadt entfernt in einem Vorort des Phasenraums wohnen, in dem die Massen der Planeten und die Exzentrizitäten und Neigungen ihrer Bahnen klein sind und die Bedingungen der KAM-Theorie erfüllen, die Stabilität begünstigen. Trotzdem stellen die von Poincaré und der KAM-Theorie hergeleiteten rein mathematischen Ergebnisse einen guten Rahmen für die Erforschung der Stabilität des Sonnensystems dar. Die Mathematik kann jedoch nicht die genaue Lage des wirklichen Sonnensystems im Rahmen dieses Bildes angeben. Laskar bemerkte, das Sonnensystem sei tatsächlich «viel zu kompliziert und [habe] viel zu viele Parameter, als daß man gegenwärtig mathematische Ergebnisse über seine Stabilität erhalten könnte». Diese lassen sich nur indirekt durch viele Berechnungen beweisen. Dieser Zweig der Himmelsmechanik ist fast eine Experimentalwissenschaft; die mathematischen Beweise hinken weit hinterher.

Heutige Theoretiker sind also weit davon entfernt, den endgültigen Beweis für Stabilität führen zu können, der Newton, Laplace und Poincaré entging; sie erwägen im Gegenteil die Möglichkeit, es könne keinen solchen Beweis geben. In bezug auf die Planetenbahnen ist nichts so sicher wie die Unsicherheit. Das Sonnensystem läuft nicht wirklich wie ein Uhrwerk. Die Abhängigkeit von den Anfangsbedin-

mnia (infinita in potentiâ) permeantes actu : id quod aliter à me non
potuit exprimi, quam per continuam seriem Notarum intermedia-

Saturnus   Jupiter   Mars ferè   Terra

Venus   Mercurius   Hic locum habet etiam

rum.   Venus ferè manet in unisono non æquans tensionis amplitu-
dine vel minimum ex concinnis intervallis.

Atqui signatura duarum in communi Systemate Clavium, & for-
matio scelen Octavæ, per comprehensionem certi intervalli concinni,
est rudimentum quoddam distinctionis Tonorum seu Modorum: sunt
ergò Modi Musici inter Planetas dispertiti.   Scio equidem, ad forma-
tionem & definitionem distinctorum Modorum requiri plura, quæ
cantus humani, quippe intervallati, sunt propria: itaque voce quodam-
modò sum usus.

Liberum autem erit Harmonistæ, sententiam depromere suam:
quem quisque planeta Modum exprimat propiùs, extremis hic ipsi as-
signatis.   Ego Saturno darem ex usitatis Septimum vel Octavum,
quia si radicalem ejus clavem ponas G, perihelius motus ascendit ad ♄:
Jovi Primum vel Secundum; quia aphelio ejus motu ad G accommo-
dato, perihelius ad b pervenit; Marti Quintum vel Sextum; non eò
tantùm, quia ferè Diapente assequitur, quod intervallum commune est
omnibus modis: sed ideò potissimùm, quia redactus cum cæteris ad
commune systema, perihelio motu c assequitur, aphelio ad f alludit:
quæ radix est Toni seu Modi Quinti vel Sexti: Telluri darem Tertium
vel Quartum: quia intra semitonium ejus motus vertuntur; & verò
primum illorum Tonorum intervallum est semitonium; Mercurio
verò ob amplitudinem intervalli, promiscuè omnes Modi vel Toni
convenient: Veneri ob angustiam intervalli, planè nullus; at ob commune Systema, etiam Tertius & Quartus; quia ipsa respectu cætero-
rum obtinet c.

CAPVT VII.

Harmonias universales omnium
sex Planetarum, veluti communia Contra-
puncta, quadriformia dari.

Nunc opus, Vranie, sonitu majore: dum per scalam
Harmonicam cœlestium motuum, ad altiora conscendo; quà ge-
nuinus

gungen ist groß, und überall lauert das Chaos. Jede Behauptung über das Verhalten von Planetenbahnen kann nur eine Wahrscheinlichkeitsaussage sein. Um sie zu untersuchen, müssen viele Lösungen mit unterschiedlichen Ausgangsbedingungen berechnet werden, damit man einen ganzen Bereich von Möglichkeiten überschauen kann.

Über 300 Jahre nach der Veröffentlichung von Newtons *Principia* entziehen sich uns noch immer die letzten Konsequenzen aus seinem täuschend einfachen Gravitationsgesetz mit seinen überraschend komplizierten Folgen. Man braucht nur an das merkwürdige Verhalten eines wie Hyperion chaotisch torkelnden Satelliten zu denken oder die Schwierigkeiten bei der Berechnung der Mondbahn zu erwägen oder nach dem Ursprung des Sonnensystems zu fragen, um die dynamischen Geheimnisse zu erahnen, die noch ungelöst sind.

Die Erforschung der chaotischen Dynamik stellt jetzt eine vielleicht verräterische Verbindung zwischen dem idealisierten, erhabenen Reich der abstrakten physikalischen Gesetze und der unordentlichen komplexen Welt her, in der wir leben. Diese Einsichten helfen uns, die Grenzen des Erreichbaren genauer zu definieren, während sie neue Landschaften erahnen lassen, die der Erkundung wert sind. Jack Wisdom äußerte diesen Gedanken 1986 am Schluß seines Vortrags, den er anläßlich der Verleihung des angesehenen Urey-Preises für seine Arbeit zu den Asteroiden erhielt; er sagte: «Zu Beginn dieses Jahrhunderts wurde die klassische Mechanik von der Quantenmechanik in den Schatten gestellt, und das zu recht. Die Quantenmechanik liefert eine bessere Beschreibung der Welt. Aber jetzt lernen wir wieder die Bedeutung der klassischen Mechanik schätzen. Unsere Alltagswelt ist größtenteils klassisch, und die klassische Mechanik ist keineswegs einfach. Newton hätte sich nicht träumen lassen, wie schön und komplex die von ihm entwickelte Mechanik sein würde. Der Endzustand des Hyperion ist völlig unvorhersagbar. Anscheinend würfelt Gott selbst in einer klassischen Welt eben doch.»

Für Jack Wisdom, Jacques Laskar und andere geht die Suche nach Chaos im Sonnensystem weiter. Gegen Ende 1992 faszinierte Wisdom die Vorstellung, er könne seine vielen Graphen und Tabellen in einen Film verwandeln, der die Entwicklung von Planetenbahnen zeigte. Er wollte deutlicher und anschaulicher sehen, was das von ihm entdeckte Chaos wirklich bedeutete.

Wisdoms Ausgangspunkt war ein maßstabsgetreues Diagramm der Planetenbahnen, wie sie von einer Position weit außerhalb der Bahnebene des Sonnensystems aus gesehen werden. Weil die Exzentrizität der Bahnen nicht betont werden sollte, wurden die Bahnen nicht gestreckt; sie waren in diesem Maßstab deshalb fast alle annähernd kreisförmig; die Bahnen der inneren Planeten ließen sich kaum von der Sonne in der Mitte unterscheiden. Da die Bahnen als konzentrische Ringe gezeichnet waren, ähnelte das Diagramm den typischen Abbildungen des Sonnensystems, wie sie in unzähligen Lehrbüchern zu finden sind.

Aber Planetenbahnen ändern sich im Lauf der Zeit. Wisdom drängte jeweils 60000 Jahre der Geschichte des Sonnensystems in eine Sekunde seiner Computersimulation zusammen. So umfaßte jede Sekunde des dabei entstehenden Films eine Zeitspanne, die wesentlich länger war als die Zeit, während der Astronomen – frühere und heutige – den Himmel beobachtet haben. Die Ergebnisse waren aufregend.

Die Ringe, die die Bahnen von Jupiter, Saturn, Uranus, Neptun und Pluto darstellten, schienen in ständiger Bewegung zu sein und ruhelos in lebhaften und komplizierten Rhythmen zu hüpfen. Obwohl die Ringe nie wirklich zusammenstießen, schienen sie einander herumzustoßen. Während zum Beispiel die Bahnen von Pluto und Neptun immerzu gegeneinander prallten, gab es auch Zeiten, in denen Plutos Bahn völlig außerhalb der des Neptun lag. Zu anderen Zeiten kreuzten sich die beiden Bahnen. Uranus verhielt sich, als ob er von seinen Nachbarn immer wieder getreten würde. Jupiter hatte offensichtlich einen starken Einfluß auf die Bahn des Saturn.

Eine Großaufnahme der inneren Planeten zeigte eine ähnliche Ruhelosigkeit. Die Erde purzelte und schwankte in ihrer Bahn, aber ihre leicht erratische Bewegung fiel im Vergleich mit dem wilden Kreisen und Schaukeln des Mars kaum auf. Auch die Drehung der elliptischen Merkurbahn und viele kleinere Veränderungen ließen sich beobachten. Das gesamte Sonnensystem schien zu vibrieren, und seine Energie schien frei zwischen den verschiedenen Planeten hin und her zu schwappen. Was Johannes Kepler mit dieser überraschenden Komplexität angefangen hätte, kann sich wohl niemand ausmalen.

Als Wisdom sein Video Anfang 1993 auf einer Konferenz vorführte, sagte er: «Ich denke, wenn man Ihnen diesen Film zeigte und Sie dann bäte, die Stabilität des Sonnensystems zu beweisen, würden Sie vermutlich sofort sagen: Ich bin durchaus nicht sicher, daß das Sonnensystem stabil ist.»

Merkwürdigerweise zeigt Wisdoms Film keine Zusammenstöße. Trotz ihrer wilden Schwankungen halten die Ringe immer Abstand voneinander. Niemand kennt den Grund. «Chaos bedeutet nicht notwendigerweise Katastrophe», bemerkte Wisdom.

Eine der aufregendsten Folgen dieser chaotischen Evolution der Planetenbahnen ist ihre Auswirkung auf den Winkel der Drehachse eines Planeten. Die Erdachse, die durch Nord- und Südpol des Planeten geht, ist um 23,5 Grad gegenüber einer Geraden geneigt, die mit der Bahnebene der Erde einen rechten Winkel bildet. Diese geringe Neigung, Ursache für die Jahreszeiten, hat anscheinend seit Jahrtausenden immer einen ähnlichen Wert. Im Gegensatz dazu zeigen neue Berechnungen von Wisdom und anderen, daß sich die Neigung des Mars in nur wenigen Millionen Jahren drastisch verändern kann. Die Schwankungen können groß sein; manchmal kippt seine Drehachse so weit, daß mehr Sonnenlicht in die Polgebiete als in die Äquatorbereiche gelangt.

Bei der Erde übt der Mond einen stabilisierenden Einfluß aus. Die Masse des Mondes zwingt die Erdachse dazu, so schnell zu rotieren (zu präzedieren), daß große Schwankungen der Erdneigung verhindert werden. Ein vollständiger Umlauf, wie er bei der Präzession der Tagundnachtgleichen beobachtet wird, nimmt zwar 26000 Jahre in Anspruch; das ist kurz genug, um sie aus dem Bereich solcher Resonanzen mit anderen Bewegungen im Sonnensystem herauszuhalten, die Chaos auslösen könnten. Der Mond könnte also eine entscheidende Rolle bei der Regulierung des Klimas der Erde spielen, weil er sie ausreichend stabilisiert, um ein vergleichsweise ausgeglichenes Klima und damit die Bedingungen für die Entwicklung von Leben zu schaffen. In der Tat könnte das Vorhandensein eines Trabanten von der Größe des Mondes eine notwendige Bedingung dafür sein, daß man Planeten von der Größe der Erde mit erdähnlichem Klima in Bahnen um benachbarte Sterne findet.

Der Mars dagegen hat keinen solchen Satelliten, der seine Bewegung von Resonanzen fernhalten kann. Jahre vor Wisdom schon hatten Forscher bemerkt, daß zwischen der Präzessionsgeschwindigkeit der Drehachse des Mars und einer der charakteristischen Frequenzen der Bewegung des gesamten Sonnensystems eine Resonanz auftreten könnte. Sie hatten vermutet, intensive Vulkantätigkeit und andere geologische Prozesse könnten die Eigenrotation des Planeten so weit verändern, daß diese Geschwindigkeiten in genaue Resonanz kommen und damit eine große Verschiebung des Neigungswinkels verursachen könnten.

Wie die Analyse Wisdoms zeigte, sind solche Veränderungen größer als erwartet und im wesentlichen nicht vorhersagbar. In einer davon unabhängigen Untersuchung kam Jacques Laskar zu etwa demselben Schluß. Geologische Prozesse sind nicht die einzigen möglichen Ursachen für drastische Veränderungen bei der Drehachse des Mars. Die Neigung der Planetenachse führt zusammen mit seiner chaotischen Bahn zu großen unregelmäßigen Schwankungen, und diese können den Neigungswinkel um vielleicht sogar 50° bis 60° anwachsen lassen. Wissenschaftler, die das Klima des Mars und die Entwicklung seiner Oberfläche untersuchen, müssen aufgrund dieser neuen Ergebnisse ganz andere Informationen in ihre Computermodelle eingeben, wenn sie die Vergangenheit des Mars ermitteln und seine Zukunft vorhersagen wollen.

Laskar und seine Kollegen gingen noch einen Schritt weiter, indem sie behaupteten, die Neigungen aller inneren Planeten könnten sich zu verschiedenen Zeiten in der Vergangenheit chaotisch entwickelt haben. Die Erde selbst könnte in einen solchen chaotischen Bereich hineinkommen, wenn die Entfernung zwischen ihr und ihrem sich langsam entfernenden Mond in einigen Milliarden Jahren 68 Erdradien erreicht. (Die heutige Entfernung beträgt etwa 60 Erdradien.) In Anbetracht der Tatsache, daß eine Änderung des Neigungswinkels um nur 2° eine Eiszeit auslösen könnte, wären die Vorhersagen für die Erde sicherlich düster, wenn ihre Achse sich um bis zu 60° neigt.

Das Sonnensystem, so lange ein Muster der Vollkommenheit und Symbol eines vorhersagbaren mechanischen Weltalls, entspricht überhaupt nicht mehr dem Bild einer Präzisionsmaschine. Heimlich haben sich Chaos und Ungewißheit in das Uhrwerk eingeschlichen.

     Was Newton nicht wußte

Kapitel 12
Wunderbare Maschinerie

Atome oder Weltsysteme wurden zu Trümmern,
Und jetzt birst eine Blase und jetzt eine Welt.

ALEXANDER POPE (1688–1744), *An Essay on Man*

Die Mathematik spielt bei der Suche nach Ordnung, Vorhersagbarkeit und Struktur in der uns umgebenden Welt eine seltsam wichtige Rolle. Sie verheißt so etwas wie absolute Sicherheit. Im Alltagsleben sind wir es gewohnt, bei der Addition derselben Zahlen immer dieselbe Summe zu erhalten. Die Summe der Innenwinkel eines Dreiecks beträgt 180 Grad. Es gibt genau 17 verschiedene Möglichkeiten, die euklidische Ebene lückenlos mit regelmäßigen Körpern zu überdecken. Geschäftsinhaber, Landvermesser und Architekten verlassen sich auf solche Gewißheiten, wenn sie ihrer Tätigkeit nachgehen.

Wissenschaftler, die mit einem großen Vorrat solcher abstrakter Begriffe ausgerüstet sind, entnehmen ihrem mathematischen Werkzeugkoffer nach Bedarf die Hämmer und Schraubenzieher, die sie brauchen, um Vorhersagen zu erstellen und Probleme aufzubereiten. Diese Erfolge mathematischen Denkens gehen Tausende von Jahren zurück, insbesondere, wenn sie mit dem Bemühen verknüpft sind, die Bewegungen der Himmelskörper zu verstehen und universale Harmonien zu entdecken. Sie bezeugen die erstaunlich dauerhafte Macht der Mathematik bei der Organisation menschlichen Denkens und bilden ein Gegengewicht zu dem Aufruhr – politisch und anderweitig –, der die Lebensbedingungen der Menschen im Lauf der Geschichte geprägt hat.

Selbst in den turbulenten Tagen des Untergangs des römischen Reiches hatte beispielsweise die mathematische Gelehrsamheit Bestand. Invasoren, die auf Plündern und Erobern aus waren, bedrohten immer wieder römische Siedlungen und stießen bis nach Rom vor. Die Vandalen errichteten in Spanien ein Königreich, das an die Westgoten fiel, die ihrerseits über Griechenland hinweggezogen waren, Athen geplündert und Italien erobert hatten. Franken, Alemannen, Ostgoten und Hunnen erhoben Ansprüche auf Teile des zerbrechenden Reiches. Schließlich wählten die germanischen Besetzer im Jahr 476 einen ihrer eigenen Generäle, Odoaker, zum König von Italien, und setzten den herrschenden Kaiser, Romulus Augustus, ab.

Der erste Teil des fünften Jahrhunderts erlebte auch scharfe theologische Auseinandersetzungen, die das Gefühl von Unordnung verstärkten, und halfen, die westlichen und östlichen Teile des Reiches abzuspalten. Der römische Kaiser Theodosius hatte im Jahre 392 die heidnischen Tempel zerstören lassen und damit das Christentum praktisch zur Staatsreligion erhoben. Nach dem Zusammenbruch des Staates hatte die Kirche immer stärker die Rolle des Vermittlers zwischen Latinern und Barbaren übernommen. Die Verbreitung ihrer Lehre und die Bekehrung vieler zum christlichen Glauben war eine Bestätigung für das Ansehen Roms und eine Garantie für das Überleben des römischen Reiches. Gleichzeitig bekämpften sich innerhalb der Kirche die Parteien, die andere Lehren verbreiten wollten. So einflußreiche Denker wie Augustin verurteilten scharf, was sie für Ordnung und Einheit bedrohende religiöse Ketzereien hielten. Zur Rettung der Kirche und zur Wahrung der gesellschaftlichen Ordnung forderten sie strengen Gehorsam und die Unterwerfung der staatlichen Gewalt unter die geistliche.

Die Schriften der frühen Kirchenväter hatten nur wenig über die Naturwissenschaft zu sagen. Sie spielte in den großen theologischen Kontroversen jener Zeit anscheinend keine große Rolle. In einer solchen Umwelt widmeten sich die Gelehrten – insbesondere die alexandrinischen – mathematischen Untersuchungen und der Neubelebung von Traditionen, die Jahrhunderte weit bis auf Platons Athener Akademie zurückgingen. Diese geistige und philosophische, auf Vernunft gründende Beschäftigung mit dem, was Wissen schafft und das zu einem geordneten, vorhersagbaren himmlischen Reich gehörte, stand in krassem Gegensatz zu dem gesellschaftlichen, politischen und theologischen Aufruhr der Zeit.

     Was Newton nicht wußte

Von den aus dieser Epoche erhaltenen Schriften war ein Buch, das sich mit astronomischen Fragen beschäftigte, besonders weit verbreitet, das auch viele Jahrhunderte später noch beträchtlichen Einfluß ausübte. Es wurde um das Jahr 400 von Ambrosius Theodosius Macrobius verfaßt und verdankt einen großen Teil seines Erfolgs seiner Einführung in die kritische Betrachtung klassischer Texte, die sich an ein größeres Publikum richtete und nicht nur an die kleine Gruppe von Fachleuten, die sich normalerweise für solche Fragen interessieren. Macrobius griff zurück auf Platon sowie die Mystik und Zahlenmystik des Pythagoras und seiner Anhänger und verkündete eine stark mathematische Weltauffassung, bei der er das Weltall als ein geordnetes, wohlreguliertes System ansah. Obwohl wir über diesen Schriftsteller nur sehr wenig wissen, vermuten wir aufgrund von Hinweisen in den erhaltenen Fragmenten seines Werks, daß er sowohl ein angesehener Gelehrter als auch ein hoher Regierungsbeamter war.

Macrobius nahm zum Ausgangspunkt seines Buches eine Episode, die der römische Staatsmann, Kommentator und berühmte Redner Cicero in seiner Schrift *Somnium Scipionis* (Scipios Traum) beschrieb; der Schauplatz ist das Sternenband, das wir Milchstraße nennen. Unter Verwendung von Abschnitten dieses Werks, die ihm Gelegenheit zu längeren Ausflügen in die neuplatonische Philosophie gaben, wagte Macrobius sich in solche Bereiche wie die Pythagoreische Zahlenlehre, den Aufbau des Himmels und dessen Harmonie vor. Er zeichnete das Bild, das noch viele jahrhundertelang die Vorstellung vom Himmel beherrschen sollte: Im Mittelpunkt eines kugelförmigen Weltalls befindet sich die kugelförmige Erde, die von sieben Planetensphären und von einer Himmelskugel umkreist wird und selbst täglich von Osten nach Westen kreist. Er gab sich auch viel Mühe mit der Erklärung der Pythagoreischen Lehre, nach der allen Gegenständen und Erscheinungen Zahlen zugrunde liegen.

«Nun ist wohlbekannt», schrieb Macrobius, «daß im Himmel nichts zufällig ist und alle Vorgänge nach göttlichem Gesetz geordnet ablaufen. Deshalb ist es fraglos richtig anzunehmen, daß die Drehung der himmlischen Sphären zu harmonischen Klängen führt, denn Bewegung ergibt Klang, und die Vernunft des Göttlichen läßt die Klänge harmonisch sein.»

Ein Jahrhundert später vertrat Boetius diesen Gedanken in *Der Trost der Philosophie*: «Wenn man die Gesetze des hohen und gewaltigen Gottes erkennen möchte … schaue man zum Dach des höchsten Himmels. Dort halten die Sterne durch rechte Übereinkunft den alten Frieden. … So bestimmt also wechselseitige Liebe ihre ewige Bewegung, und der Krieg der Zwietracht ist ausgeschlossen von den Grenzen des Himmels.»

Allmählich nahmen diese Gedanken strengere mathematische Gestalt an, und Gelehrte gaben sie an nachfolgende Generationen von Schülern weiter. Um 1230 übte keine Hochschule eine größere Anziehungskraft auf ehrgeizige Studenten aus als die Universität Paris. Hier führten die prominentesten Lehrer der Zeit die große Kunst des logischen Argumentierens zu höchster Vollendung. Ihre Vorlesungen, Kommentare und Streitgespräche erregten in der ganzen Christenheit Aufsehen.

Es war vielleicht unvermeidlich, daß der kluge und großspurige Roger Bacon als knapp 20jähriger von Oxford anreiste, um seine Ausbildung in Paris fortzusetzen und eine Gelehrtenlaufbahn einzuschlagen. Er war 1220 in eine wohlhabende englische Familie hineingeboren worden, die später ihr Vermögen verlor, weil sie in einer politischen Auseinandersetzung die Verlierer unterstützte, und erhielt eine durch und durch klassische Bildung. Im Alter von sieben oder acht Jahren begann er mit der Lektüre der lateinischen Schriftsteller, las also auch die Schriften des Redners Cicero und des Philosophen und Staatsmanns Seneca. Fünf Jahre später studierte er an der Universität Oxford Geometrie, Arithmetik, Musik und Astronomie, jene Fächer, die wesentlich zu einer guten Ausbildung in den freien Künsten gehörten.

Bacon war keine Ausnahme. Mit dem allmählichen Aufkommen von nationalen Monarchien, dem raschen Wachstum einer wohlhabenden Kaufmannsklasse und dem anhaltenden Einfluß der Kirche dienten die Universitäten sowohl weltlichen als auch geistlichen Zwecken. Die Herrscher waren daran interessiert, die Entwicklung einer intellektuellen Elite zu fördern, die mit den immer komplexeren Problemen der aufkommenden Nationalstaaten umgehen konnte. Die kirchlichen Autoritäten versuchten, das christliche Dogma mit der griechischen Philosophie in Einklang zu bringen und die Ketzer

auszurotten, die ihren geistlichen Einfluß auf die Bevölkerung bedrohten. Das dreizehnte Jahrhundert sah nicht nur den Bau der großartigen, alles beherrschenden Kathedralen in Amiens, Reims, Chartres, Toledo, Köln oder Salisbury, sondern auch die Gründung wichtiger Universitäten in Cambridge, Padua, Salamanca, Toulouse und anderswo. Die viel ältere Universität von Paris war jedoch diesen Neugründungen vorausgegangen; ihr großer Ruhm zog Gelehrte und Studenten aus ganz Europa an.

Obwohl viele Menschen diese Zeit als «dunkles Mittelalter» sehen und mit ihm die Vorstellung einer monolithischen, restriktiven Welt eines von der Kirche beherrschten Denkens verbinden, tolerierte das mittelalterliche Europa in unterschiedlichem Grad eine bemerkens-

werte Bandbreite der Ansichten. Sowohl weltliche Gelehrte als auch
Theologen verfochten ihre Meinungen leidenschaftlich und zogen oft
aus demselben Quellenmaterial höchst unterschiedliche Schlüsse. Rivalisierende religiöse Orden vertraten oft entgegengesetzte Überzeugungen, trotz ihrer Zugehörigkeit zu ein und derselben Kirche.

So waren die Philosophie und die Physik des Aristoteles, die vor über 15 Jahrhunderten zusammengefaßt worden waren, kompliziert genug, um viele verschiedene Meinungen über ihre wirkliche Bedeutung zuzulassen. Es gab keine einzige offiziell gebilligte Form des Aristotelismus. Die Kirche hatte im Jahr 1210 die Aristotelische Philosophie sogar gebannt, weil sie der Lehre der Kirche zu widersprechen schien. In späteren Jahrzehnten jedoch erreichten es die Gelehrten, Heiliges und Profanes mittels einer Vielfalt von Ausflüchten und Begründungen einigermaßen in Einklang miteinander zu bringen.

Die Physik des Aristoteles war sowohl umfassend als auch komplex. Aristoteles stellte sich das Weltall als eine Reihe von ineinandersteckenden Kugeln vor, deren Mittelpunkt die Erde bildete. Diese Kugeln trugen die Sonne, den Mond und die fünf damals bekannten Planeten. Nach Aristoteles galten für die himmlischen und die irdischen Bereiche verschiedene Gesetze. Die Materie der Erde bestand seiner Meinung nach aus vier Elementen, nämlich aus Erde, Luft, Wasser und Feuer. Erde und Wasser hatten eine natürliche Neigung, sich zum Mittelpunkt des Weltalls hin zu bewegen, während Luft und Feuer sich ebenso natürlich davon weg bewegten. Die Erde mußte deshalb eine Kugel sein, weil Bruchstücke schwerer irdischer Materie dann, wenn sie in die Mitte des Weltalls gelangten, ganz von selbst die Form einer Kugel annehmen würden. Richtung und Geschwindigkeit eines bewegten Objekts hingen von seiner Zusammensetzung ab, wobei schwerere Körper rascher fielen als leichtere. Aristoteles bestritt die Existenz von Atomen und nahm an, die Materie sei kontinuierlich verteilt.

Diese Aussagen ließen viel Raum für Auseinandersetzung und Erfindungen. Die Gelehrten des dreizehnten Jahrhunderts verwendeten viel Mühe auf die Erörterung der schwierigen Frage, welche Vorgänge sich abspielen, wenn ein Geschoß durch die Luft fliegt. Wie kann ein Körper Materie durchdringen, wenn sie kontinuierlich ver-

     Was Newton nicht wußte

Jahrhundertelang hielten sich die Grundlagen der aristotelischen Theorie, nach der die Materie aus den Elementen Erde, Luft, Feuer und Wasser besteht, wie diese Zeichnung aus dem späten fünfzehnten Jahrhundert veranschaulicht (Library of Congress).

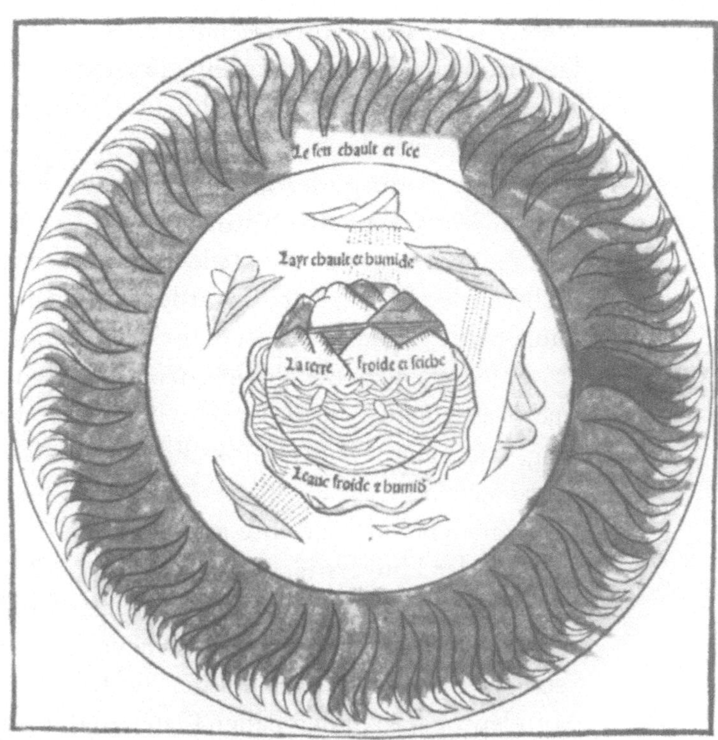

teilt ist? Teilt sich die Luft vor ihm und zieht ihn dadurch nach vorn, oder schließt sie sich hinter ihm und zwingt ihn dadurch nach vorn?

Einige Naturphilosophen stellten andere Modelle für das Weltall auf; in dem Bemühen, die Gedanken des Aristoteles in Einklang mit den Ergebnissen einfacher Versuche und Beobachtungen von Naturerscheinungen zu bringen, betonten sie andere Aspekte. Diese reichten von der offensichtlichen Ablenkung des Lichts an den Grenzflächen zwischen Luft und Wasser sowie zwischen Luft und Glas bis zu der zwischen einem Magneten und einer Eisenkugel herrschenden Anziehung und dem Verhalten einer Kompaßnadel.

In der ersten Hälfte des dreizehnten Jahrhunderts beschrieb Robert Grosseteste, einer der ersten Kanzler der Universität Oxford, eine zwingende, einheitliche Sicht eines Weltalls, dessen Grundkraft das Licht war. Er wich also von Aristoteles und anderen ab, die behauptet hatten, daß Himmelskörper aus einem reinen, fünften Stoff (der Quintessenz) bestehen, der anders war als alle irdischen Stoffe. Er behauptete dagegen, auch die Sterne bestünden aus den vier irdischen Elementen. Wie ein Magnet Eisen anzieht, so ziehe das Sternenlicht Kometen an, die selbst eine Form gereinigten Feuers seien. Sein Modell erklärte auch den Einfluß des Mondes auf die Gezeiten durch die Art, wie sein Licht das Wasser veranlaßt, nach oben zu strömen.

Einige Naturphilosophen legten als Anhänger des Aristoteles großen Wert darauf, die Natur mit Hilfe der Mathematik zu beschreiben. Andere betonten die Bedeutung der empirischen Beobachtung. Insbesondere Roger Bacon wurde zum Wegbereiter für die Überzeugung, beide Denkweisen seien für das Verständnis der Natur wichtig; er war jedoch nicht der einzige, der auf die Bedeutung von Experiment und Mathematik – insbesondere der Zahl – verwies, wenn es darum ging, das innere Wirken und die tiefsten Geheimnisse des Weltalls aufzudecken.

Wahrscheinlich machte Bacon seinen Abschluß als Magister Artium an der Universität Paris, wo er von 1241 bis 1246 Vorlesungen hielt und sich, wie andere Professoren der Fakultät, mit dem Werk des Aristoteles beschäftigte. Für einen neugierigen Geist war dies eine Zeit relativer Freiheit. Zudem hatten die Kreuzzüge ganze Armeen von Mitteleuropäern in den nahen Osten und in andere Mittelmeerländer gebracht, was trotz der Feindseligkeiten zu einer engen Berührung mit Bräuchen, Kultur und Lehre des Islam führte. Durch Übersetzungen griechischer Texte und eigene Beiträge halfen die arabischen Schriftsteller den Europäern, Astronomie und Mathematik wieder schätzen zu lernen.

Leonardo von Pisa (Fibonacci) beispielsweise lernte bei seinen Reisen in den Mittelmeerländern die arabische Ziffernschreibweise aus erster Hand kennen. Er verfaßte 1202 ein einflußreiches Buch, das dieses außerordentlich handliche Zeichensystem ins christliche Europa einführte. Dasselbe Buch enthielt auch eine ausführliche Untersuchung von Brüchen und bewies den Nutzen der Arithmetik bei der Lösung vieler praktischer Probleme, darunter solche, die mit dem Handel zu tun hatten. Eine spätere Abhandlung stellte Regeln zum Berechnen von Flächen und Rauminhalten und zur Teilung geometrischer Figuren vor.

Etwa zur selben Zeit stellte John von Holywood (Sacrobosco) an der Universität Paris die Regeln der Arithmetik in einem dünnen Bändchen mit dem Titel *Algorithmus* zusammen und erläuterte sie. In

 Was Newton nicht wußte

SPHÆRA IOANNIS

quam nobis. Cuius rei causa est tantum tumor terræ.
Quòd etiam terra habeat tumorem à Septentrione
in austrum, & econtrario. sic patet, hominibus existen
tibus versus Septētrionem quædam stellæ sunt sempiternæ apparitionis, illæ.s.quæ ppinquæ accedunt ad po
lũ arcticum, aliæ aũt sunt sempiternæ occultationis. si
cut illæ q̃ sunt propinquæ polo antarctico. Si igitur ali
quis pcederet à Septentrione versus austrum, in tantũ
posset procedere, q stellæ q̃ prius erant ei sempiternæ
apparitionis, et tam tēderent in occasum, & quāto ma
gis accederet ad austrū, tanto plus mouerentur in occa
sum. Ile iterũ idem hõ posset videre stellas, q̃ prius fue
rũt ei sempiternæ occultationis, et ecōuerso cōtingeret
alicui procedenti ab austro versus septentrionē. Huius
aũt rei causa est tantum tumor terræ. Itē si terra esset
plana ab oriente in occidētem, tam cito orirentur stellæ
occidentalibus, q̃ orientalibus, quod patet esse falsum.
Itē si terra esset plana à septentrione in austrum, &
ecōtrario, stellæ q̃ essent alicui sempiternæ apparitiõis,
semper appareret ei quocũq pcedet, quod falsum est,
sed q plana sit, præ nimia eius quantitate, bõim vjsui
apparet.

DE SACROBVSTO. 11

QVOD AQVA SIT ROTVNDA.

Quod aũt aqua habeat tumorem, & accedat ad ro
tũditatem sic patet. Ponatur signũ in littore maris, &
exeat nauis à portu, & intantum elongetur, q oculus
existēs iuxta pedem mali nõ possit videre signũ: stante
vero naui, oculus eiusdem existentis in summitate ma
li bene videbit signum illud, sed oculus existetis iuxta
pedem mali melius dederet videre signum, q qui est in
summitate mali; sicut patet per lineas ductas ab v-
troq; ad signum, et nul
la alia huius rei causa
est, quam tumor aquæ.
Excludantur .n. omnia
alia impedimēta sicut
nebulæ, et vapores ascē
dentes. Item cum aqua
sit corpus homogeneũ,
totũ cum partibus eiusdem erit rõnis, sed partes aquæ:
sicut in guttulis, & roribus herbarum accidit: rotun-
dam naturaliter appetunt formam, ergo & totum cuius sunt partes.

QVOD TERRA SIT CENTRVM
MVNDI.

QVOD aũt terra sit in medio firmamenti sita, sic
patet. existentibus in superficie terræ stellæ apparent
eiusdem quātitatis, siue sint in medio cæli, siue iuxta
ortum, siue iuxta occasum, & hoc ideo quia æqualiter
terra distat ab eis. Si.n.terra magis accederet ad fir-
mamētum in vna parte q̃ in alia sequeretur q aliquis
existens in illa parte superficiei terræ, quæ magis acce-
B iij   deret

Um das Jahr 1220 schrieb John von Holywood (Sacrobosco) *Sphaera mundi* (Die Weltsphären) und brachte damit Gedanken aus dem *Almagest* des Ptolemäus ins mittelalterliche Europa. Sein Büchlein erklärte Mond- und Sonnenfinsternisse und führte Belege dafür an, daß die Erde eine Kugel ist. Die gezeigten Seiten stammen aus einer Ausgabe von 1577 (Library of Congress).

einer anderen Schrift lieferte derselbe Gelehrte die erste leicht zugängliche europäische Erklärung für das von Ptolemäus entwickelte mathematische Modell des Sonnensystems, wie dieser es im *Almagest* dargestellt hatte. Sacroboscos Abhandlung widerlegte die weitverbreitete Vorstellung, die Planeten seien irgendwie mit wirklich existierenden, sich drehenden Kristallkugeln verknüpft. Er zog vielmehr die einfachere und begrifflich elegantere mathematische Sichtweise des Ptolemäus vor, die die Planetenbewegungen so naturgetreu zu beschreiben erlaubte.

Bacon lernte während seines Aufenthalts in Paris zweifellos viele dieser aufregenden Gedanken kennen. Er kehrte 1247 nach Oxford zurück, ruhelos, energiegeladen und geneigt, jene scharf zu kritisieren, die seine Ansichten nicht teilten. Dort lebte er in einer anregenden Umgebung, die viel weniger von scharfem Wettbewerb und Rivalitäten bestimmt war als in Paris. Bacon wurde in Oxford stark durch die

radikalen Meinungen von Grosseteste und dessen Schülern beeinflußt
und vertiefte sich mit Freude in Probleme aus Mathematik, Optik,
Astronomie, Astrologie und Alchemie.

Insbesondere das Studium der Sprachen bildete einen wichtigen
Teil seiner Tätigkeit. Bacon erinnerte sich in einer Schrift zwei Jahrzehnte später an einen Vorfall, der sich seinem Gedächtnis unaus-
löschlich eingeprägt hatte. Während einer Vorlesung über einen klassischen Text hatten ihn in Paris einmal seine spanischen Studenten
ausgelacht, weil er ein spanisches Wort für ein arabisches gehalten
hatte. Bacon konnte diese Lektion niemals vergessen und bemühte
sich eifrig um die genaue Übersetzung von Quellen, die dem Original
so nahe kommen sollten wie nur möglich. Er bewies seine Hingabe an
die erbarmungslose Befolgung der Wahrheit, als er schrieb: «Denn
während der zwanzig Jahre, in denen ich mich um die Weisheit
bemüht habe und die übliche Art des Denkens beiseite gelassen habe,
habe ich mehr als zweitausend Pfund für geheime Bücher und verschiedene Experimente ausgegeben und für Sprachen und Instrumente und Tabellen und andere Dinge; sowie um die Freundschaft der
Weisen zu erlangen und ihre Assistenten in Sprachen, im Umgang mit
Figuren und Zahlen und Tabellen und Geräten und vielen anderen
Dingen zu unterrichten.»

Aber für Bacon waren dies auch schwierige Jahre; Zeiten fieber-
hafter Aktivität wechselten ab mit längeren Besuchen in Paris, Auseinandersetzungen mit den verschiedensten Autoritäten und Ausflügen in den Mystizismus. Bacon wurde 1257 Franziskaner, kam aber
mit neuen Bestimmungen in Konflikt, die es den Ordensbrüdern
verboten, ohne Zustimmung ihrer Vorgesetzten Arbeiten zu veröffentlichen. Er war oft krank und fühlte sich verlassen und vergessen.

Trotzdem versuchte Bacon, die seinen Schriften auferlegte Zensur
etwas zu lockern, indem er den ihm aus Paris bekannten Kardinal Guy
de Foulques um Hilfe bat. Der Kardinal wurde 1265 zum Papst
Clemens IV. gewählt und forderte Bacon auf, anonym ein Exemplar
seiner philosophischen Schriften vorzulegen, damit ihre Bedeutung
beurteilt werden könne. Bacon verbrachte deshalb die nächsten beiden Jahre damit, in hektischer Eile ein Werk zusammenzustellen, das
auf eine dreibändige Enzyklopädie hinauslief. Es umfaßte einen weiten Wissensbereich und stellte die einzigartigen Ansichten seines

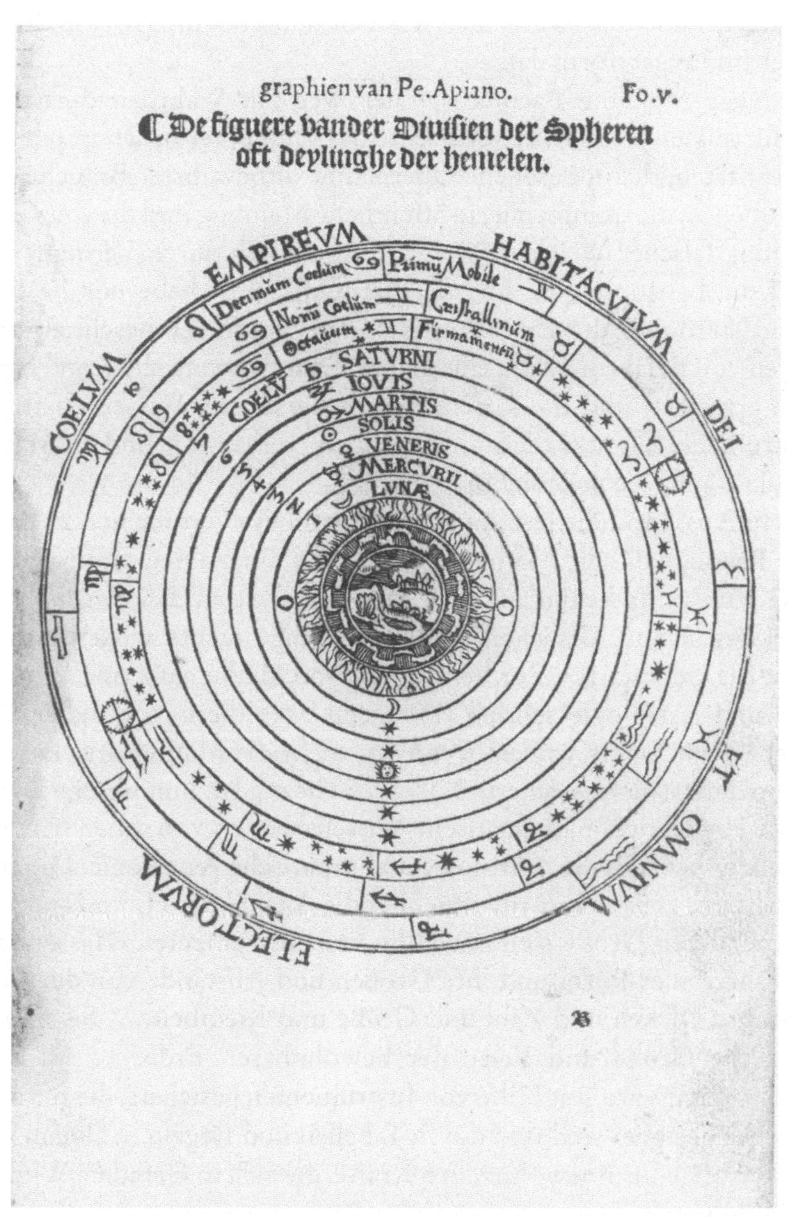

In dieser 1545 erschienenen Darstellung der Kosmologie des Aristoteles zeigt Petrus Apianus eine ruhende Erde im Mittelpunkt des Weltalls, die von sieben konzentrischen «Kristallkugeln» umgeben ist, die die Sonne, den Mond und die Planeten tragen (Library of Congress).

Verfassers über das Wesen der Weisheit und über die Notwendigkeit einer Bildungsreform dar.

Nach Meinung Bacons war der Weg zur Wahrheit durch vier Hindernisse verstellt. Er verurteilte das blinde Vertrauen in fehlbare Autoritäten, die unbesehene Übernahme altbewährter Bräuche, den Glauben an die uninformierte öffentliche Meinung und die Zurschaustellung falscher Weisheit. Weisheit müsse sich durch Vernunft entwickeln, behauptete er, und die Vernunft selbst habe nur Bestand, wenn sie durch die Erfahrung bestätigt werde. Er beschrieb zwei Arten von Erfahrung. Die eine ließ sich durch mystische Kontemplation erreichen und die andere mittels der Sinne. Wissenschaftliche Instrumente konnten die Sinneserfahrung verbessern, und die Mathematik konnte sie präzisieren.

In Aussagen, die jetzt geradezu prophetisch erscheinen, behauptete Bacon, daß «die Mathematik Tor und Tür zu den Naturwissenschaften ist». In bezug auf die Optik bemerkte er, daß «wir über die Wirkungen und Ursachen weltlicher Dinge nichts wissen können ohne die Geometrie». Zur Verbindung von Mathematik mit Astronomie und Astrologie schrieb er: «Denn über die Dinge dieser Welt können wir nichts wissen, wenn wir nicht die Mathematik kennen. Denn dies ist eine gesicherte Tatsache in bezug auf himmlische Dinge, da zwei wichtige mathematische Wissenschaften von ihnen handeln, nämlich theoretische Astrologie und praktische Astrologie. Die erste ... gibt uns genaue Information über die Anzahl der Himmel und der Sterne, deren Größe sich mit Hilfe von Instrumenten erfassen läßt, und ihrer aller Form und ihre Größen und Abstände von der Erde, und ihre Dicken und Zahl und Größe und Kleinheit. ... Sie betrifft auch die Größe und Form der bewohnbaren Erde. ... All diese Information wird mit Hilfe von Instrumenten gesichert, die für diese Zwecke geeignet sind und durch Tabellen und Regeln. ... Denn alles wirkt durch die innewohnenden Kräfte, die sich in Geraden, Winkeln und Figuren zeigen.»

Aber dies waren kaum neue Vorstellungen. Die Astronomen des Altertums und jene der Zeit Bacons waren sich wohl bewußt, daß die Mathematik im allgemeinen und das Rechnen insbesondere eine wichtige Rolle in ihrer Wissenschaft spielten. Verbesserungen bei der Beobachtung und Messung von Himmelsereignissen hatten schon

   Was Newton nicht wußte

lange die Entwicklung der Mathematik gefördert, ebenso wie Probleme bei der mathematischen Vorhersage zu neuen Beobachtungen und Messungen geführt hatten. Bacon selbst lieferte nur kleinere Beiträge zu Mathematik und Astronomie. Aber er war bekannt dafür, daß er die Nützlichkeit der Mathematik nicht nur für die Naturwissenschaften, sondern für fast jeden Bereich menschlicher Aktivität behauptete, von der Kalenderreform bis zu Musik und Geographie.

Seltsamerweise scheint Bacon trotz seiner posthumen Reputation als «doctor mirabilis» selbst relativ wenige Versuche durchgeführt zu haben, und diese vor allem in der Optik. Darüber hinaus hatte sein Denken einen starken Hang zur «Naturmagie», von der er meinte, sie lasse sich für praktische Anwendungen nutzbar machen.

Das letzte bekannte Datum in Bacons Leben ist 1292; in diesem Jahr schrieb er eine theologische Arbeit. Er war zwischen 1277 und 1279 von seinen franziskanischen Vorgesetzten in Paris wegen «vermuteter Neuheiten» in seinen Lehren verurteilt und längere Zeit in Haft gehalten worden. Unerschrocken griff er in dieser seiner letzten Arbeit erneut die gelehrten und theologischen Institutionen seiner Zeit scharf an.

Ein Vermächtnis Bacons und anderer Naturphilosophen war außerdem ein mystischer Glaube an die Macht der Zahlen, den großen Schöpferplan enthüllen zu können. Bacon gehörte zu jenen, die hofften, in den Zahlen den Schlüssel zur Entzifferung des Weltalls und zur Lösung seiner Rätsel zu finden. Diese Forscher vertrauten fest darauf, die Mathematik könne ein Mittel zu diesem Zweck sein. In der Tat benutzten die Gelehrten des vierzehnten und fünfzehnten Jahrhunderts recht raffinierte mathematische Überlegungen, um die Kosmologie und den Bewegungsbegriff des Aristoteles zu kritisieren und sich Alternativen auszudenken.

Dieses Vertrauen in die Macht der Zahl und der Geometrie hatte im ganzen Mittelalter und bis in die Renaissance hinein beträchtliche Bedeutung. Während der Turbulenzen Ende des sechzehnten und zu Beginn des siebzehnten Jahrhunderts suchte Johannes Kepler im selben Zusammenhang nach Hinweisen auf göttliche Ordnung. Er bemühte sich, seine eigene Harmonie der Sphären zu konstruieren, die er nun aber auf ein sonnenzentriertes Planetensystem gründete. Die Planeten selbst waren unzugänglich, aber er konnte ihre Bewegungen

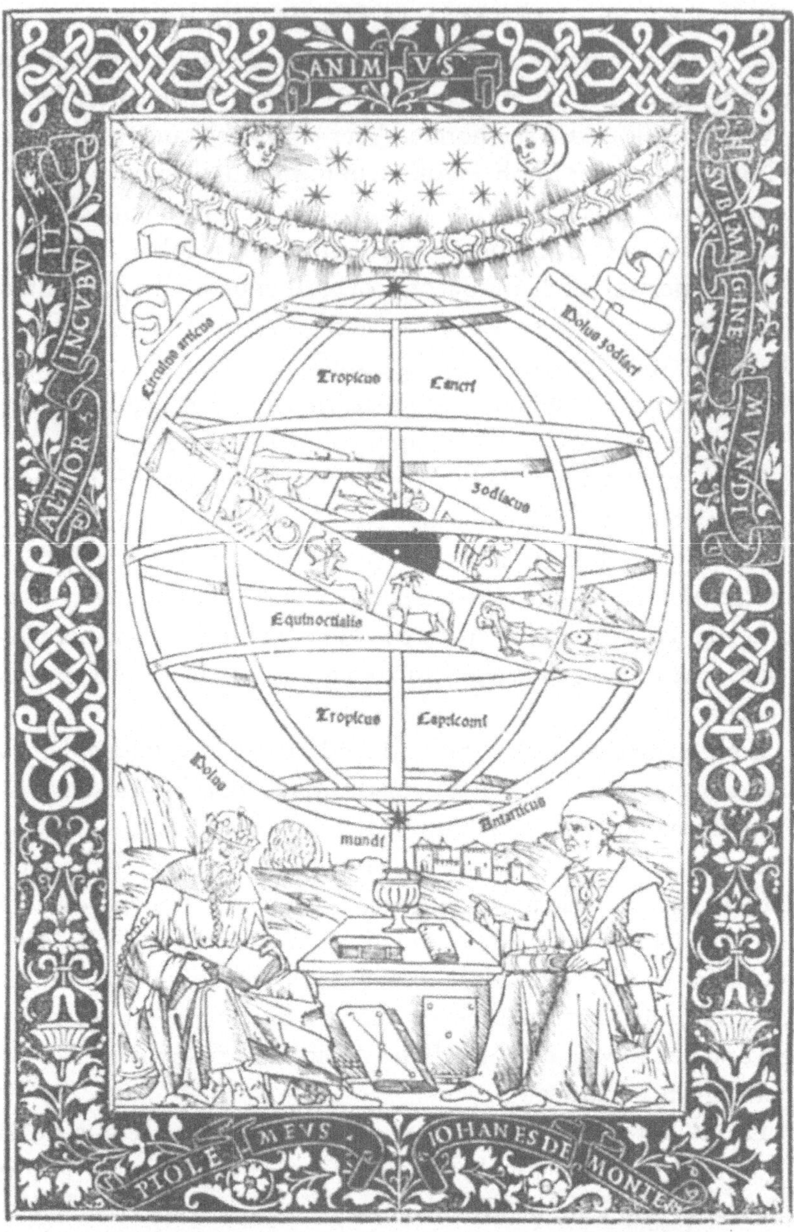

Das fünfzehnte Jahrhundert sah ein Wiederaufleben des Gedankenguts des antiken Griechenland, das in Neuausgaben und Übersetzungen griechischer Manuskripte verbreitet wurde. Diese Titelseite der 1496 veröffentlichen *Epitoma in Almagestum* zeigt den Verfasser, Regiomontanus, und einen gekrönten Ptolemäus (Library of Congress).

     Was Newton nicht wußte

in Zahlen dokumenticren, die er auf vielen Seiten niederschrieb, und ihre relativen Abstände in den geometrischen Diagrammen abbilden, für die er Polyeder und Kugeln zusammenfügte.

Keplers Zeitgenosse Galileo Galilei stellte eine noch ausdrücklichere Verbindung zwischen Mathematik und Natur her. In seinem Buch *Die Goldwaage* schrieb er die berühmten Sätze: «Die Philosophie steht in jenem großen Buch – ich meine das Weltall –, das wir immer offen vor Augen haben; aber wir können es erst lesen, wenn wir die Sprache gelernt haben und die Bedeutung der Zeichen kennen, in denen es geschrieben ist. Seine Sprache ist die der Mathematik, und seine Zeichen sind Dreiecke, Kreise und andere geometrische Figuren, ohne die man kein Wort versteht, ohne die man vergeblich durch ein dunkles Labyrinth irrt.»

Isaac Newton war in vieler Hinsicht so mystisch veranlagt wie Roger Bacon und fühlte sich ebenfalls getrieben, die Geheimnisse der Natur durch numerische und alchemistische Forschungen aufzudecken. Auch er vertraute fest auf die Macht der Mathematik. Sie könne seiner Meinung nach das Wirken der Welt enthüllen, das sich in seinen täuschend einfachen mathematischen Formulierungen der Bewegungsgesetze und des Gravitationsgesetzes offenbart. In den *Principia* beschrieb Newton die Bedeutung dieser Begriffe für die physikalische Wirklichkeit: «Ich habe noch nicht dahin gelangen können, aus den Erscheinungen den Grund dieser Eigenschaften der Schwere abzuleiten, und Hypothesen erdenke ich nicht. Alles nämlich, was nicht aus den Erscheinungen folgt, ist eine Hypothese, und Hypothesen, seien sie nun metaphysische oder physische, mechanische oder diejenigen der verborgenen Eigenschaften, dürfen nicht in die Experimentalphysik aufgenommen werden. In dieser leitet man die Sätze aus den Erscheinungen ab und verallgemeinert sie durch Induktion. Auf diese Weise haben wir die Undurchdringlichkeit, die Beweglichkeit, den Stoß der Körper, die Gesetze der Bewegung und der Schwere kennengelernt. Es genügt, daß die Schwerkraft existiere, daß sie nach den von uns dargelegten Gesetzen wirke und daß sie alle Bewegungen alle der Himmelskörper und des Meeres zu erklären im Stande sei.»

Aus solchen Regeln ließ sich leicht eine vollständig durchsichtige, deterministische Welt herleiten, in deren Reichweite die gesamte Ver-

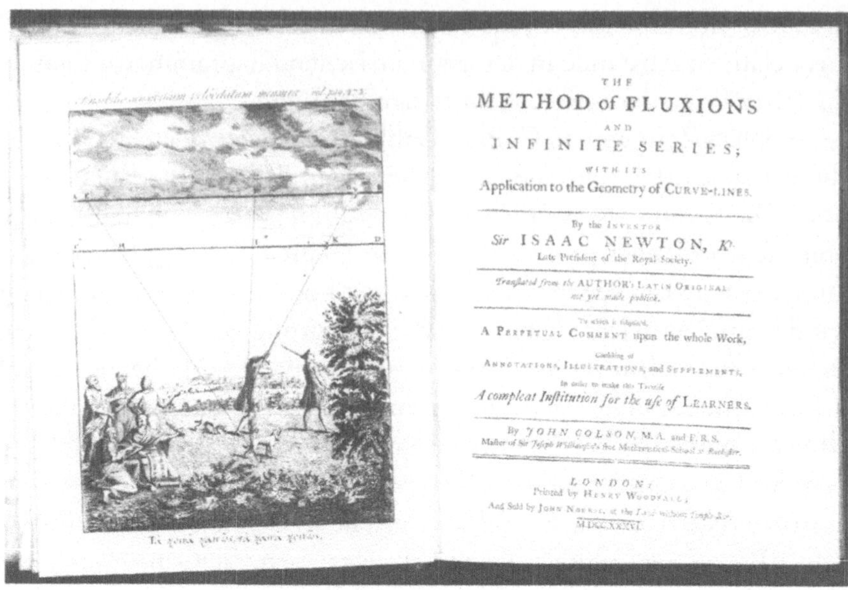

Dieses 1671 von Isaac Newton auf lateinisch verfaßte mathematische Werk über die Analyse von Bewegungen mit Hilfe von «Fluxionen» und unendlichen Reihen wurde erst 1736, neun Jahre nach seinem Tod, übersetzt und veröffentlicht (Library of Congress).

gangenheit und Zukunft lag. Im Prinzip war alles vorhersagbar, und noch die feinsten Einzelheiten waren der Rechnung zugänglich. Man konnte einen Grund ableiten oder eine Wirkung vorhersagen. Man konnte die Welt von gestern oder morgen aus dem konstruieren, was man vom Heute wußte. Man konnte die Uhr mit Leichtigkeit zurück- oder vorwärtsdrehen.

Das genügte Pierre-Simon Marquis de Laplace, um eine Lehre des Determinismus aufzustellen und unter gewissen Voraussetzungen zu beweisen, daß das Sonnensystem stabil ist. Aber selbst zur Zeit von Laplace gab es Hinweise darauf, daß die üblichen mathematischen Verfahren – ganz unabhängig davon, wie einfallsreich sie angewendet wurden – vielleicht nicht ausreichten, um die Bewegungen der Planeten und insbesondere des Mondes in allen Einzelheiten zu erfassen.

Newtons höchst einfache Gleichungen – sein großartiges Uhrwerk – umfaßten große Bereiche dynamischen Verhaltens, die erst nach Jahrhunderten weiterer Forschung und Berechnung ans Licht kamen. Henri Poincaré wies 200 Jahre nach der Veröffentlichung der

     Was Newton nicht wußte

Principia den Weg; er zeigte die Ansätze von Ungewißheit auf, die in determinierten Bewegungsabläufen stecken können, wie sie mathematisch durch die Differentialgleichungen der Newtonschen Gesetze beschrieben werden. Poincaré öffnete die Tore zu einer sehr komplexen Mathematik, die dem Unvorhersagbaren großen Freiraum ließ; die Sphärenharmonie wurde diesmal durch ein dichtes mathematischen Gewirr verdeckt.

An Poincarés verblüffender Enthüllung war vor allem erstaunlich, daß die Gleichungen selbst völlig unverändert blieben. Poincaré erweiterte nur die Möglichkeiten der Deutung, bis sie das umfaßte, was auf den ersten Blick unstete Zufallsbewegungen zu sein schienen. Diese unvermeidliche Unvorhersagbarkeit war von Anfang an in den Gleichungen enthalten. Ob Newton eine Ahnung davon hatte, daß in seinen Gleichungen eine empfindliche Abhängigkeit von den Anfangsbedingungen lauerte, weiß man nicht. Aber sie war immer schon vorhanden und wartete auf den, der sie entdecken würde.

In einem 1960 veröffentlichten Aufsatz beschäftigte sich der Physiker Eugene P. Wigner mit der unverständlichen Effizienz der Mathematik in den Naturwissenschaften und bemerkte: «Die mathematische Formulierung der oft groben Erfahrung des Physikers führt in einer äußerst großen Anzahl von Fällen zu einer überraschend genauen Beschreibung einer großen Klasse von Erscheinungen. Für die Sprache der Mathematik spricht also mehr, als daß sie die einzige Sprache ist, die wir sprechen können; sie ist offenbar in einem ganz wirklichen Sinn die richtige Sprache.» Wigner fährt dann fort: «Sicherlich muß das immer wieder zitierte Beispiel von Newtons [Gravitations-]Gesetz zuerst als ein monumentales Beispiel eines Gesetzes erwähnt werden, das in Ausdrücken formuliert ist, die einem Mathematiker einfach erscheinen, und das sich über alle vernünftigen Erwartungen hinaus als richtig erwiesen hat.»

Das Sonnensystem, in dem wir leben, war – und dafür schulden wir ihm Dank – während der langen Geschichte der menschlichen Bemühungen so unvernünftig freundlich, uns sein Wirken verstehen zu lassen. Wir konnten dieses Verständnis sogar auf den Rest des Weltalls ausweiten. Bei jedem Schritt auf diesem Weg erwies es sich als scharfsinniger Lehrer, der Fragen stellte, die gerade schwierig genug waren, um zu neuen Beobachtungen und Berechnungen zu führen, die wiederum neue Einsichten ermöglichten. Und doch waren diese Fragen nicht so schwierig, daß alle weitere Forschung in einem Morast verwirrender Einzelheiten steckenblieb. Philip Morrison, emeritierter Professor für Physik am MIT, bemerkte in diesem Zusammenhang: «Die Welt ist immer einen Schritt außerhalb unserer Reichweite. Sie ist nicht zehn Schritte weit weg, denn dann würden wir aufgeben. Sie ist nicht innerhalb unserer Reichweite, denn dann wären wir fertig. Sie ist gerade an deren Rand, und das ist sehr erfreulich.»

So ließen sich zunächst die trägen Bewegungen einiger weniger Sterne von denen anderer unterscheiden. Aus den auffallenden Bewegungen winziger Lichtflecken am Nachthimmel konstruierten Aristoteles, Hipparch und Ptolemäus ein Sonnensystem – und auch ein Weltall –, dessen wahren Kern als erster Copernicus entdeckte. Wegen einer winzigen Unstimmigkeit zwischen Berechnung und Beobachtung verwandelte Kepler Kreise in Ellipsen, und Newton fand in Keplers Gesetzen den Hinweis, den er brauchte, um seine eigene Formulierung der dynamischen Gesetze zu finden, die anscheinend das Weltall bestimmten. Als die Beobachtungen besser wurden, fanden sich neue kleinere Abweichungen vom Erwarteten und führten zur Entdeckung weiterer Planeten. Zu Beginn des zwanzigsten Jahrhunderts bewies die Formulierung der Allgemeinen Relativitätstheorie durch Albert Einstein eindrucksvoll, daß «Gesetze» und ihre mathematischen Formulierungen verbessert werden können.

In der Mathematik, mit deren Hilfe eine Annäherung an die Dynamik des wirklichen Sonnensystems möglich wurde, entdeckte Henri Poincaré eine bemerkenswert empfindliche Abhängigkeit von den Anfangsbedingungen – das Merkmal dessen, das wir heute deterministisches Chaos nennen. Im Sonnensystem jedoch hat es sich als ein überraschend diffiziles Chaos erwiesen, das in menschlichen Zeiträumen Vorhersagbarkeit zuläßt. Mit Hilfe der Keplerschen Ellipsen läßt sich eine Planetenbahn über mehrere Monate oder auch ein Jahr hinreichend genau beschreiben. Mit Hilfe von Computern und der Störungstheorie können wir diese Vorhersage bis auf einige tausend Jahre ausdehnen. Historiker können sogar die Tabellen der Planeten- und Mondstellungen zur Datierung geschichtlicher Ereignisse heranziehen, die in Verbindung mit bestimmten Himmelsphänomenen

     Was Newton nicht wußte

standen. Ingenieure können die Bahn einer Raumsonde ermitteln und
sie auf eine mehrjährige Reise zu den äußeren Planeten schicken; mit
Hilfe einiger weniger Bahnkorrekturen wird sie zur vorhergesagten
Zeit ihr Ziel erreichen. Die Bestimmung der Bahnen von Kometen
und Asteroiden, einst ein Geheimwissen, ist jetzt selbst von Amateurastronomen möglich, die mit ihren Personalcomputern in Sekunden
das errechnen können, wozu Edmond Halley einen Monat brauchte.

Die Naturwissenschaft macht die raschesten Fortschritte, wenn
Theorie, Beobachtung und Experiment eng zusammenwirken. Im
letzten Jahrzehnt vollzogen sich drei Entwicklungen, die für die
nächsten zehn Jahre große Fortschritte in der Himmelsmechanik und
im Verständnis unseres eigenen Winkels der Milchstraße verheißen.
Zum ersten Mal stehen den Wissenschaftlern genaue Bestimmungen
der Massen und der Entfernungen aller Planeten zur Verfügung. Sie
haben Zugang zu einer Vielzahl von Hochleistungscomputern. Sie
können von den umfangreichen Arbeiten profitieren, die das Verhalten mathematischer Gleichungen und physikalischer Systeme erforschen, die Chaos aufweisen. Mit solchen Hilfsmitteln sind sie auf eine
umfassende und gut begründete theoretische Untersuchung der langfristigen Stabilität des Sonnensystems vorbereitet. Schließlich könnten sie ein tieferes Verständnis dafür erreichen, wie Sonne und Erde
entstanden sind und ob es irgendwo sonst in der Galaxie noch Planeten wie den unseren gibt. Für die Himmelsmechanik bedeutet dies eine
aufregende Veränderung, denn es geht nun nicht mehr nur um die
langwierigen, wenn auch wichtigen Berechnungen der Einzelheiten
der Bahnen von Planeten und Raumfahrzeugen, die noch bis vor
kurzem einen so großen Teil der Zeit eines mathematischen Astronomen in Anspruch nahmen.

Man sollte aber auch bemerken, daß in der mathematischen Astronomie, besonders bei Untersuchungen des Sonnensystems, zwei verschiedene Denkweisen nebeneinander bestehen, die überraschend
wenig miteinander zu tun haben. Auf der einen Seite gibt es die
Planetenwissenschaftler, die mit den Hilfsmitteln der Himmelsmechanik bestimmte Probleme des Sonnensystems selbst zu lösen versuchen. Dazu gehören das Verhalten, die Entstehung und die Entwicklung der Monde und der Ringe, die manche Planeten umgeben.
In vielen Fällen betrachten diese Forscher nicht nur die Schwerkraft,

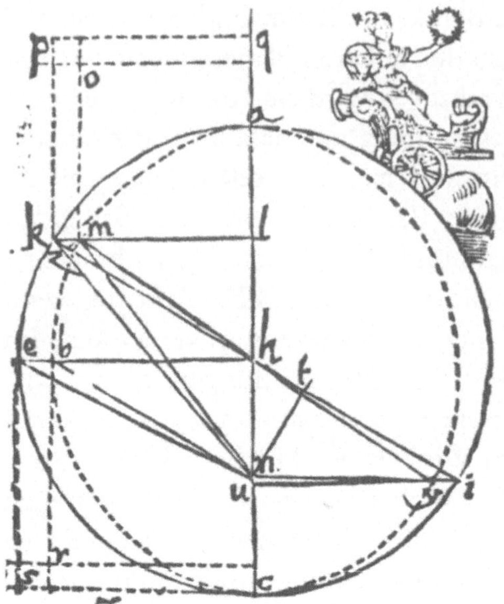

Kepler verwendete dieses Diagramm, das eine «siegreiche Astronomie» zeigt, um seine beiden Gesetze der Planetenbewegung zu beweisen. Er konnte auf diese Weise mathematisch erklären, warum die Planeten andere Geschwindigkeiten haben, wenn sie der Sonne näher bzw. ferner sind (Library of Congress).

sondern auch solche Wirkungen wie den Sonnenwind und die elektromagnetischen Kräfte. Sie veröffentlichen ihre Ergebnisse gern in solchen Fachzeitschriften wie *Icarus*.

Die zweite Gruppe konzentriert sich viel stärker auf die Lösung der Newtonschen Bewegungsgleichungen in idealisierten Situationen, in denen die Schwerkraft die einzige Kraft ist und Planeten und Monde lediglich als Massen angesehen werden, die sich an bestimmten Punkten konzentrieren. Diese Forscher untersuchen oft hypothetische Anordnungen und Zahlen von Planeten, nur um herauszufinden, was die Mathematik darüber zu sagen hat. Sie legen größeren Wert auf Strenge und mathematische Beweisführung als die Planetenwissenschaftler. Obwohl sie sicherlich in den verschiedensten Spezialfällen chaotische Bewegung aufzeigen können, sind sie viel vorsichtiger, diese dem Sonnensystem insgesamt zuzuschreiben. Ihre Ergebnisse erscheinen oft in Zeitschriften wie *Celestial Mechanics*.

Diese scharfe Trennung zwischen der reinen und der angewandten mathematischen Astronomie führt unweigerlich zu Reibungen. Die eine Seite behauptet, der anderen fehle Strenge, und sie ziehe auf der unsicheren Grundlage unzuverlässiger, schlecht durchdachter Computersimulationen voreilige Schlüsse. Die andere Seite besteht auf der Behauptung, die Puristen könnten die Probleme nicht so

     Was Newton nicht wußte

realistisch lösen, daß Erkenntnisse über die Entstehung, das Verhalten und die Entwicklung des Sonnensystems möglich würden. Trotzdem kommen Mathematik und Physik einander wieder näher. Philipp Holmes, der an dieser Schnittstelle arbeitet, hat bemerkt: «Es herrscht viel Aufregung und Aktivität. Die künstliche Unterscheidung zwischen reiner und angewandter Mathematik wird weniger eindeutig. Mathematiker und Naturwissenschaftler aus verschiedenen Bereichen reden miteinander. Einige hören sogar zu.»

Immer mehr jedoch sehen sich Naturwissenschaftler, Ingenieure und andere, die Mathematik anwenden, vor Situationen gestellt, in denen die Mathematik auch im Grundsatz keine endgültigen Antworten liefern kann. Ironischerweise enthält die Mathematik selbst den Samen dieser Ungewißheit. Es gibt grundsätzliche Grenzen für das, was sich mit den Hilfsmitteln der Mathematik erreichen läßt. Wie wir in den vorigen Kapiteln sahen, breitet sich diese Erkenntnis eben jetzt in der Himmelsmechanik aus. Immer stärker müssen Forscher sich den Folgerungen nicht nur des Chaos, sondern auch der vielen anderen Komplexitäten stellen, die in den einfachen mathematischen Gleichungen stecken können, die die physikalischen Systeme beschreiben.

Wir haben jetzt mindestens einen Beobachtungshinweis (in einem menschlichen Zeitraum), der wie die zugrundeliegende Mathematik nahelegt, daß auch die Natur ganz empfindlich von Anfangsbedingungen abhängen kann. Der wild torkelnde Saturnmond Hyperion widersetzt sich allen Versuchen, seine Ausrichtung im Raum von einem Monat zum nächsten vorherzusagen. Die Bahnen von Asteroiden und die gelegentlich seltsamen Konfigurationen von Planetenringen lassen ebenfalls ein wunderbar reiches und kompliziertes Kräftespiel vermuten, aber die entsprechenden Zeiträume sind viel länger. Und es ist nützlich zu bedenken, daß es nicht nur die Anfangsbedingungen sind, die zu Chaos führen können. Komplizierte dynamische Systeme müssen nicht unbedingt unvorhersagbar sein.

Mit neuen, genaueren Daten über die Massen und Positionen der Planeten und mit Hilfe immer leistungsfähigerer Computer und Algorithmen haben mathematische Astronomen und Planetenwissenschaftler jetzt die Möglichkeit, das Spiel der Kräfte immer besser zu verstehen. Indem sie die Bereiche finden, in denen Chaos möglich ist, und aufzeigen, wo es im Phasenraum des Sonnensystems existiert, können sie versuchen zu erkennen, welche Grenzen den Vorhersagen gesetzt sind. Zweifellos wird es dabei Überraschungen geben, wie schon bei den Bewegungen von Pluto und anderen Planeten. Und sie werden auch Situationen begegnen, in denen die Berechnung allein sie nicht sehr weit bringt, und sie werden bei der Beschreibung der Dynamik zu Wahrscheinlichkeiten und qualitativen Begriffen Zuflucht nehmen müssen.

Wie gut unsere mathematischen Modelle in bestimmten Fällen der physikalischen Welt entsprechen, bleibt jedoch umstritten. Kann die Mathematik wirklich Wesentliches über den Planeten aussagen, auf dem wir zu Hause sind, und über das Verhalten des Sonnensystems?

Winzige Wirkungen, die in mathematischen Modellen des Sonnensystems gewöhnlich ignoriert werden, könnten sich bei Spekulationen über seine langfristige Zukunft als wichtig erweisen. Der Sonnenwind und die von der Sonne ausgehende intensive Strahlung nehmen der Sonne Masse weg. Die Gezeiten auf der Erde, die durch die Bewegung des nahen Mondes verursacht werden, zerstreuen Energie. Reibungskräfte zwischen der dichten gasartigen Atmosphäre des Jupiter und seinen Monden haben eine ähnliche Wirkung. Unter diesen Einflüssen verändern sich Planeten- und Mondbahnen langsam über Jahrmillionen und entfernen sich allmählich voneinander. Solche Veränderungen könnten sie näher an die dynamischen Bedingungen heranführen, in denen Chaos möglich ist und in denen drastische Veränderungen vorstellbar werden.

Wir befinden uns in einer merkwürdigen Lage. Während wir in der Bewegung wirklicher Objekte chaotisches Verhalten immer besser nachweisen, haben wir immer mehr Probleme damit zu sagen, was Chaos ist, wenn wir nicht einen Zeitraum angeben wollen, über den hinaus Vorhersagen praktisch bedeutungslos werden. Währenddessen bleiben Grundfragen der Himmelsmechanik unbeantwortet: Welche Rolle spielte das Chaos bei der Bildung des Sonnensystems? Ordnete sich dieses innerhalb seiner ersten Jahrmillionen zu seiner heutigen Gestalt, also mit Planeten, die in ausreichenden Abständen auf fast kreisförmigen Bahnen laufen, die alle etwa in derselben Ebene liegen? Oder hat es sich im Lauf der letzten fünf Milliarden Jahre allmählich zu seiner heutigen Gestalt entwickelt? Hat es andere Planeten gegeben, die in der Zwischenzeit ausgestoßen wurden? Was ist die wirkli-

     Was Newton nicht wußte

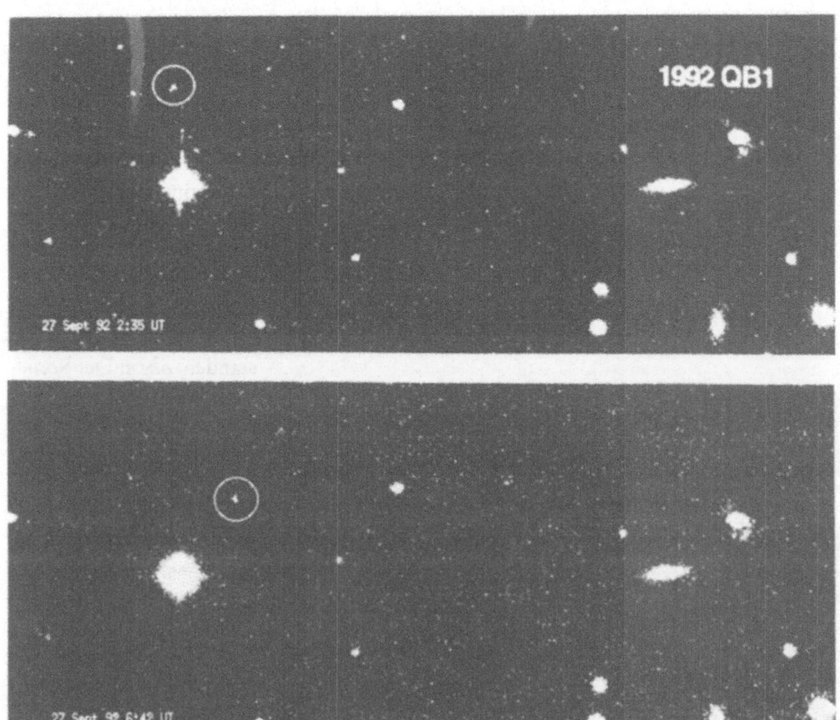

Der Rand des Sonnensystems ist noch größtenteils unerforscht. Diese beiden Aufnahmen zeigen (eingekreist) das entfernteste derzeit bekannte Objekt im Sonnensystem. Dieser im August 1992 entdeckte und vorläufig 1992 QB1 genannte Planetoid hat einen geschätzten Durchmesser von 200 Kilometern und läuft anscheinend auf einer Bahn, die etwas außerhalb von der des Pluto liegt (European Southern Observatory).

che Umlaufbahn der Erde? Nähert sie sich allmählich der Sonne, um schließlich von ihr verschlungen zu werden, oder verliert sie sich langsam in den Tiefen des interstellaren Raums?

In der religiösen Sprache, die so oft mit wissenschaftlicher Forschung einherzugehen scheint, bleibt die Integration der Planetenbewegungen über die 4,5 Milliarden Jahre der bisherigen Lebensdauer des Sonnensystems der Heilige Gral der Himmelsmechanik. Aber genügt das schon? Kann eine solche Berechnung wirklich all die Faktoren erfassen, die seine langfristige Geschichte beeinflussen könnten? Haben wir im Grunde schon alles erfahren, was wir über die dynamische Geschichte des Sonnensystems wissen können?

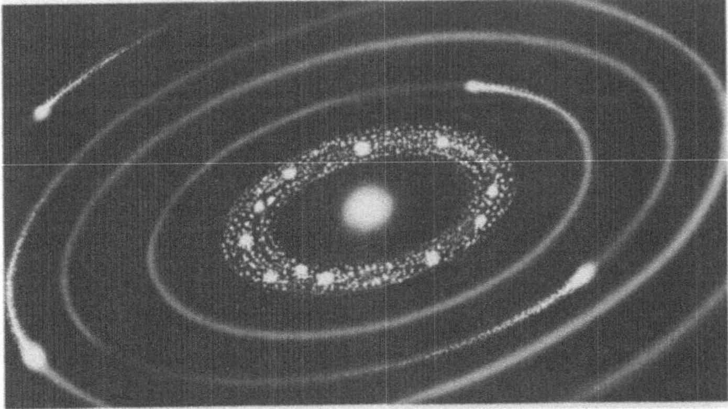

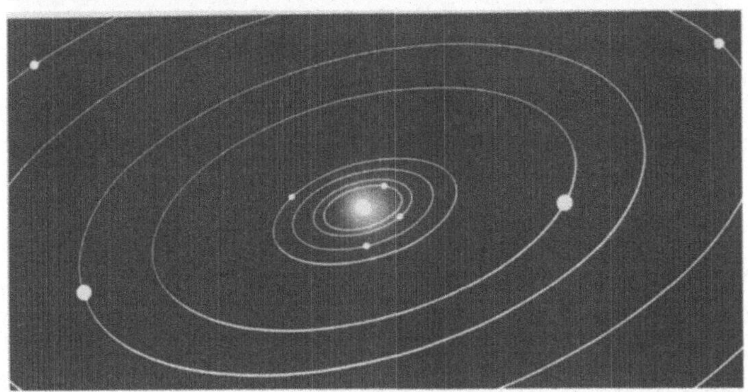

Diese Zeichnungen zeigen die wichtigsten Stadien der Entstehung des Sonnensystems; sie umfassen 100 Millionen Jahre. In den heißen inneren Bereichen des Sonnennebels bildeten sich aus steiniger Materie erdähnliche Planeten, während in den kalten äußeren Bereichen riesige, gasförmige Jupiter-Planeten entstanden; *oben*: Der Sonnennebel in seinem Anfangszustand; *mitte*: Das frühe Sonnensystem nach 50 Millionen Jahren; *unten*: Die Bildung der Planeten ist nach 100 Millionen Jahren nahezu abgeschlossen (Nachdruck mit Genehmigung aus William J. Kaufmann, *Universe*, W.H. Freeman, New York 1991, S. 144).

Es scheint jetzt klar zu sein, daß das Sonnensystem in astronomischen Zeiträumen keine einfache, gut funktionierende mechanische Uhr ist. Es ändert sich fortwährend, ist unendlich kompliziert, und sein Verhalten kann wirklich überraschen. Jack Wisdom sagte es so: «Man muß im Sonnensystem das sehen, was es ist, nämlich ein dynamisches System; dann überrascht es nicht, wenn wir entdecken, daß chaotisches Verhalten in zahlreichen Situationen im Sonnensystem eine Rolle spielt.»

Wir können uns noch nicht vorstellen, wie unerwartet dieses Verhalten wirklich ist. Da uns die ferne Vergangenheit und die Zukunft des Sonnensystems verborgen sind, können wir über sein Schicksal nur Vermutungen anstellen – auch wenn wir annehmen, daß der Ausbruch der sterbenden Sonne diese Frage vermutlich in den nächsten fünf Milliarden Jahren überflüssig machen wird.

In dieser neuentdeckten Ungewißheit über unser Wissen vom Sonnensystem steckt im Kern ein großes Rätsel. Ist die Himmelsmechanik rein zufällig so beschaffen, daß das Sonnensystem die Formulierung der Keplerschen Gesetze erlaubt und in einem menschlichen Zeitraum Vorhersagbarkeit sichert? Oder könnten wir uns überhaupt nur in einem Sonnensystem entwickelt haben, also den Himmel auch nur dort betrachtet haben, wo es auch eine Anfälligkeit für Chaos gibt? Sind wir etwas Besonderes oder hatten wir sehr viel Glück?

Die Entdeckungsreise in unser Sonnensystem hat uns von der Präzision eines Uhrwerks zu Chaos und Komplexität geführt. Diese noch nicht beendete Reise war nicht einfach, denn sie war voller Windungen, Kehren und Überraschungen. Das zeigt, wie beschränkt der menschliche Verstand letztlich ist, wenn er sich an die Lösung eines so schwierigen Rätsels heranwagt. Vieles bleibt geheimnisvoll. Wir haben Chaos gefunden, aber die Konsequenzen daraus und die Bedeutung für unseren Platz im Weltall bleiben unter einem anscheinend undurchdringlichen Mantel mathematischer Ungewißheit verborgen.

Literaturverzeichnis

Allgemein

Beatty, J. Kelly und Andrew Chaikin. *The New Solar System.* Cambridge, Mass.: Sky Publishing, 1990.

Bell, E. T. *Men of Mathematics.* New York: John Wiley, 1968.

Boyer, Carl B. *A History of Mathematics.* New York: Simon and Schuster, 1937.

Bruno, Leonard C. *Landmarks of Science: From the Collections of the Library of Congress.* New York: Facts on File, 1989.

Campbell, David K., Hg. *CHAOS/XAOC: Soviet-American Perspectives on Non-linear Science.* New York: American Institute of Physics, 1990.

Ekeland, Ivar. *Das Vorhersehbare und das Unvorhersehbare.* München 1985.

Gingerich, Owen. *The Great Copernicus Chase and Other Adventures in Astronomical History.* Cambridge, Mass.: Sky Publishing, 1992.

Gleick, James. *Chaos – die Ordnung des Universums*, Üb. Peter Prange. München, Droemer Knaur, 1988.

Gutzwiller, Martin C. *Chaos in Classical and Quantum Mechanics.* New York: Springer, 1990.

Hollingdale, Stuart. *Makers of Mathematics.* London: Penguin Books, 1989.

Kaufmann, William J. *Universe.* New York: W.H.Freeman, 1991.

Kippenhahn, Rudolf, *Unheimliche Welten. Planeten, Monde und Kometen.* Stuttgart: DVA, 1987.

Kramer, Edna E. *The Nature and Growth of Modern Mathematics.* New York: Hawthorn Books, 1970.

Lang, Kenneth R. und Charles A. Whitney. *Wanderers in Space: Exploration and Discovery in the Solar System.* Cambridge, England: Cambridge University Press, 1991.

Levy, David H. *The Sky: A User's Guide.* Cambridge, England: Cambridge University Press, 1991.

Moser, Jürgen. Ist das Sonnensystem stabil? *Neue Zürcher Zeitung*, 14. Mai 1975.

Motz, Lloyd und Jefferson Hane Weaver. *The Story of Physics.* New York: Plenum Press, 1989.

Pannekoek, A. *A History of Astronomy.* New York: Dover Publications, 1989.

Park, David. *The How and the Why: An Essay on the Origins and Development of Physical Theory.* Princeton: Princeton University Press, 1988.

Peiffer, Jeanne und Amy Dahan-Dalmedico. *Wege und Irrwege – Eine Geschichte der Mathematik.* Basel: Birkhäuser, 1994.

Resnikoff, H.L., und R.O. Wells, Jr. *Mathematics in Civilization.* New York: Dover Publications, 1989.

Rogers, Eric M. *Physics for the Inquiring Mind: The Methods, Nature, and Philosophy of Physical Science.* Princeton: Princeton University Press, 1960.

Roy, A.E. *Orbital Motion*. Bristol, England: Adam Hilger, 1988.

Sambursky, Shmuel Hg., *Der Weg der Physik*. Zürich, München, 1975.

Schultz, Ludolf. *Planetologie. Eine Einführung*. Basel: Birkhäuser, 1993.

Sheehan, William. *Worlds in the Sky: Planetary Discovery from Earlier Times through Voyager and Magellan*. Tucson: The University of Arizona Press, 1992.

Stewart, Ian. *Spielt Gott Roulette? Chaos in der Mathematik*, Üb. Gisela Menzel. Basel: Birkhäuser, 1990.

Szebehely, Victor G. *Adventures in Celestial Mechanics: A First Course in the Theory of Orbits*. Austin: University of Texas Press, 1989.

Wood, John A. *The Solar System*. Englewood Cliffs, N.J.: Prentice-Hall, Inc., 1979.

Kapitel 1: Chaos im Uhrwerk

Olson, Donald W., und Russell L. Doescher. Paul Revere's midnight ride. *Sky & Telescope* 83 (April 1992): 437–440.

Olson, Donald W., Russell L. Doescher und Steven C. Albers. A medieval mutual planetary occultation. *Sky & Telescope* 84 (August 1992): 207–209.

Shinbrot, Troy, Celso Grebogi, Jack Wisdom und James A. Yorke. Chaos in a double pendulum. *American Journal of Physics* 60 (Juni 1992): 491–499.

Kapitel 2: Zeitmesser

Brewer, Bryan. *Eclipse*. Seattle: Earth View, 1978.

Brumbough, Robert S. *Ancient Greek Gadgets and Machines*. New York: Thomas Y. Crowell, 1966.

Gingerich, Owen, Hg. *The Nature of Scientific Discovery: A Symposium Commemorating the 500th Anniversary of the Birth of Nicolaus Copernicus*. Washington, D.C.: Smithsonian Institution Press, 1975.

Gingerich, Owen. Astronomy in the age of Columbus. *Scientific American* 267 (November 1992): 100–105 (Spektrum der Wissenschaft Januar 1993).

Heath, Thomas L. *Greek Astronomy*. New York: Dover Publications, 1991.

Karo, George. Art salvaged from the sea. *Archaeology* 1 (Winter 1948): 179–185.

Lindberg, David C. *The Beginnings of Western Science: The European Scientific Tradition in Philosophical, Religious, and Institutional Context, 600 B.D. to A.D. 1450*. Chicago: University of Chicago Press, 1992.

Olson, Donald W., Columbus and an eclipse of the moon. *Sky & Telescope* 84 (Oktober 1992): 437–440.

O'Neill, W.M. *Time and the Calendars*. Sydney: Sydney University Press, 1975.

Price, Derek J. de Solla. An ancient Greek computer. *Scientific American* 200 (Juni 1959): 60–67.

– *Gears from the Greeks: The Antikythera Mechanism – A Calendar Computer from ca. 80 B.C.* New York: Neale Watson Academic Publications, 1974.

Kapitel 3: Himmlische Wanderer

Arnol'd, V.I. *Huygens and Barrow, Newton and Hooke*. Basel: Birkhäuser, 1990.

Augarten, Stan. *Bit by Bit: An Illustrated History of Computers*. New York: Ticknoe & Fields, 1984.

Bernstein, Jeremy. *Experiencing Science*. New York: E.P.Dutton, 1978.

Donahue, William H., Hg. *Johannes Kepler's New Astronomy*. Cambridge, England: Cambridge University Press, 1992.

Greco, Vincenzo, Giuseppe Molesini und Franco Quercioli. Optical tests of Galileo's lenses. *Nature* 358 (9. Juli 1992): 101.

Hanson, Norwood Russell. *Constellations and Conjectures*. Dordrecht, Holland: D. Reidel, 1973.

Kidwell, Peggy Aldrich. *Impermanence enters the astronomical universe: comets, nevae and solar radiation, 1400–1650*. Vortrag vor der American Association for the Advancement of Science, Washington, D.C., 17. Februar, 1991.

Koestler, Arthur. *Die Nachtwandler*. Berlin: Suhrkamp, 1980.

Lightman, Alan, und Owen Gingerich. When do anomalies begin? *Science* 255 (7. Februar 1991): 690–695.

Ryabov, Y. *An Elementary Survey of Celestial Mechanics*. New York: Dover Publications, 1961.

Stephenson, Bruce. *Kepler's Physical Astronomy*. New York: Springer, 1987.

Thoren, Victor E. *The Lord of Uraniborg: A Biography of Tycho Brahe*. Cambridge, England: Cambridge University Press, 1990.

Kapitel 4: Gedankenmeere

Andrade, E.N. da C. *Sir Isaac Newton*. New York: Macmillan, 1954.

Arnol'd, V.I., und V.A. Vasil'ec. Newton's *Principia* read 300 years later. *Notices of the American Mathematical Society* 36 (November 1989): 1148–1154.

Bricker, Phillip, und R.I.G. Hughes. *Philosophical Perspectives on Newtonian Science*. Cambridge, Mass.: MIT Press, 1990.

Courant, Richard, und Herbert Robbins. *What is Mathematics?* London: Oxford University Press, 1941.

Dobbs, Betty Jo Teeter. *The Janus Faces of Genius: The Role of Alchemy in Newton's Thought*. Cambridge, England: Cambridge University Press, 1992.

Erlichson, Herman. Newton's 1679/80 Solution of the constant gravity problem. *American Journal of Physics* 59 (August 1991): 728–733.

Fauvel, John, Raymond Flood, Michael Shortland und Robin Wilson, Hg. *Newtons Werk*. Basel: Birkhäuser, 1993.

Hunter, Michael, und Simon Schaffer, Hg. *Robert Hooke: New Studies*. Rochester, N.Y.: Boydell & Brewer, 1990.

Thrower, Norman J.W. *Standing on the Shoulders of Giants: A Longer View of Newton and Halley*. Berkeley and Los Angeles: University of California Press, 1990.

Westfall, Richard S. *Never at Rest: A Biography of Isaac Newton*. Cambridge, England: Cambridge University Press, 1980.

– The achievement of Isaac Newton: an essay on the occasion of the three hundredth anniversary of the *Principia*. *The Mathematical Intelligencer* 9, Nr. 4 (1987): 45–49.

Kapitel 5: Uhrwerkplaneten

Bell, Eric Temple. *Mathematics: Queen and Servant of Science*. Washington, D.C.: Mathematical Association of America, 1987.

Bollobás, Béla, Hg. *Littlewood's Miscellany*. Cambridge, England: Cambridge University Press, 1986.

Brush, Stephen G. Prediction and theory evatuation: the case of light bending. *Science* 246 (1. Dezember 1989): 1124–1129.

Croswell, Ken. The hunt for planet X. *New Scientist* 128 (22.29. Dezember 1990): 34–37.

Drake, Stillman, und Charles T. Kowal. Galileo's sighting of Neptune. *Scientific American* 243 (Dezember 1980): 74–81 (*Spektrum der Wissenschaft*, Feb. 1981).

Henbest, Nigel. Say goodbye to the tenth planet. *New Scientist* 132 (30. November 1991): 21.

Hogg, David W., Gerald Quinlan und Scott Tremaine. Dynamical limits on dark mass in the outer solar system. *The Astronomical Journal* 101 (Juni 1991): 2274–2286.

Lai, H.M., C.C.Lam und K. Young. Perturbation of Uranus by Neptune: a modern perspective. *American Journal of Physics* 58 (Oktober 1990): 946–953.

Gutzwiller, Martin C. *The role of perturbation theory in the development of physics.* Vortrag bei einer Tagung der History of Science Society, Seattle, 26–27. Oktober 1990.

Littmann, Mark. *Planets Beyond: Discovering the Outer Solar System.* New York: Wiley, 1990.

Matthews, Robert. Planet X: going, going…but not quite gone. *Science* 254 (6. Dezember 1991): 1454–1455.

Morgan, Frank. Calculus, planets, and general relativity. *SIAM Review* 34 (Juni 1992): 295–299.

Pierce, David A. The mass of Neptune. *Icarus* 94 (Dezember 1991): 413–419.

Temple, Blake, und Craig A. Tracy. From Newton to Einstein. *The American Mathematical Monthly* 99 (Juni–Juli 1992): 507–521.

Tombaugh, Clyde W. Plates, Pluto, and planets X. *Sky & Telescope* 81 (April 1991): 360–361.

Whyte, A. J. *The Planet Pluto.* Toronto: Pergamon Press, 1980.

Will, Clifford M. General relativity at 75: how right was Einstein? *Science* 250 (9. November 1990): 770–776.

Kapitel 6: Launischer Mond

Balfour, Michael. *Stonehenge and its Mysteries.* New York: Scriber's, 1980.

Brecher, Kenneth, und Michael Feirtag, Hg. *Astronomy of the Ancients.* Cambridge, Mass.: MIT Press, 1979.

Gutzwiller, M.C. Chaos and symmetry in the history of mechanics. *Il Nuovo Cimento D* (Januar–Februar 1989): 1–17.

Hankins, Thomas L. *Jean d'Alembert: Science and the Enlightenment.* New York: Gordon and Breach, 1990.

Hawkins, Gerald S. mit John B. White. *Stonehenge Decoded.* Garden City, N.Y.: Doubleday, 1965.

Hide, Raymond, und Jean O. Dickey. Earth's variable rotation. *Science* 253 (9. August 1991): 629–637.

Kapitel 7: Prophet des Chaos

Bölling, Reinhard …Deine Sonia: a reading from a burned letter. *The Mathematical Intelligencer* 14, Nr. 3 (1992): 24–30.

Briggs, John und F. David Peat. *Entdeckung des Chaos.* Carl Carus, Üb. München 1990.

Cooke, Roger. *The Mathematics of Sonya Kovalevskaya.* New York: Springer, 1984.

Gutzwiller, Martin C. Quantum chaos. *Scientific American* 266 (Januar 1992): 78–84 (*Spektrum der Wissenschaft*, März 1992).

Jacobs, Konrad. *Invitation to Mathematics.* Princeton: Princeton University Press, 1992.

Holmes, P. Poincaré, celestial mechanics, dynamical systems and chaos. *Physics Reports* 193 (September 1990): 137–163.

Murison, Marc A. The fractal dynamics of satellite capture in the circular restricted three-body problem. *The Astronomical Journal* 98 (Dezember 1989): 2346–2359.

Penrose, Roger. *Computerdenken.* Üb. M. Springer, Heidelberg: Spektrum 1991.

Poincaré, Henri. *New Methods of Celestial Mechanics*. New York: American Institute of Physics, 1993.

Tuschmann, Wilderich und Peter Hawig: *Sofia Kowalewskaja. Ein Leben für Mathematik und Emanzipation*. Basel: Birkhäuser, 1993.

Schroeder, Manfred. *Fractals, Chaos, Power Laws: Minutes from an Infinite Paradise*. New York: W.H. Freeman, 1991.

Kapitel 8: Lücken im Gürtel

Araki, Suguru. Dynamics of planetary rings. *American Scientist* 79 (Januar–Februar 1991): 44–59.

Bailey, Mark E. Comet orbits and chaos. *Nature* 345 (3. Mai 1990): 21–22.

Beatty, J. Kelly. Galileo calls on Gaspra *Sky & Telescope* 82 (Oktober 1991): 351.

– A picture-perfect asteroid. *Sky & Telescope* (Februar 1992): 134–135.

Belton, M.J.S., J. Veverka, P. Thomas, P. Helfenstein, D. Simonelli, C. Chapman, M.E, Davies, R. Greeley, R. gReenberg, J.Head, S. Muchie, K. Klaasen, T.V. Johnson, A. McEwen, D. Morrison, G. Neukum, F. Fanale, C. Anger, M. Carr und C. Pilcher. Galileo encounter with 951 Gaspra: first pictures of an asteroid. *Science* 257 (18. September 1992): 1647–1652.

Binzel, Richard P., M. Antonietta Barucci und Marcello Fulchignoni. The origin of the asteroides. *Scientific American* 265 (Oktober 1991): 88–94 (*Spektrum der Wissenschaft*, Dezember 1991).

Brandt, John C., Robert D. Chapman: *Rendezvous im Weltraum*. Basel: Birkhäuser 1994.

Chyba, Christopher F., Paul J. Thomas und Kevin J. Zahnle. The 1908 Tunguska explosion: atmospheric disruption of a stony asteroid. *Nature* 361 (7. Januar 1993): 40–44.

Cunningham, Clifford J. The captive asteroids. *Astronomy* 20 (Juni 1992): 40–44.

– Giuseppe Piazzi and the «missing planet». *Sky & Telescope* 84 (September 1992): 274–275.

Durda, Dan. All in the family. *Astronomy* 21 (Februar 1993): 36–41.

Esposito, Larry W. Ever decreasing circles. *Nature* 354 (14. November 1991): 107.

Gehrels, Tom, und Mildred Shapley Matthews. *Asteroids*. Tucson: The University of Arizona Press, 1979.

Hahn, G., und M.E. Bailey. Rapid dynamical evolution of giant comet Chiron. *Nature* 348 (8. November 1990): 132–136.

Holman, Matthew, und Jack Wisdom. Symplectic maps for the n-body problem. *The Astronomical Journal* 102 (Oktober 1991): 1528–1538.

Kerr, Richard A. Chaotic zone yields meteorites. *Science* 228 (7. Juni 1985): 1186.

– Galileo's frustrating asteroid pursuit. *Science* 254 (18. Oktober 1991): 381–382.

– Galileo hits its target. *Science* 254 (22. November 1991): 1109.

Lecar, Myron, Fred Franklin und Paul Soper. On the original distribution of the asteroides, IV. Numerical experiments in the outer asteroid belt. *Icarus* 96 (April 1992): 234–250.

Lindley, David. A chip off some old rocks. *Nature* 354 (21. November 1991): 178.

Marsden, B.G. The Computation of orbits in indeterminate and uncertain cases. *The Astronomical Journal* 102 (Oktober 1991): 1539–1552.

Matthews, Robert. A rocky watch for earthbound asteroids. *Science* 255 (6. März 1992): 1204–1205.

McFadden, Lucy-Ann, und Clark R. Chapman. Interplanetary fugitives. *Astronomy* 20 (August 1992): 30–35.

Milani, A., und A.M. Nobili. An example of stable chaos in the solar system. *Nature* 357 (18. Juni 1992): 569–571.

Milani, Andrea, und Zoran Knezevic. Asteroid proper elements and secular resonances. *Icarus* 98 (August 1992): 211–232.

Murray, Carl D. Earthmard bound from chaotic regions of the asteroid belt. *Nature* 315 (27. Juni 1985): 712.

– Wandering on a leash. *Nature* 357 (18. Juni 1992): 542–543.

Pollack, James D., und Jeffrey N. Cuzzi. Rings in the solar system. *Scientific American* 245 (November 1981): 105–129 (*Spektrum der Wissenschaft*, Januar 1982).

Sahe, Prasenjit. Simulating the 3:1 Kirkwood gap. *Icarus* 100 (Dezember 1992): 434–439.

Scotti, J.V., D.L. Rabinowitz und B.G. Marsden. near miss of the earth by a small asteroid. *Nature* 354 (28. November 1991): 265–267.

Stewart, Ian. Gauss. *Scientific American* 237 (Juli 1977): 123–131.

Talcott, Richard. Galileo views Gaspra. *Astronomy* 20 (Februar 1992): 52–54.

Torbett, Michael V., und Roman Smoluchowski. Chaotic motion in a primordial comet disk beyond Neptune and comet influx to the solar system. *Nature* 345 (3. Mai 1990): 49–51.

Whipple, Arthur L., Paul D. Hemenway und Doug Ingram. Initial refinement of minor planet orbits for pointing and observation with the Hubble space telescope. *The Astronomical Journal* 102 (August 1991): 816–822.

Wisdom, Jack. The origin of the Kirkwood gaps: a mapping for asteroidal motion near the 3/1 commensurability. *The Astronomical Journal* 87 (März 1982): 577–593.

– Chaotic behavior and the origin of the 3/1 Kirkwood gap. *Icarus* 56 (Oktober 1983): 51–74.

– Meteorites max follow a chaotic route to Earth. *Nature* 315 (27. Juni 1985): 731–733.

Yeomans, Donald K. *Comets: A Chronological History of Observation, Science, Myth, and Folklore*. New York: Wiley, 1991.

Kapitel 9: Hyperion torkelt

Binzel, Richard P., Jacklyn R. Green und Chet B. Opal. Chaotic rotation of Hyperion? *Nature* 320 (10. April 1986): 511.

Coffey, Shannon, André Deprit, Étienne Deprit und Liam Healy. Pinting the phase space portrait of an integrable dynamical system. *Science* 247 (16. Februar 1990): 833–836.

Dermott, Stanley F., Renu Molhotra und Carl D. Murray. Dynamics of the Uranian and Saturnian satellite systems: a chaotic route to melting Miranda? *Icarus* 76 (Dezember 1988): 295–334.

Healy, Liam, und Étienne Deprit. Paint by number: uncovering phase flows of an integrable dynamical system. *Computers in Physics* (September-Oktober 1991): 491–496.

Klavetter, James Jay. Rotation of hyperion, I. Observations. *The Astronomical Journal* 97 (Februar 1989): 570–579.

– Rotation of Hyperion, II. Dynamics. *The Astronomical Journal* 98 (November 1989): 1855–1874.

Marcialis, Robert, und Richard Greenberg. Warming of Miranda during chaotic rotation. *Nature* 328 (16. Juli 1987): 227–229.

Malhotra, Renu. Tidal origin of the Laplace resonance and the resurfacing of Ganymede. *Icarus* 94 (Dezember 1991): 399–412.

Murray, Carl D. Chaotic spinning of Hyperion? *Nature* 311 (25. Oktober 1984): 705.

Pavelle, Richard, Michael Rothstein und John Fitch. Computer algebra. *Scientific American* 245 (Dezember 1981): 136–152 (*Spektrum der Wissenschaft* Februar 1982).

Rothery, David A. *Satellites of the Outer Planets: Worlds in Their Own Right*. Oxford: Oxford University Press, 1992.

Stewart, John. *Moons of the Solar System: An Illustrated Encyclopedia*. Jefferson, N.C.: McFarland Publishers, 1991.

Tittemore, William C. Chaotic motion of Europe and Ganymede and the Ganymede–Calisto dichotomy. *Science* 250 (12. Oktober 1990): 263–267.

Wisdom, Jack, Stanton J. Peale und François Mignard. The chaotic rotation of Hyperion. *Icarus* 58 (Mai 1984): 137–152.

Kapitel 10: Digitale Planetarien

Abelson, Harold, Michael Eisenberg, Matthew Halfant, Jacob Katzenelson, Elisha Sacks, Gerald J. Sussman, Jack Wisdom und Kenneth Yip. Intelligence in scientific computing. *Communications of the ACM* 32 (Mai 1989): 546–562.

Applegate, James H., Michael R. Douglas, Yekta Gursel, Gerald J. Sussman und Jack Wisdom. The outer solar system for 200 million years. *The Astrophysical Journal* 92 (JUli 1986): 176–189.

Freedman, David H. Gravity's revenge. *Discover* 11 (Mai 1990): 54–60.

Hartley, Karen. Solar system chaos. *Astronomy* 18 (Mai 1990): 34–39.

Hut Piet, und Gerald Jay Sussman. Advanced computing for science. *Scientific American* 257 (Oktober 1987): 144–153 (*Spektrum der Wissenschaft* Dezember 1987).

Kerr, Richard A. Pluto's orbital motion looks chaotic. *Science* 240 (20. Mai 1988): 986–987.

Killian, Anita M. Playing dive with the solar system. *Sky & Telescope* 78 (August 1989): 136–140.

Murray, Carl. Is the solar system stable? *New Scientist* 124 (25. November 1989): 60–63.

Stern, S. Alan, Robert A. Fesen, Edwin S. Barker, Joel W. Parker und Laurence M. Trafton. A search for distant setellites of Pluto. *Icarus* 95 (November 1991): 246–249.

Sussman, Gerald Jay, und Jack Wisdom. Numerical evidence that the motion of Pluto is chaotic. *Science* 241 (22. Juli 1988): 433–437.

Weidenschilling, S. J. A plurality of worlds. *Nature* 352 (18. Juli 1991): 190–191.

Wisdom, Jack, und Matthew Holman. Symplectic maps for the *n* body problem. *The Astronomical Journal* 102 (Oktober 1991): 1528–1638.

Kapitel 11: Himmlische Disharmonien

Berger, A., M.F. Louure und J. Laskar. Stability of the astronomical frequencies over the earth's history for paleoclimate studies. *Science* 255 (31. Januar 1992): 560–565.

Chernikov, Alexander A., Roald Z. Sagdeev und George M. Zaslavsky. Chaos: how regular can it be? *Physics Today* 41 (November 1988): 27–35.

Ferraz-Mello, S. Hg. *Chaos, Resonance and Collective Dynamical Phenomena in the Solar System: Proceedings of the 152nd Symposium of the International Astronomical Union Held in Angra dos Reis, Brasilien, 15.–19. Juli 1991*. Norwell, Mass.: Kluwer Academic Publishers, 1992.

Henbest, Nigel. Birth of the planets. *New Scientist* 131 (24. August 1991): 30–35.

Kerr, Richard A. Does chaos permeate the solar system? *Science* 244 (14. April 1989): 144–145.

– From Mercury to Pluto, chaos pervades the solar system. *Science* 257 (3. Juli 1992): 33.

Laskar, J. A numerical experiment on the chaotic behaviour of the solar system. *Nature* 338 (16. März 1989): 237–238.

– The chaotic motion of the solar system: a numerical estimate of the size of the chaotic zones. *Icarus* 88 (Dezember 1990): 266–291.

Laskar, J., F. Joutel und P. Robutel. Stabilization of the Earth's obliquity by the Moon. *Nature* 361 (18. Februar 1993): 615–617.

Laskar, J., und P. Robutel. The chaotic obliquity of the planets. *Nature* 361 (18. Februar 1993): 608–612.

Laskar, Jaques, Thomas Quinn und Scott Tremaine. Confirmation of resonant structure in the solar system. *Icarus* 95 (Januar 1992): 148–152.

Lecar, Myron, Fred Franklin und Marc Murison. On predicting long-term orbital instability: a relation between the Lyapunov time and sudden orbital transitions. *The Astronomical Journal* 104 (September 1992): 1230–1236.

Milani, Andrea. Emerging stability and chaos. *Nature* 338 (16. März 1898): 207–208.

Murray, Carl D. Seasoned travellers. *Nature* 361 (18. Februar 1993): 586–587.

Quinlan, Gerald D., und Scott Tremaine. Symmetric multistep methods for the nemerical integration of planetary orbits. *The Astronomical Journal* 100 (November 1990): 1694–1700.

Quinn, Thomas R., Scott Tremaine und Martin Duncan. A three million year integration of the earth's orbit. *The Astronomical Journal* 101 (Juni 1991): 2287–2305.

Stern, Alan. Where hat Pluto's family gone? *Astronomy* 20 (September 1992): 40–47.

Sussmann, Gerald Jay, und Jack Wisdom. Chaotic ecolution of the solar system. *Science* 257 (3. Juli 1992): 56–62.

Touma, Jihad, und Jack Wisdom. The chaotic obliquity of Mars. *Science* 259 (26. Februar 1993): 1294–1297.

Wisdom, Jack. Urey Prize lecture: chaotic dynamics in the solar system. *Icarus* 72 (November 1987): 241–275.

Kapitel 12: Wunderbare Maschinerie

Baumgartner, Frederic J. Starry messengers. *The Sciences* 32 (Januar–Februar 1992): 38–43.

Binzel, Richard P. 1991 Urey prize lecture: physical evolution in the solar system – present observations as a key to the past. *Icarus* 100 (Dezember 1992): 274–287.

Kline, Morris. *Mathematics and the Search for Knowledge.* New York: Oxford University Press, 1985.

Ruelle, David, *Zufall und Chaos*, Üb. Wolfgang Beiglböck. Heidelberg: Springer 1992.

Segre, Michael. *In the Wake of Galileo.* New Brunswick, N.J.: Rutgers University Press, 1991.

Stewart, Ian. The symplectic revolution. *The Sciences* 30 (Mai-Juni 1990): 29–36.

Kleiner, Israel. Rigor and proof in mathematics: a historical perspective. *Mathematics Magazine* 64 (Dezember 1991): 291–314.

Wigner, Eugene P. The unreasonable effectiveness of mathematics in the natural sciences. *Communications in Pure and Applied Mathematics* 13 (Februar 1960):1–14.

Software

Orbits 1.02 (Physics Academic Software). New York: American Institute of Physics.

James Gleick's Chaos: The Software 1.01. Sausalito, Calif.: Autodesk, Inc.

Chaos Demonstrations 1.1 (Physics Academic Software). New York: American Institute of Physics.

Dance of the Planets: Space Travel for the Inquiring Mind 2.5. Loveland, Colo.: A.R.C. Science Simulation Software.

Index

1991 BA   224
1992 QB1 (Planetoid)   331
2:1-Resonanz   222
3:1-Resonanz   216–218, 221–223
3:2-Resonanz   301
522 Helga (Asteroid)   223
878 Mildred (Asteroid)   206, 207
951 Gaspra (Asteroid)   197

A

Abhängigkeit, empfindliche   30
Adams, John Couch   129, 130, 132, 134–136
Airy, George Biddell   127–130, 132
Akademie von St. Petersburg   159
Alembert, Jean Le Rond d'   155, 157, 158, 161, 256
Algorithmus   316
Almagest   54, 60
Antikythera   37
Antikythera-Mechanismus   40, 41, 44, 46–48, 51, 52, 53
Apianus, Petrus   319
Apogäum   156
Apollo-Asteroiden   226
Äquinoktien, Frühlings-   55
– , Präzession der   50, 118
Archimedes   48
Arcturus   42
Aristoteles   21, 80, 314, 326
Arnol'd, Vladimir I.   109, 195, 263, 302, 303
Arrest, Heinrich d'   133, 134
Asteroiden   204, 208–218
Astrolabium,   39, 40, 52
Astronomia nova   79–82, 85

Augustinus   310
Auriga   122

B

Bacon, Roger   312, 316, 317–321
Barrow, Isaac   103
Benatek   61, 62, 66, 73
Birkhoff, George   194
Bode, Johann Elert,   34, 124, 125
Boetius   312, 314
Bondi, Hermann   119, 120
Bouvard, Alexis   125
Boyle, Robert   95
Brahe, Tycho   61–67, 89, 150
Brouwer, Dirk   208
Brown, Ernst W.   164

C

Cayley, Arthur   172
Ceres   203
Challis, James   130, 135
Chaos   28, 193, 245, 291, 326
Chaostheorie   118
Chondrit   218
Chymista scepticus   95
Cicero   48, 52, 311
Cilicia, Simplikios   21
Clairaut, Alexis Claude   155, 156, 158, 160
Clemens IV. (Papst)   318
Coffey, Shannon   251, 252, 254
Columbus, Christoph   55, 58
Computer   25, 32, 326
Copernicus, Nicolaus   56, 60
Copernicus-Modell   70–72

D

De analysi 107
De astronomicis hypothesibus 66
De fundamentis astrologiae certioribus
  68
De magnete 73
De motu corporum in gyrum 100
Delaunay, Charles-Eugène 169, 246–248,
  250
Deprit, André 248, 251
Deprit, Etienne 251
Descartes, René 94, 103, 109, 118
Determinismus 324
Dezimalbrüche 77
Diderot, Denis 158
Differentialrechnung 105
Digitales Planetarium 266, 269, 271–273,
  280, 292
Dirichlet, Peter Gustav Lejeune 168, 171
Doppelpendel 27, 29
Dreikörperproblem 175, 181, 184, 195
Duncan, Martin 289, 300

E

Einstein, Albert 138
Ekliptik 43, 45, 146
Elliptische Bahnen 84
Ephemeriden 56, 58
Epitoma in Almagestum 322
Epizyklus 49
Erdbahn, Exzentrizität 290
Erde, Kreisbahn 76
Euklid 108
Euler, Leonhard 31, 156, 161

F

Fermat, Pierre de 102
Fibonacci, s. Leonardo von Pisa
Fische (Sternbild) 133
Flamsteed, John 125, 152,
Foulques, (Kardinal) Guy de 318
Franklin, Fred 298, 299

G

Galilei, Galileo 15, 64, 109, 323

– , Teleskop 86
Galileo (Raumsonde) 197–199
Galle, Johann Gottfried 133–135
Gama, Vasco da 55
Gaspra (Asteroid) 197–199
Gassendi, Pierre 109
Gauß, Carl Friedrich 202, 203
Gemini 122
Geometrie von Schneeflocken 85
Georg III. (König) 124
Gilbert, William
Gingerich, Owen 71, 81
Goldreich, Peter 215, 294
Gravitationsgesetz (Newton) 152, 260
Grosseteste, Robert 315
Gutzwiller. Martin C. 166

H

Halley, Edmond 94–96, 98–101, 162,
  259, 326
– , Komet 129
Hamilton, William Rowan 111, 176
Hamilton-Funktion 177
Harmonices mundi 89, 304
Harrington, Robert 142
Healy, Liam 251
Helga (Asteroid) 223
Henrard, Jacques 248
Hermite, Charles 172
Herschel, Friedrich Wilhelm (William)
  121–125, 200, 204
Hesiod 42
H Geminorum 122
Hilda-Asteroiden 222
Hill, George William 164, 175, 181
Hipparch 49–51, 154, 326
Historia piscium 101
Holman, Matthew 280
Holmes, Philipp 192, 329
Hooke, Robert 94, 95, 98, 101, 102
Hyperion (Saturnmond) 29, 229–245,
  329

I

Impuls 111, 112
Impulserhaltungssatz 112
Integralrechnung 105

          Was Newton nicht wußte

J

Jahr, siderisches 154
Jakobi, Karl Gustav Jakobi 111
John von Holywood 316, 317
Juno 204

K

KAM-Theorie 302, 303
Kepler, Johannes 21, 33, 61–64, 66–71,
    73, 76–91, 151, 304, 305, 321
    – , Rudolfinische Tafeln 89
Keplersches Gesetz, Erstes 80, 81
    – , Zweites 80, 81
    – , Drittes 90
Kirkwood, Daniel 210, 211, 215
Kirkwood-Lücken 215, 221
Klavetter, James 229, 237–243
Kleinplaneten 204
Kolmogorov, Andrei N. 195, 302
Koppernigk, Niklas, s. Copernicus
Krieg, Dreißigjähriger 85
Kronecker, Leopold 168, 171–173
Kuiper-Gürtel 300

L

Lagrange, Joseph-Louis 162, 163
Laplace, Pierre-Simon Marquis de 31,
    124, 162, 256–261, 283, 324
Laskar, Jacques 283–287, 296, 303, 305
Le Monnier, Pierre Charles 125
Le Verrier, Urbain Jean Joseph 130–137
Lecar, Myron 298–300
Lectures of Earthquakes 103
Leonardo von Pisa 316
Loeb, Arthur 9
Logarithmen 86, 88
LONGSTOP 279
Lowell, Percival 139
Luther, Martin 59
Lyapunow, Aleksander M. 278
Lyapunow-Exponent 278, 296, 297
Lyapunow-Zeit 296, 299

M

Macrobius, Ambrosius Theodosius 311

Margarita philosophica 313
Mars, Bahn 20
    – , Bewegung 79
Maskelyne, Neville 122
Massachusetts Institute of Technology
    (MIT) 255
McGehee, Richard 188
Méchain, Pierre François André 124
Merkur 138
Mayer, Tobias 125, 161
Mignard, François 229, 233, 235
Milani, Andrea 223, 224, 227
Mildred (Asteroid) 206, 207
Millionaire, Rechenmaschine 139, 140
Miranda (Uranusmond) 244
Mittag-Leffler, Gösta 167–169, 172, 173,
    182
Monat, anomaler 155
    – , drakonischer 155
    – , siderischer 154, 156
    – , synodischer 154
    – , tropischer 155
Mond, Bahn 148, 156, 157
    – , Position 149
    – , siderischer 145
    – , Skala 44
    – , stabilisierender Einfluß 307
    – , synodischer 145
    – , Unregelmäßigkeiten der Bewe-
    gung 165
    – , Zyklen 18
Mondfinsternis 147
    – , Columbus 57–60
Morrison, Philip 326
Moser, Jürgen 302
Müller, Johannes 56, 60
Murison, Marc 298, 299
Murray, Carl D. 223
Mysterium cosmographicum 63, 73
Mystik 311

N

Näherungsgrad 193
Napier, John 86, 88
Napoleon 257
Narratio de Jovis satellitibus 86
Neptun 26, 135, 136
Nereide (Neptunsmond) 244

Newton, Humphrey 97
Newton, Isaac 21, 90, 95, 96, 102, 105, 152, 323
– , Formeln zur Mondbewegung 160
– , Gesetze 109–112
– , Ordnungstheorie 117
– , Spiegelteleskop 98, 99
Newtonsches Gesetz, Drittes 112
– , Erstes 110
– , Zweites 110, 111
Nicholson, Seth B. 205, 206
Nobili, Anna M. 223, 224, 227

O

Odoaker 310
Olbers, Heinrich Wilhelm 203
Orakelknochen 28
Orion 42
Oskar II. (König) 167, 172, 181

P

Pallas 203
Pariser Akademie der Wissenschaften 156
Pascal, Blaise 103
Peale, Stanton 229, 233, 235
Pendel 189–192
Penrose, Roger 176, 177
Perigäum 156, 161, 251
Perihel 136
Phasenporträt 254
Phasenraum 176–181, 189
Philosophiae naturalis principia mathematica 101, 102, 106–108, 111, 112, 116
Phragmén, Edvard 183
Piazzi, Giuseppe 201–203
Pickering, William H. 139
Planeten, Kreisbahn 69-71
– , Theorie 82
Planetenbahnen, Exzentrizität 84
– , Neigungen 84
Planetoiden 204
Planet X 139
Platon 21, 311
Pluto 141, 280
– , Bahn 17, 272–274

Poincaré, Jules Henri 27, 165, 173–176, 181, 182–196, 214, 262, 324
Poincaré-Karte 186, 190
Poincaré-Schnitt 187
Posidonios 52
Price, Derek J. de Solla 40, 44, 46, 52, 53
Ptolemäus, Claudius 53, 54, 60, 147, 148, 317, 326
Pythagoras 311, 314

Q

Quinlan, Gerald 293
Quinn, Thomas 289

R

Rechenuhr 88
Regiomontanus 56–59, 322
Reihen, unendliche 170
Reisch, Gregor 314
Relativitätstheorie 138
Resonanz 193
Rom, Arnold 248
Römisches Reich 309, 310
Romulus Augustus 310
Rotationsperiode 244
Royal Society 95, 96, 98, 101, 118, 124
Rudolf II. (Kaiser) 62, 66

S

Sacrobosco 316, 317
Saturn, Ringe 227
Schickard, Wilhelm 87, 88
Schröter, Johann Hieronymus 200
Seneca 312
Separatrix 191
Shapley, Harlow 205, 206
Shapley Matthews, Mildred 208
Sommersonnenwende 19
Somnium Scipionis 311
Sonne, Bahn 19
Sonnensystem, Größe 17
– , Inneres 209
– , Rand 331
– , Stabilität 23, 24, 31, 168
Spektraldichte 271
Sphaera mundi 317

     Was Newton nicht wußte

Stais, Spyridon 38
Stephenson, Bruce 82, 83
Stonehenge 143–145
Störungstheorie 25, 116, 214, 326
Sundman, Karl F. 194
Sussman, Gerald Jay 255, 264–270, 287,
    290, 297
Syntaxis Mathematike 54

T

Tangente 104
Theodosius 310
Theoria motus coreporum coelestium
    205
Tierkreis, Ekliptik 51
  – , Sternbilder 44
Titan 234
Titius, Daniel 33, 200
Titius-Bode-Reihe 34
Tombaugh, Clyde W. 140
Toolkit (Computer) 255, 281, 290, 292
Trägheitsgesetz 110
Traité de la mécanique céleste 260
Tremaine, Scott 30, 289, 296
Trigonometrie 77
Trinity College 98, 105
Tschebyschew, Pafnuty 172
Tübingen 87
Tunguska 224

U

Uranus 124–126, 129, 136
Ursus, Nicolai Reymers 62, 63, 66

V

Vesta 204
Vieta, François 103
Voltaire, François Marie Arouet 118
Voyager 1 243
Voyager 2 26, 141, 230, 232, 243

W

Weierstraß, Karl 168, 169, 171, 173
Westfall, Richard S. 109
Wethrill, George 221
Whiteside, Derek T. 109
Wigner, Eugene 325
Williams, Gareth V. 206
Wirbeltheorie (Descartes) 94
Wisdom, Jack 215, 217, 221, 229, 233–
    235, 255, 269, 270, 280, 287, 290, 297,
    305, 332
Wren, Christopher 94

Z

Zach, Franz Xaver Freiherr von 201, 202
Zacuto, Abraham 55, 58

Edwin Hubble –
Der Mann, der
den Urknall
entdeckte

Diese erste Biographie über
Edwin Powell Hubble – auf
seinen Namen wurde das
«Hubble-Teleskop» getauft –
zeichnet das Portrait eines der
bedeutendsten Wissen-
schaftler des Jahrhunderts.
Das Buch informiert umfassend über Hubbles wechsel-
volles Leben – nach
Beendigung seines Jura-
Studiums erwog er eine
Karriere als Profi-Boxer – und
über sein Werk und die Auswirkungen seiner Erkenntnisse
auf die heutige Forschung.

Edwin Hubble
Der Mann, der den Urknall
entdeckte

Von Alexander Sharov und
Igor Novikov.
240 Seiten, 21 sw-Abbildun-
gen. Gebunden mit
Schutzumschlag
ISBN 3-7643-5008-3

Wie funktioniert die «Mechanik des Sonnensystems»?

«Was passiert auf den Planeten, Monden und Asteroiden, wie wirken sie aufeinander, wie funktioniert die "Mechanik des Sonnensystems", und wie gelangen die Astronomen zu ihrem Wissen über die fernen Planeten. Die neuesten Themen der Forschung: Vulkanismus, Tektonik und Atmosphären verleihen diesem Buch große Aktualität. Es eignet sich sowohl für Studenten, Amateurastronomen wie auch für interessierte Laien als Grundlage zur Beschäftigung mit dieser neuen Disziplin.»
Vorsicht

Ludolf Schultz
Planetologie
Eine Einführung

280 Seiten, 8 Farb- und 130 sw-Abbildungen. Gebunden
ISBN 3-7643-2294-2